普通高等院校素质教育与能力培养规划教材

上海市级特色专业建设项目成果之一

总主编　李占国

线性代数及应用

第二版

主　编　刘三明

副主编　李　瑞

南京大学出版社

内容简介

本书是上海市特色专业建设项目专业建设教改成果之一，是结合我们多年教学实践、改革的经验编写而成.

本书的主要内容有：矩阵；行列式；线性方程组；向量空间；特征值和特征向量，矩阵的对角化；二次型及应用问题.

本教材以矩阵为主线，突出矩阵的运算、化简矩阵的秩和特征值的计算，突出用矩阵方法研究线性方程组、二次型，强化线性代数知识的应用；本教材将数学、应用和计算机相结合；本教材对于抽象的理论，总是从具体问题入手，再将其推广到一般情形，而略去了许多繁琐、冗长的理论推导，便于学生理解和接受.

本书适合作为大学本科非数学类专业线性代数课程的教材，或教学参考书，也可作为需要线性代数知识的科技工作者、工程技术人员、大专院校师生及其他读者的参考书.

图书在版编目(CIP)数据

线性代数及应用 / 刘三明主编. — 2版. — 南京 ：南京大学出版社，2018.8

ISBN 978-7-305-20700-6

Ⅰ. ①线… Ⅱ. ①刘… Ⅲ. ①线性代数—高等学校—教材 Ⅳ. ①O151.2

中国版本图书馆 CIP 数据核字(2018)第 175975 号

出版发行 南京大学出版社
社　　址 南京市汉口路 22 号　　邮　编 210093
出 版 人 金鑫荣

书　　名 线性代数及应用(第二版)
总 主 编 李占国
主　　编 刘三明
副 主 编 李　瑞
责任编辑 耿士祥　尤　佳　　编辑热线 025-83592123

照　　排 南京南琳图文制作有限公司
印　　刷 宜兴市盛世文化印刷有限公司
开　　本 787×960　1/16　印张 16.25　字数 291 千
版　　次 2018 年 8 月第 2 版　　2018 年 8 月第 1 次印刷
ISBN 978-7-305-20700-6
定　　价 45.00 元

网址：http://www.njupco.com
官方微博：http://weibo.com/njupco
官方微信号：njupress
销售咨询热线：(025) 83594756

总　序

教育，关系着每一个人的生存与发展，是民族振兴的基石，是创新进步的源泉。为了收获未来，学习是目的，教育是手段。

在以知识竞争和创新驱动发展为主要特征的后工业社会的国际经济社会环境下，在我国全面建设小康社会和创新型国家并从人力资源大国向人力资源强国迈进之际，人民群众对精神文化需求更加迫切，对教育质量的要求更高，教育诉求更趋多元和多样。对个人的期望以"专业融合与复合交叉、团队工作与人际关系、自我管理与个人承担、创新设计与甘冒风险、头脑风暴与谈判辩论、沟通说服与人际网络、道德诱惑与操守难关、在职按需与终身学习"为主要特征。面对我国本科高等教育的"大众化"甚至"普及化"，为了每一个学生的终身发展，让学生更具创新精神和实践能力，扩大通用化，延迟专门化，成为本科高等教育的主流意识和社会共识。培养具有学习能力、研发能力、创新思维、团队精神、交流沟通、道德素养为基本素质的并需要动脑、设计、自主、决策的"知识性工人"，成为本科高等教育的目标。强化基础课程教学、优化通识教育、增强学生人文精神和科学素养、加强实践教学环节、促进教学科研结合、增加创新实践活动，成为新的人才培养模式。

基于以上背景，我们对人才培养方案进行了修订，制定了体现"科学精神、人文素养、复合型、应用型、国际化、兼顾就业、行业特点、专门人才"等关键词的财务管理专业人才培养方案。在培养目标(以培养学生的学习能力并强化其综合素质为目的)、优化课程体系(以调动全校资源为手段并注重跨学科专业课程整合)、课程建设(以重点实务并强化案例教学为主要内容)、革新授课方式(以理论与实践的有机结合并最大限度地接近实际运用为要求)等方面，进行了探索与实践并取得了丰硕的研究成果。由此，我们在 2009 年成功申报了上海市级特色专业——财务管理(集团公司金融服务)和上海市级教学团队——集团公司财务管理。

为固化研究成果，我们组织有关院系的教授、专家和工程技术人员编写了这套“应用型本科管理类专业系列特色教材”。主要包括：为加强人文素养教育和交流沟通能力培养的《大学人文教育导读》、《人际交往与成功》，为加强专业学习对企业管理的针对性和有效性，结合生产工艺流程进行技术经济活动分析能力培养的《应用机械基础知识》、《应用电工电子基础知识》、《制造工程与管理》，针对专业课程学习和实际应用的《线性代数及应用》等十多本理论与实务结合的教材。为加强专业实践能力培养和跨文化交流还将编写配合理论课程教学的系列中文实验教材和英文实验教材。

本系列特色教材分别适用于高等院校管理类专业、经济类专业、外语类专业本科生为加强通识教育和复合应用能力培养的需要，部分教材亦可满足工科类专业学生为加强人文素养教育之需。

作为上海市级特色专业和教学团队负责人及本系列教材的总主编，首先，要感谢我的团队成员及他们的部门领导和家人，是他们孜孜不倦的潜心研究、淡泊名利的无私奉献及大力支持和帮助，才有如此成果；其次，要感谢每本书的作者，他们在教学科研工作繁忙的情况下，对编写大纲和体例反复讨论和修改，并吸收了国内外相关学科专业同行专家的最新研究成果，力争反映本学科专业的前沿知识，以达到满意的效果；最后，要特别感谢南京大学出版社的领导和编辑，提供了一个展示我校特色专业建设成果的机会和平台。

尽管我们做出了很大的努力，但由于水平所限，仍感到书中存在疏漏及不尽如人意之处，对教学内容如何以实务为重点并实现理论与实践的有机结合有待深入探讨，恳请广大读者提出批评意见和建议，以促进我们不断改进和提高质量。

李占国

2018 年 6 月

前　言

《线性代数》是高等院校理工科以及经济管理类学生的必修基础课，由于它覆盖面广、应用广泛，对于学生的数学素质的培养有较大影响而受到越来越广泛的重视，线性代数内容一直是全国硕士研究生入学数学考试的基本内容之一(近年分值比例还在增高).

线性代数的主要内容就是研究多元的一次方程组与一次函数组. 既然线性代数研究的是最简单的方程和函数，算法又比微积分少得多，按道理应当容易学，但事实并非如此. 对线性代数课程，一个接一个从天而降的抽象定义，使初学者难以理解. 比如:行列式为什么要这么定义？矩阵为什么要这么相乘？线性相关、线性无关、最大线性无关组是什么意思，有什么用处？这些问题都让学生迷惑不解，普遍感到内容抽象、计算复杂，加上非数学专业的线性代数课程的学时数偏少，学习这门课程就更加吃力，而学习后又不知道如何应用.

针对上述情况，如何实施这样一门抽象但又具有相当应用性的课程教学显得尤为重要，而教材的精心设计将有利于该课程在学时短的客观条件下教师的教学和学生的学习.

本教材的编写，借鉴和吸收了国内外同类型优秀教材的长处，结合编者多年的教学经验，在内容组织上，依据教育部数学课程委员会对线性代数课程提出的基本要求，并结合我校“技术立校、应用为本”的办学指导方针，按照创新人才培养模式的理念，本着加强基础，注重应用的原则编写而成. 覆盖了矩阵、行列式、向量的线性相关性、线性方程组、特征值和特征向量、二次型等内容. 考虑到很多非数学类专业的线性代数课程课时比较少，我们将推理和证明写得比较简略，尽量通过具体例子来体现普遍规律. 有些结论和算法的证明和推理难度较大，我们就将它们写成附录，仅供教师或一部分感兴趣的学生参考，不作为课程学习内容，学生知道结论、会算会用就行了，暂时不必知其所以然.

本书的主要特点如下：

1. 以经济中著名的“投入产出”模型的引入与建立为切入点，导出矩阵这一现代数学中的重要概念，并且以矩阵为主线，统领整个教材.

2. 用递归的方法定义了 n 阶行列式，这比用逆序方法定义行列式更便于学生理解和掌握.

3. 引入概念时都强调其实际背景：不是从定义出发而从问题出发引入概念，引导学生在尝试解决这些问题的过程中将所要讲授的知识重新“发明”出来.

4. 将启发式、互动式引进教材，给学生营造一个互动式读书的氛围与环境. 譬如，书中通过边栏用“考考你”提出问题，激发学生去思考，帮助学生领会所学内容的实质，使学生不仅知道是什么，还应理解为什么.

5. 该书十分重视基本概念和基本理论的学习与理解. 对概念和定理中容易发生理解错误的地方，通过边栏用“特别提示”的方式画龙点睛地“点”出来. 另外，该书在相关部分通过边栏用“历史点滴” 的方式配以相关的历史背景，这有助于学生从数学概念的来龙去脉中加深对数学概念的理解，增强学习数学的兴趣.

6. 各章都有使用软件工具 MATLAB 的习题. 线性代数的算法只对行数和列数很少的矩阵才能用手算实现，四阶及四阶以上的系统用手解是不现实的，仅求解四阶系统就要作几十次乘法和加法. 而在实际工作中，经常需要处理几十、几百甚至更多行和列的矩阵，难以用手工实现算法，必须求助于计算机及其软件. MATLAB 软件工具的引入，任何高阶问题都可能在几分钟内解出，可以省去大量的繁琐计算，使得理论联系实际得以实现.

7. 每一章最后一节都引入了线性代数的应用实例，并配有相应的练习，目的是让同学们了解线性代数在实际中的应用，提高学习兴趣，培养同学们应用线性代数知识解决实际问题的能力.

本教材由刘三明教授主编，上海金融学院李瑞老师任副主编. 第 1 章、第 2 章、第 4 章由刘三明、程松林编写，第 3 章由李瑞、靳鲲鹏编写，第 5 章由鞠银、欧阳庚旭编写，第 6 章由赵国栋编写. 全书由刘三明统稿，由大连理工大学博士生导师冯恩民教授主审.

上海电机学院数学系的领导及教师朱泰英教授、戚民驹老师、王美珍老师、武文佳老师认真地阅读了本书的书稿，提出了许多宝贵的修改意见，为本书增色添彩. 笔者向他们致以最真诚的谢意！

在本书的编写出版过程中，上海市特色专业——财务管理负责人李占国教授、上海电机学院数学系的领导及全体教师给予了很多帮助和支持，在此表示衷心的感谢！

感谢上海电机学院的领导为笔者创造了一个良好的环境，使笔者全神贯注地投入到边教书、边总结之中，从而完成了本书.

如果你能告知本书中的错误，哪怕是很小的错误，我们都会十分感谢. 欢迎为本书的改进提出建议，哪怕是细微的改进. 请随时和我们联系.

祝你教学愉快！

编　者

2018. 6

目　　录

第一章　矩　阵

矩阵是线性代数的主要研究对象. 它是研究社会及自然现象中各种线性问题的重要数学工具. 矩阵是数量关系的一种表现形式,它将一个有序数表作为一个整体研究,使问题变得简洁明了. 矩阵有着广泛的应用,是研究线性方程组和线性变换的有力工具,也是研究离散问题的基本手段.

在本章中,我们首先引入矩阵的概念,然后讨论在实际中常用到的关于矩阵的运算、求逆、秩及分块法的有关知识,为解一般的线性方程组及其他应用作准备.

第一节　矩阵的概念

一、矩阵的概念

矩阵作为一种常用的数学工具,能够简洁地贮存信息,通过矩阵运算,可以方便地处理信息,下面通过实际例子引入矩阵的概念.

例 1　某超市公司的Ⅰ、Ⅱ、Ⅲ、Ⅳ四个部门都销售甲、乙、丙、丁四种小包装食品,其某一天的销售量(单位:包)可由下表表示:

表 1.1

部门＼食品	食品甲	食品乙	食品丙	食品丁
Ⅰ	80	58	75	78
Ⅱ	98	70	85	84
Ⅲ	90	75	90	90
Ⅳ	88	70	82	80

如果我们每一天都做这样的统计,就没必要像上表那样繁琐,只要

把表中的 4×4 个数排成一个数表

$$\begin{pmatrix} 80 & 58 & 75 & 78 \\ 98 & 70 & 85 & 84 \\ 90 & 75 & 90 & 90 \\ 88 & 70 & 82 & 80 \end{pmatrix}$$

这个数表具体描述了这家超市公司的四个部门一天销售各种食品的销售量.

实际上,在我们生命活动中的许多方面,都可以用数表来表达一些量以及量与量之间的关系. 这类数表,我们统称为矩阵.

定义 1 由 $m\times n$ 个数 $a_{ij}(i=1,2,\cdots,m;j=1,2,\cdots,n)$ 排成的 m 行(**row**)n 列(**column**)的数表

$$\begin{matrix} a_{11} & a_{12} & \cdots & a_{1n} \\ a_{21} & a_{22} & \cdots & a_{2n} \\ \vdots & \vdots & & \vdots \\ a_{m1} & a_{m2} & \cdots & a_{mn} \end{matrix}$$

称为 m 行 n 列矩阵，简称 $m\times n$ 矩阵(**matrix**). 为表示它是一个整体，总是加一个括弧，并用大写黑体字母表示它，记为

历史点滴：

"矩阵"的英文(matrix)来自拉丁文的"母亲"(mater).

$$\boldsymbol{A}=\begin{pmatrix} a_{11} & a_{12} & \cdots & a_{1n} \\ a_{21} & a_{22} & \cdots & a_{2n} \\ \vdots & \vdots & & \vdots \\ a_{m1} & a_{m2} & \cdots & a_{mn} \end{pmatrix} \tag{1}$$

这 $m\times n$ 个数称为矩阵 $\boldsymbol{A}$ 的元素(**element/entry**)，a_{ij} 称为矩阵 $\boldsymbol{A}$ 的第 i 行第 j 列元素. 一个 $m\times n$ 矩阵 $\boldsymbol{A}$ 也可简记为

$$\boldsymbol{A}=(a_{ij})_{m\times n} \text{或} \boldsymbol{A}=(a_{ij}).$$

元素是实数的矩阵称为实矩阵(**real matrix**)，元素是复数的矩阵称为复矩阵(**complex matrix**).

历史点滴：

"矩阵"一词由英国数学家西尔维斯特(J. Sylvester(1814—1897))约于 1850 年首先使用. 1855 年英国数学家 A. Cayley (1821—1895)创立矩阵的记号(括弧)，并于 1885 年发表了《矩阵论的研究报告》. 在该文中他定义了矩阵的基本运算，并获得矩阵的"零化定理".

例 2 已知 $\boldsymbol{A}=\begin{pmatrix} 2 & -1 & 0 \\ 3 & \pi & \sqrt{2} \end{pmatrix}$，$\boldsymbol{B}=\begin{pmatrix} 1 & 2 & -3 \\ -4 & 0 & 4 \\ 3 & -2 & -1 \end{pmatrix}$，

a_{22} 和 b_{23} 分别是多少?

解 $a_{22}=\pi$，$b_{23}=4$.

本书中的矩阵都指实矩阵(除非有特殊说明). 通常用大写字母 $\boldsymbol{A}$，$\boldsymbol{B}$，$\boldsymbol{C}$，…表示矩阵. 为了更清楚地表明矩阵的行、列数，有时也记作 $\boldsymbol{A}_{m\times n}$. 当 $m=n$ 时，矩阵 $\boldsymbol{A}_{n\times n}$ 称为 n 阶方阵(**square matrix**)，n 称为 $\boldsymbol{A}$ 的阶数.

一个数可以看成一个一阶方阵.

如果两个矩阵具有相同的行数与相同的列数,则称这两个矩阵为同型矩阵(**same-sized matrix**).

定义 2 如果矩阵 $\boldsymbol{A},\boldsymbol{B}$ 是同型矩阵，且对应元素均相等，则称矩阵 $\boldsymbol{A}$ 与矩阵 $\boldsymbol{B}$ 相等,记为 $\boldsymbol{A}=\boldsymbol{B}$.

例 3 设

$$\boldsymbol{A}=\begin{pmatrix}1 & 2-x & 3\\ 2 & 6 & 5z\end{pmatrix},\quad \boldsymbol{B}=\begin{pmatrix}1 & x & 3\\ y & 6 & z-8\end{pmatrix},$$

已知 $\boldsymbol{A}=\boldsymbol{B}$，求 x,y,z.

解 因为 $2-x=x,2=y,5z=z-8$,所以 $x=1,y=2,z=-2$.

二、矩阵概念的应用

矩阵的应用十分广泛,许多实际问题都可以化为矩阵来研究.

矩阵的应用：

图论学——邻接矩阵/关联矩阵

气象学——转移(概率)矩阵

几何学——几何变换/曲面分类

计算数学——(线性方程组/特征值与特征向量)迭代法/最小二乘法

经济学——投入产出分析/污染与工业发展

密码学——Hill 密码的加解密理论

生物学——Leslie 模型与矩阵的特征分析

运筹学——线性规划

例 4 投入产出模型

投入产出模型是研究经济体系(部门经济、地区经济或企业经济等)各部门之间的投入与产出的相互依存关系的一种数学模型.

把国民经济分为若干个部门,任何一个部门都起着生产和消费的双重作用,而产品的分配包括留用与提供给其他部门的中间产品及供消费和贮备的最终产品,其总和为该部门的总产品的数量.

设有四个部门(如 1. 农业;2. 能源;3. 重工业;4. 轻工业)参与生产与消耗,表 1.2 就是一个简化的投入产出表的结构.

其中数 x_{ij} $(i=1,2,3,4;j=1,2,3,4)$表示第 i 部门分配给第 j 部门的产品的数量,或第 j 部门消耗第 i 部门产品的数量(称为部门间的流量,即中间产品的数量);Y_i 为第 i 部门的最终产品的数量; X_i 为第 i 部门产品的总产量.

表 1.2

部门间流量(中间产品) 产出 / 投入		消耗部门				最终产品	总产品
		1	2	3	4		
生产部门	1	x_{11}	x_{12}	x_{13}	x_{14}	Y_1	X_1
	2	x_{21}	x_{22}	x_{23}	x_{24}	Y_2	X_2
	3	x_{31}	x_{32}	x_{33}	x_{34}	Y_3	X_3
	4	x_{41}	x_{42}	x_{43}	x_{44}	Y_4	X_4

表中的 4×4 个数 $x_{ij}(i=1,2,3,4;j=1,2,3,4)$可以构成一个矩阵

$$\begin{bmatrix} x_{11} & x_{12} & x_{13} & x_{14} \\ x_{21} & x_{22} & x_{23} & x_{24} \\ x_{31} & x_{32} & x_{33} & x_{34} \\ x_{41} & x_{42} & x_{43} & x_{44} \end{bmatrix} \tag{2}$$

整个投入产出表从横行看，反映了各部门产品的分配使用情况，用公式表示即

总产品 ＝ 中间产品 ＋ 最终产品

或

$$X_i=\sum_{j=1}^{4} x_{ij}+Y_i,i=1,2,3,4.$$

它也可以写成下面方程组的形式

$$\begin{cases} X_1=x_{11}+x_{12}+x_{13}+x_{14}+Y_1 \\ X_2=x_{21}+x_{22}+x_{23}+x_{24}+Y_2 \\ X_3=x_{31}+x_{32}+x_{33}+x_{34}+Y_3 \\ X_4=x_{41}+x_{42}+x_{43}+x_{44}+Y_4 \end{cases} \tag{3}$$

考虑消耗系数(生产单位产品 j 所消耗的产品 i 的数量)a_{ij} 的类似问题可以得到下面的分配平衡方程组：

$$\begin{cases} a_{11}X_1+a_{12}X_2+a_{13}X_3+a_{14}X_4+Y_1=X_1 \\ a_{21}X_1+a_{22}X_2+a_{23}X_3+a_{24}X_4+Y_2=X_2 \\ a_{31}X_1+a_{32}X_2+a_{33}X_3+a_{34}X_4+Y_3=X_3 \\ a_{41}X_1+a_{42}X_2+a_{43}X_3+a_{44}X_4+Y_4=X_4 \end{cases} \tag{4}$$

或

$$\begin{cases} (a_{11}-1)X_1+a_{12}X_2+a_{13}X_3+a_{14}X_4=-Y_1 \\ a_{21}X_1+(a_{22}-1)X_2+a_{23}X_3+a_{24}X_4=-Y_2 \\ a_{31}X_1+a_{32}X_2+(a_{33}-1)X_3+a_{34}X_4=-Y_3 \\ a_{41}X_1+a_{42}X_2+a_{43}X_3+(a_{44}-1)X_4=-Y_4 \end{cases} \tag{4'}$$

在许多实际问题中，我们经常遇到下述一般的线性(即一次)方程组：

$$\begin{cases} a_{11}x_1+a_{12}x_2+\cdots+a_{1n}x_n=b_1 \\ a_{21}x_1+a_{22}x_2+\cdots+a_{2n}x_n=b_2 \\ \cdots\cdots\cdots\cdots\cdots \\ a_{m1}x_1+a_{m2}x_2+\cdots+a_{mn}x_n=b_m \end{cases}. \tag{5}$$

其系数可以构成一个 m 行 n 列的矩阵

$$\boldsymbol{A}=\begin{bmatrix} a_{11} & a_{12} & \cdots & a_{1n} \\ a_{21} & a_{22} & \cdots & a_{2n} \\ \vdots & \vdots & & \vdots \\ a_{m1} & a_{m2} & \cdots & a_{mn} \end{bmatrix} \tag{6}$$

称为线性方程组(5)的系数矩阵,而称

$$\overline{\boldsymbol{A}}=\begin{bmatrix} a_{11} & a_{12} & \cdots & a_{1n} & b_1 \\ a_{21} & a_{22} & \cdots & a_{2n} & b_2 \\ \vdots & \vdots & & \vdots & \vdots \\ a_{m1} & a_{m2} & \cdots & a_{mn} & b_m \end{bmatrix} \tag{7}$$

为线性方程组(5)的增广矩阵.

历史点滴:

列昂惕夫(Wassily Leontief):哈佛大学教授,1949 年用计算机计算出了由美国统计局的 25 万条经济数据所组成的 42 个未知数的 42 个方程的方程组,他打开了研究经济数学模型的新时代的大门.这些模型通常都是线性的,也就是说,它们是用线性方程组来描述的,被称为列昂惕夫投入产出模型.列昂惕夫因此获得了 1973 年的诺贝尔经济学奖.

例 5 线性变换的表示

在工程技术与数学上有时要把一组变量 $y_1,y_2,\cdots,y_m$ 用另一组变量 $x_1,x_2,\cdots,x_n$ 经过乘数与加减运算得到的线性式子来表示,这种关系式数学上称为从 $x_1,x_2,\cdots,x_n$ 到 $y_1,y_2,\cdots,y_m$ 的线性变换:

$$\begin{cases} y_1=a_{11}x_1+a_{12}x_2+\cdots+a_{1n}x_n \\ y_2=a_{21}x_1+a_{22}x_2+\cdots+a_{2n}x_n \\ \cdots\cdots\cdots\cdots \\ y_m=a_{m1}x_1+a_{m2}x_2+\cdots+a_{mn}x_n \end{cases} \tag{8}$$

其中 a_{ij} 为常数,$i=1,\cdots,m;j=1,\cdots,n$. 这个线性变换的系数 a_{ij} 也构成了(6)式那样一个矩阵,称该矩阵为线性变换所对应的矩阵.

思考题:四个城市间的单向航线如下图所示,

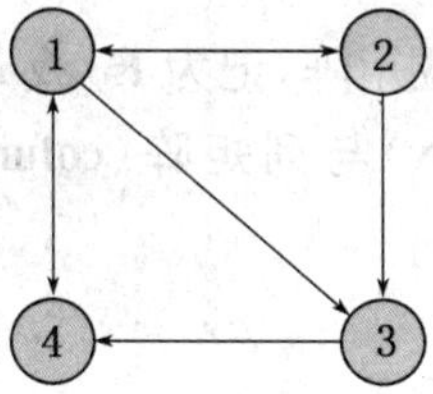

若令

$$a_{ij}=\begin{cases}1 & \text{从 } i \text{ 市到 } j \text{ 市有 1 条单向航线}\\ 0 & \text{从 } i \text{ 市到 } j \text{ 市没有单向航线}\end{cases}$$

你能用矩阵描述这四个城市的航线情况吗?

三、几种特殊矩阵

1. **对角阵(diagonal matrix)** 主对角线以外的元素全为零的矩阵,即形如

$$\begin{bmatrix}\lambda_1 & 0 & \cdots & 0\\ 0 & \lambda_2 & \cdots & 0\\ \vdots & \vdots & & \vdots\\ 0 & 0 & \cdots & \lambda_n\end{bmatrix}$$

的矩阵称为 n 阶对角矩阵,记为 $\mathrm{diag}(\lambda_1,\lambda_2,\cdots,\lambda_n)$.

注: 方阵中从左上角到右下角的直线称为**主对角线(leading/main/principal diagonal line)**.

2. **数量矩阵(scalar matrix)** 形如

$$\begin{bmatrix}\lambda & 0 & \cdots & 0\\ 0 & \lambda & \cdots & 0\\ \vdots & \vdots & & \vdots\\ 0 & 0 & \cdots & \lambda\end{bmatrix}_{n\times n}$$

的对角矩阵,称为 n 阶数量矩阵.

3. **单位矩阵(identity matrix)** 形如

$$\begin{bmatrix}1 & 0 & \cdots & 0\\ 0 & 1 & \cdots & 0\\ \vdots & \vdots & & \vdots\\ 0 & 0 & \cdots & 1\end{bmatrix}_{n\times n}$$

的数量矩阵,称为 n 阶单位矩阵,记为 $\boldsymbol{E}_n$ 或 $\boldsymbol{I}_n$.

4. **行矩阵(row matrix)与列矩阵(column matrix)** 只有一行的矩阵

$$\boldsymbol{A}=(a_1 \quad a_2 \quad \cdots \quad a_n)$$

称为行矩阵或行向量(**row vector**),行矩阵即 $1\times n$ 矩阵.

只有一列的矩阵

$$B=\begin{bmatrix} b_1 \\ b_2 \\ \vdots \\ b_m \end{bmatrix}$$

称为列矩阵或列向量(**column vector**),列矩阵即 $n\times 1$ 矩阵.

5. **上三角矩阵(upper triangular matrix)** 主对角线以下的元素全为零的 n 阶方阵

$$\boldsymbol{A}=\begin{bmatrix} a_{11} & a_{12} & \cdots & a_{1n} \\ 0 & a_{22} & \cdots & a_{2n} \\ \vdots & \vdots & & \vdots \\ 0 & 0 & \cdots & a_{nn} \end{bmatrix}$$

称为上三角矩阵.

6. **下三角矩阵(lower triangular matrix)** 主对角线以上的元素全为零的 n 阶方阵

$$\boldsymbol{A}=\begin{bmatrix} a_{11} & 0 & \cdots & 0 \\ a_{21} & a_{22} & \cdots & 0 \\ \vdots & \vdots & & \vdots \\ a_{n1} & a_{n2} & \cdots & a_{nn} \end{bmatrix}$$

称为下三角矩阵.

7. **零矩阵(zero matrix)** 所有元素均为零的矩阵称为零矩阵，记为 $\boldsymbol{O}$.

如：

$$\begin{pmatrix} 0 & 0 \\ 0 & 0 \end{pmatrix},\quad \begin{pmatrix} 0 & 0 & 0 \\ 0 & 0 & 0 \end{pmatrix},\quad \begin{bmatrix} 0 & 0 & 0 \\ 0 & 0 & 0 \\ 0 & 0 & 0 \end{bmatrix}$$

均是零矩阵.有时，加下标指明其阶数．例如，上述零矩阵分别可以记为:$\boldsymbol{O}_2,\boldsymbol{O}_{2\times 3},\boldsymbol{O}_3$.

考考你:

零矩阵总是相等的吗?

第二节 矩阵的运算

一、矩阵的线性运算

1. 矩阵的加法(**addition of matrices**)

定义 1 设有两个 $m\times n$ 矩阵 $\boldsymbol{A}=(a_{ij})$ 和 $\boldsymbol{B}=(b_{ij})$，矩阵 $\boldsymbol{A}$ 与 $\boldsymbol{B}$ 的

和记作 $\boldsymbol{A}+\boldsymbol{B}$，规定为

$$\boldsymbol{A}+\boldsymbol{B}=\begin{pmatrix} a_{11}+b_{11} & a_{12}+b_{12} & \cdots & a_{1n}+b_{1n} \\ a_{21}+b_{21} & a_{22}+b_{22} & \cdots & a_{2n}+b_{2n} \\ \vdots & \vdots & & \vdots \\ a_{m1}+b_{m1} & a_{m2}+b_{m2} & \cdots & a_{mn}+b_{mn} \end{pmatrix}.$$

特别提示：

只有两个矩阵是同型矩阵时，才能进行矩阵的加法运算. 两个同型矩阵的和，即为两个矩阵对应位置元素相加得到的矩阵.

设矩阵 $\boldsymbol{A}=(a_{ij})$，记

$$-\boldsymbol{A}=(-a_{ij}),$$

称 $-\boldsymbol{A}$ 为矩阵 $\boldsymbol{A}$ 的负矩阵，显然有

$$\boldsymbol{A}+(-\boldsymbol{A})=\boldsymbol{O}.$$

由此规定矩阵的**减法**（**subtraction**）为

$$\boldsymbol{A}-\boldsymbol{B}=\boldsymbol{A}+(-\boldsymbol{B}).$$

矩阵的加法满足下列运算规律（$\boldsymbol{A}$、$\boldsymbol{B}$、$\boldsymbol{C}$ 都是 $m\times n$ 矩阵）：

(1) $\boldsymbol{A}+\boldsymbol{B}=\boldsymbol{B}+\boldsymbol{A}$（交换律）；

证 设

$$\boldsymbol{A}=(a_{ij})_{m\times n}=\begin{pmatrix} a_{11} & a_{12} & \cdots & a_{1n} \\ a_{21} & a_{22} & \cdots & a_{2n} \\ \vdots & \vdots & & \vdots \\ a_{m1} & a_{m2} & \cdots & a_{mn} \end{pmatrix},$$

$$\boldsymbol{B}=(b_{ij})_{m\times n}=\begin{pmatrix} b_{11} & b_{12} & \cdots & b_{1n} \\ b_{21} & b_{22} & \cdots & b_{2n} \\ \vdots & \vdots & & \vdots \\ b_{m1} & b_{m2} & \cdots & b_{mn} \end{pmatrix},$$

则

$$\begin{aligned}\boldsymbol{A}+\boldsymbol{B}&=(a_{ij}+b_{ij})_{m\times n}\\ &=\begin{pmatrix} a_{11}+b_{11} & a_{12}+b_{12} & \cdots & a_{1n}+b_{1n} \\ a_{21}+b_{21} & a_{22}+b_{22} & \cdots & a_{2n}+b_{2n} \\ \vdots & \vdots & & \vdots \\ a_{m1}+b_{m1} & a_{m2}+b_{m2} & \cdots & a_{mn}+b_{mn} \end{pmatrix}\\ &=\begin{pmatrix} b_{11}+a_{11} & b_{12}+a_{12} & \cdots & b_{1n}+a_{1n} \\ b_{21}+a_{21} & b_{22}+a_{22} & \cdots & b_{2n}+a_{2n} \\ \vdots & \vdots & & \vdots \\ b_{m1}+a_{m1} & b_{m2}+a_{m2} & \cdots & b_{mn}+a_{mn} \end{pmatrix}\\ &=(b_{ij}+a_{ij})_{m\times n}=\boldsymbol{B}+\boldsymbol{A}.\end{aligned}$$

(2) $(\boldsymbol{A}+\boldsymbol{B})+\boldsymbol{C}=\boldsymbol{A}+(\boldsymbol{B}+\boldsymbol{C})$(结合律);

(3) $\boldsymbol{A}+\boldsymbol{O}=\boldsymbol{O}+\boldsymbol{A}=\boldsymbol{A}$(零矩阵的特性).

例 1　设某地三个商店在上半年与下半年的主要商品销售额(单位:万元)如表 1.3 所示. 试将三个商店在上半年与下半年的主要商品销售额分别写成两个矩阵并用矩阵的加法求三个商店全年的主要商品销售额(用矩阵表示).

表 1.3

商店＼时间＼品种	小百货		五交		服装	
	上半年	下半年	上半年	下半年	上半年	下半年
东方	10	15	35	45	50	55
华联	15	20	30	40	50	60
巨龙	15	25	40	50	55	70

解　三个商店上半年主要商品的销售额可写成下面的矩阵 $\boldsymbol{A}$:

$$\boldsymbol{A}=\begin{pmatrix}10 & 35 & 50\\15 & 30 & 50\\15 & 40 & 55\end{pmatrix}$$

其中各行分别表示东方、华联、巨龙三个商店上半年销售的小百货、五交、服装三种商品的数量.

下半年主要商品的销售额可写成下面的矩阵 $\boldsymbol{B}$:

$$\boldsymbol{B}=\begin{pmatrix}15 & 45 & 55\\20 & 40 & 60\\25 & 50 & 70\end{pmatrix}$$

三个商店全年的主要商品销售额用矩阵 $\boldsymbol{C}$ 表示,则

$$\boldsymbol{C}=\boldsymbol{A}+\boldsymbol{B}=\begin{pmatrix}10+15 & 35+45 & 50+55\\15+20 & 30+40 & 50+60\\15+25 & 40+50 & 55+70\end{pmatrix}=\begin{pmatrix}25 & 80 & 105\\35 & 70 & 110\\40 & 90 & 125\end{pmatrix}.$$

2. 数与矩阵相乘——数乘 (**scalar multiplication**)

定义 2　数 k 与矩阵 $\boldsymbol{A}$ 的乘积规定为 k 乘 $\boldsymbol{A}$ 的每一个元素 a_{ij} 所得到的矩阵,记作 $k\boldsymbol{A}$ 或 $\boldsymbol{A}k$,即规定

$$kA=Ak=(ka_{ij})=\begin{pmatrix} ka_{11} & ka_{12} & \cdots & ka_{1n} \\ ka_{21} & ka_{22} & \cdots & ka_{2n} \\ \vdots & \vdots & & \vdots \\ ka_{m1} & ka_{m2} & \cdots & ka_{mn} \end{pmatrix}. \quad (1)$$

数与矩阵的乘积运算称为**数乘运算**. 公式(1)也可以倒过来应用,即可以从矩阵 $\boldsymbol{A}$ 中提取公因子 k(理解为 $\boldsymbol{A}$ 的每一个元素都除以数 k,而将 k 写在矩阵前面).

数乘矩阵这种运算满足下列运算规律($\boldsymbol{A}$、$\boldsymbol{B}$ 为 $m\times n$ 矩阵,λ、μ 为数),请读者自己证明.

(1) $\lambda(\boldsymbol{A}+\boldsymbol{B})=\lambda\boldsymbol{A}+\lambda\boldsymbol{B}$;

(2) $(\lambda+\mu)\boldsymbol{A}=\lambda\boldsymbol{A}+\mu\boldsymbol{A}$;

(3) $(\lambda\mu)\boldsymbol{A}=\lambda(\mu\boldsymbol{A})$;

(4) $1\cdot\boldsymbol{A}=\boldsymbol{A}$;

(5) $(-1)\cdot\boldsymbol{A}=-\boldsymbol{A}$.

例 2 已知

$$\boldsymbol{A}=\begin{pmatrix} -1 & 2 & 3 & 1 \\ 0 & 3 & -2 & 1 \\ 4 & 0 & 3 & 2 \end{pmatrix},\boldsymbol{B}=\begin{pmatrix} 4 & 3 & 2 & -1 \\ 5 & -3 & 0 & 1 \\ 1 & 2 & -5 & 0 \end{pmatrix},$$

求 $3\boldsymbol{A}-2\boldsymbol{B}$.

解
$$3\boldsymbol{A}-2\boldsymbol{B}=3\begin{pmatrix} -1 & 2 & 3 & 1 \\ 0 & 3 & -2 & 1 \\ 4 & 0 & 3 & 2 \end{pmatrix}-2\begin{pmatrix} 4 & 3 & 2 & -1 \\ 5 & -3 & 0 & 1 \\ 1 & 2 & -5 & 0 \end{pmatrix}$$
$$=\begin{pmatrix} -3-8 & 6-6 & 9-4 & 3+2 \\ 0-10 & 9+6 & -6-0 & 3-2 \\ 12-2 & 0-4 & 9+10 & 6-0 \end{pmatrix}$$
$$=\begin{pmatrix} -11 & 0 & 5 & 5 \\ -10 & 15 & -6 & 1 \\ 10 & -4 & 19 & 6 \end{pmatrix}.$$

例 3 已知 $\boldsymbol{A}=\begin{pmatrix} 3 & -1 & 2 & 0 \\ 1 & 5 & 7 & 9 \\ 2 & 4 & 6 & 8 \end{pmatrix},\boldsymbol{B}=\begin{pmatrix} 7 & 5 & -2 & 4 \\ 5 & 1 & 9 & 7 \\ 3 & 2 & -1 & 6 \end{pmatrix}$,且 $\boldsymbol{A}+2\boldsymbol{X}=\boldsymbol{B}$,求 $\boldsymbol{X}$.

解
$$\boldsymbol{X}=\frac{1}{2}(\boldsymbol{B}-\boldsymbol{A})=\frac{1}{2}\begin{pmatrix} 4 & 6 & -4 & 4 \\ 4 & -4 & 2 & -2 \\ 1 & -2 & -7 & -2 \end{pmatrix}$$

$$=\begin{pmatrix} 2 & 3 & -2 & 2 \\ 2 & -2 & 1 & -1 \\ \frac{1}{2} & -1 & -\frac{7}{2} & -1 \end{pmatrix}.$$

二、矩阵与矩阵相乘

我们先来举例引入矩阵乘法.

设有两个线性变换：

$$\begin{cases} y_1=a_{11}x_1+a_{12}x_2+a_{13}x_3 \\ y_2=a_{21}x_1+a_{22}x_2+a_{23}x_3 \end{cases} \tag{2}$$

$$\begin{cases} x_1=b_{11}t_1+b_{12}t_2 \\ x_2=b_{21}t_1+b_{22}t_2 \\ x_3=b_{31}t_1+b_{32}t_2 \end{cases} \tag{3}$$

求出从 t_1,t_2 到 y_1,y_2 的线性变换为

$$\begin{cases} y_1=(a_{11}b_{11}+a_{12}b_{21}+a_{13}b_{31})t_1+(a_{11}b_{12}+a_{12}b_{22}+a_{13}b_{32})t_2 \\ y_2=(a_{21}b_{11}+a_{22}b_{21}+a_{23}b_{31})t_1+(a_{21}b_{12}+a_{22}b_{22}+a_{23}b_{32})t_2 \end{cases} \tag{4}$$

线性变换(2)、(3)对应的矩阵分别为

$$\boldsymbol{A}=\begin{pmatrix} a_{11} & a_{12} & a_{13} \\ a_{21} & a_{22} & a_{23} \end{pmatrix},\boldsymbol{B}=\begin{pmatrix} b_{11} & b_{12} \\ b_{21} & b_{22} \\ b_{31} & b_{32} \end{pmatrix},$$

线性变换(4)对应的矩阵为

$$\boldsymbol{C}=\begin{pmatrix} a_{11}b_{11}+a_{12}b_{21}+a_{13}b_{31} & a_{11}b_{12}+a_{12}b_{22}+a_{13}b_{32} \\ a_{21}b_{11}+a_{22}b_{21}+a_{23}b_{31} & a_{21}b_{12}+a_{22}b_{22}+a_{23}b_{32} \end{pmatrix}.$$

从 $\boldsymbol{C}=(c_{ij})$ 可以看出，矩阵 $\boldsymbol{C}$ 的第一行第一列元素 c_{11} 是矩阵 $\boldsymbol{A}$ 的第一行元素与矩阵 $\boldsymbol{B}$ 的第一列对应元素乘积之和. 同样可知，矩阵 $\boldsymbol{C}$ 的第 i 行第 j 列元素 c_{ij} 恰是矩阵 $\boldsymbol{A}$ 的第 i 行元素与矩阵 $\boldsymbol{B}$ 的第 j 列对应元素乘积之和. 正是根据这个规律，我们可以定义矩阵的乘法，它已完全不同于矩阵加法的对对应元素作相应加法运算的规则.

定义 3　设

$$\boldsymbol{A}=(a_{ij})_{m\times s}=\begin{pmatrix} a_{11} & a_{12} & \cdots & a_{1s} \\ a_{?s} & a_{2s} & \cdots & a_{2s} \\ \vdots & \vdots & & \vdots \\ a_{m1} & a_{m2} & \cdots & a_{ms} \end{pmatrix},\boldsymbol{B}=(b_{ij})_{s\times n}=\begin{pmatrix} b_{11} & b_{12} & \cdots & b_{1n} \\ b_{21} & b_{22} & \cdots & b_{2n} \\ \vdots & \vdots & & \vdots \\ b_{s1} & b_{s2} & \cdots & b_{sn} \end{pmatrix}.$$

矩阵 $\boldsymbol{A}$ 与矩阵 $\boldsymbol{B}$ 的乘积(product)记作 $\boldsymbol{AB}$，规定为

$$\boldsymbol{AB}=(c_{ij})_{m\times n}=\begin{pmatrix}c_{11} & c_{12} & \cdots & c_{1n}\\ c_{21} & c_{22} & \cdots & c_{2n}\\ \vdots & \vdots & & \vdots\\ c_{m1} & c_{m2} & \cdots & c_{mn}\end{pmatrix},$$

其中 $c_{ij}=a_{i1}b_{1j}+a_{i2}b_{2j}+\cdots+a_{is}b_{sj}=\sum\limits_{k=1}^{s}a_{ik}b_{kj}\ (i=1,2,\cdots,m;j=1,2,\cdots,n)$.

特别提示：

① 只有当左边矩阵 $\boldsymbol{A}$ 的列数等于右边矩阵 $\boldsymbol{B}$ 的行数时，两个矩阵才能进行乘法运算，否则 $\boldsymbol{A}$ 与 $\boldsymbol{B}$ 不能相乘(即 $\boldsymbol{AB}$ 无意义)；

② 乘积矩阵 $\boldsymbol{C}(=\boldsymbol{AB})$ 的行数等于左矩阵 $\boldsymbol{A}$ 的行数，$\boldsymbol{C}$ 的列数等于右矩阵 $\boldsymbol{B}$ 的列数.

记号 $\boldsymbol{AB}$ 常读作 $\boldsymbol{A}$ 左乘 $\boldsymbol{B}$ 或 $\boldsymbol{B}$ 右乘 $\boldsymbol{A}$.

$$c_{ij}=(a_{i1},a_{i2},\cdots,a_{is})\begin{pmatrix}b_{1j}\\ b_{2j}\\ \vdots\\ b_{sj}\end{pmatrix}=a_{i1}b_{1j}+a_{i2}b_{2j}+\cdots+a_{is}b_{sj}.$$

例 4 若 $\boldsymbol{A}=\begin{pmatrix}2 & 3\\ 1 & -2\\ 3 & 1\end{pmatrix}$，$\boldsymbol{B}=\begin{pmatrix}1 & -2 & -3\\ 2 & -1 & 0\end{pmatrix}$，求 $\boldsymbol{AB}$ 和 $\boldsymbol{BA}$.

解 $\boldsymbol{AB}=\begin{pmatrix}2 & 3\\ 1 & -2\\ 3 & 1\end{pmatrix}\begin{pmatrix}1 & -2 & -3\\ 2 & -1 & 0\end{pmatrix}$

$$=\begin{pmatrix}2\times1+3\times2 & 2\times(-2)+3\times(-1) & 2\times(-3)+3\times0\\ 1\times1+(-2)\times2 & 1\times(-2)+(-2)\times(-1) & 1\times(-3)+(-2)\times0\\ 3\times1+1\times2 & 3\times(-2)+1\times(-1) & 3\times(-3)+1\times0\end{pmatrix}$$

$$=\begin{pmatrix}8 & -7 & -6\\ -3 & 0 & -3\\ 5 & -7 & -9\end{pmatrix},$$

$$\boldsymbol{BA}=\begin{pmatrix}1 & -2 & -3\\ 2 & -1 & 0\end{pmatrix}\begin{pmatrix}2 & 3\\ 1 & -2\\ 3 & 1\end{pmatrix}$$

$$=\begin{pmatrix}1\times2+(-2)\times1+(-3)\times3 & 1\times3+(-2)\times(-2)+(-3)\times1\\ 2\times2+(-1)\times1+0\times3 & 2\times3+(-1)\times(-2)+0\times1\end{pmatrix}$$

$$=\begin{pmatrix}-9 & 4\\ 3 & 8\end{pmatrix},$$

显然 $\boldsymbol{AB}\neq\boldsymbol{BA}$.

由例 4 知，矩阵的乘法不满足交换律，即在一般情况下，$\boldsymbol{AB}\neq\boldsymbol{BA}$. 由

此例还可得知矩阵乘法的消去律不成立，即当 $\boldsymbol{AB}=\boldsymbol{AC}$ 时不一定有 $\boldsymbol{B}=\boldsymbol{C}$（如 $\boldsymbol{A}$、$\boldsymbol{B}$ 同上，取 $\boldsymbol{C}=\boldsymbol{O}$ 即可）. 但矩阵的乘法仍满足以下运算规律（假设运算都是可行的），请读者自己证明.

(1) $(\boldsymbol{AB})\boldsymbol{C}=\boldsymbol{A}(\boldsymbol{BC})$；

(2) $\boldsymbol{A}(\boldsymbol{B}+\boldsymbol{C})=\boldsymbol{AB}+\boldsymbol{AC}$，$(\boldsymbol{B}+\boldsymbol{C})\boldsymbol{A}=\boldsymbol{BA}+\boldsymbol{CA}$；

(3) $\lambda(\boldsymbol{AB})=(\lambda\boldsymbol{A})\boldsymbol{B}=\boldsymbol{A}(\lambda\boldsymbol{B})$（其中 λ 是数）.

特别提示：

① 矩阵的乘法一般不满足交换律，即 $\boldsymbol{AB}\neq\boldsymbol{BA}$；

例如，设 $\boldsymbol{A}=(1,0,4)$，$\boldsymbol{B}=\begin{pmatrix}1\\1\\0\end{pmatrix}$. $\boldsymbol{A}$ 是一个 1×3 矩阵，$\boldsymbol{B}$ 是 3×1 矩阵，因此 $\boldsymbol{AB}$ 有意义，$\boldsymbol{BA}$ 也有意义，但

$$\boldsymbol{AB}=(1,0,4)\begin{pmatrix}1\\1\\0\end{pmatrix}=1\times1+0\times1+4\times0=1,$$

$$\boldsymbol{BA}=\begin{pmatrix}1\\1\\0\end{pmatrix}(1,0,4)=\begin{pmatrix}1\times1 & 1\times0 & 1\times4\\1\times1 & 1\times0 & 1\times4\\0\times1 & 0\times0 & 0\times4\end{pmatrix}=\begin{pmatrix}1 & 0 & 4\\1 & 0 & 4\\0 & 0 & 0\end{pmatrix},$$

可见 $\boldsymbol{AB}\neq\boldsymbol{BA}$.

② 两个非零矩阵相乘，可能是零矩阵，故不能从 $\boldsymbol{AB}=\boldsymbol{O}$ 必然推出 $\boldsymbol{A}=\boldsymbol{O}$ 或 $\boldsymbol{B}=\boldsymbol{O}$.

例如，设 $\boldsymbol{A}=\begin{pmatrix}-2 & 4\\1 & -2\end{pmatrix}$，$\boldsymbol{B}=\begin{pmatrix}2 & 4\\-3 & -6\end{pmatrix}$，则

$$\boldsymbol{AB}=\begin{pmatrix}-2 & 4\\1 & -2\end{pmatrix}\begin{pmatrix}2 & 4\\-3 & -6\end{pmatrix}=\begin{pmatrix}-16 & -32\\8 & 16\end{pmatrix},$$

而

$$\boldsymbol{BA}=\begin{pmatrix}2 & 4\\-3 & -6\end{pmatrix}\begin{pmatrix}-2 & 4\\1 & -2\end{pmatrix}=\begin{pmatrix}0 & 0\\0 & 0\end{pmatrix},$$

于是 $\boldsymbol{AB}\neq\boldsymbol{BA}$，且 $\boldsymbol{BA}=\boldsymbol{O}$，但 $\boldsymbol{A}\neq\boldsymbol{O}$ 且 $\boldsymbol{B}\neq\boldsymbol{O}$.

③ 矩阵乘法一般也不满足消去律，即不能从 $\boldsymbol{AC}=\boldsymbol{BC}$ 必然推出 $\boldsymbol{A}=\boldsymbol{B}$.

例如，设 $\boldsymbol{A}=\begin{pmatrix}1 & 2\\0 & 3\end{pmatrix}$，$\boldsymbol{B}=\begin{pmatrix}1 & 0\\0 & 4\end{pmatrix}$，$\boldsymbol{C}=\begin{pmatrix}1 & 1\\0 & 0\end{pmatrix}$，则

$$\boldsymbol{AC}=\begin{pmatrix}1 & 2\\0 & 3\end{pmatrix}\begin{pmatrix}1 & 1\\0 & 0\end{pmatrix}=\begin{pmatrix}1 & 1\\0 & 0\end{pmatrix}=\begin{pmatrix}1 & 0\\0 & 4\end{pmatrix}\begin{pmatrix}1 & 1\\0 & 0\end{pmatrix}=\boldsymbol{BC},$$

但 $A \neq B$.

④ 单位矩阵就像数 1 一样，总有 $E_m A_{m\times n} = A_{m\times n}$，　$A_{m\times n} E_n = A_{m\times n}$.

特别提示：

矩阵乘法有点怪，可结合而不可交换，可分配而不可消去.

定义 4　如果两矩阵 A、B 相乘，有

$$AB = BA,$$

则称矩阵 A 与矩阵 B 可交换，简称 A 与 B 可换.

有了矩阵的乘法，就可以定义矩阵的幂(power).

定义 5　设 A 是 n 阶方阵，定义

$$A^0 = E, A^1 = A, A^2 = A^1 A^1, \cdots, A^{k+1} = A^k A,$$

其中 k 为正整数. 显然只有方阵的幂才有意义.

容易验证：$A^{k+l} = A^k A^l$，$(A^k)^l = A^{kl}$（k、l 为正整数）.

但值得注意的是，对于一般的 n 阶方阵 A、B，$(AB)^k \neq A^k B^k$.

例如：$A = \begin{pmatrix} 1 & 1 \\ 0 & 0 \end{pmatrix}$，　$B = \begin{pmatrix} 1 & 0 \\ 1 & 0 \end{pmatrix}$，　则

$$AB = \begin{pmatrix} 2 & 0 \\ 0 & 0 \end{pmatrix}，\quad BA = \begin{pmatrix} 1 & 1 \\ 1 & 1 \end{pmatrix}，\quad A^2 = \begin{pmatrix} 1 & 1 \\ 0 & 0 \end{pmatrix} = A,$$

$$B^2 = \begin{pmatrix} 1 & 0 \\ 1 & 0 \end{pmatrix} = B，\ (AB)^2 = \begin{pmatrix} 4 & 0 \\ 0 & 0 \end{pmatrix}，\quad A^2 B^2 = AB = \begin{pmatrix} 2 & 0 \\ 0 & 0 \end{pmatrix}.$$

特别提示：

只有当 A 与 B 可交换，即 $AB = BA$ 时，才有 $(AB)^k = A^k B^k$.

显然，$AB \neq BA$，　$(AB)^k \neq (BA)^k$.

矩阵乘法结合律的妙用：设 $A = BC$，其中

$$B = \begin{pmatrix} 1 \\ 2 \\ 3 \end{pmatrix}，\quad C = (1, 2, 3)$$

则

$$A = \begin{pmatrix} 1 & 2 & 3 \\ 2 & 4 & 6 \\ 3 & 6 & 9 \end{pmatrix}$$

求 A^{100}.

解　先算出

$$CB = (1, 2, 3)\begin{pmatrix} 1 \\ 2 \\ 3 \end{pmatrix} = 1\times 1 + 2\times 2 + 3\times 3 = 14,$$

则 $A^{100} = (BC)(BC)(BC)\cdots(BC)(BC)(BC)$

$= B(CB)(CB)(CB)\cdots(CB)(CB)C$

$= (CB)^{99} BC$

$= 14^{99} A$.

考考你：

$$A = \begin{pmatrix} 2 & 1 & 1 \\ 1 & 2 & 1 \\ 1 & 1 & 2 \end{pmatrix},$$

你能用简单的方法计算 $A^{1\,000}$ 吗？

进一步我们有

命题 1 设 $\boldsymbol{B}$ 是一个 n 阶矩阵，则 $\boldsymbol{B}$ 是一个数量矩阵的充分必要条件是 $\boldsymbol{B}$ 与任何 n 阶矩阵 $\boldsymbol{A}$ 可换.

命题 2 设 $\boldsymbol{A},\boldsymbol{B}$ 均为 n 阶矩阵，则下列命题等价：

(1) $\boldsymbol{AB}=\boldsymbol{BA}$；

(2) $(\boldsymbol{A}+\boldsymbol{B})^2=\boldsymbol{A}^2+2\boldsymbol{AB}+\boldsymbol{B}^2$；

(3) $(\boldsymbol{A}-\boldsymbol{B})^2=\boldsymbol{A}^2-2\boldsymbol{AB}+\boldsymbol{B}^2$；

(4) $(\boldsymbol{A}+\boldsymbol{B})(\boldsymbol{A}-\boldsymbol{B})=(\boldsymbol{A}-\boldsymbol{B})(\boldsymbol{A}+\boldsymbol{B})=\boldsymbol{A}^2-\boldsymbol{B}^2$.

例 5 设 $\boldsymbol{A}=\begin{pmatrix} a_1 & & & \\ & a_2 & & \\ & & \ddots & \\ & & & a_n \end{pmatrix},\boldsymbol{B}=\begin{pmatrix} b_1 & & & \\ & b_2 & & \\ & & \ddots & \\ & & & b_n \end{pmatrix}$.

(这种记法表示主对角线以外没有注明的元素均为零)，则

(1) $k\begin{pmatrix} a_1 & & & \\ & a_2 & & \\ & & \ddots & \\ & & & a_n \end{pmatrix}=\begin{pmatrix} ka_1 & & & \\ & ka_2 & & \\ & & \ddots & \\ & & & ka_n \end{pmatrix}$；

(2) $$\begin{pmatrix} a_1 & & & \\ & a_2 & & \\ & & \ddots & \\ & & & a_n \end{pmatrix}+\begin{pmatrix} b_1 & & & \\ & b_2 & & \\ & & \ddots & \\ & & & b_n \end{pmatrix}$$
$$=\begin{pmatrix} a_1+b_1 & & & \\ & a_2+b_2 & & \\ & & \ddots & \\ & & & a_n+b_n \end{pmatrix};$$

(3) $$\begin{pmatrix} a_1 & & & \\ & a_2 & & \\ & & \ddots & \\ & & & a_n \end{pmatrix}\begin{pmatrix} b_1 & & & \\ & b_2 & & \\ & & \ddots & \\ & & & b_n \end{pmatrix}$$
$$=\begin{pmatrix} a_1b_1 & & & \\ & a_2b_2 & & \\ & & \ddots & \\ & & & a_nb_n \end{pmatrix}.$$

可见，如果 $\boldsymbol{A}$、$\boldsymbol{B}$ 为同阶对角矩阵，则 $k\boldsymbol{A}$、$\boldsymbol{A}+\boldsymbol{B}$、$\boldsymbol{A}\times\boldsymbol{B}$ 仍为同阶对角

矩阵.

例 6 某地区有四个工厂Ⅰ、Ⅱ、Ⅲ、Ⅳ,生产甲、乙、丙三种产品,矩阵 $\boldsymbol{A}$ 表示一年中各工厂生产各种产品的数量,矩阵 $\boldsymbol{B}$ 表示各种产品的单位价格(元)及单位利润(元),矩阵 $\boldsymbol{C}$ 表示各工厂的总收入及总利润.

$$\boldsymbol{A}=\begin{pmatrix} a_{11} & a_{12} & a_{13} \\ a_{21} & a_{22} & a_{23} \\ a_{31} & a_{32} & a_{33} \\ a_{41} & a_{42} & a_{43} \end{pmatrix}\begin{matrix}\text{Ⅰ}\\\text{Ⅱ}\\\text{Ⅲ}\\\text{Ⅳ}\end{matrix},\boldsymbol{B}=\begin{pmatrix} b_{11} & b_{12} \\ b_{21} & b_{22} \\ b_{31} & b_{32} \end{pmatrix}\begin{matrix}\text{甲}\\\text{乙}\\\text{丙}\end{matrix},\boldsymbol{C}=\begin{pmatrix} c_{11} & c_{12} \\ c_{21} & c_{22} \\ c_{31} & c_{32} \\ c_{41} & c_{42} \end{pmatrix}\begin{matrix}\text{Ⅰ}\\\text{Ⅱ}\\\text{Ⅲ}\\\text{Ⅳ}\end{matrix}$$

甲 乙 丙　　单位价格 单位利润　　总收入 总利润

其中,$a_{ik}(i=1,2,3,4;k=1,2,3)$是第 i 个工厂生产第 k 种产品的数量,b_{k1} 及 $b_{k2}(k=1,2,3)$分别是第 k 种产品的单位价格及单位利润,c_{i1} 及 c_{i2} $(i=1,2,3,4)$分别是第 i 个工厂生产三种产品的总收入及总利润,则矩阵 $\boldsymbol{A},\boldsymbol{B},\boldsymbol{C}$ 的元素之间有下列关系:

$$\begin{pmatrix} a_{11}b_{11}+a_{12}b_{21}+a_{13}b_{31} & a_{11}b_{12}+a_{12}b_{22}+a_{13}b_{32} \\ a_{21}b_{11}+a_{22}b_{21}+a_{23}b_{31} & a_{21}b_{12}+a_{22}b_{22}+a_{23}b_{32} \\ a_{31}b_{11}+a_{32}b_{21}+a_{33}b_{31} & a_{31}b_{12}+a_{32}b_{22}+a_{33}b_{32} \\ a_{41}b_{11}+a_{42}b_{21}+a_{43}b_{31} & a_{41}b_{12}+a_{42}b_{22}+a_{43}b_{32} \end{pmatrix}=\begin{pmatrix} c_{11} & c_{12} \\ c_{21} & c_{22} \\ c_{31} & c_{32} \\ c_{41} & c_{42} \end{pmatrix}.$$

其中 $c_{ij}=a_{i1}b_{1j}+a_{i2}b_{2j}+a_{i3}b_{3j}(i=1,2,3,4;j=1,2)$,即 $\boldsymbol{C}=\boldsymbol{AB}$.

思考题:

某家电公司向三个商店发送四种产品的数量如下表

	空调	冰箱	29″彩电	25″彩电
甲商店	30	20	50	20
乙商店	0	7	10	0
丙商店	50	40	50	50

这四种产品的售价(单位:百元)及重量(单位:千克)如下:

	售价	重量
空调	30	40
冰箱	16	30
29″彩电	22	30
25″彩电	18	20

你能利用矩阵求出该公司向每个商店出售产品的总售价及总重量分别是多少吗?

例 7 求与矩阵 $\boldsymbol{A}=\begin{pmatrix}0&1&0&0\\0&0&1&0\\0&0&0&1\\0&0&0&0\end{pmatrix}$ 可交换的一切矩阵.

解 设与 $\boldsymbol{A}$ 可交换的矩阵为 $\boldsymbol{B}=\begin{pmatrix}a&b&c&d\\a_1&b_1&c_1&d_1\\a_2&b_2&c_2&d_2\\a_3&b_3&c_3&d_3\end{pmatrix}$,

则

$$\boldsymbol{AB}=\begin{pmatrix}0&1&0&0\\0&0&1&0\\0&0&0&1\\0&0&0&0\end{pmatrix}\begin{pmatrix}a&b&c&d\\a_1&b_1&c_1&d_1\\a_2&b_2&c_2&d_2\\a_3&b_3&c_3&d_3\end{pmatrix}=\begin{pmatrix}a_1&b_1&c_1&d_1\\a_2&b_2&c_2&d_2\\a_3&b_3&c_3&d_3\\0&0&0&0\end{pmatrix},$$

$$\boldsymbol{BA}=\begin{pmatrix}a&b&c&d\\a_1&b_1&c_1&d_1\\a_2&b_2&c_2&d_2\\a_3&b_3&c_3&d_3\end{pmatrix}\begin{pmatrix}0&1&0&0\\0&0&1&0\\0&0&0&1\\0&0&0&0\end{pmatrix}=\begin{pmatrix}0&a&b&c\\0&a_1&b_1&c_1\\0&a_2&b_2&c_2\\0&a_3&b_3&c_3\end{pmatrix},$$

由 $\boldsymbol{AB}=\boldsymbol{BA}$ 可得 $a_1=0,b_1=a,c_1=b,d_1=c$, $a_2=0$, $b_2=a_1=0$, $c_2=b_1=a$, $d_2=c_1=b$, $a_3=0$, $b_3=a_2=0,c_3=b_2=0,d_3=c_2=a$,于是有

$$\boldsymbol{B}=\begin{pmatrix}a&b&c&d\\0&a&b&c\\0&0&a&b\\0&0&0&a\end{pmatrix},$$

其中 a,b,c,d 为任意实数.

例 8 证明:如果 $\boldsymbol{CA}=\boldsymbol{AC},\boldsymbol{CB}=\boldsymbol{BC}$, 则有

$$(\boldsymbol{A}+\boldsymbol{B})\boldsymbol{C}=\boldsymbol{C}(\boldsymbol{A}+\boldsymbol{B});\ (\boldsymbol{AB})\boldsymbol{C}=\boldsymbol{C}(\boldsymbol{AB}).$$

证 因为 $\boldsymbol{CA}=\boldsymbol{AC}$, $\boldsymbol{CB}=\boldsymbol{BC}$,

所以 $(\boldsymbol{A}+\boldsymbol{B})\boldsymbol{C}=\boldsymbol{AC}+\boldsymbol{BC}=\boldsymbol{CA}+\boldsymbol{CB}=\boldsymbol{C}(\boldsymbol{A}+\boldsymbol{B})$,

$(\boldsymbol{AB})\boldsymbol{C}=\boldsymbol{A}(\boldsymbol{BC})=\boldsymbol{A}(\boldsymbol{CB})=(\boldsymbol{CA})\boldsymbol{B}=\boldsymbol{C}(\boldsymbol{AB})$.

例 9 解矩阵方程 $\begin{pmatrix}2&1\\1&2\end{pmatrix}\boldsymbol{X}=\begin{pmatrix}1&2\\-1&4\end{pmatrix}$, 其中 $\boldsymbol{X}$ 为二阶矩阵.

解 设 $\boldsymbol{X}=\begin{pmatrix}x_{11} & x_{12}\\ x_{21} & x_{22}\end{pmatrix}$,由题设有

$$\begin{pmatrix}2 & 1\\ 1 & 2\end{pmatrix}\begin{pmatrix}x_{11} & x_{12}\\ x_{21} & x_{22}\end{pmatrix}=\begin{pmatrix}1 & 2\\ -1 & 4\end{pmatrix},$$

可得

$$\begin{pmatrix}2x_{11}+x_{21} & 2x_{12}+x_{22}\\ x_{11}+2x_{21} & x_{12}+2x_{22}\end{pmatrix}=\begin{pmatrix}1 & 2\\ -1 & 4\end{pmatrix},$$

即

$$\begin{cases}2x_{11}+x_{21}=1,\\ x_{11}+2x_{21}=-1\end{cases}\text{和}\begin{cases}2x_{12}+x_{22}=2,\\ x_{12}+2x_{22}=4.\end{cases}$$

解两个方程组得 $x_{11}=1,\quad x_{21}=-1,\quad x_{12}=0,\quad x_{22}=2,$

$$\text{所以}\quad \boldsymbol{X}=\begin{pmatrix}1 & 0\\ -1 & 2\end{pmatrix}.$$

例 10 设有线性变换 $\boldsymbol{y}=\boldsymbol{A}\boldsymbol{x}$,其中 $\boldsymbol{A}=\begin{pmatrix}1 & 2\\ 0 & 1\end{pmatrix}$,$\boldsymbol{x}=\begin{pmatrix}2\\ 2\end{pmatrix}$,试求出向量 $\boldsymbol{y}$,并指出该变换的几何意义.

解 $\boldsymbol{y}=\boldsymbol{A}\boldsymbol{x}=\begin{pmatrix}1 & 2\\ 0 & 1\end{pmatrix}\begin{pmatrix}2\\ 2\end{pmatrix}=\begin{pmatrix}6\\ 2\end{pmatrix}$.

其几何意义是:线性变换 $\boldsymbol{y}=\boldsymbol{A}\boldsymbol{x}$ 将平面 x_1Ox_2 上的向量 $\boldsymbol{x}=\begin{pmatrix}2\\ 2\end{pmatrix}$ 变换为该平面上的另一向量 $\boldsymbol{y}=\begin{pmatrix}6\\ 2\end{pmatrix}$(见图 1.1)

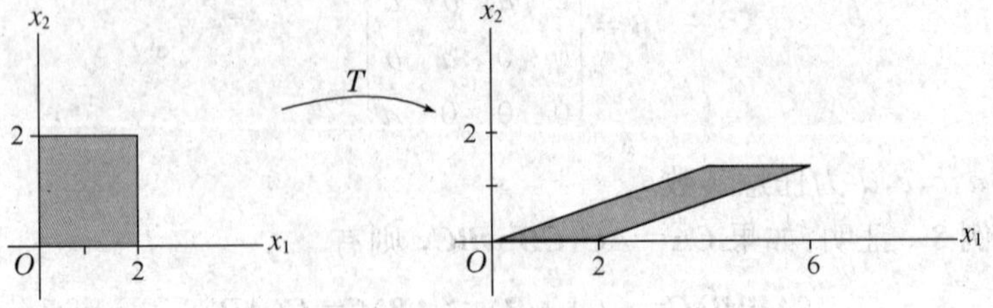

图 1.1

三、线性方程组的矩阵表示

设有线性方程组

$$\begin{cases} a_{11}x_1+a_{12}x_2+\cdots+a_{1n}x_n=b_1, \\ a_{21}x_1+a_{22}x_2+\cdots+a_{2n}x_n=b_2, \\ \cdots\cdots\cdots\cdots \\ a_{m1}x_1+a_{m2}x_2+\cdots+a_{mn}x_n=b_m, \end{cases} \tag{5}$$

若记

$$\boldsymbol{A}=\begin{pmatrix} a_{11} & a_{12} & \cdots & a_{1n} \\ a_{21} & a_{22} & \cdots & a_{2n} \\ \vdots & \vdots & & \vdots \\ a_{m1} & a_{m2} & \cdots & a_{mn} \end{pmatrix}, \boldsymbol{X}=\begin{pmatrix} x_1 \\ x_2 \\ \vdots \\ x_n \end{pmatrix}, \boldsymbol{b}=\begin{pmatrix} b_1 \\ b_2 \\ \vdots \\ b_m \end{pmatrix},$$

则利用矩阵的乘法，线性方程组(5)可表示为矩阵形式：

$$\boldsymbol{AX}=\boldsymbol{b}, \tag{6}$$

其中矩阵 $\boldsymbol{A}$ 称为线性方程组(5)的系数矩阵. 方程(6)又称为矩阵方程.

如

$$\begin{cases} 2x_1+3x_2-1.2x_3+x_4=8, \\ x_1+2x_2-3x_4=-7, \\ x_2+3.2x_3+8x_4=12. \end{cases}$$

可以写为

$$\begin{pmatrix} 2 & 3 & -1.2 & 1 \\ 1 & 2 & 0 & -3 \\ 0 & 1 & 3.2 & 8 \end{pmatrix}\begin{pmatrix} x_1 \\ x_2 \\ x_3 \\ x_4 \end{pmatrix}=\begin{pmatrix} 8 \\ -7 \\ 12 \end{pmatrix}.$$

如果 $x_j=c_j(j=1,2,\cdots,n)$是方程组(5)的解，记列矩阵

$$\boldsymbol{C}=\begin{pmatrix} c_1 \\ c_2 \\ \vdots \\ c_n \end{pmatrix},$$

则

$$\boldsymbol{AC}=\boldsymbol{b},$$

这时也称 $\boldsymbol{C}$ 是矩阵方程(6)的解；反之,如果列矩阵 $\boldsymbol{C}$ 是矩阵方程(6)的解,即有矩阵等式 $\boldsymbol{AC}=\boldsymbol{b}$ 成立，则 $\boldsymbol{X}=\boldsymbol{C}$,即 $x_j=c_j(j=1,2,\cdots,n)$也是线性方程组(5)的解. 这样，对线性方程组(5)的讨论便等价于对矩阵方程(6)的讨论. 特别地，齐次线性方程组

$$\begin{cases}a_{11}x_1+a_{12}x_2+\cdots+a_{1n}x_n=0,\\a_{21}x_1+a_{22}x_2+\cdots+a_{2n}x_n=0,\\\cdots\cdots\cdots\cdots\\a_{m1}x_1+a_{m2}x_2+\cdots+a_{mn}x_n=0\end{cases}$$

可以表示为

$$\boldsymbol{AX}=\boldsymbol{O}.$$

将线性方程组写成矩阵方程的形式，不仅书写方便，而且可以把线性方程组的理论与矩阵理论联系起来，这给线性方程组的讨论带来很大的便利.

四、线性变换的矩阵表示

设有从变量 $x_1,x_2,\cdots,x_n$ 到变量 $y_1,y_2,\cdots,y_m$ 的线性变换：

$$\begin{cases}y_1=a_{11}x_1+a_{12}x_2+\cdots+a_{1n}x_n,\\y_2=a_{21}x_1+a_{22}x_2+\cdots+a_{2n}x_n,\\\cdots\cdots\cdots\cdots\\y_m=a_{m1}x_1+a_{m2}x_2+\cdots+a_{mn}x_n\end{cases}\tag{7}$$

其中 $a_{ij}(i=1,2,\cdots,m;j=1,2,\cdots,n)$为常数. 线性变换(7)的系数 a_{ij} 构成矩阵$\boldsymbol{A}=(a_{ij})_{m\times n}$，称其为线性变换(7)的系数矩阵. 利用矩阵的乘法，可以记为$\boldsymbol{Y}=\boldsymbol{AX}$，其中

$$\boldsymbol{X}=\begin{pmatrix}x_1\\x_2\\\vdots\\x_n\end{pmatrix},\quad \boldsymbol{Y}=\begin{pmatrix}y_1\\y_2\\\vdots\\y_m\end{pmatrix},\quad \boldsymbol{A}=\begin{pmatrix}a_{11}&a_{12}&\cdots&a_{1n}\\a_{21}&a_{22}&\cdots&a_{2n}\\\vdots&\vdots&&\vdots\\a_{m1}&a_{m2}&\cdots&a_{mn}\end{pmatrix}.$$

易见线性变换与其系数矩阵之间存在一一对应关系. 因而可利用矩阵来研究线性变换，亦可利用线性变换来研究矩阵.

例如，对于线性变换

$$\begin{cases}z_1=b_{11}y_1+b_{12}y_2+\cdots+b_{1s}y_s,\\z_2=b_{21}y_1+b_{22}y_2+\cdots+b_{2s}y_s,\\\cdots\cdots\cdots\cdots\\z_m=b_{m1}y_1+b_{m2}y_2+\cdots+b_{ms}y_s\end{cases}\tag{8}$$

和

$$\begin{cases} y_1=c_{11}x_1+c_{12}x_2+\cdots+c_{1n}x_n, \\ y_2=c_{21}x_1+c_{22}x_2+\cdots+c_{2n}x_n, \\ \cdots\cdots\cdots\cdots \\ y_s=c_{s1}x_1+c_{s2}x_2+\cdots+c_{sn}x_n \end{cases} \tag{9}$$

利用矩阵的乘法，可以记为 $\boldsymbol{Z}=\boldsymbol{BY}$ 和 $\boldsymbol{Y}=\boldsymbol{CX}$，其中

$$\boldsymbol{X}=\begin{pmatrix} x_1 \\ x_2 \\ \vdots \\ x_n \end{pmatrix},\quad \boldsymbol{Y}=\begin{pmatrix} y_1 \\ y_2 \\ \vdots \\ y_s \end{pmatrix},\quad \boldsymbol{Z}=\begin{pmatrix} z_1 \\ z_2 \\ \vdots \\ z_m \end{pmatrix},$$

$$\boldsymbol{B}=\begin{pmatrix} b_{11} & b_{12} & \cdots & b_{1s} \\ b_{21} & b_{22} & \cdots & b_{2s} \\ \vdots & \vdots & & \vdots \\ b_{m1} & b_{m2} & \cdots & b_{ms} \end{pmatrix},\quad \boldsymbol{C}=\begin{pmatrix} c_{11} & c_{12} & \cdots & c_{1n} \\ c_{21} & c_{22} & \cdots & c_{2n} \\ \vdots & \vdots & & \vdots \\ c_{s1} & c_{s2} & \cdots & c_{sn} \end{pmatrix}.$$

则从变量 $x_1,x_2,\cdots,x_n$ 到变量 $z_1,z_2,\cdots,z_m$ 的线性变换为 $\boldsymbol{Z}=\boldsymbol{BCX}$.

考考你：

用数学归纳法证明等式

$$\begin{pmatrix} \cos\alpha & -\sin\alpha \\ \sin\alpha & \cos\alpha \end{pmatrix}^n = \begin{pmatrix} \cos n\alpha & -\sin n\alpha \\ \sin n\alpha & \cos n\alpha \end{pmatrix},$$

并用线性变换的观点解释此结果.

五、矩阵的转置

定义 6 把矩阵 $\boldsymbol{A}$ 的行换成同序数的列得到的新矩阵，称为 $\boldsymbol{A}$ 的转置矩阵，记作 $\boldsymbol{A}^{\mathrm{T}}$，简称为矩阵 $\boldsymbol{A}$ 的转置(**transpose**). 即若

$$\boldsymbol{A}=\begin{pmatrix} a_{11} & a_{12} & \cdots & a_{1n} \\ a_{21} & a_{22} & \cdots & a_{2n} \\ \vdots & \vdots & & \vdots \\ a_{m1} & a_{m2} & \cdots & a_{mn} \end{pmatrix},$$

则

$$\boldsymbol{A}^{\mathrm{T}}=\begin{pmatrix} a_{11} & a_{21} & \cdots & a_{m1} \\ a_{12} & a_{22} & \cdots & a_{m2} \\ \vdots & \vdots & & \vdots \\ a_{1n} & a_{2n} & \cdots & a_{mn} \end{pmatrix}.$$

如：$\boldsymbol{A}=\begin{pmatrix} 2 & -1 & 0 \\ 3 & \pi & \sqrt{2} \end{pmatrix}$，则 $\boldsymbol{A}^{\mathrm{T}}=\begin{pmatrix} 2 & 3 \\ -1 & \pi \\ 0 & \sqrt{2} \end{pmatrix}$.

矩阵的转置满足以下运算规律(假设运算都是可行的)，请读者自己证明.

(1) $(\boldsymbol{A}^{\mathrm{T}})^{\mathrm{T}}=\boldsymbol{A}$;

(2) $(\boldsymbol{A}+\boldsymbol{B})^{\mathrm{T}}=\boldsymbol{A}^{\mathrm{T}}+\boldsymbol{B}^{\mathrm{T}}$;

(3) $(k\boldsymbol{A})^{\mathrm{T}}=k\boldsymbol{A}^{\mathrm{T}}$;

(4) $(\boldsymbol{AB})^{\mathrm{T}}=\boldsymbol{B}^{\mathrm{T}}\boldsymbol{A}^{\mathrm{T}}$.

例 11 已知

$$\boldsymbol{A}=\begin{pmatrix}0 & -1\\ 3 & 2\end{pmatrix},\boldsymbol{B}=\begin{pmatrix}1 & 7 & 2\\ 4 & 2 & 0\end{pmatrix},$$

求$(\boldsymbol{AB})^{\mathrm{T}}$.

解法 1 直接相乘. 因为

$$\boldsymbol{AB}=\begin{pmatrix}0 & -1\\ 3 & 2\end{pmatrix}\begin{pmatrix}1 & 7 & 2\\ 4 & 2 & 0\end{pmatrix}=\begin{pmatrix}-4 & -2 & 0\\ 11 & 25 & 6\end{pmatrix},$$

所以

$$(\boldsymbol{AB})^{\mathrm{T}}=\begin{pmatrix}-4 & 11\\ -2 & 25\\ 0 & 6\end{pmatrix}.$$

解法 2 利用 $(\boldsymbol{AB})^{\mathrm{T}}=\boldsymbol{B}^{\mathrm{T}}\boldsymbol{A}^{\mathrm{T}}$计算.

$$(\boldsymbol{AB})^{\mathrm{T}}=\boldsymbol{B}^{\mathrm{T}}\boldsymbol{A}^{\mathrm{T}}=\begin{pmatrix}1 & 4\\ 7 & 2\\ 2 & 0\end{pmatrix}\begin{pmatrix}0 & 3\\ -1 & 2\end{pmatrix}=\begin{pmatrix}-4 & 11\\ -2 & 25\\ 0 & 6\end{pmatrix}.$$

定义 7 设 $\boldsymbol{A}$ 为 n 阶方阵，如果 $\boldsymbol{A}^{\mathrm{T}}=\boldsymbol{A}$，即

$$a_{ij}=a_{ji}\quad (i,j=1,2,\cdots,n),$$

则称 $\boldsymbol{A}$ 为对称矩阵(**symmetric matrix**).

显然,对称矩阵 $\boldsymbol{A}$ 的元素关于主对角线对称. 例如

$$\begin{pmatrix}0 & -1\\ -1 & 0\end{pmatrix},\begin{pmatrix}8 & 6 & 1\\ 6 & 9 & 0\\ 1 & 0 & 5\end{pmatrix}$$

均为对称矩阵.

定义 8 设 $\boldsymbol{A}$ 为 n 阶方阵,如果 $\boldsymbol{A}^{\mathrm{T}}=-\boldsymbol{A}$,则称 $\boldsymbol{A}$ 为反对称矩阵(**antisymmetric matrix**).

如果 $\boldsymbol{A}$ 是反对称矩阵,那么 $\boldsymbol{A}$ 的对角元素一定是零. 事实上,由 $a_{ii}=-a_{ii}$ 得 $a_{ii}=0$.

例 12 试证:任意一个方阵都可以表示为对称矩阵和反对称矩阵之和.

证 $A=\dfrac{A+A^{T}}{2}+\dfrac{A-A^{T}}{2}$,不难验证,$\dfrac{A+A^{T}}{2}$为对称矩阵,$\dfrac{A-A^{T}}{2}$为反对称矩阵.

第三节 矩阵的逆

一、逆矩阵的概念

1. 解方程组的启发

我们知道线性方程组可以写成矩阵形式,如线性方程组

$$\begin{cases}8x+8y+9z=116,\\7x+4y+3z=61,\\3x+5y+6z=68.\end{cases}$$

若记

$$A=\begin{pmatrix}8&8&9\\7&4&3\\3&5&6\end{pmatrix},\quad X=\begin{pmatrix}x\\y\\z\end{pmatrix},\quad b=\begin{pmatrix}116\\61\\68\end{pmatrix},$$

则可以写成

$$AX=b.$$

要把 A 拿掉,凭什么拿掉?由于 $EX=X$,如果能找到三阶矩阵 B 使得 $BA=E$,则可得

$$B(AX)=Bb,$$
$$X=Bb.$$

2. n 阶方阵逆矩阵的定义

定义 1 对于 n 阶矩阵 A,如果存在一个 n 阶矩阵 B,使得

$$AB=BA=E,$$

则称矩阵 A 为可逆矩阵,而矩阵 B 称为 A 的逆矩阵(**inverse matrix**),简称逆阵. 记为 A^{-1},即 $B=A^{-1}$.

特别提示:

A 的逆矩阵用 A^{-1} 来表示,不能用 $\dfrac{1}{A}$ 表示,否则,如 $\dfrac{B}{A}$ 表示 $\dfrac{1}{A}B$ 还是 $B\dfrac{1}{A}$?

按照定义,显然若 $AB=BA=E$,则 A 也是 B 的逆阵,即方阵 A 和 B 互为逆阵. 另外,容易证明方阵 A 如果可逆,则其逆阵是唯一的. 事实上,假定 A 有两个逆阵 B、C,则

$$B=BE=B(AC)=(BA)C=EC=C.$$

命题 若矩阵 A 是可逆的,则 A 的逆矩阵是唯一的.

例 1 设 $\boldsymbol{A}=\begin{pmatrix}2 & 1\\-1 & 0\end{pmatrix}$，求 $\boldsymbol{A}$ 的逆矩阵.

解 利用待定系数法，设 $\boldsymbol{A}$ 的逆矩阵 $\boldsymbol{B}=\begin{pmatrix}a & b\\c & d\end{pmatrix}$，

则

$$\boldsymbol{AB}=\begin{pmatrix}2 & 1\\-1 & 0\end{pmatrix}\begin{pmatrix}a & b\\c & d\end{pmatrix}=\begin{pmatrix}1 & 0\\0 & 1\end{pmatrix},$$

即

$$\begin{pmatrix}2a+c & 2b+d\\-a & -b\end{pmatrix}=\begin{pmatrix}1 & 0\\0 & 1\end{pmatrix},$$

由此可得

$$\begin{cases}2a+c=1,\\2b+d=0,\\-a=0,\\-b=1,\end{cases}\quad\begin{cases}a=0,\\b=-1,\\c=1,\\d=2.\end{cases}$$

又因为

$$\begin{pmatrix}2 & 1\\-1 & 0\end{pmatrix}\begin{pmatrix}0 & -1\\1 & 2\end{pmatrix}=\begin{pmatrix}0 & -1\\1 & 2\end{pmatrix}\begin{pmatrix}2 & 1\\-1 & 0\end{pmatrix}=\begin{pmatrix}1 & 0\\0 & 1\end{pmatrix},$$

所以

$$\boldsymbol{A}^{-1}=\begin{pmatrix}0 & -1\\1 & 2\end{pmatrix}.$$

例 2 证明矩阵 $\boldsymbol{A}=\begin{pmatrix}1 & 0\\0 & 0\end{pmatrix}$ 无逆矩阵.

证 假定 $\boldsymbol{A}$ 有逆矩阵 $\boldsymbol{B}=\begin{bmatrix}b_{11} & b_{12}\\b_{21} & b_{22}\end{bmatrix}$ 使 $\boldsymbol{AB}=\boldsymbol{BA}=\boldsymbol{E}_2$，则

$$\begin{pmatrix}1 & 0\\0 & 0\end{pmatrix}\begin{bmatrix}b_{11} & b_{12}\\b_{21} & b_{22}\end{bmatrix}=\begin{pmatrix}b_{11} & b_{12}\\0 & 0\end{pmatrix}=\boldsymbol{E}_2=\begin{pmatrix}1 & 0\\0 & 1\end{pmatrix}.$$

但这是不可能的，因为由 $\begin{pmatrix}b_{11} & b_{12}\\0 & 0\end{pmatrix}=\begin{pmatrix}1 & 0\\0 & 1\end{pmatrix}$ 将推出 $0=1$ 的谬论来. 因此 $\boldsymbol{A}$ 无逆矩阵.

例 3 如果

$$\boldsymbol{A}=\begin{bmatrix}a_1 & 0 & \cdots & 0\\0 & a_2 & \cdots & 0\\\vdots & \vdots & & \vdots\\0 & 0 & \cdots & a_n\end{bmatrix},$$

其中

$$a_i\neq 0(i=1,2,\cdots,n).$$

验证

$$A^{-1}=\begin{pmatrix}1/a_1 & 0 & \cdots & 0\\ 0 & 1/a_2 & \cdots & 0\\ \vdots & \vdots & & \vdots\\ 0 & 0 & \cdots & 1/a_n\end{pmatrix}.$$

证 因为$\begin{pmatrix}a_1 & 0 & \cdots & 0\\ 0 & a_2 & \cdots & 0\\ \vdots & \vdots & & \vdots\\ 0 & 0 & \cdots & a_n\end{pmatrix}\begin{pmatrix}1/a_1 & 0 & \cdots & 0\\ 0 & 1/a_2 & \cdots & 0\\ \vdots & \vdots & & \vdots\\ 0 & 0 & \cdots & 1/a_n\end{pmatrix}$

$$=\begin{pmatrix}1/a_1 & 0 & \cdots & 0\\ 0 & 1/a_2 & \cdots & 0\\ \vdots & \vdots & & \vdots\\ 0 & 0 & \cdots & 1/a_n\end{pmatrix}\begin{pmatrix}a_1 & 0 & \cdots & 0\\ 0 & a_2 & \cdots & 0\\ \vdots & \vdots & & \vdots\\ 0 & 0 & \cdots & a_n\end{pmatrix}$$

$$=\begin{pmatrix}1 & 0 & \cdots & 0\\ 0 & 1 & \cdots & 0\\ \vdots & \vdots & & \vdots\\ 0 & 0 & \cdots & 1\end{pmatrix},$$

所以 $A^{-1}=\begin{pmatrix}1/a_1 & 0 & \cdots & 0\\ 0 & 1/a_2 & \cdots & 0\\ \vdots & \vdots & & \vdots\\ 0 & 0 & \cdots & 1/a_n\end{pmatrix}.$

二、逆矩阵的运算性质

(1) 若矩阵 $\boldsymbol{A}$ 可逆，则 $\boldsymbol{A}^{-1}$ 也可逆，且 $(\boldsymbol{A}^{-1})^{-1}=\boldsymbol{A}$.

(2) 若矩阵 $\boldsymbol{A}$ 可逆，数 $k\neq 0$，则 $(k\boldsymbol{A})^{-1}=\frac{1}{k}\boldsymbol{A}^{-1}$.

(3) 两个同阶矩阵可逆矩阵 $\boldsymbol{A},\boldsymbol{B}$ 的乘积是可逆矩阵，且

$$(\boldsymbol{AB})^{-1}=\boldsymbol{B}^{-1}\boldsymbol{A}^{-1}.$$

证 $(\boldsymbol{AB})(\boldsymbol{B}^{-1}\boldsymbol{A}^{-1})=\boldsymbol{A}(\boldsymbol{BB}^{-1})\boldsymbol{A}^{-1}=\boldsymbol{AEA}^{-1}=\boldsymbol{AA}^{-1}=\boldsymbol{E}$，同理 $(\boldsymbol{B}^{-1}\boldsymbol{A}^{-1})(\boldsymbol{AB})=\boldsymbol{E}$，即有 $(\boldsymbol{AB})^{-1}=\boldsymbol{B}^{-1}\boldsymbol{A}^{-1}$.

(4) 若矩阵 $\boldsymbol{A}$ 可逆，则 $\boldsymbol{A}^{\mathrm{T}}$ 也可逆，且有 $(\boldsymbol{A}^{\mathrm{T}})^{-1}=(\boldsymbol{A}^{-1})^{\mathrm{T}}$.

证 $\boldsymbol{A}^{\mathrm{T}}(\boldsymbol{A}^{-1})^{\mathrm{T}}=(\boldsymbol{A}^{-1}\boldsymbol{A})^{\mathrm{T}}=\boldsymbol{E}^{\mathrm{T}}=\boldsymbol{E}$，同理 $(\boldsymbol{A}^{-1})^{\mathrm{T}}\boldsymbol{A}^{\mathrm{T}}=\boldsymbol{E}$，故 $(\boldsymbol{A}^{\mathrm{T}})^{-1}=(\boldsymbol{A}^{-1})^{\mathrm{T}}$.

三、矩阵方程

对标准矩阵方程

$$AX=B, \tag{1}$$

$$XA=B, \tag{2}$$

$$AXB=C, \tag{3}$$

利用矩阵乘法的运算规律和逆矩阵的运算性质，通过在方程两边左乘或右乘相应的矩阵的逆矩阵，可求出其解分别为

$$X=A^{-1}B, \tag{1'}$$

$$X=BA^{-1}, \tag{2'}$$

$$X=A^{-1}CB^{-1}, \tag{3'}$$

而其他形式的矩阵方程，则可通过矩阵的有关运算性质转化为标准矩阵方程后进行求解.

例 4 设三阶矩阵 A,B 满足关系：$A^{-1}BA=6A+BA$，且

$$A=\begin{pmatrix}1/2 & 0 & 0\\ 0 & 1/4 & 0\\ 0 & 0 & 1/7\end{pmatrix},$$

求 B.

解 因为 $A^{-1}BA-BA=6A$，所以 $(A^{-1}-E)BA=6A$，两边右乘 A^{-1} 得

$$(A^{-1}-E)B=6E.$$

上式两边再左乘 $(A^{-1}-E)^{-1}$ 得：

$$B=6\,(A^{-1}-E)^{-1}=6\left[\begin{pmatrix}2 & 0 & 0\\ 0 & 4 & 0\\ 0 & 0 & 7\end{pmatrix}-\begin{pmatrix}1 & 0 & 0\\ 0 & 1 & 0\\ 0 & 0 & 1\end{pmatrix}\right]^{-1}$$

$$=6\begin{pmatrix}1 & 0 & 0\\ 0 & 3 & 0\\ 0 & 0 & 6\end{pmatrix}^{-1}=6\begin{pmatrix}1 & 0 & 0\\ 0 & 1/3 & 0\\ 0 & 0 & 1/6\end{pmatrix}=\begin{pmatrix}6 & 0 & 0\\ 0 & 2 & 0\\ 0 & 0 & 1\end{pmatrix}.$$

四、矩阵多项式及其运算

设 $\varphi(x)=a_0+a_1x+\cdots+a_nx^m$ 为 x 的 m 次多项式，A 为 n 阶矩阵，记

$$\varphi(A)=a_0E+a_1A+\cdots+a_mA^m,$$

$\varphi(A)$ 称为矩阵 A 的 m 次多项式.

因为矩阵 A^k,A^l 和 E 都是可交换的，所以矩阵 A 的两个多项式

$\varphi(\boldsymbol{A})$和 $f(\boldsymbol{A})$总是可交换的，即总有

$$\varphi(\boldsymbol{A})f(\boldsymbol{A})=f(\boldsymbol{A})\varphi(\boldsymbol{A}),$$

从而 $\boldsymbol{A}$ 的几个多项式可以像数 x 的多项式一样相乘或分解因式. 例如

$$(\boldsymbol{E}+\boldsymbol{A})(2\boldsymbol{E}-\boldsymbol{A})=2\boldsymbol{E}+\boldsymbol{A}-\boldsymbol{A}^2,$$

$$(\boldsymbol{E}-\boldsymbol{A})^3=\boldsymbol{E}-3\boldsymbol{A}+3\boldsymbol{A}^2-\boldsymbol{A}^3.$$

(1) 如果 $\boldsymbol{A}=\boldsymbol{P\Lambda P}^{-1}$，则 $\boldsymbol{A}^k=\boldsymbol{P\Lambda}^k\boldsymbol{P}^{-1}$，从而

$$\begin{aligned}\varphi(\boldsymbol{A})&=a_0\boldsymbol{E}+a_1\boldsymbol{A}+\cdots+a_m\boldsymbol{A}^m\\&=\boldsymbol{P}a_0\boldsymbol{EP}^{-1}+\boldsymbol{P}a_1\boldsymbol{\Lambda P}^{-1}+\cdots+\boldsymbol{P}a_m\boldsymbol{\Lambda}^m\boldsymbol{P}^{-1}\\&=\boldsymbol{P}\varphi(\boldsymbol{\Lambda})\boldsymbol{P}^{-1}.\end{aligned}$$

(2) 如果 $\boldsymbol{\Lambda}=\mathrm{diag}(\lambda_1,\lambda_2,\cdots,\lambda_n)$为对角阵，则

$$\boldsymbol{\Lambda}^k=\mathrm{diag}(\lambda_1^k,\lambda_2^k,\cdots,\lambda_n^k),$$

从而

$$\begin{aligned}\varphi(\boldsymbol{\Lambda})&=a_0\boldsymbol{E}+a_1\boldsymbol{\Lambda}+\cdots+a_m\boldsymbol{\Lambda}^m\\&=a_0\begin{pmatrix}1&&&\\&1&&\\&&\ddots&\\&&&1\end{pmatrix}+a_1\begin{pmatrix}\lambda_1&&&\\&\lambda_2&&\\&&\ddots&\\&&&\lambda_n\end{pmatrix}+\cdots+\\&\quad a_m\begin{pmatrix}\lambda_1^m&&&\\&\lambda_2^m&&\\&&\ddots&\\&&&\lambda_n^m\end{pmatrix}=\begin{pmatrix}\varphi(\lambda_1)&&&\\&\varphi(\lambda_2)&&\\&&\ddots&\\&&&\varphi(\lambda_n)\end{pmatrix}.\end{aligned}$$

例 5 设 $\boldsymbol{P}=\begin{pmatrix}1&2\\1&4\end{pmatrix}$,$\boldsymbol{\Lambda}=\begin{pmatrix}1&0\\0&2\end{pmatrix}$,$\boldsymbol{AP}=\boldsymbol{P\Lambda}$，求 $\boldsymbol{A}^n$.

解 因为 $\boldsymbol{AP}=\boldsymbol{P\Lambda}$,所以 $\boldsymbol{A}=\boldsymbol{P\Lambda P}^{-1}$,

$$\boldsymbol{A}^2=\boldsymbol{P\Lambda P}^{-1}\boldsymbol{P\Lambda P}^{-1}=\boldsymbol{P\Lambda}^2\boldsymbol{P}^{-1},\cdots,\boldsymbol{A}^n=\boldsymbol{P\Lambda}^n\boldsymbol{P}^{-1},$$

而

$$\boldsymbol{P}^{-1}=\frac{1}{2}\begin{pmatrix}4&-2\\-1&1\end{pmatrix},$$

$$\boldsymbol{\Lambda}^2=\begin{pmatrix}1&0\\0&2\end{pmatrix}\begin{pmatrix}1&0\\0&2\end{pmatrix}=\begin{pmatrix}1&0\\0&2^2\end{pmatrix},\cdots,\boldsymbol{\Lambda}^n=\begin{pmatrix}1&0\\0&2^n\end{pmatrix},$$

故

$$\begin{aligned}\boldsymbol{A}^n&=\begin{pmatrix}1&2\\1&4\end{pmatrix}\begin{pmatrix}1&0\\0&2^n\end{pmatrix}\frac{1}{2}\begin{pmatrix}4&-2\\-1&1\end{pmatrix}=\frac{1}{2}\begin{pmatrix}1&2^{n+1}\\1&2^{n+2}\end{pmatrix}\begin{pmatrix}4&-2\\-1&1\end{pmatrix}\\&=\frac{1}{2}\begin{pmatrix}4-2^{n+1}&2^{n+1}-2\\4-2^{n+2}&2^{n+2}-2\end{pmatrix}=\begin{pmatrix}2-2^n&2^n-1\\2-2^{n+1}&2^{n+1}-1\end{pmatrix}.\end{aligned}$$

第四节　分块矩阵

一、分块矩阵的概念

对于行数和列数较高的矩阵，为了简化运算，经常采用分块法，使大矩阵的运算化成若干小矩阵间的运算，同时也使原矩阵的结构显得简单而清晰. 具体做法：用若干条纵线和横线把矩阵 $\boldsymbol{A}$ 分为若干个小矩阵，每个小矩阵称为 $\boldsymbol{A}$ 的一个子块，以这些子块为元素的矩阵称为分块矩阵(**partitioned matrix**). 矩阵的分块有多种方式，可根据具体需要而定.

特别提示：

一个矩阵也可看做以 $m\times n$ 个元素为1阶子块的分块矩阵.

例如，将矩阵 $\boldsymbol{A}=\begin{pmatrix}1&7&-1\\4&2&3\\2&0&1\end{pmatrix}$ 分成4块：

$$\boldsymbol{A}=\left(\begin{array}{cc|c}1&7&-1\\4&2&3\\\hline 2&0&1\end{array}\right)=\begin{pmatrix}\boldsymbol{A}_{11}&\boldsymbol{A}_{12}\\\boldsymbol{A}_{21}&\boldsymbol{A}_{22}\end{pmatrix},$$

其中

$$\boldsymbol{A}_{11}=\begin{pmatrix}1&7\\4&2\end{pmatrix},\boldsymbol{A}_{12}=\begin{pmatrix}-1\\3\end{pmatrix},\boldsymbol{A}_{21}=(2,0),\boldsymbol{A}_{22}=(1).$$

例1　设 $\boldsymbol{A}=\left(\begin{array}{ccc:c}1&3&-1&0\\2&5&0&-2\\\hdashline 3&1&-1&3\end{array}\right)$，则 $\boldsymbol{A}$ 就是一个分块矩阵. 若记

$$\boldsymbol{A}_{11}=\begin{pmatrix}1&3&-1\\2&5&0\end{pmatrix},\quad \boldsymbol{A}_{12}=\begin{pmatrix}0\\-2\end{pmatrix},$$

$$\boldsymbol{A}_{21}=(3,1,-1),\qquad \boldsymbol{A}_{22}=(3),$$

则 $\boldsymbol{A}$ 可表示为

$$\boldsymbol{A}=\begin{pmatrix}\boldsymbol{A}_{11}&\boldsymbol{A}_{12}\\\boldsymbol{A}_{21}&\boldsymbol{A}_{22}\end{pmatrix}.$$

这是一个分成了4块的分块矩阵.

例2　设 $\boldsymbol{A}=\left(\begin{array}{cc:cc:c}1&1&0&0&0\\-1&1&0&0&0\\\hdashline 0&0&1&0&0\\0&0&1&1&0\\\hdashline 0&0&0&0&1\end{array}\right)$，　则 $\boldsymbol{A}$ 就是一个分块矩阵. 若记

$$\boldsymbol{A}_1=\begin{pmatrix}1&1\\-1&1\end{pmatrix},\quad \boldsymbol{A}_2=\begin{pmatrix}1&0\\1&1\end{pmatrix},\quad \boldsymbol{A}_3=(1),$$

则

$$\boldsymbol{A}=\begin{pmatrix}\boldsymbol{A}_1&\boldsymbol{O}&\boldsymbol{O}\\\boldsymbol{O}&\boldsymbol{A}_2&\boldsymbol{O}\\\boldsymbol{O}&\boldsymbol{O}&\boldsymbol{A}_3\end{pmatrix}.$$

这是一个分成了 9 块的分块矩阵. $\boldsymbol{A}$ 作为分块矩阵来看,除了主对角线上的块外,其余各块都是零矩阵,以后我们会看到这种分块成对角形状的矩阵在运算上是比较简便的.

二、分块矩阵的运算

分块矩阵的运算与普通矩阵的运算规则相似,这时把每个子块当成矩阵的一个元素处理,即运算的两个分块矩阵按块能运算,同时注意到子块本身还是矩阵,因此在分块矩阵运算中,子块间的运算还必须符合矩阵运算的法则,即内外都能运算.

1. 分块矩阵的加法

设矩阵 $\boldsymbol{A}$ 与 $\boldsymbol{B}$ 为同型矩阵,我们采用相同的分块法对它们进行分块,所得分块阵为

$$\boldsymbol{A}=\begin{pmatrix}\boldsymbol{A}_{11}&\cdots&\boldsymbol{A}_{1r}\\\vdots&&\vdots\\\boldsymbol{A}_{s1}&\cdots&\boldsymbol{A}_{sr}\end{pmatrix},\quad \boldsymbol{B}=\begin{pmatrix}\boldsymbol{B}_{11}&\cdots&\boldsymbol{B}_{1r}\\\vdots&&\vdots\\\boldsymbol{B}_{s1}&\cdots&\boldsymbol{B}_{sr}\end{pmatrix},$$

那么

$$\boldsymbol{A}+\boldsymbol{B}=\begin{pmatrix}\boldsymbol{A}_{11}+\boldsymbol{B}_{11}&\cdots&\boldsymbol{A}_{1r}+\boldsymbol{B}_{1r}\\\vdots&&\vdots\\\boldsymbol{A}_{s1}+\boldsymbol{B}_{s1}&\cdots&\boldsymbol{A}_{sr}+\boldsymbol{B}_{sr}\end{pmatrix}.$$

2. 数乘分块矩阵

设 λ 为任意数,用任意分块法将 $\boldsymbol{A}$ 分为分块阵:

$$\boldsymbol{A}=\begin{pmatrix}\boldsymbol{A}_{11}&\cdots&\boldsymbol{A}_{1r}\\\vdots&&\vdots\\\boldsymbol{A}_{s1}&\cdots&\boldsymbol{A}_{sr}\end{pmatrix},$$

则

$$\lambda\boldsymbol{A}=\begin{pmatrix}\lambda\boldsymbol{A}_{11}&\cdots&\lambda\boldsymbol{A}_{1r}\\\vdots&&\vdots\\\lambda\boldsymbol{A}_{s1}&\cdots&\lambda\boldsymbol{A}_{sr}\end{pmatrix}.$$

例 3 设矩阵

$$A=\begin{pmatrix}1&0&1&3\\0&1&2&4\\0&0&-1&0\\0&0&0&-1\end{pmatrix},B=\begin{pmatrix}1&2&0&0\\2&0&0&0\\6&3&1&0\\0&-2&0&1\end{pmatrix},$$

用分块矩阵计算 $kA,A+B$.

解 将矩阵 A,B 分块如下：

$$A=\left(\begin{array}{cc:cc}1&0&1&3\\0&1&2&4\\\hdashline 0&0&-1&0\\0&0&0&-1\end{array}\right)=\begin{pmatrix}E&C\\O&-E\end{pmatrix},\ B=\left(\begin{array}{cc:cc}1&2&0&0\\2&0&0&0\\\hdashline 6&3&1&0\\0&-2&0&1\end{array}\right)=\begin{pmatrix}D&O\\F&E\end{pmatrix},$$

则

$$kA=k\begin{pmatrix}E&C\\O&-E\end{pmatrix}=\begin{pmatrix}kE&kC\\O&-kE\end{pmatrix}=\begin{pmatrix}k&0&k&3k\\0&k&2k&4k\\0&0&-k&0\\0&0&0&-k\end{pmatrix},$$

$$A+B=\begin{pmatrix}E&C\\O&-E\end{pmatrix}+\begin{pmatrix}D&O\\F&E\end{pmatrix}=\begin{pmatrix}E+D&C\\F&O\end{pmatrix}=\begin{pmatrix}2&2&1&3\\2&1&2&4\\6&3&0&0\\0&-2&0&0\end{pmatrix}.$$

3. 分块矩阵的乘法

设 A 为 $m\times l$ 矩阵，B 为 $l\times n$ 矩阵，把它们分成如下的分块阵：

$$A=\begin{pmatrix}A_{11}&\cdots&A_{1s}\\\vdots&&\vdots\\A_{r1}&\cdots&A_{rs}\end{pmatrix},\quad B=\begin{pmatrix}B_{11}&\cdots&B_{1t}\\\vdots&&\vdots\\B_{s1}&\cdots&B_{st}\end{pmatrix},$$

其中 $A_{i1},A_{i2},\cdots,A_{is}$ 的列数分别等于 $B_{1j},B_{2j},\cdots,B_{sj}$ 的行数.

那么，有

$$C=AB=\begin{pmatrix}C_{11}&\cdots&C_{1t}\\\vdots&&\vdots\\C_{r1}&\cdots&C_{rt}\end{pmatrix},$$

其中

$$C_{ij}=\sum_{k=1}^{s}A_{ik}B_{kj}\ (i=1,2,\cdots,r;j=1,2,\cdots,t).$$

简言之，两个本来就可以进行乘法运算的矩阵，当前一个矩阵的列的分法与后一个矩阵的行的分法相同时，就可以将子块看成元素而按普通矩阵乘法法则进行运算. 实际计算时，常常是采取很简单的分法就能

特别提示：

分块纵、横线要到底.

满足上述要求，从而可使运算顺利进行.

例 4 已知 $\boldsymbol{A}=\begin{pmatrix}1&0&0&1&2\\0&1&0&3&4\\0&0&1&5&6\end{pmatrix}$，$\boldsymbol{B}=\begin{pmatrix}6&5\\4&3\\2&1\\1&0\\0&1\end{pmatrix}$，用分块法求 $\boldsymbol{AB}$.

解 将 $\boldsymbol{A},\boldsymbol{B}$ 分块为

$$\boldsymbol{A}=(\boldsymbol{E}_3,\boldsymbol{A}_1),\boldsymbol{B}=\begin{pmatrix}\boldsymbol{B}_1\\\boldsymbol{E}_2\end{pmatrix},$$

其中

$$\boldsymbol{E}_3=\begin{pmatrix}1&0&0\\0&1&0\\0&0&1\end{pmatrix},\quad \boldsymbol{E}_2=\begin{pmatrix}1&0\\0&1\end{pmatrix},\quad \boldsymbol{A}_1=\begin{pmatrix}1&2\\3&4\\5&6\end{pmatrix},\quad \boldsymbol{B}_1=\begin{pmatrix}6&5\\4&3\\2&1\end{pmatrix},$$

则

$$\boldsymbol{AB}=(\boldsymbol{E}_3,\boldsymbol{A}_1)\begin{pmatrix}\boldsymbol{B}_1\\\boldsymbol{E}_2\end{pmatrix}=\boldsymbol{E}_3\boldsymbol{B}_1+\boldsymbol{A}_1\boldsymbol{E}_2=\boldsymbol{B}_1+\boldsymbol{A}_1=\begin{pmatrix}7&7\\7&7\\7&7\end{pmatrix}.$$

例 5 已知

$$\boldsymbol{A}=\begin{pmatrix}3&0&-1&5&9&-2\\-5&2&4&0&-3&1\\-8&-7&5&2&7&-5\end{pmatrix},\quad \boldsymbol{B}=\begin{pmatrix}0&7&0&0\\0&0&7&0\\0&0&0&7\\3&0&2&0\\0&3&0&2\\9&0&0&0\end{pmatrix},$$

用分块法求 $\boldsymbol{AB}$.

解 将 $\boldsymbol{A},\boldsymbol{B}$ 分块为

$$\boldsymbol{A}=(\boldsymbol{A}_1,\boldsymbol{A}_2,\boldsymbol{A}_3),\quad \boldsymbol{B}=\begin{pmatrix}\boldsymbol{B}_1\\\boldsymbol{B}_2\\\boldsymbol{B}_3\end{pmatrix},$$

其中

$$\boldsymbol{A}_1=\begin{pmatrix}3&0&-1\\-5&2&4\\-8&-7&5\end{pmatrix},\quad \boldsymbol{A}_2=\begin{pmatrix}5&9\\0&-3\\2&7\end{pmatrix},\quad \boldsymbol{A}_3=\begin{pmatrix}-2\\1\\-5\end{pmatrix},$$

$$B_1=\begin{pmatrix}0&7&0&0\\0&0&7&0\\0&0&0&7\end{pmatrix},B_2=\begin{pmatrix}3&0&2&0\\0&3&0&2\end{pmatrix},B_3=(9\quad 0\quad 0\quad 0),$$

则

$$AB=A_1B_1+A_2B_2+A_3B_3.$$

$$A_1B_1=\begin{pmatrix}3&0&-1\\-5&2&4\\-8&-7&5\end{pmatrix}\begin{pmatrix}0&7&0&0\\0&0&7&0\\0&0&0&7\end{pmatrix}$$

$$=(O,7A_1)=\begin{pmatrix}0&21&0&-7\\0&-35&14&28\\0&-56&-49&35\end{pmatrix},$$

$$A_2B_2=\begin{pmatrix}5&9\\0&-3\\2&7\end{pmatrix}\begin{pmatrix}3&0&2&0\\0&3&0&2\end{pmatrix}=(3A_2,2A_2)$$

$$=\begin{pmatrix}15&27&10&18\\0&-9&0&-6\\6&21&4&14\end{pmatrix},$$

$$A_3B_3=\begin{pmatrix}-2\\1\\-5\end{pmatrix}(9\quad 0\quad 0\quad 0)=(9A_3,O)$$

$$=\begin{pmatrix}-18&0&0&0\\9&0&0&0\\-45&0&0&0\end{pmatrix},$$

所以

$$AB=\begin{pmatrix}0&21&0&-7\\0&-35&14&28\\0&-56&-49&35\end{pmatrix}+\begin{pmatrix}15&27&10&18\\0&-9&0&-6\\6&21&4&14\end{pmatrix}+$$

$$\begin{pmatrix}-18&0&0&0\\9&0&0&0\\-45&0&0&0\end{pmatrix}=\begin{pmatrix}-3&48&10&11\\9&-44&14&22\\-39&-35&-45&49\end{pmatrix}.$$

例 6 设 $A=\begin{pmatrix}1&0&0&0\\0&1&0&0\\-1&2&1&0\\1&1&0&1\end{pmatrix}$，$B=\begin{pmatrix}1&0&1&0\\-1&2&0&1\\1&0&4&1\\-1&-1&2&0\end{pmatrix}$，求 AB.

解 把 A,B 分块成

$$A=\begin{pmatrix} E & O \\ A_1 & E \end{pmatrix}, B=\begin{pmatrix} B_{11} & E \\ B_{21} & B_{22} \end{pmatrix},$$

则
$$AB=\begin{pmatrix} E & O \\ A_1 & E \end{pmatrix}\begin{pmatrix} B_{11} & E \\ B_{21} & B_{22} \end{pmatrix}$$
$$=\begin{pmatrix} B_{11} & E \\ A_1B_{11}+B_{21} & A_1+B_{22} \end{pmatrix}.$$

又
$$A_1B_{11}+B_{21}=\begin{pmatrix} -1 & 2 \\ 1 & 1 \end{pmatrix}\begin{pmatrix} 1 & 0 \\ -1 & 2 \end{pmatrix}+\begin{pmatrix} 1 & 0 \\ -1 & -1 \end{pmatrix}$$
$$=\begin{pmatrix} -3 & 4 \\ 0 & 2 \end{pmatrix}+\begin{pmatrix} 1 & 0 \\ -1 & -1 \end{pmatrix}=\begin{pmatrix} -2 & 4 \\ -1 & 1 \end{pmatrix},$$
$$A_1+B_{22}=\begin{pmatrix} -1 & 2 \\ 1 & 1 \end{pmatrix}+\begin{pmatrix} 4 & 1 \\ 2 & 0 \end{pmatrix}=\begin{pmatrix} 3 & 3 \\ 3 & 1 \end{pmatrix},$$

于是

$$AB=\begin{pmatrix} 1 & 0 & 1 & 0 \\ -1 & 2 & 0 & 1 \\ -2 & 4 & 3 & 3 \\ -1 & 1 & 3 & 1 \end{pmatrix}.$$

4. 分块矩阵的转置

设矩阵 A 用任意分法化为分块阵

$$A=\begin{pmatrix} A_{11} & \cdots & A_{1r} \\ \vdots & & \vdots \\ A_{s1} & \cdots & A_{sr} \end{pmatrix}$$

则

$$A^{\mathrm{T}}=\begin{pmatrix} A_{11}^{\mathrm{T}} & \cdots & A_{s1}^{\mathrm{T}} \\ \vdots & & \vdots \\ A_{1r}^{\mathrm{T}} & \cdots & A_{sr}^{T} \end{pmatrix}$$

如：设

$$A=\begin{pmatrix} 1 & 0 & 0 & 0 \\ 0 & 1 & 0 & 0 \\ -1 & 2 & 1 & 0 \\ 1 & 1 & 0 & 1 \end{pmatrix},$$

把 A 分块成 $A=\begin{pmatrix} E & O \\ A_1 & E \end{pmatrix}$，则

$$A^{\mathrm{T}}=\begin{pmatrix} E & O \\ A_1 & E \end{pmatrix}^{\mathrm{T}}=\begin{pmatrix} E^{\mathrm{T}} & A_1^{\mathrm{T}} \\ O^{\mathrm{T}} & E^{\mathrm{T}} \end{pmatrix}=\begin{pmatrix} E & A_1^{\mathrm{T}} \\ O & E \end{pmatrix}.$$

特别提示：

分块矩阵的转置分外层内层双重转置.

三、常用的分块法

1. 矩阵的按列(行)分块

矩阵按行分块和按列分块是两种十分常见的分块法.设

$$\boldsymbol{A}=(a_{ij})_{m\times n}=\begin{pmatrix} a_{11} & a_{12} & \cdots & a_{1n} \\ \vdots & \vdots & & \vdots \\ a_{m1} & a_{m2} & \cdots & a_{mn} \end{pmatrix}.$$

(1) 若 $\boldsymbol{A}$ 的第 i 个行向量记作

$$\boldsymbol{a}_i^{\mathrm{T}}=(a_{i1},a_{i2},\cdots,a_{in}),$$

则

$$\boldsymbol{A}=\begin{pmatrix} \boldsymbol{a}_1^{\mathrm{T}} \\ \boldsymbol{a}_2^{\mathrm{T}} \\ \vdots \\ \boldsymbol{a}_m^{\mathrm{T}} \end{pmatrix}.$$

(2) 若 $\boldsymbol{A}$ 的第 j 个列向量记作

$$\boldsymbol{\alpha}_j=\begin{pmatrix} a_{1j} \\ a_{2j} \\ \vdots \\ a_{mj} \end{pmatrix},$$

则

$$\boldsymbol{A}=(\boldsymbol{\alpha}_1,\boldsymbol{\alpha}_2,\cdots,\boldsymbol{\alpha}_n).$$

矩阵的乘法可先将矩阵按行、列分块后再相乘,如计算 $\boldsymbol{AB}$,先将 $\boldsymbol{A}$、$\boldsymbol{B}$ 分块:

$$\boldsymbol{A}=(a_{ij})_{m\times s}=\begin{pmatrix} a_{11} & a_{12} & \cdots & a_{1s} \\ \vdots & \vdots & & \vdots \\ a_{m1} & a_{m2} & \cdots & a_{ms} \end{pmatrix}=\begin{pmatrix} \boldsymbol{a}_1^{\mathrm{T}} \\ \boldsymbol{a}_2^{\mathrm{T}} \\ \vdots \\ \boldsymbol{a}_m^{\mathrm{T}} \end{pmatrix},$$

$$\boldsymbol{B}=(b_{ij})_{s\times n}=(\boldsymbol{b}_1,\boldsymbol{b}_2,\cdots,\boldsymbol{b}_n),$$

则

$$\boldsymbol{AB}=\begin{pmatrix} \boldsymbol{a}_1^{\mathrm{T}} \\ \boldsymbol{a}_2^{\mathrm{T}} \\ \vdots \\ \boldsymbol{a}_m^{\mathrm{T}} \end{pmatrix}(\boldsymbol{b}_1,\boldsymbol{b}_2,\cdots,\boldsymbol{b}_n)=\begin{pmatrix} \boldsymbol{a}_1^{\mathrm{T}}\boldsymbol{b}_1 & \boldsymbol{a}_1^{\mathrm{T}}\boldsymbol{b}_2 & \cdots & \boldsymbol{a}_1^{\mathrm{T}}\boldsymbol{b}_n \\ \boldsymbol{a}_2^{\mathrm{T}}\boldsymbol{b}_1 & \boldsymbol{a}_2^{\mathrm{T}}\boldsymbol{b}_2 & \cdots & \boldsymbol{a}_2^{\mathrm{T}}\boldsymbol{b}_n \\ \vdots & \vdots & & \vdots \\ \boldsymbol{a}_m^{\mathrm{T}}\boldsymbol{b}_1 & \boldsymbol{a}_m^{\mathrm{T}}\boldsymbol{b}_2 & \cdots & \boldsymbol{a}_m^{\mathrm{T}}\boldsymbol{b}_n \end{pmatrix}=(c_{ij})_{m\times n},$$

其中

$$c_{ij}=\boldsymbol{a}_i^{\mathrm{T}}\boldsymbol{b}_j=(a_{i1},a_{i2},\cdots,a_{is})\begin{pmatrix}b_{1j}\\b_{2j}\\\vdots\\b_{sj}\end{pmatrix}=\sum_{k=1}^{s}a_{ik}b_{kj}.$$

例 7　设 $\boldsymbol{A}$ 是一个 $m\times n$ 矩阵，$\boldsymbol{B}$ 是一个 $n\times l$ 矩阵，同样，可对 $\boldsymbol{A}$ 作行分块，即将 $\boldsymbol{A}$ 的每一行作为一块，则

$$\boldsymbol{A}=\begin{pmatrix}\boldsymbol{a}_1\\\boldsymbol{a}_2\\\vdots\\\boldsymbol{a}_m\end{pmatrix},$$

其中 $\boldsymbol{a}_i=(a_{i1},a_{i2},\cdots,a_{in})(i=1,2,\cdots,m)$ 是 $\boldsymbol{A}$ 的第 i 行. 这时也将 B 看成 1×1 分块矩阵，则有

$$\boldsymbol{AB}=\begin{pmatrix}\boldsymbol{a}_1\boldsymbol{B}\\\boldsymbol{a}_2\boldsymbol{B}\\\vdots\\\boldsymbol{a}_m\boldsymbol{B}\end{pmatrix}.$$

2. 分块对角阵

一个矩阵 $\boldsymbol{A}$，若用某种分块法化为分块阵后，不在主对角线上的子块都是零子块，在主对角线上的子块都是方阵，即

$$\boldsymbol{A}=\begin{pmatrix}\boldsymbol{A}_1 & & & \boldsymbol{O}\\ & \boldsymbol{A}_2 & & \\ & & \ddots & \\ \boldsymbol{O} & & & \boldsymbol{A}_k\end{pmatrix},$$

其中 $\boldsymbol{A}_i(i=1,\cdots,k)$ 都是方阵，那么称 $\boldsymbol{A}$ 为分块对角矩阵. 不难证明，分块对角阵(**semi-diagonal matrix**)有以下很有用的性质

性质 1　设有两个分块对角阵

$$\boldsymbol{A}=\begin{pmatrix}\boldsymbol{A}_1 & & & \boldsymbol{O}\\ & \boldsymbol{A}_2 & & \\ & & \ddots & \\ \boldsymbol{O} & & & \boldsymbol{A}_k\end{pmatrix},\ \boldsymbol{B}=\begin{pmatrix}\boldsymbol{B}_1 & & & \boldsymbol{O}\\ & \boldsymbol{B}_2 & & \\ & & \ddots & \\ \boldsymbol{O} & & & \boldsymbol{B}_k\end{pmatrix}.$$

其中矩阵 $\boldsymbol{A}_i$ 与 $\boldsymbol{B}_i$ 都是 n_i 阶方阵(因此 $\boldsymbol{A},\boldsymbol{B}$ 是同阶方阵)，因此 $\boldsymbol{A}_i$ 与 $\boldsymbol{B}_i$ 可以相乘，则

$$AB=\begin{pmatrix} A_1B_1 & & & O \\ & A_2B_2 & & \\ & & \ddots & \\ O & & & A_kB_k \end{pmatrix},$$

即分块对角阵相乘时只需将主对角线上的块乘起来即可.

性质 2 若分块对角矩阵

$$A=\begin{pmatrix} A_1 & & & O \\ & A_2 & & \\ & & \ddots & \\ O & & & A_r \end{pmatrix},$$

中各 $A_i(i=1,\cdots,r)$ 可逆,则 A 也可逆,且 A 的逆阵为

$$A^{-1}=\begin{pmatrix} A_1^{-1} & & & O \\ & A_2^{-1} & & \\ & & \ddots & \\ O & & & A_r^{-1} \end{pmatrix}.$$

证明 由性质 1 知

$$AA^{-1}=\begin{pmatrix} A_1A_1^{-1} & & & O \\ & A_2A_2^{-1} & & \\ & & \ddots & \\ O & & & A_kA_k^{-1} \end{pmatrix}=\begin{pmatrix} E_{n_1} & & & \\ & E_{n_2} & & \\ & & \ddots & \\ & & & E_{n_k} \end{pmatrix},$$

其中 E_{n_i} 表示与 A_i 同阶的单位阵,一个分块对角阵主对角线上的块都是单位阵,则它自己也是一个单位阵,故 $AA^{-1}=E$.

例 8 设 $A=\begin{pmatrix} 5 & 0 & 0 \\ 0 & 3 & 1 \\ 0 & 2 & 1 \end{pmatrix}$,求 A^{-1}.

解 $A=\begin{pmatrix} 5 & 0 & 0 \\ 0 & 3 & 1 \\ 0 & 2 & 1 \end{pmatrix}=\begin{pmatrix} A_1 & O \\ O & A_2 \end{pmatrix}$,$A_1=(5)$,$A_2=\begin{pmatrix} 3 & 1 \\ 2 & 1 \end{pmatrix}$,

$$A_1^{-1}=\left(\frac{1}{5}\right),A_2^{-1}=\begin{pmatrix} 1 & -1 \\ -2 & 3 \end{pmatrix},$$

所以

$$A^{-1}=\begin{pmatrix} A_1^{-1} & O \\ O & A_2^{-1} \end{pmatrix}=\begin{pmatrix} 1/5 & 0 & 0 \\ 0 & 1 & -1 \\ 0 & -2 & 3 \end{pmatrix}.$$

第五节 应用实例

例 1 （成本核算问题）某厂生产三种产品，每件产品的成本及每季度生产件数如表 1.4 和表 1.5 所示. 试提供该厂每季度的总成本分类表.

表 1.4 每件产品分类成本

成本(元)	产品 A	产品 B	产品 C
原材料	0.10	0.30	0.15
劳动	0.30	0.40	0.25
企业管理费	0.10	0.20	0.15

表 1.5 每季度产品分类件数

产品	夏	秋	冬	春
A	4000	4500	4500	4000
B	2000	2800	2400	2200
C	5800	6200	6000	6000

解 用矩阵来描述此问题，设产品分类成本矩阵为 $\boldsymbol{M}$，季度产量矩阵为 $\boldsymbol{P}$，则有

$$\boldsymbol{M}=\begin{pmatrix} 0.10 & 0.30 & 0.15 \\ 0.30 & 0.40 & 0.25 \\ 0.10 & 0.20 & 0.15 \end{pmatrix},$$

$$\boldsymbol{P}=\begin{pmatrix} 4000 & 4500 & 4500 & 4000 \\ 2000 & 2800 & 2400 & 2200 \\ 5800 & 6200 & 6000 & 6000 \end{pmatrix},$$

令

$$\boldsymbol{Q}=\boldsymbol{MP},$$

则 $\boldsymbol{Q}$ 的第一行第一列元素为

$$\boldsymbol{Q}(1,1)=0.10\times4000+0.30\times2000+0.15\times5800=1870,$$

不难看出，它表示了夏季消耗的原材料总成本.

在 MATLAB 环境下，键入：

```
M=[0.10,0.30,0.15;0.30,0.40,0.25;0.10,0.20,0.15];
P=[4000,4500,4500,4000;2000,2800,2400,2200;5800,6200,
```

6000,6000]

Q=M＊P

得到

$$Q=\begin{pmatrix}1870 & 2220 & 2070 & 1960\\3450 & 4020 & 3810 & 3580\\1670 & 1940 & 1830 & 1740\end{pmatrix}$$

为了进一步计算矩阵 Q 的每一行和每一列的和，可以继续键入

Q＊ones (4,1)

得到

```
ans=   8120
       14860
       7180
```

ones (4,1) ＊Q

得到

```
ans=   6990   8180   7710   7280
```

并可以继续算出全年的总成本：

ans＊ones (4,1)

得到

ans=30160

根据以上计算结果，可以完成每季度总成本分类表，如表 1.6 所示.

表 1.6 每季度总成本分类表

成本(元)	夏	秋	冬	春	全 年
原材料	1870	2220	2070	1960	8120
劳动	3450	4020	3810	3580	14860
企业管理费	1670	1940	1830	1740	7180
总成本(元)	6990	8180	7710	7280	30160

例 2 (平面图形变换)

设 $\boldsymbol{A}$ 为 2×2 矩阵，则 $\boldsymbol{y}=\boldsymbol{A}\boldsymbol{x}$ 为平面上的一个线性变换，把平面上的点 x 映射成点 y. 若 x 为平面图形 G 上的任一点，x 的像 y 构成的图形记为 G_1，则线性变换 $\boldsymbol{y}=\boldsymbol{A}\boldsymbol{x}$ 的几何意义是把图形 G 变成图形 G_1，称之为平面图形变换. 不同的矩阵 $\boldsymbol{A}$ 可以产生不同的变换结果，这在工程中有广泛的应用.

(1) $\boldsymbol{A}=\begin{pmatrix}1 & 0\\0 & -1\end{pmatrix}$

关于横轴的对称变换,变换前后的图像:

(2) $\mathbf{A}=\begin{pmatrix}-1 & 0\\ 0 & 1\end{pmatrix}$

关于竖轴的对称变换,变换前后的图像:

(3) $\mathbf{A}=\begin{pmatrix}0 & 1\\ 1 & 0\end{pmatrix}$

关于 $y=x$ 的对称变换,变换前后的图像:

(4) $\mathbf{A}=\begin{pmatrix}-1 & 0\\ 0 & -1\end{pmatrix}$

关于原点的对称变换,变换前后的图像:

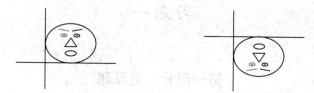

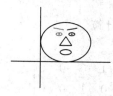

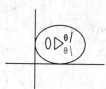

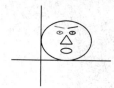

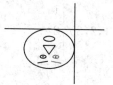

习题一

第一部分 笔算题

一、计算题

1. 计算

(1) $\begin{pmatrix}1 & 6 & 5\\ 3 & -2 & 4\end{pmatrix}+\begin{pmatrix}-3 & -2 & 1\\ 3 & 4 & 5\end{pmatrix}$；

(2) $\begin{pmatrix}1 & 2\\ 3 & 4\end{pmatrix}-\begin{pmatrix}2 & -2\\ 3 & 0\end{pmatrix}$.

2. 设

$$\boldsymbol{A}=\begin{pmatrix}1 & 2 & 1 & 2\\ 2 & 1 & 2 & 1\\ 1 & 2 & 3 & 4\end{pmatrix},\quad \boldsymbol{B}=\begin{pmatrix}4 & 3 & 2 & 1\\ -2 & 1 & -2 & 1\\ 0 & -1 & 0 & -1\end{pmatrix},$$

(1) 求 $3\boldsymbol{A}-\boldsymbol{B}$；(2) 求 $2\boldsymbol{A}+3\boldsymbol{B}$；(3) 若 $\boldsymbol{A}+2\boldsymbol{X}=\boldsymbol{B}$，求矩阵 $\boldsymbol{X}$.

3. 设 $\boldsymbol{A}=(a_{ij})_{3\times 4}=\begin{pmatrix}a_{11} & a_{12} & a_{13} & a_{14}\\ a_{21} & a_{22} & a_{23} & a_{24}\\ a_{31} & a_{32} & a_{33} & a_{34}\end{pmatrix}$，计算

$$\begin{pmatrix}1 & 0 & 0\\ 0 & 1 & 0\\ 0 & 0 & 1\end{pmatrix}\boldsymbol{A},\ \begin{pmatrix}0 & 0 & 1\\ 0 & 1 & 0\\ 1 & 0 & 0\end{pmatrix}\boldsymbol{A},\ \boldsymbol{A}\begin{pmatrix}1 & 0 & 0 & 0\\ 0 & 1 & 0 & 0\\ 0 & 0 & 1 & 0\\ 0 & 0 & 0 & 1\end{pmatrix}.$$

4. 计算

(1) $(1,2,3)\begin{pmatrix}1\\ 2\\ 3\end{pmatrix}$；

(2) $\begin{pmatrix}1\\ 0\\ -1\end{pmatrix}(2,3,4)$；

(3) $\begin{pmatrix}1 & 2 & 3\\ 2 & 4 & 6\\ 3 & 6 & 9\end{pmatrix}\begin{pmatrix}-1 & -2 & -4\\ -1 & -2 & -4\\ 1 & 2 & 4\end{pmatrix}$；

(4) $\begin{pmatrix} 1 & 2 & 3 \\ -2 & 1 & 2 \end{pmatrix}\begin{pmatrix} 1 & 2 & 0 \\ 0 & 1 & 1 \\ 3 & 0 & -1 \end{pmatrix}$;

(5) $(x_1,x_2,x_3)\begin{pmatrix} a_{11} & a_{12} & a_{13} \\ a_{12} & a_{22} & a_{23} \\ a_{13} & a_{23} & a_{33} \end{pmatrix}\begin{pmatrix} x_1 \\ x_2 \\ x_3 \end{pmatrix}$.

5. 已知两个线性变换

$$\begin{cases} x_1 = y_1 - y_3, \\ x_2 = -y_1 + 2y_2 + 3y_3, \\ x_3 = 4y_1 + 3y_2 + 2y_3, \end{cases} \qquad \begin{cases} y_1 = -z_1 + 2z_2, \\ y_2 = 2z_2 - z_3, \\ y_3 = 4z_1 - 2z_2 + 3z_3, \end{cases}$$

求从 z_1,z_2,z_3 到 x_1,x_2,x_3 的线性变换及该线性变换的矩阵.

6. 设

$$\boldsymbol{A}=\begin{pmatrix} 1 & 2 \\ 1 & 3 \end{pmatrix},\quad \boldsymbol{B}=\begin{pmatrix} 1 & 0 \\ 1 & 2 \end{pmatrix},$$

求(1) $\boldsymbol{AB},\boldsymbol{BA}$;(2) $(\boldsymbol{A}+\boldsymbol{B})(\boldsymbol{A}-\boldsymbol{B}),\boldsymbol{A}^2-\boldsymbol{B}^2$;(3) $(\boldsymbol{A}+\boldsymbol{B})^2,\boldsymbol{A}^2+2\boldsymbol{AB}+\boldsymbol{B}^2$;(4)比较(1)、(2)、(3)小题结果,可以得出什么结论?

7. 设

$$\boldsymbol{A}=\begin{pmatrix} 1 & 2 & 1 & 2 \\ 2 & 1 & 2 & 1 \\ 1 & 2 & 3 & 4 \end{pmatrix},\boldsymbol{B}=\begin{pmatrix} 4 & 3 & 2 & 1 \\ -2 & 1 & -2 & 1 \\ 0 & -1 & 0 & -1 \end{pmatrix},$$

求 $\boldsymbol{A}^{\mathrm{T}},\boldsymbol{B}^{\mathrm{T}},(\boldsymbol{A}+\boldsymbol{B})^{\mathrm{T}},(2\boldsymbol{B})^{\mathrm{T}}$.

8. (1) 已知 $\boldsymbol{A}=\begin{pmatrix} 3 \\ 2 \\ 1 \end{pmatrix}(1,-4,6)$,求 $\boldsymbol{A}^n$;

(2) 已知 $\boldsymbol{A}=\begin{pmatrix} 1 & & & 0 \\ & 2 & & \\ & & \ddots & \\ 0 & & & n \end{pmatrix}$,求 $\boldsymbol{A}^n$.

9. 做下列分块矩阵的乘法,其中 $\boldsymbol{A},\boldsymbol{B},\boldsymbol{E}$ 都是 n 阶方阵:

(1) $\boldsymbol{A}^{-1}(\boldsymbol{A} \vdots \boldsymbol{E})$;　　(2) $\boldsymbol{A}^{-1}(\boldsymbol{A} \vdots \boldsymbol{B})$;

(3) $\begin{pmatrix} \boldsymbol{A} \\ \boldsymbol{E} \end{pmatrix}\boldsymbol{A}^{-1}$;　　(4) $\begin{pmatrix} \boldsymbol{A} \\ \boldsymbol{B} \end{pmatrix}\boldsymbol{B}^{-1}$.

10. 设 $\boldsymbol{A}=\begin{pmatrix} 2 & 1 & -1 \\ 3 & 0 & -2 \\ 0 & 3 & 2 \end{pmatrix},\boldsymbol{B}=\begin{pmatrix} 1 & 1 & 0 \\ 0 & 0 & -1 \\ -1 & 2 & 1 \end{pmatrix}$,求 $(\boldsymbol{AB})^{\mathrm{T}}$.

11. 求下列矩阵的逆矩阵：

(1) $\boldsymbol{A}=\begin{pmatrix} a & b \\ c & d \end{pmatrix}$(其中 $ad-bc\neq 0$)；

(2) $\boldsymbol{A}=\begin{pmatrix} 1 & 5 & 2 \\ 0 & 3 & 10 \\ 1 & 2 & 1 \end{pmatrix}$；　(3) $\begin{pmatrix} 1 & 2 \\ 2 & 5 \end{pmatrix}$；

(4) $\begin{pmatrix} \cos\theta & -\sin\theta \\ \sin\theta & \cos\theta \end{pmatrix}$；　(5) $\boldsymbol{A}=\begin{pmatrix} 1 & & & \\ & 2 & & \\ & & 3 & \\ & & & 4 \end{pmatrix}$；

(6) $\boldsymbol{A}=\begin{pmatrix} 5 & 2 & 0 & 0 \\ 2 & 1 & 0 & 0 \\ 0 & 0 & 1 & -2 \\ 0 & 0 & 1 & 1 \end{pmatrix}$.

12. 求满足条件的矩阵 $\boldsymbol{X}$：

(1) $\begin{pmatrix} 1 & -5 \\ -1 & 4 \end{pmatrix}\boldsymbol{X}=\begin{pmatrix} 3 & 2 \\ 1 & 4 \end{pmatrix}$；

(2) $\boldsymbol{X}\begin{pmatrix} 1 & 2 \\ 2 & 5 \end{pmatrix}=\begin{pmatrix} 3 & 2 \\ 1 & 4 \end{pmatrix}$；

(3) $\begin{pmatrix} 1 & 4 \\ -1 & 2 \end{pmatrix}\boldsymbol{X}\begin{pmatrix} 2 & 0 \\ -1 & 1 \end{pmatrix}=\begin{pmatrix} 3 & 1 \\ 0 & -1 \end{pmatrix}$；

(4) 已知矩阵 $\boldsymbol{A}$,$\boldsymbol{B}$ 和 $\boldsymbol{X}$ 满足关系式 $\boldsymbol{AX}+\boldsymbol{B}=\boldsymbol{X}$,其中

$$\boldsymbol{A}=\begin{pmatrix} 0 & 1 & 0 \\ -1 & 1 & 1 \\ -1 & 0 & -1 \end{pmatrix},\boldsymbol{B}=\begin{pmatrix} 1 & -1 \\ 2 & 0 \\ 5 & -3 \end{pmatrix}.$$

13. 设 $\boldsymbol{P}^{-1}\boldsymbol{AP}=\boldsymbol{\Lambda}$,其中 $\boldsymbol{P}=\begin{pmatrix} -1 & -4 \\ 1 & 1 \end{pmatrix}$,$\boldsymbol{\Lambda}=\begin{pmatrix} -1 & 0 \\ 0 & 2 \end{pmatrix}$,求 $\boldsymbol{A}^{11}$.

14. 计算 $\boldsymbol{A}=\begin{pmatrix} 3 & -2 & 0 & 0 \\ 5 & -3 & 0 & 0 \\ 0 & 0 & 3 & 4 \\ 0 & 0 & 1 & 1 \end{pmatrix}$,$\boldsymbol{B}=\begin{pmatrix} 0 & 1 & 2 \\ 0 & 1 & 3 \\ 2 & 0 & 0 \end{pmatrix}$的逆矩阵.

15. 设 $\boldsymbol{A}=\begin{pmatrix} 3 & 4 & 0 & 0 \\ 4 & -3 & 0 & 0 \\ 0 & 0 & 2 & 0 \\ 0 & 0 & 2 & 2 \end{pmatrix}$，求 $\boldsymbol{A}^4$.

16. 设 n 阶矩阵 $\boldsymbol{A}$ 及 s 阶矩阵 $\boldsymbol{B}$ 都可逆，求 $\begin{pmatrix}\boldsymbol{O} & \boldsymbol{A}\\ \boldsymbol{B} & \boldsymbol{O}\end{pmatrix}^{-1}$.

二、证明题

1. 若 n 阶矩阵满足 $\boldsymbol{A}^2-2\boldsymbol{A}-4\boldsymbol{E}=\boldsymbol{O}$，试证：$\boldsymbol{A}-2\boldsymbol{E}$ 可逆，并求其逆 $(\boldsymbol{A}-2\boldsymbol{E})^{-1}$.

2. 证明：如果矩阵 $\boldsymbol{A}$ 满足 $\boldsymbol{A}^2=\boldsymbol{A}$，且 $\boldsymbol{A}$ 不是单位矩阵，则矩阵 $\boldsymbol{A}$ 必不可逆.

3. 若矩阵 $\boldsymbol{A}$ 满足 $\boldsymbol{A}^k=\boldsymbol{O}$($k$ 是正整数)，证明：$(\boldsymbol{E}-\boldsymbol{A})^{-1}=\boldsymbol{E}+\boldsymbol{A}+\boldsymbol{A}^2+\cdots+\boldsymbol{A}^{k-1}$.

4. 假设 $\boldsymbol{A}$ 和 $\boldsymbol{B}$ 都可逆，(1) 验证分块矩阵 $\begin{pmatrix}\boldsymbol{A} & \boldsymbol{O}\\ \boldsymbol{O} & \boldsymbol{B}\end{pmatrix}$ 可逆，且 $\begin{pmatrix}\boldsymbol{A} & \boldsymbol{O}\\ \boldsymbol{O} & \boldsymbol{B}\end{pmatrix}^{-1}=\begin{pmatrix}\boldsymbol{A}^{-1} & \boldsymbol{O}\\ \boldsymbol{O} & \boldsymbol{B}^{-1}\end{pmatrix}$；(2) 验证分块矩阵 $\begin{pmatrix}\boldsymbol{O} & \boldsymbol{A}\\ \boldsymbol{B} & \boldsymbol{O}\end{pmatrix}$ 可逆，且 $\begin{pmatrix}\boldsymbol{O} & \boldsymbol{A}\\ \boldsymbol{B} & \boldsymbol{O}\end{pmatrix}^{-1}=\begin{pmatrix}\boldsymbol{O} & \boldsymbol{B}^{-1}\\ \boldsymbol{A}^{-1} & \boldsymbol{O}\end{pmatrix}$.

5. 设 $\boldsymbol{A},\boldsymbol{B}$ 为 n 阶矩阵，且 $\boldsymbol{A}$ 为对称矩阵，证明 $\boldsymbol{B}^{\mathrm{T}}\boldsymbol{A}\boldsymbol{B}$ 也是对称矩阵.

6. 设 $\boldsymbol{A},\boldsymbol{B}$ 都是 n 阶对称矩阵，证明 $\boldsymbol{AB}$ 是对称矩阵的充分必要条件是 $\boldsymbol{AB}=\boldsymbol{BA}$.

7. 设 m 次多项式 $f(x)=a_0+a_1x+a_2x^2+\cdots+a_mx^m$，记

$$f(\boldsymbol{A})=a_0\boldsymbol{E}+a_1\boldsymbol{A}+a_2\boldsymbol{A}^2+\cdots+a_m\boldsymbol{A}^m,$$

$f(\boldsymbol{A})$ 称为方阵 $\boldsymbol{A}$ 的 m 次多项式.

(1) 设 $\boldsymbol{\Lambda}=\begin{pmatrix}\lambda_1 & 0\\ 0 & \lambda_2\end{pmatrix}$，证明：$\boldsymbol{\Lambda}^k=\begin{pmatrix}\lambda_1^k & 0\\ 0 & \lambda_2^k\end{pmatrix}$，$f(\boldsymbol{\Lambda})=\begin{pmatrix}f(\lambda_1) & 0\\ 0 & f(\lambda_2)\end{pmatrix}$；

(2) 设 $\boldsymbol{A}=\boldsymbol{P\Lambda P}^{-1}$，证明：$\boldsymbol{A}^k=\boldsymbol{P\Lambda}^k\boldsymbol{P}^{-1}$，$f(\boldsymbol{A})=\boldsymbol{P}f(\boldsymbol{\Lambda})\boldsymbol{P}^{-1}$.

三、填空题

1. 设 $\boldsymbol{A}=\begin{pmatrix}a & 1 & 0\\ 0 & a & 1\\ 0 & 0 & a\end{pmatrix}(a\neq 0)$，则 $\boldsymbol{A}^n=$____________.

2. 若 $\boldsymbol{A}=\begin{pmatrix}-6 & p & 0\\ 2 & 3 & 2\\ 4 & q & 1\end{pmatrix}$ 可逆，则 p,q 满足____________.

3. 已知 $\boldsymbol{\alpha}=(1\quad 2\quad 1)^{\mathrm{T}}$，$\boldsymbol{\beta}=(1\quad 0\quad 2)^{\mathrm{T}}$，$\boldsymbol{A}=\boldsymbol{\alpha}\boldsymbol{\beta}^{\mathrm{T}}$，若 $\boldsymbol{AX}+\boldsymbol{X}=\boldsymbol{A}^{\mathrm{T}}+\boldsymbol{A}$，则 $\boldsymbol{X}=$____________.

第二部分　计算机题

1. 设 $\boldsymbol{A}=\begin{pmatrix}\frac{1}{6} & \frac{1}{2} & \frac{1}{3}\\ \frac{1}{2} & \frac{1}{4} & \frac{1}{4}\\ \frac{1}{3} & \frac{1}{4} & \frac{5}{12}\end{pmatrix}$，计算 $\boldsymbol{A}^{10}$，$\boldsymbol{A}^{20}$，$\boldsymbol{A}^{30}$.

2. 已知 $\boldsymbol{A}=\begin{pmatrix}2 & 2 & 3\\ 1 & -1 & 0\\ -1 & 2 & 1\end{pmatrix}$，$\boldsymbol{B}=\begin{pmatrix}1 & 1 & -1\\ 2 & 1 & 0\\ 1 & -1 & 0\end{pmatrix}$，计算 $\boldsymbol{A}-2\boldsymbol{B}^2$，$\boldsymbol{AB}-\boldsymbol{BA}$，$\boldsymbol{A}^{-1}$.

3. 求矩阵 $\boldsymbol{A}=\begin{pmatrix}1 & 1 & 1 & 1\\ 1 & -1 & 1 & -1\\ 1 & 1 & -1 & -1\\ 1 & -1 & -1 & 1\end{pmatrix}$ 的逆矩阵.

4. (成本核算问题)某厂生产三种产品，每件产品的成本及每季度生产件数如表 1.7 和表 1.8 所示. 试提供该厂每季度的总成本分类表.

表 1.7　每件产品分类成本

成本(元)	产品 A	产品 B	产品 C	产品 D	产品 E
原材料	0.10	0.30	0.15	0.20	0.30
劳动	0.30	0.40	0.25	0.25	0.10
企业管理费	0.10	0.20	0.15	0.15	0.30

表 1.8　每季度产品分类件数

产品	夏	秋	冬	春
A	4000	4500	4500	4000
B	2000	2800	2400	2200
C	5800	6200	6000	6000
D	3200	3000	3400	3000
E	6800	7200	7000	6600

第二章　行列式

行列式的概念是在研究线性方程组解的过程中产生的，其实质是由一些数值排列成的数表按一定的法则计算得到的一个数. 它在数学的许多分支中都有着非常广泛的应用，是后面研究线性方程组、矩阵及向量组的线性相关性的一种重要工具.

本章首先从二元、三元线性方程组的求解公式出发，引出二阶和三阶行列式的定义，然后通过分析二阶和三阶行列式的定义，给出 n 阶行列式的定义，讨论 n 阶行列式的性质和计算方法，最后介绍克拉默(Cramer)法则，从而解决本章的中心问题.

第一节　二阶与三阶行列式

一、二阶行列式的概念

考虑一般的两个未知数两个方程构成的线性方程组.

例 1　用消元法解二元线性方程组

$$\begin{cases} a_{11}x_1+a_{12}x_2=b_1, \\ a_{21}x_1+a_{22}x_2=b_2. \end{cases}$$

解　第 1 个方程 $\times a_{22}-$ 第 2 个方程 $\times a_{12}$ 得

$$(a_{11}a_{22}-a_{12}a_{21})x_1=b_1a_{22}-b_2a_{12},$$

第 2 个方程 $\times a_{11}-$ 第 1 个方程 $\times a_{21}$ 得

$$(a_{11}a_{22}-a_{12}a_{21})x_2=a_{11}b_2-a_{21}b_1,$$

若 $a_{11}a_{22}-a_{12}a_{21}\neq 0$，则方程组有唯一解

$$x_1=\frac{b_1a_{22}-b_2a_{12}}{a_{11}a_{22}-a_{12}a_{21}},\quad x_2=\frac{a_{11}b_2-a_{21}b_1}{a_{11}a_{22}-a_{12}a_{21}}.$$

如何利用系数的排列“美化”此公式？为此，我们引入二阶行列式的定义.

定义 1 **二阶行列式定义为**

$$\begin{vmatrix} a_{11} & a_{12} \\ a_{21} & a_{22} \end{vmatrix}=a_{11}a_{22}-a_{12}a_{21}. \tag{1}$$

数 $a_{ij}(i=1,2;j=1,2)$ 称为行列式(1)的元素. 元素 a_{ij} 的第一个下标 i 称为行标,表明该元素位于第 i 行,第二个下标 j 称为列标,表明该元素位于第 j 列. 通常用字母 D(**Determinant**)表示行列式,并记为 $D=\det(a_{ij})$.

特别提示:

若记 $D=\begin{vmatrix} a_{11} & a_{12} \\ a_{21} & a_{22} \end{vmatrix}$, $D_1=\begin{vmatrix} b_1 & a_{12} \\ b_2 & a_{22} \end{vmatrix}$, $D_2=\begin{vmatrix} a_{11} & b_1 \\ a_{21} & b_2 \end{vmatrix}$,

则当 $D\neq 0$ 时,二元线性方程组的解可表示为:

$$x_1=\frac{D_1}{D}=\frac{\begin{vmatrix} b_1 & a_{12} \\ b_2 & a_{22} \end{vmatrix}}{\begin{vmatrix} a_{11} & a_{12} \\ a_{21} & a_{22} \end{vmatrix}},x_2=\frac{D_2}{D}=\frac{\begin{vmatrix} a_{11} & b_1 \\ a_{21} & b_2 \end{vmatrix}}{\begin{vmatrix} a_{11} & a_{12} \\ a_{21} & a_{22} \end{vmatrix}}. \tag{2}$$

特别提示:

公式(2)中分母 D 是方程组的系数行列式,D_1 是用常数项 b_1,b_2 替换 D 中第一列所得到的二阶行列式,D_2 是用常数项 b_1,b_2 替换 D 中第二列所得到的二阶行列式.

例 2 计算下列行列式

$$\begin{vmatrix} 1 & 2 \\ 3 & 4 \end{vmatrix},\quad \begin{vmatrix} -1 & 0 \\ -1 & 2 \end{vmatrix},\quad \begin{vmatrix} 1 & 0 \\ 0 & 1 \end{vmatrix},\quad \begin{vmatrix} \sin\theta & \cos\theta \\ -\cos\theta & \sin\theta \end{vmatrix}.$$

解 $\begin{vmatrix} 1 & 2 \\ 3 & 4 \end{vmatrix}=1\times4-2\times3=-2$, $\begin{vmatrix} -1 & 0 \\ -1 & 2 \end{vmatrix}=-1\times2-0\times(-1)=-2$, $\begin{vmatrix} 1 & 0 \\ 0 & 1 \end{vmatrix}=1\times1-0\times0=1$, $\begin{vmatrix} \sin\theta & \cos\theta \\ -\cos\theta & \sin\theta \end{vmatrix}=\sin^2\theta+\cos^2\theta=1.$

例 3 设 $f(x),g(x)$ 可导,求证: $\left(\frac{f(x)}{g(x)}\right)'=\frac{\begin{vmatrix} f'(x) & f(x) \\ g'(x) & g(x) \end{vmatrix}}{g^2(x)}$, 即 $\left(\frac{f}{g}\right)'=\frac{\begin{vmatrix} f' & f \\ g' & g \end{vmatrix}}{g^2}$.

证明 $\left(\frac{f(x)}{g(x)}\right)'=\frac{f'(x)g(x)-f(x)g'(x)}{g^2(x)}=\frac{\begin{vmatrix} f'(x) & f(x) \\ g'(x) & g(x) \end{vmatrix}}{g^2(x)}.$

例 4 求解二元线性方程组 $\begin{cases} 2x_1+x_2=2, \\ x_1-2x_2=2. \end{cases}$

解 由于

$$D=\begin{vmatrix} 2 & 1 \\ 1 & -2 \end{vmatrix}=-4-1=-5\neq 0,$$

$$D_1=\begin{vmatrix}2 & 1\\ 2 & -2\end{vmatrix}=-4-2=-6,$$

$$D_2=\begin{vmatrix}2 & 2\\ 1 & 2\end{vmatrix}=4-2=2,$$

因此

$$x_1=\frac{D_1}{D}=\frac{-6}{-5}=\frac{6}{5},\qquad x_2=\frac{D_2}{D}=\frac{2}{-5}=-\frac{2}{5}.$$

二、三阶行列式的定义

1. 问题的提出

对于下面三个未知数的线性方程组，何时有唯一解？

$$\begin{cases}a_{11}x_1+a_{12}x_2+a_{13}x_3=b_1,\\ a_{21}x_1+a_{22}x_2+a_{23}x_3=b_2,\\ a_{31}x_1+a_{32}x_2+a_{33}x_3=b_3.\end{cases}\tag{3}$$

用消元法可以得到“类似”(2)的结论：若

$D=a_{11}a_{22}a_{33}+a_{12}a_{23}a_{31}+a_{13}a_{21}a_{32}-a_{11}a_{23}a_{32}-a_{12}a_{21}a_{33}-a_{13}a_{22}a_{31}\neq0$，

则(3)有唯一解.

2. 三阶行列式的定义

定义 2　三阶行列式定义为

$$\begin{vmatrix}a_{11} & a_{12} & a_{13}\\ a_{21} & a_{22} & a_{23}\\ a_{31} & a_{32} & a_{33}\end{vmatrix}=a_{11}a_{22}a_{33}+a_{12}a_{23}a_{31}+a_{13}a_{21}a_{32}$$

$$-a_{11}a_{23}a_{32}-a_{12}a_{21}a_{33}-a_{13}a_{22}a_{31}.\tag{4}$$

特别提示：三阶行列式的特点：

① 每个乘积项中三个因子来自不同行不同列的三个数，共 6 项求和；

② 其运算的规律性可用“对角线法则”或“沙路法则”来表述之：

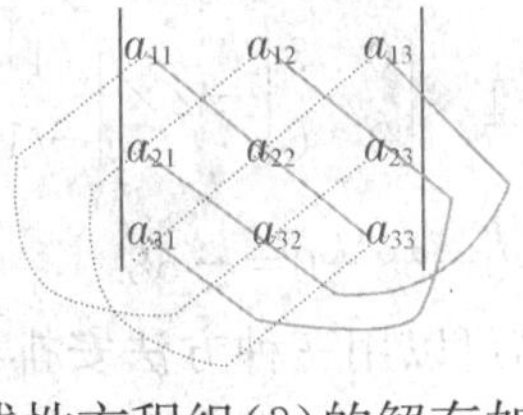

③ 利用这个定义，线性方程组(3)的解有如下“优美”表示：

特别提示：

对角线法则只适用于二阶和三阶行列式.

$$x_1=\frac{\begin{vmatrix} b_1 & a_{12} & a_{13} \\ b_2 & a_{22} & a_{23} \\ b_3 & a_{32} & a_{33} \end{vmatrix}}{\begin{vmatrix} a_{11} & a_{12} & a_{13} \\ a_{21} & a_{22} & a_{23} \\ a_{31} & a_{32} & a_{33} \end{vmatrix}},\ x_2=\frac{\begin{vmatrix} a_{11} & b_1 & a_{13} \\ a_{21} & b_2 & a_{23} \\ a_{31} & b_3 & a_{33} \end{vmatrix}}{\begin{vmatrix} a_{11} & a_{12} & a_{13} \\ a_{21} & a_{22} & a_{23} \\ a_{31} & a_{32} & a_{33} \end{vmatrix}},\ x_3=\frac{\begin{vmatrix} a_{11} & a_{12} & b_1 \\ a_{21} & a_{22} & b_2 \\ a_{31} & a_{32} & b_3 \end{vmatrix}}{\begin{vmatrix} a_{11} & a_{12} & a_{13} \\ a_{21} & a_{22} & a_{23} \\ a_{31} & a_{32} & a_{33} \end{vmatrix}}. \tag{5}$$

例 5 计算三阶行列式 $\begin{vmatrix} 1 & 2 & 3 \\ 4 & 0 & 5 \\ -1 & 0 & 6 \end{vmatrix}$.

考考你:

试证明在二维平面上,2 阶行列式的绝对值是以 $\boldsymbol{\alpha}=(a_{11},a_{21})$, $\boldsymbol{\beta}=(a_{12},a_{22})$为邻边的平行四边形的面积.

解 $\begin{vmatrix} 1 & 2 & 3 \\ 4 & 0 & 5 \\ -1 & 0 & 6 \end{vmatrix}=1\times0\times6+2\times5\times(-1)+3\times4\times0-3\times0\times(-1)-1\times5\times0-4\times2\times6=-10-48=-58.$

例 6 求证:

$$\begin{vmatrix} a_{11} & a_{12} & a_{13} \\ a_{21} & a_{22} & a_{23} \\ a_{31} & a_{32} & a_{33} \end{vmatrix}=a_{11}\begin{vmatrix} a_{22} & a_{23} \\ a_{32} & a_{33} \end{vmatrix}-a_{12}\begin{vmatrix} a_{21} & a_{23} \\ a_{31} & a_{33} \end{vmatrix}+a_{13}\begin{vmatrix} a_{21} & a_{22} \\ a_{31} & a_{32} \end{vmatrix}. \tag{6}$$

证明

$$\begin{aligned}\begin{vmatrix} a_{11} & a_{12} & a_{13} \\ a_{21} & a_{22} & a_{23} \\ a_{31} & a_{32} & a_{33} \end{vmatrix} &=a_{11}a_{22}a_{33}+a_{12}a_{23}a_{31}+a_{13}a_{21}a_{32}-a_{11}a_{23}a_{32}-a_{12}a_{21}a_{33}-a_{13}a_{22}a_{31}\\ &=a_{11}(a_{22}a_{33}-a_{23}a_{32})+a_{12}(a_{23}a_{31}-a_{21}a_{33})+a_{13}(a_{21}a_{32}-a_{22}a_{31})\\ &=a_{11}\begin{vmatrix} a_{22} & a_{23} \\ a_{32} & a_{33} \end{vmatrix}-a_{12}\begin{vmatrix} a_{21} & a_{23} \\ a_{31} & a_{33} \end{vmatrix}+a_{13}\begin{vmatrix} a_{21} & a_{22} \\ a_{31} & a_{32} \end{vmatrix}.\end{aligned}$$

例 7 按(6)重新计算例 5 中的行列式.

解 $$\begin{aligned}\begin{vmatrix} 1 & 2 & 3 \\ 4 & 0 & 5 \\ -1 & 0 & 6 \end{vmatrix}&=1\times\begin{vmatrix} 0 & 5 \\ 0 & 6 \end{vmatrix}-2\times\begin{vmatrix} 4 & 5 \\ -1 & 6 \end{vmatrix}+3\times\begin{vmatrix} 4 & 0 \\ -1 & 0 \end{vmatrix}\\ &=0-58-0=-58.\end{aligned}$$

例 8 一幢大型公寓可以用三种方法安排各层建筑结构的类型. 楼高几层,才能满足需要?

居室结构	方案甲	方案乙	方案丙	公寓合计
一室一厅	8	8	9	116
二室一厅	7	4	3	61
三室一厅	3	5	6	68

解 设此公寓甲、乙、丙三种方案的楼层数分别为 x,y,z 依题意有

$$\begin{cases}8x+8y+9z=116,\\7x+4y+3z=61,\\3x+5y+6z=68.\end{cases}$$

考察系数行列式

$$D=\begin{vmatrix}8&8&9\\7&4&3\\3&5&6\end{vmatrix}=8\begin{vmatrix}4&3\\5&6\end{vmatrix}-8\begin{vmatrix}7&3\\3&6\end{vmatrix}+9\begin{vmatrix}7&4\\3&5\end{vmatrix}=72-264+207=15,$$

从而

$$x=\frac{D_1}{D}=\frac{\begin{vmatrix}116&8&9\\61&4&3\\68&5&6\end{vmatrix}}{\begin{vmatrix}8&8&9\\7&4&3\\3&5&6\end{vmatrix}}=\frac{116\begin{vmatrix}4&3\\5&6\end{vmatrix}-8\begin{vmatrix}61&3\\68&6\end{vmatrix}+9\begin{vmatrix}61&4\\68&5\end{vmatrix}}{15}$$

$$=\frac{1044-1296+297}{15}=3,$$

$$y=\frac{D_2}{D}=\frac{\begin{vmatrix}8&116&9\\7&61&3\\3&68&6\end{vmatrix}}{\begin{vmatrix}8&8&9\\7&4&3\\3&5&6\end{vmatrix}}=\frac{8\begin{vmatrix}61&3\\68&6\end{vmatrix}-116\begin{vmatrix}7&3\\3&6\end{vmatrix}+9\begin{vmatrix}7&61\\3&68\end{vmatrix}}{15}$$

$$=\frac{1296-3828+2637}{15}=7,$$

$$z=\frac{D_3}{D}=\frac{\begin{vmatrix}8&8&116\\7&4&61\\3&5&68\end{vmatrix}}{\begin{vmatrix}8&8&9\\7&4&3\\3&5&6\end{vmatrix}}=\frac{8\begin{vmatrix}4&61\\5&68\end{vmatrix}-8\begin{vmatrix}7&61\\3&68\end{vmatrix}+116\begin{vmatrix}7&4\\3&5\end{vmatrix}}{15}$$

$$=\frac{-264-2344+2668}{15}=4.$$

故楼高 14 层.

第二节　n 阶行列式的定义及性质

一、n 阶行列式的定义

历史点滴：

行列式来源于线性方程组的求解. 1683 年，日本数学家关孝和（Seki Takazu，1642—1768）在其专著《解伏题之法》中提出了行列式的概念与算法.

1. 问题的提出

考虑如下线性方程组

$$\begin{cases} a_{11}x_1+a_{12}x_2+\cdots+a_{1n}x_n=b_1, \\ \cdots\cdots\cdots\cdots \\ a_{i1}x_1+a_{i2}x_2+\cdots+a_{in}x_n=b_i, \\ \cdots\cdots\cdots\cdots \\ a_{n1}x_1+a_{n2}x_2+\cdots+a_{nn}x_n=b_n \end{cases} \tag{1}$$

何时有唯一解？

2. n 阶行列式的递归定义

为了引入 n 阶行列式的定义，我们把三阶行列式的计算式整理成：

$$\begin{vmatrix} a_{11} & a_{12} & a_{13} \\ a_{21} & a_{22} & a_{23} \\ a_{31} & a_{32} & a_{33} \end{vmatrix}=a_{11}(a_{22}a_{33}-a_{23}a_{32})-a_{12}(a_{21}a_{33}-a_{23}a_{31})+$$

$$a_{13}(a_{11}a_{22}-a_{12}a_{21})$$

$$=a_{11}(-1)^{1+1}\begin{vmatrix} a_{22} & a_{23} \\ a_{32} & a_{33} \end{vmatrix}+a_{12}(-1)^{1+2}\begin{vmatrix} a_{21} & a_{23} \\ a_{31} & a_{33} \end{vmatrix}+$$

$$a_{13}(-1)^{1+3}\begin{vmatrix} a_{21} & a_{22} \\ a_{31} & a_{32} \end{vmatrix}.$$

这里，分别与 a_{11}，a_{12}，a_{13} 相乘的三个二阶行列式正好是在三阶行列式中划去 a_{11}，a_{12}，a_{13} 所在的行和列后剩下的元素组成的，我们分别称之为 a_{11}，a_{12}，a_{13} 的余子式，依次记为 M_{11}，M_{12}，M_{13}；它们前面的 -1 的幂指数分别是这三个元素 a_{11}，a_{12}，a_{13} 的两个下标之和. 我们分别称

$$A_{11}=(-1)^{1+1}M_{11},\quad A_{12}=(-1)^{1+2}M_{12},\quad A_{13}=(-1)^{1+3}M_{13}$$

为 a_{11}，a_{12}，a_{13} 的代数余子式. 于是得到

$$\begin{vmatrix} a_{11} & a_{12} & a_{13} \\ a_{21} & a_{22} & a_{23} \\ a_{31} & a_{32} & a_{33} \end{vmatrix}=a_{11}A_{11}+a_{12}A_{12}+a_{13}A_{13}. \tag{2}$$

这就是说，三阶行列式等于它的第一行元素与各自的代数余子式乘积之和. 简言之，可以按其第一行展开.

下面我们先给出代数余子式的定义.

定义 1 在 3 阶行列式 D 中，把元素 $a_{ij}(i,j=1,2,3)$ 所在的第 i 行和第 j 列划去后，剩下的元素按原次序构成一个 $n-1$ 阶行列式，称为元素 a_{ij} 的**余子式(minor)**，记作 M_{ij}，并称 $A_{ij}=(-1)^{i+j}M_{ij}$ 为元素 a_{ij} 的**代数余子式(cofactor)**.

特别提示：

元素 a_{ij} 的余子式 M_{ij} 和代数余子数 A_{ij} 与 a_{ij} 的取值无关，但与元素 a_{ij} 的位置有关.

例 1 考察下面三阶行列式元素 a_{23} 的余子式及代数余子式.

$$D=\begin{vmatrix} a_{11} & a_{12} & a_{13} \\ a_{21} & a_{22} & a_{23} \\ a_{31} & a_{32} & a_{33} \end{vmatrix}.$$

解 a_{23} 的余子式 $M_{23}=\begin{vmatrix} a_{11} & a_{12} \\ a_{31} & a_{32} \end{vmatrix}=a_{11}a_{32}-a_{12}a_{31}$，$a_{23}$ 的代数余子式 $A_{23}=(-1)^{2+3}M_{23}=-\begin{vmatrix} a_{11} & a_{12} \\ a_{31} & a_{32} \end{vmatrix}=a_{12}a_{31}-a_{11}a_{32}$.

例 2 分别考察下面三阶行列式中 a_{32} 的余子式及代数余子式.

$$D=\begin{vmatrix} 0 & a & b \\ -a & 0 & c \\ -b & -c & 0 \end{vmatrix},\quad \widetilde{D}=\begin{vmatrix} 0 & 100 & b \\ -a & -2 & c \\ 1000 & z & x \end{vmatrix}.$$

解 先考察 D，$a_{32}=-c$ 的余子式 $M_{32}=\begin{vmatrix} 0 & b \\ -a & c \end{vmatrix}=ab$，$a_{32}=-c$ 的代数余子式 $A_{32}=(-1)^{(3+2)}M_{32}=-ab$；

再考察 $\widetilde{D}$，$a_{32}=z$ 的余子式 $M_{32}=\begin{vmatrix} 0 & b \\ -a & c \end{vmatrix}=ab$，$a_{32}=z$ 的代数余子式 $A_{32}=(-1)^{(3+2)}M_{32}=-ab$.

把(2)式推广到一般，即得到 n 阶行列式的定义.

定义 2 称 $|a|=a$ 为一阶行列式；对 $n\geqslant 2$，若 $n-1$ 阶行列式已经定义，则规定 n 阶行列式为由 n^2 个数得到的下列展开式

特别提示：

记一阶行列式 $|a|=a$，但注意不要将其与绝对值概念混淆.

$$D_n=\begin{vmatrix} a_{11} & a_{12} & \cdots & a_{1n} \\ a_{21} & a_{22} & \cdots & a_{2n} \\ \vdots & \vdots & & \vdots \\ a_{n1} & a_{n2} & \cdots & a_{nn} \end{vmatrix}=a_{11}A_{11}+a_{12}A_{12}+\cdots+a_{1n}A_{1n}, \qquad (3)$$

其中 $A_{1j}=(-1)^{1+j}M_{1j}(j=1,\cdots,n)$. M_{1j} 是 a_{1j} 的**余子式(minor)**，即在 D_n 中划去第一行和第 j 列后得到的 $(n-1)$ 阶行列式，A_{1j} 称为 a_{1j} 的**代**

数余子式(cofactor). D_n 也可简记为 D 或 $|a_{ij}|_n$.

特别提示：

① 二阶行列式含有两项：$a_{11}a_{22}$ 与 $(-a_{12}a_{21})$，三阶行列式含有 3! 项，不难推知，n 阶行列式含有 n! 项；

② n 阶方阵 $\mathbf{A}=(a_{ij})_{n\times n}$ 对应一个数表，它的行列式即其元素排成的行列式 $|\mathbf{A}|=|a_{ij}|_n$ 则是一个数，二者是完全不同的两个概念；

③ 一些特殊的行列式(下三角行列式，上三角行列式，对角型行列式)

$$\begin{vmatrix} a_{11} & 0 & \cdots & 0 \\ a_{21} & a_{22} & \cdots & 0 \\ \vdots & \vdots & & \vdots \\ a_{n1} & a_{n2} & \cdots & a_{nn} \end{vmatrix}, \quad \begin{vmatrix} a_{11} & a_{12} & \cdots & a_{1n} \\ 0 & a_{22} & \cdots & a_{2n} \\ \vdots & \vdots & & \vdots \\ 0 & 0 & \cdots & a_{nn} \end{vmatrix},$$

$$\begin{vmatrix} \lambda_1 & & & \\ & \lambda_2 & & \\ & & \ddots & \\ & & & \lambda_n \end{vmatrix}, \quad \begin{vmatrix} & & & \lambda_1 \\ & & \lambda_2 & \\ & ⋰ & & \\ \lambda_n & & & \end{vmatrix}$$

是很好求值的行列式；

④ 行列式的另一定义见附注 1.

例 3 计算下三角(lower triangular)行列式(下三角矩阵的行列式)

$$D_n=\begin{vmatrix} a_{11} & 0 & \cdots & 0 \\ a_{21} & a_{22} & \cdots & 0 \\ \vdots & \vdots & & \vdots \\ a_{n1} & a_{n2} & \cdots & a_{nn} \end{vmatrix}.$$

解 由定义 2，依次按第一行展开，得

$$\begin{aligned} D_n &= a_{11}A_{11}+0\cdot A_{12}+\cdots+0\cdot A_{1n} \\ &= a_{11}\cdot(-1)^{1+1}M_{11} \\ &= a_{11}\begin{vmatrix} a_{22} & 0 & \cdots & 0 \\ a_{32} & a_{33} & \cdots & 0 \\ \vdots & \vdots & & \vdots \\ a_{n2} & a_{n3} & \cdots & a_{nn} \end{vmatrix} \\ &= \cdots\cdots \\ &= a_{11}a_{22}\cdots a_{nn}. \end{aligned}$$

根据例 3，不难得出 n 阶对角行列式

$$\begin{vmatrix} \lambda_1 & & & \\ & \lambda_2 & & \\ & & \ddots & \\ & & & \lambda_n \end{vmatrix} = \lambda_1\lambda_2\cdots\lambda_n.$$

对角行列式一般记为 $\det[\mathrm{diag}(\lambda_1,\lambda_2,\cdots,\lambda_n)]$.

同理可得,**上三角(upper triangular)行列式(上三角矩阵的行列式)**亦等于其主对角线上各元素之积,即

$$\begin{vmatrix} a_{11} & a_{12} & \cdots & a_{1n} \\ 0 & a_{22} & \cdots & a_{2n} \\ \vdots & \vdots & & \vdots \\ 0 & 0 & \cdots & a_{nn} \end{vmatrix} = a_{11}a_{22}\cdots a_{nn}.$$

例 4　计算下列三角行列式

$$\begin{vmatrix} 0 & \cdots & 0 & a_{1n} \\ 0 & \cdots & a_{2,n-1} & a_{2n} \\ \vdots & & \vdots & \vdots \\ a_{n1} & \cdots & a_{n,n-1} & a_{nn} \end{vmatrix}, \quad \begin{vmatrix} a_{11} & a_{12} & \cdots & a_{1n} \\ a_{21} & a_{22} & \cdots & 0 \\ \vdots & \vdots & & \vdots \\ a_{n1} & 0 & \cdots & 0 \end{vmatrix}.$$

特别提示:

一定要记住下三角行列式,上三角行列式,对角型行列式的结论.

解

$$\begin{vmatrix} 0 & \cdots & 0 & a_{1n} \\ 0 & \cdots & a_{2,n-1} & a_{2n} \\ \vdots & & \vdots & \vdots \\ a_{n1} & \cdots & a_{n,n-1} & a_{nn} \end{vmatrix}$$

$$= a_{1n}\cdot(-1)^{1+n}\cdot\begin{vmatrix} 0 & \cdots & 0 & a_{2,n-1} \\ 0 & \cdots & a_{3,n-2} & a_{3,n-1} \\ \vdots & & \vdots & \vdots \\ a_{n1} & \cdots & a_{n,n-2} & a_{n,n-1} \end{vmatrix}$$

$$=\cdots\cdots$$

$$=(-1)^{(1+n)+n+(n-1)+\cdots+2}a_{1n}a_{2,n-1}\cdots a_{n1}$$

$$=(-1)^{\frac{n(n+3)}{2}}a_{1n}a_{2,n-1}\cdots a_{n1}$$

$$=(-1)^{\frac{n(n-1)}{2}}a_{1n}a_{2,n-1}\cdots a_{n1}.$$

同理可得

$$\begin{vmatrix} a_{11} & a_{12} & \cdots & a_{1n} \\ a_{21} & a_{22} & \cdots & 0 \\ \vdots & \vdots & & \vdots \\ a_{n1} & 0 & \cdots & 0 \end{vmatrix} = (-1)^{\frac{n(n-1)}{2}}a_{1n}a_{2,n-1}\cdots a_{n1}.$$

特别提示:

最好记住例 4 的结论.

仅仅按定义计算行列式是比较麻烦的. 对于行列式可以证明:

定理 1 行列式等于它的任一行(列)的各元素与其对应的代数余子式乘积之和. 即设 n 阶行列式

$$D_n=\begin{vmatrix} a_{11} & a_{12} & \cdots & a_{1n} \\ a_{21} & a_{22} & \cdots & a_{2n} \\ \vdots & \vdots & & \vdots \\ a_{n1} & a_{n2} & \cdots & a_{nn} \end{vmatrix}, \tag{4}$$

D_n 的第 i 行元素 $a_{i1},a_{i2},\cdots,a_{in}$ 所对应的代数余子式为 $A_{i1},A_{i2},\cdots,A_{in}$,则

$$D=a_{i1}A_{i1}+a_{i2}A_{i2}+\cdots+a_{in}A_{in}\quad(i=1,2,\cdots,n), \tag{5}$$

D_n 第 j 列元素 $a_{1j},a_{2j},\cdots,a_{nj}$ 所对应的代数余子式为 $A_{1j},A_{2j},\cdots,A_{nj}$,则

$$D=a_{1j}A_{1j}+a_{2j}A_{2j}+\cdots a_{nj}A_{nj}\quad(j=1,2,\cdots,n). \tag{6}$$

证明 见附注 2.

考考你:

利用定理 1 你能给出求行列式某行(列)元数的余子式(或代数余子式)之和的简便方法吗?

二、n 阶行列式的性质

n 阶行列式的定义,给出了用递推公式计算 n 阶行列式的方法,但在实际中,用这种方法计算三阶以上的行列式,计算量是非常大的,我们要探讨行列式的性质,以得到化简行列式的方法.

下面讨论 n 阶行列式的性质.

定义 3 将行列式 D 的行与列互换后得到的行列式,称为 D 的转置行列式,记为 D^{T},即若

$$D=\begin{vmatrix} a_{11} & a_{12} & \cdots & a_{1n} \\ a_{21} & a_{22} & \cdots & a_{2n} \\ \vdots & \vdots & & \vdots \\ a_{n1} & a_{n2} & \cdots & a_{nn} \end{vmatrix},\quad 则\ D^{\mathrm{T}}=\begin{vmatrix} a_{11} & a_{21} & \cdots & a_{n1} \\ a_{12} & a_{22} & \cdots & a_{n2} \\ \vdots & \vdots & & \vdots \\ a_{1n} & a_{2n} & \cdots & a_{nn} \end{vmatrix}.$$

性质 1 设 D^{T} 是 D 的转置行列式,则 $D=D^{\mathrm{T}}$.

证明 由行列式的定义 2 和定理 1 知结论成立.

如

$$\begin{vmatrix} a_{11} & a_{12} \\ a_{21} & a_{22} \end{vmatrix}=a_{11}a_{22}-a_{12}a_{21}=\begin{vmatrix} a_{11} & a_{21} \\ a_{12} & a_{22} \end{vmatrix},$$

$$\begin{vmatrix} a & b & c \\ e & f & g \\ 3 & 4 & 5 \end{vmatrix}=\begin{vmatrix} a & e & 3 \\ b & f & 4 \\ c & g & 5 \end{vmatrix}.$$

由定理 1 可得

性质 2 行列式中若有某行(列)元素全是零,则此行列式为零.

性质 3 互换行列式中两行(列),行列式变号.

证明 对行列式的阶数用数学归纳法. 见附注 3.

如

$$\begin{vmatrix} a_{11} & a_{12} \\ a_{21} & a_{22} \end{vmatrix}=a_{11}a_{22}-a_{12}a_{21}=-\begin{vmatrix} a_{21} & a_{22} \\ a_{11} & a_{12} \end{vmatrix},$$

$$\begin{vmatrix} a & b & c \\ e & f & g \\ 3 & 4 & 5 \end{vmatrix}=-\begin{vmatrix} a & b & c \\ 3 & 4 & 5 \\ e & f & g \end{vmatrix}=\begin{vmatrix} 3 & 4 & 5 \\ a & b & c \\ e & f & g \end{vmatrix}.$$

性质 4 行列式中有两行元素相同,该行列式的值为零.

证明 假设第 i,j 行元素相等,则交换第 i,j 行:$D=-D$,即 $D=0$.

如

$$\begin{vmatrix} a & b & c & d \\ e & f & g & h \\ j & k & l & m \\ a & b & c & d \end{vmatrix}=0$$

性质 5 行列式的某一行诸元素同乘数 k,等于用数 k 乘此行列式.

$$\begin{vmatrix} a_{11} & a_{12} & \cdots & a_{1n} \\ \vdots & \vdots & & \vdots \\ ka_{i1} & ka_{i2} & \cdots & ka_{in} \\ \vdots & \vdots & & \vdots \\ a_{n1} & a_{n2} & \cdots & a_{nn} \end{vmatrix}=k\begin{vmatrix} a_{11} & a_{12} & \cdots & a_{1n} \\ \vdots & \vdots & & \vdots \\ a_{i1} & a_{i2} & \cdots & a_{in} \\ \vdots & \vdots & & \vdots \\ a_{n1} & a_{n2} & \cdots & a_{nn} \end{vmatrix}.$$

证明 只要由定义按此行展开即可.

推论 1 行列式中某一行(列)诸元素的公因子可以提到行列式符号外面.

特别提示:

注意数乘行列式运算与数乘矩阵运算的区别.

推论 2 行列式中若有两行(列)元素成比例,则此行列式等于零.

证明 由性质 4 及性质 5 的推论 1 即可证得.

性质 6 (拆项性质)

如果行列式中某一列(行)各元素均为两项之和,则此行列式等于两个相应行列式之和. 例如

$$\begin{vmatrix} a_{11} & a_{12} & \cdots & a_{1n} \\ \vdots & \vdots & & \vdots \\ b_1+c_1 & b_2+c_2 & \cdots & b_n+c_n \\ \vdots & \vdots & & \vdots \\ a_{n1} & a_{n2} & \cdots & a_{nn} \end{vmatrix}=\begin{vmatrix} a_{11} & a_{12} & \cdots & a_{1n} \\ \vdots & \vdots & & \vdots \\ b_1 & b_2 & \cdots & b_n \\ \vdots & \vdots & & \vdots \\ a_{n1} & a_{n2} & \cdots & a_{nn} \end{vmatrix}+\begin{vmatrix} a_{11} & a_{12} & \cdots & a_{1n} \\ \vdots & \vdots & & \vdots \\ c_1 & c_2 & \cdots & c_n \\ \vdots & \vdots & & \vdots \\ a_{n1} & a_{n2} & \cdots & a_{nn} \end{vmatrix}$$

证明 将行列式按第 i 行展开即可证得.

如

$$\begin{vmatrix} a & b & c \\ \varepsilon_1+x & \varepsilon_2+y & \varepsilon_3+z \\ 3 & 4 & 5 \end{vmatrix} = \begin{vmatrix} a & b & c \\ \varepsilon_1 & \varepsilon_2 & \varepsilon_3 \\ 3 & 4 & 5 \end{vmatrix} + \begin{vmatrix} a & b & c \\ x & y & z \\ 3 & 4 & 5 \end{vmatrix}.$$

性质 7 把行列式的某一列(行)的各元素乘以同一数 k 后加到另一列(行)对应元素上,行列式的值不变. 例如,

$$\begin{vmatrix} a_{11} & a_{12} & \cdots & a_{1i} & \cdots & a_{1j} & \cdots & a_{1n} \\ a_{21} & a_{22} & \cdots & a_{2i} & \cdots & a_{2j} & \cdots & a_{2n} \\ \vdots & \vdots & & \vdots & & \vdots & & \vdots \\ a_{n1} & a_{n2} & \cdots & a_{ni} & \cdots & a_{nj} & \cdots & a_{nn} \end{vmatrix}$$

$$= \begin{vmatrix} a_{11} & a_{12} & \cdots & (a_{1i}+ka_{1j}) & \cdots & a_{1j} & \cdots & a_{1n} \\ a_{21} & a_{22} & \cdots & (a_{2i}+ka_{2j}) & \cdots & a_{2j} & \cdots & a_{2n} \\ \vdots & \vdots & & \vdots & & \vdots & & \vdots \\ a_{n1} & a_{n2} & \cdots & (a_{ni}+ka_{nj}) & \cdots & a_{nj} & \cdots & a_{nn} \end{vmatrix} (i \neq j).$$

证明 由性质 6 和性质 5 即可证得.

为便于计算观察,在计算行列式时约定:

(1) r_i 和 c_i 分别表示行列式第 i 行和第 i 列

(2) $r_i \pm kr_j$ 表示行列式的第 j 行乘以数 k 加(减)到第 i 行

(3) $c_i \pm kc_j$ 表示行列式的第 j 列乘以数 k 加(减)到第 i 列

(4) $r_i \leftrightarrow r_j$ 表示交换行列式的第 i 行与第 j 行

(5) $c_i \leftrightarrow c_j$ 表示交换行列式的第 i 列与第 j 列

性质 8 行列式某行(列)元素与另一行(列)元素的代数余子式乘积之和为零,即若 $i \neq j$,则

$$\sum_{k=1}^{n} a_{ik}A_{jk} = a_{i1}A_{j1} + a_{i2}A_{j2} + \cdots + a_{in}A_{jn} = 0,$$

$$\sum_{k=1}^{n} a_{ki}A_{kj} = a_{1i}A_{1j} + a_{2i}A_{2j} + \cdots + a_{ni}A_{nj} = 0.$$

证明 记

$$D=\begin{vmatrix} a_{11} & a_{12} & \cdots & a_{1n} \\ \vdots & \vdots & & \vdots \\ a_{i1} & a_{i2} & \cdots & a_{in} \\ \vdots & \vdots & & \vdots \\ a_{j1} & a_{j2} & \cdots & a_{jn} \\ \vdots & \vdots & & \vdots \\ a_{n1} & a_{n2} & \cdots & a_{nn} \end{vmatrix}, \quad \widetilde{D}=\begin{vmatrix} a_{11} & a_{12} & \cdots & a_{1n} \\ \vdots & \vdots & & \vdots \\ a_{j1} & a_{j2} & \cdots & a_{jn} \\ \vdots & \vdots & & \vdots \\ a_{j1} & a_{j2} & \cdots & a_{jn} \\ \vdots & \vdots & & \vdots \\ a_{n1} & a_{n2} & \cdots & a_{nn} \end{vmatrix},$$

其中 $\widetilde{D}$ 中的第 i 行与第 j 行相同,由性质 4 知:$\widetilde{D}=0$.

将 D 和 $\tilde{D}$ 按第 i 行展开得

$$D=\begin{vmatrix} a_{11} & a_{12} & \cdots & a_{1n} \\ \vdots & \vdots & & \vdots \\ a_{i1} & a_{i2} & \cdots & a_{in} \\ \vdots & \vdots & & \vdots \\ a_{j1} & a_{j2} & \cdots & a_{jn} \\ \vdots & \vdots & & \vdots \\ a_{n1} & a_{n2} & \cdots & a_{nn} \end{vmatrix}=a_{i1}A_{i1}+a_{i2}A_{i2}+\cdots+a_{in}A_{in},$$

$$\tilde{D}=\begin{vmatrix} a_{11} & a_{12} & \cdots & a_{1n} \\ \vdots & \vdots & & \vdots \\ a_{j1} & a_{j2} & \cdots & a_{jn} \\ \vdots & \vdots & & \vdots \\ a_{j1} & a_{j2} & \cdots & a_{jn} \\ \vdots & \vdots & & \vdots \\ a_{n1} & a_{n2} & \cdots & a_{nn} \end{vmatrix}=a_{j1}A'_{i1}+a_{j2}A'_{i2}+\cdots+a_{in}A'_{jn},$$

对照之则知

$$0=\tilde{D}=a_{j1}A_{i1}+a_{j2}A_{i2}+\cdots+a_{jn}A_{in}\quad(i\neq j).$$

特别提示:若与行列式的定义和性质 8 结合起来,则我们有

$$a_{i1}A_{j1}+a_{i2}A_{j2}+\cdots+a_{in}A_{jn}=\sum_{k=1}^{n}a_{ik}A_{jk}=D\delta_{ij}=\begin{cases}D & i=j,\\ 0 & i\neq j,\end{cases} \tag{7}$$

$$a_{1i}A_{1j}+a_{2i}A_{2j}+\cdots+a_{ni}A_{nj}=\sum_{k=1}^{n}a_{ki}A_{kj}=D\delta_{ij}=\begin{cases}D & i=j,\\ 0 & i\neq j.\end{cases} \tag{8}$$

三、方阵的行列式

定义 4　由 n 阶方阵 $\boldsymbol{A}=\begin{pmatrix} a_{11} & \cdots & a_{1n} \\ \vdots & & \vdots \\ a_{n1} & \cdots & a_{nn} \end{pmatrix}$ 的元素所构成的 n 阶行列式(各元素的位置不变),称为方阵 $\boldsymbol{A}$ 的行列式,记作 $|\boldsymbol{A}|$ 或 $\det\boldsymbol{A}$. 即

$$|\boldsymbol{A}_{n\times n}|=|(a_{ij})|=|a_{ij}|=\begin{vmatrix} a_{11} & \cdots & a_{1n} \\ \vdots & & \vdots \\ a_{n1} & \cdots & a_{nn} \end{vmatrix}.$$

特别提示:

方阵与其行列式不同,前者为数表,后者为数值.

由有关定义和行列式的性质,不难得到

运算律

对于 n 阶方阵 $\boldsymbol{A}$、$\boldsymbol{B}$ 有

(1) $|\boldsymbol{A}^{\mathrm{T}}|=|\boldsymbol{A}|$； （行列式性质 1）

(2) $|k\boldsymbol{A}|=k^n|\boldsymbol{A}|$； （$\boldsymbol{A}$ 为 n 阶方阵，注意它与 $k|\boldsymbol{A}|$ 的区别）

(3) $|\boldsymbol{E}|=1,|k\boldsymbol{E}_n|=k^n$；

(4) $|\boldsymbol{AB}|=|\boldsymbol{A}||\boldsymbol{B}|$，由此可知 $|\boldsymbol{A}^m|=|\boldsymbol{A}|^m$.

特别提示：

对于 n 阶方阵 $\boldsymbol{A}$、$\boldsymbol{B}$，一般 $\boldsymbol{AB}\neq\boldsymbol{BA}$，但都有 $|\boldsymbol{AB}|=|\boldsymbol{BA}|$.

特别提示：

对于 n 阶方阵 $\boldsymbol{A}$、$\boldsymbol{B}$，一般 $|\boldsymbol{A}+\boldsymbol{B}|\neq|\boldsymbol{A}|+|\boldsymbol{B}|$.

考考你：

1. 若行列式 $D=0$，则 D 都可能是什么类型的行列式？

2. 设 D 为 3 阶行列式，用 $\alpha_1,\alpha_2,\alpha_3$ 分别表示 D 的第 1、2、3 列，如果 $D=-4$，你能确定行列式 $|\alpha_3+3\alpha_1,\ \alpha_2,\ 4\alpha_1|$ 的值吗？

例 5 设 $\boldsymbol{A}=\begin{pmatrix}1&2\\3&3\end{pmatrix},\boldsymbol{B}=\begin{pmatrix}1&2\\-1&3\end{pmatrix}$，求 $|\boldsymbol{AB}|$.

解 （法一）因为 $\boldsymbol{AB}=\begin{pmatrix}-1&8\\0&15\end{pmatrix}$，所以 $|\boldsymbol{AB}|=\begin{vmatrix}-1&8\\0&15\end{vmatrix}=-15$.

（法二）$|\boldsymbol{AB}|=|\boldsymbol{A}||\boldsymbol{B}|=\begin{vmatrix}1&2\\3&3\end{vmatrix}\begin{vmatrix}1&2\\-1&3\end{vmatrix}=(-3)\times5=-15$.

附注 1 行列式的另一定义.

下面我们给出行列式的另一种定义.

为此，先指出什么是排列的奇偶性. 设自然数 $1,2,\cdots,n$ 的一个全排列为 $j_1,j_2,\cdots,j_n$，若当 $s<t$ 时 $j_s>j_t(s,t=1,2,\cdots,n)$（即 j_s 比其后的 j_t 大），则称 j_s 与 j_t 构成一个**逆序**. 排列 $j_1,j_2,\cdots,j_n$ 中所有逆序的总数称为该排列的**逆序数**，记作 $\tau(j_1,j_2,\cdots,j_n)$. 逆序数为奇数的排列叫**奇排列**，逆序数为偶数的排列叫**偶排列**.

由此，一般的 n 阶行列式定义为

$$D_n=\begin{vmatrix}a_{11}&a_{12}&\cdots&a_{1n}\\a_{21}&a_{22}&\cdots&a_{2n}\\\vdots&\vdots&&\vdots\\a_{n1}&a_{n2}&\cdots&a_{nn}\end{vmatrix}=\sum_{(j_1,j_2,\cdots,j_n)}(-1)^{\tau(j_1,j_2,\cdots,j_n)}a_{1j_1}a_{2j_2}\cdots a_{nj_n}$$

其中，右端的 $\sum\limits_{(j_1,j_2,\cdots,j_n)}$ 表示对所有 n 阶排列求和（展开式中共有 $n!$ 项），而每项都是取自 D_n 的不同行、不同列 n 个元素的乘积，其前面的符号确定规律为：把这 n 个元素按行标排成自然顺序（即从小到大的顺序）时，由这 n 个元素的列标所成排列为偶或奇排列时，前面分别冠以正号或负号.

可以证明（略），定义 2 与此定义是等价的.

附注 2 定理 1 的证明.

定理 1 行列式等于它的任一行（列）的各元素与其对应的代数余子式乘积之和. 即设 n 阶行列式

$$D_n=\begin{vmatrix} a_{11} & a_{12} & \cdots & a_{1n} \\ a_{21} & a_{22} & \cdots & a_{2n} \\ \vdots & \vdots & & \vdots \\ a_{n1} & a_{n2} & \cdots & a_{nn} \end{vmatrix}, \tag{4}$$

D_n 的第 i 行元素 $a_{i1},a_{i2},\cdots,a_{in}$ 所对应的代数余子式为 $A_{i1},A_{i2},\cdots,A_{in}$，则

$$D_n=a_{i1}A_{i1}+a_{i2}A_{i2}+\cdots+a_{in}A_{in}\quad(i=1,2,\cdots,n), \tag{5}$$

D_n 的第 j 列元素 $a_{1j},a_{2j},\cdots,a_{nj}$ 所对应的代数余子式为 $A_{1j},A_{2j},\cdots,A_{nj}$，则

$$D_n=a_{1j}A_{1j}+a_{2j}A_{2j}+\cdots+a_{nj}A_{nj}\quad(j=1,2,\cdots,n). \tag{6}$$

证明　仅就行的情形(5)给出证明.

对阶数用数学归纳法.

当 $n=2$ 时，$D_2=\begin{vmatrix} a_{11} & a_{12} \\ a_{21} & a_{22} \end{vmatrix}$. 按第二行展开有

$$a_{21}(-1)^{2+1}a_{12}+a_{22}(-1)^{2+2}a_{11}=a_{11}a_{22}-a_{12}a_{21}=D_2.$$

假设对 $n-1$ 阶行列式命题成立，下面证对 n 阶行列式也成立. 设 $M_{ij,pq}$ 是把 a_{ij}，a_{pq} 所在的行、列去掉后剩余元素构成的余子式，显然有 $M_{ij,pq}=M_{pq,ij}\ (i\neq 1)$，

$$\begin{aligned}右边&=a_{i1}A_{i1}+a_{i2}A_{i2}+\cdots+a_{in}A_{in}\\ &=\sum_{k=1}^{n}a_{ik}A_{ik}=\sum_{k=1}^{n}a_{ik}\ (-1)^{i+k}M_{ik}\\ &=\sum_{k=1}^{n}a_{ik}\ (-1)^{i+k}\sum_{q=1,q\neq k}^{n}a_{1q}\ (-1)^{1+p}M_{ik,1q}\end{aligned}$$

这里

$$p=\begin{cases} q, & q<k, \\ q-1, & q>k. \end{cases} \tag{$*$}$$

将二重求和变为先对 k 求和再对 q 求和得：

$$\begin{aligned}右边&=\sum_{q=1}^{n}a_{1q}(-1)^{1+q}\sum_{k=1,k\neq q}^{n}(-1)^{i+k+1+p-(1+q)}a_{ik}M_{1q,ik}\\ &=\sum_{q=1}^{n}a_{1q}(-1)^{1+q}\sum_{k=1,k\neq i}^{n}a_{ik}(-1)^{i+(k+p-q)}M_{1q,ik}\end{aligned}$$

由($*$)知

$$k+p-q=\begin{cases} k-1, k<q, \\ k, \quad\ k>q. \end{cases}$$

再由归纳假设得

右边$=\sum_{q=1}^{n}a_{1q}(-1)^{1+q}M_{1q}=D_n$.

类似可证按列展开的情形.

附注 3 n 阶行列式**性质 3** 的证明.

性质 3 互换行列式中两行(列),行列式变号.

证明 对行列式的阶数用数学归纳法.

对二阶行列式,容易验证性质 3 成立. 设对 $n-1$ 阶行列式性质 3 已成立,下面证对 n 阶行列式也成立.

不妨设行列式 D 中第 i 行和第 j 行互换,其余行不变,第 i 行与第 j 行互换后的行列式记为 d. 由定理 1,二者可按任一行展开. 把它们都按第 $k(k\neq i,j)$行展开,有

$$D=\sum_{l=1}^{n}a_{kl}A_{kl}=\sum_{l=1}^{n}(-1)^{k+l}a_{kl}M_{kl},$$

$$d=\sum_{l=1}^{n}a_{kl}B_{kl}=\sum_{l=1}^{n}(-1)^{k+l}a_{kl}N_{kl},$$

其中 A_{kl} 和 M_{kl} 分别是 D 中元素 a_{kl} 的代数余子式和余子式,B_{kl} 和 N_{kl} 分别是 d 中元素 a_{kl} 的代数余子式和余子式. M_{kl} 和 N_{kl} 都是 $n-1$ 阶行列式,且除去两行互换外,其余各行都相同,由归纳法假设有 $M_{kl}=-N_{kl}$,即有 $A_{kl}=-B_{kl}$,于是由上面 D 与 d 的展开式知 $D=-d$,故命题对一切 n 都成立.

第三节 行列式的计算

一个 n 阶行列式全部展开后,共有 $n!$ 项,当 $n=15$ 时,就有一亿亿项之多,而在实际应用中,几百阶几千阶的行列式计算是常见的,所以按定义计算行列式,在实际中几乎没有可行性.

在实际应用中,行列式的计算是利用行列式的性质,将行列式简化为三角行列式,然后将对角元相乘而得到行列式的值,或者是按 0 元较多的行展开,化为低阶行列式计算.

行列式的两种计算方法:

1. 用行列式的性质化为三角形行列式计算;
2. 利用行列式展开定理降阶.

用行列式的性质,把行列式化为上三角形行列式的步骤是:如果第一列第一个元素为 0,先将第一行与其他行交换使得第一列第一个元素不为 0;然后把第一行分别乘以适当的数加到其他各行,使得第一列除第一个元素外其余元素全为 0;再用同样的方法处理除去第一行和第一列后余下的低一阶行列式,如此继续下去,直至使它成为上三角形行列式,这时主对角线上元素的乘积就是所求行列式的值.

例 1　计算行列式 $D=\begin{vmatrix}3&6&12\\2&-3&0\\5&1&2\end{vmatrix}$.

解　先将第一行的公因子 3 提出来：

$$\begin{vmatrix}3&6&12\\2&-3&0\\5&1&2\end{vmatrix}=3\begin{vmatrix}1&2&4\\2&-3&0\\5&1&2\end{vmatrix},$$

再计算

$$D=3\begin{vmatrix}1&2&4\\2&-3&0\\5&1&2\end{vmatrix}\xlongequal[r_3-5r_1]{r_2-2r_1}3\begin{vmatrix}1&2&4\\0&-7&-8\\0&-9&-18\end{vmatrix}$$

$$=27\begin{vmatrix}1&2&4\\0&7&8\\0&1&2\end{vmatrix}=54\begin{vmatrix}1&2&2\\0&7&4\\0&1&1\end{vmatrix}$$

$$=54\begin{vmatrix}1&0&2\\0&3&4\\0&0&1\end{vmatrix}=54\times3=162.$$

例 2　计算 $D=\begin{vmatrix}3&1&-1&2\\-5&1&3&-4\\2&0&1&-1\\1&-5&3&-3\end{vmatrix}$.

解　$$D\xlongequal{c_1\leftrightarrow c_2}-\begin{vmatrix}1&3&-1&2\\1&-5&3&-4\\0&2&1&-1\\-5&1&3&-3\end{vmatrix}\xlongequal[r_4+5r_1]{r_2-r_1}-\begin{vmatrix}1&3&-1&2\\0&-8&4&-6\\0&2&1&-1\\0&16&-2&7\end{vmatrix}$$

$$\xlongequal{r_2\leftrightarrow r_3}\begin{vmatrix}1&3&-1&2\\0&2&1&-1\\0&-8&4&-6\\0&16&-2&7\end{vmatrix}\xlongequal[r_4-8r_2]{r_3+4r_2}\begin{vmatrix}1&3&-1&2\\0&2&1&-1\\0&0&8&-10\\0&0&-10&15\end{vmatrix}$$

$$=1\times\begin{vmatrix}2&1&-1\\0&8&-10\\0&-10&15\end{vmatrix}=1\times2\begin{vmatrix}8&-10\\-10&15\end{vmatrix}=40.$$

例 3 计算 $D=\begin{vmatrix}3&1&1&1\\1&3&1&1\\1&1&3&1\\1&1&1&3\end{vmatrix}$.

解 注意到行列式的各列 4 个数之和都是 6,即是行和相等的行列式.故把第 2,3,4 行同时加到第 1 行,可提出公因子 6,再由各行减去第一行化为上三角形行列式.

$$D\xlongequal{r_1+r_2+r_3+r_4}\begin{vmatrix}6&6&6&6\\1&3&1&1\\1&1&3&1\\1&1&1&3\end{vmatrix}=6\begin{vmatrix}1&1&1&1\\1&3&1&1\\1&1&3&1\\1&1&1&3\end{vmatrix}$$

$$\xlongequal[r_4-r_1]{\substack{r_2-r_1\\r_3-r_1}}6\begin{vmatrix}1&1&1&1\\0&2&0&0\\0&0&2&0\\0&0&0&2\end{vmatrix}=48.$$

例 4 计算 $D=\begin{vmatrix}a_1&-a_1&0&0\\0&a_2&-a_2&0\\0&0&a_3&-a_3\\1&1&1&1\end{vmatrix}$.

解 根据行列式的特点,可将第 1 列加至第 2 列,然后将第 2 列加至第 3 列,再将第 3 列加至第 4 列,目的是使 D 中的零元素增多.

$$D\xlongequal{c_2+c_1}\begin{vmatrix}a_1&0&0&0\\0&a_2&-a_2&0\\0&0&a_3&-a_3\\1&2&1&1\end{vmatrix}\xlongequal{c_3+c_2}\begin{vmatrix}a_1&0&0&0\\0&a_2&0&0\\0&0&a_3&-a_3\\1&2&3&1\end{vmatrix}$$

$$\xlongequal{c_4+c_3}\begin{vmatrix}a_1&0&0&0\\0&a_2&0&0\\0&0&a_3&0\\1&2&3&4\end{vmatrix}=4a_1a_2a_3.$$

例 5 计算 $D=\begin{vmatrix}a&b&c&d\\a&a+b&a+b+c&a+b+c+d\\a&2a+b&3a+2b+c&4a+3b+2c+d\\a&3a+b&6a+3b+c&10a+6b+3c+d\end{vmatrix}$.

解 从第 4 行开始,后一行减前一行:

$$D\xlongequal[r_2-r_1]{\substack{r_4-r_3\\r_3-r_2}}\begin{vmatrix}a&b&c&d\\0&a&a+b&a+b+c\\0&a&2a+b&3a+2b+c\\0&a&3a+b&6a+3b+c\end{vmatrix}$$

$$\xlongequal[r_3-r_2]{r_4-r_3}\begin{vmatrix}a&b&c&d\\0&a&a+b&a+b+c\\0&0&a&2a+b\\0&0&a&3a+b\end{vmatrix}$$

$$\xlongequal{r_4-r_3}\begin{vmatrix}a&b&c&d\\0&a&a+b&a+b+c\\0&0&a&2a+b\\0&0&0&a\end{vmatrix}=a^4.$$

例 6　计算 $D=\begin{vmatrix}1&1&1&\cdots&1\\1&2&0&\cdots&0\\1&0&3&\cdots&0\\\vdots&\vdots&\vdots&&\vdots\\1&0&0&\cdots&n\end{vmatrix}$.

特别提示：

例 6 中的行列式称为箭形行列式，又称为爪型行列式. 方法为将 3 爪的一个边爪变成 0，将其转化为上(下)三角行列式.

解　这是箭形行列式. 把第一列化为 $\begin{pmatrix}a_{11}\\0\\\vdots\\0\end{pmatrix}$.

$$D\xlongequal{c_1-\frac{1}{2}c_2-\cdots-\frac{1}{n}c_n}\begin{vmatrix}1-\sum\limits_{i=2}^{n}\frac{1}{i}&1&1&\cdots&1\\0&2&0&\cdots&0\\0&0&3&\cdots&0\\\vdots&\vdots&\vdots&&\vdots\\0&0&0&\cdots&n\end{vmatrix}$$

$$=n!\left(1-\sum_{i=2}^{n}\frac{1}{i}\right).$$

例 7　计算 $D=\begin{vmatrix}2&1&1&1&1\\1&3&1&1&1\\1&1&4&1&1\\1&1&1&5&1\\1&1&1&1&6\end{vmatrix}$.

解　从第 2 行开始，每行分别减去第一行，就能化出大量的 0：

$$D=\begin{vmatrix} 2 & 1 & 1 & 1 & 1 \\ -1 & 2 & 0 & 0 & 0 \\ -1 & 0 & 3 & 0 & 0 \\ -1 & 0 & 0 & 4 & 0 \\ -1 & 0 & 0 & 0 & 5 \end{vmatrix}$$，这是箭形行列式.

通过 $c_1+\frac{1}{2}c_2, c_1+\frac{1}{3}c_3, c_1+\frac{1}{4}c_4, c_1+\frac{1}{5}c_5$ 得：

$$D=\begin{vmatrix} 2+\frac{1}{2}+\frac{1}{3}+\frac{1}{4}+\frac{1}{5} & 1 & 1 & 1 & 1 \\ 0 & 2 & 0 & 0 & 0 \\ 0 & 0 & 3 & 0 & 0 \\ 0 & 0 & 0 & 4 & 0 \\ 0 & 0 & 0 & 0 & 5 \end{vmatrix}=394.$$

例 8 计算 $D=\begin{vmatrix} a & a & a & a \\ a & b & b & b \\ a & b & c & c \\ a & b & c & d \end{vmatrix}$.

解 $$D\xlongequal{r_4-r_3}\begin{vmatrix} a & a & a & a \\ a & b & b & b \\ a & b & c & c \\ 0 & 0 & 0 & d-c \end{vmatrix}\xlongequal{r_3-r_2}\begin{vmatrix} a & a & a & a \\ a & b & b & b \\ 0 & 0 & c-b & c-b \\ 0 & 0 & 0 & d-c \end{vmatrix}$$

$$\xlongequal{r_2-r_1}\begin{vmatrix} a & a & a & a \\ 0 & b-a & b-a & b-a \\ 0 & 0 & c-b & c-b \\ 0 & 0 & 0 & d-c \end{vmatrix}=a(b-a)(c-b)(d-c).$$

例 9 计算 $D=\begin{vmatrix} a & 0 & 0 & p \\ 0 & b & q & 0 \\ 0 & r & c & 0 \\ s & 0 & 0 & d \end{vmatrix}$.

解 $$D=a(-1)^{(1+1)}\begin{vmatrix} b & q & 0 \\ r & c & 0 \\ 0 & 0 & d \end{vmatrix}+s(-1)^{(4+1)}\begin{vmatrix} 0 & 0 & p \\ b & q & 0 \\ r & c & 0 \end{vmatrix}$$

$$=ad(-1)^{3+3}\begin{vmatrix} b & q \\ r & c \end{vmatrix}-sp(-1)^{(3+1)}\begin{vmatrix} b & q \\ r & c \end{vmatrix}$$

$$=(ad-sp)(bc-qr).$$

例 10 已知行列式 $D=\begin{vmatrix}1&2&2&2\\1&3&2&2\\1&2&5&2\\1&2&2&7\end{vmatrix}$

(1) 计算行列式 D 的值；

(2) 求 $2A_{11}+2A_{21}+2A_{31}+2A_{41}$.

解 (1) $D\xlongequal[r_4-r_1]{\substack{r_2-r_1\\r_3-r_1}}\begin{vmatrix}1&2&2&2\\0&1&0&0\\0&0&3&0\\0&0&0&5\end{vmatrix}=15.$

(2) $2A_{11}+2A_{21}+2A_{31}+2A_{41}=2D=30.$

例 11 证明行列式(**范德蒙德(Vandermonde)行列式**)

$$D_n=\begin{vmatrix}1&1&\cdots&\cdots&1\\x_1&x_2&\cdots&\cdots&x_n\\x_1^2&x_2^2&\cdots&\cdots&x_n^2\\\vdots&\vdots&&&\vdots\\x_1^{n-1}&x_2^{n-1}&\cdots&\cdots&x_n^{n-1}\end{vmatrix}=\prod_{1\leqslant j<i\leqslant n}(x_i-x_j).$$

历史点滴：

法国数学家范德蒙德(A. T. Vandermonde, 1735—1796)1771 年成为巴黎科学院院士. 范德蒙德在高等代数方面有重要贡献. 他在 1771 年发表的论文中证明了多项式方程根的任何对称式都能用方程的系数表示出来. 他不仅把行列式应用于解线性方程组，而且对行列式理论本身进行了开创性研究，是行列式理论的奠基者.

证明 用数学归纳法证.

当 $n=2$ 时，$D_2=\begin{vmatrix}1&1\\x_1&x_2\end{vmatrix}=x_2-x_1=\prod\limits_{1\leqslant j<i\leqslant 2}(x_i-x_j)$，显然成立.

现假设对于 $n-1$ 阶范德蒙行列式结论成立，即

$$D_{n-1}=\begin{vmatrix}1&1&\cdots&1\\x_1&x_2&\cdots&x_{n-1}\\x_1^2&x_2^2&\cdots&x_{n-1}^2\\\vdots&\vdots&&\vdots\\x_1^{n-2}&x_2^{n-2}&\cdots&x_{n-1}^{n-2}\end{vmatrix}=\prod_{1\leqslant j<i\leqslant n-1}(x_i-x_j)$$

对于 n 阶范德蒙行列式 D_n，从第 n 行开始，后一行减去前一行的 x_1 倍，有

$$D_n=\begin{vmatrix}1&1&\cdots&1\\x_1&x_2&\cdots&x_n\\x_1^2&x_2^2&\cdots&x_n^2\\\vdots&\vdots&&\vdots\\x_1^{n-1}&x_2^{n-1}&\cdots&x_n^{n-1}\end{vmatrix}$$

$$=\begin{vmatrix} 1 & 1 & \cdots & 1 \\ 0 & x_2-x_1 & \cdots & x_n-x_1 \\ 0 & x_2^2-x_1x_2 & \cdots & x_n^2-x_1x_n \\ \vdots & \vdots & & \vdots \\ 0 & x_2^{n-1}-x_1x_2^{n-2} & \cdots & x_n^{n-1}-x_1x_n^{n-2} \end{vmatrix}$$

考考你：

综合以上有关行列式的例题，你能总结行列式的计算方法吗？

$$=(x_2-x_1)(x_3-x_1)\cdots(x_n-x_1)\begin{vmatrix} 1 & 1 & \cdots & 1 \\ x_2 & x_3 & \cdots & x_n \\ x_2^2 & x_3^2 & \cdots & x_n^2 \\ \vdots & \vdots & & \vdots \\ x_2^{n-2} & x_3^{n-2} & \cdots & x_n^{n-2} \end{vmatrix}$$

$$=(x_2-x_1)(x_3-x_1)\cdots(x_n-x_1)D_{n-1}$$

$$=\prod_{1\leqslant j<i\leqslant n}(x_i-x_j).$$

证毕.

第四节　克拉默法则

一、三元线性方程组情形的启发

对三元线性方程组

$$\begin{cases} a_{11}x_1+a_{12}x_2+a_{13}x_3=b_1, \\ a_{21}x_1+a_{22}x_2+a_{23}x_3=b_2, \\ a_{31}x_1+a_{32}x_2+a_{33}x_3=b_3. \end{cases}$$

考虑其系数行列式

$$D=\begin{vmatrix} a_{11} & a_{12} & a_{13} \\ a_{21} & a_{22} & a_{23} \\ a_{31} & a_{32} & a_{33} \end{vmatrix}$$

x_1 乘之得

$$x_1D=x_1\begin{vmatrix} a_{11} & a_{12} & a_{13} \\ a_{21} & a_{22} & a_{23} \\ a_{31} & a_{32} & a_{33} \end{vmatrix}=\begin{vmatrix} a_{11}x_1 & a_{12} & a_{13} \\ a_{21}x_1 & a_{22} & a_{23} \\ a_{31}x_1 & a_{32} & a_{33} \end{vmatrix}$$

利用行列式性质有

$$x_1D=\begin{vmatrix} a_{11}x_1+a_{12}x_2+a_{13}x_3 & a_{12} & a_{13} \\ a_{21}x_1+a_{22}x_2+a_{23}x_3 & a_{22} & a_{23} \\ a_{31}x_1+a_{32}x_2+a_{33}x_3 & a_{32} & a_{33} \end{vmatrix}=\begin{vmatrix} b_1 & a_{12} & a_{13} \\ b_2 & a_{22} & a_{23} \\ b_3 & a_{32} & a_{33} \end{vmatrix}$$

故有当 $D\neq 0$ 时，唯一解得：

$$x_1=\frac{D_1}{D}=\frac{\begin{vmatrix} b_1 & a_{12} & a_{13} \\ b_2 & a_{22} & a_{23} \\ b_3 & a_{32} & a_{33} \end{vmatrix}}{\begin{vmatrix} a_{11} & a_{12} & a_{13} \\ a_{21} & a_{22} & a_{23} \\ a_{31} & a_{32} & a_{33} \end{vmatrix}},\quad x_2=\frac{D_2}{D}=\frac{\begin{vmatrix} a_{11} & b_1 & a_{13} \\ a_{21} & b_2 & a_{23} \\ a_{31} & b_3 & a_{33} \end{vmatrix}}{\begin{vmatrix} a_{11} & a_{12} & a_{13} \\ a_{21} & a_{22} & a_{23} \\ a_{31} & a_{32} & a_{33} \end{vmatrix}},$$

$$x_3=\frac{D_3}{D}=\frac{\begin{vmatrix} a_{11} & a_{12} & b_1 \\ a_{21} & a_{22} & b_2 \\ a_{31} & a_{32} & b_3 \end{vmatrix}}{\begin{vmatrix} a_{11} & a_{12} & a_{13} \\ a_{21} & a_{22} & a_{23} \\ a_{31} & a_{32} & a_{33} \end{vmatrix}}.$$

二、一般情形

对于一般的线性方程组也有类似的结论. 在引入克拉默法则之前，我们先介绍有关 n 元线性方程组的概念.

含有 n 个未知数 $x_1,x_2,\cdots,x_n$ 的线性方程组

$$\begin{cases} a_{11}x_1+a_{12}x_2+\cdots+a_{1n}x_n=b_1, \\ a_{21}x_1+a_{22}x_2+\cdots+a_{2n}x_n=b_2, \\ \cdots\cdots\cdots\cdots \\ a_{n1}x_1+a_{n2}x_2+\cdots+a_{nn}x_n=b_n. \end{cases} \tag{1}$$

称为 n 元线性方程组. 当其右端的常数项 $b_1,b_2,\cdots,b_n$ 不全为零时，线性方程组(1)称为非齐次线性方程组，当 $b_1,b_2,\cdots,b_n$ 全为零时，线性方程组(1)称为齐次线性方程组，即

$$\begin{cases} a_{11}x_1+a_{12}x_2+\cdots+a_{1n}x_n=0, \\ a_{21}x_1+a_{22}x_2+\cdots+a_{2n}x_n=0, \\ \cdots\cdots\cdots\cdots \\ a_{n1}x_1+a_{n2}x_2+\cdots+a_{nn}x_n=0. \end{cases} \tag{2}$$

线性方程组(1)的系数 a_{ij} 构成的行列式称为该方程组的系数行列式 D，即

$$D=\begin{vmatrix} a_{11} & a_{12} & \cdots & a_{1n} \\ a_{21} & a_{22} & \cdots & a_{2n} \\ \vdots & \vdots & & \vdots \\ a_{n1} & a_{n2} & \cdots & a_{nn} \end{vmatrix}.$$

对于含有 n 个未知数、n 个线性方程的方程组(1)，其解可以用公式给出，即有**克拉默法则**

定理 1 （克拉默法则） 若线性方程组(1)的系数行列式

$$D=\begin{vmatrix} a_{11} & a_{12} & \cdots & a_{1n} \\ a_{21} & a_{22} & \cdots & a_{2n} \\ \vdots & \vdots & & \vdots \\ a_{n1} & a_{n2} & \cdots & a_{nn} \end{vmatrix} \neq 0$$

则线性方程组(1)有唯一解：

$$x_1=\frac{D_1}{D},\quad x_2=\frac{D_2}{D},\quad \cdots,\quad x_n=\frac{D_n}{D}, \tag{3}$$

其中 $D_k(k=1,2,\cdots,n)$ 是把系数行列式中的第 k 列用右端的常数项代替后所得的行列式，即

$$D_k=\begin{vmatrix} a_{11} & \cdots & a_{1,k-1} & \overset{\text{第}k\text{列}}{b_1} & a_{1,k+1} & \cdots & a_{1n} \\ a_{21} & \cdots & a_{2,k-1} & b_2 & a_{2,k+1} & \cdots & a_{2n} \\ \vdots & & \vdots & \vdots & \vdots & & \vdots \\ a_{n1} & \cdots & a_{n,k-1} & b_n & a_{n,k+1} & \cdots & a_{nn} \end{vmatrix}$$

$$=b_1A_{1k}+b_2A_{2k}+\cdots+b_nA_{nk}.$$

证明 对方程组(1)作如下变形：用 $D(\neq 0)$ 中第 k 列元素数的代数余子 $A_{1k},A_{2k},\cdots,A_{nk}$ 依次乘方程组(1)的 n 个方程，得

$$\begin{cases} a_{11}A_{1k}x_1+a_{12}A_{1k}x_2+\cdots+a_{1k}A_{1k}x_k+\cdots+a_{1n}A_{1k}x_n=b_1A_{1k}, \\ a_{21}A_{2k}x_1+a_{22}A_{2k}x_2+\cdots+a_{2k}A_{2k}x_k+\cdots+a_{2n}A_{2k}x_n=b_2A_{2k}, \\ \cdots\cdots\cdots\cdots \\ a_{k1}A_{kk}x_1+a_{k2}A_{kk}x_2+\cdots+a_{kk}A_{kk}x_k+\cdots+a_{2n}A_{kk}x_n=b_kA_{kk}, \\ \cdots\cdots\cdots\cdots \\ a_{n1}A_{nk}x_1+a_{n2}A_{nk}x_2+\cdots+a_{nk}A_{nk}x_k+\cdots+a_{nn}A_{nk}x_n=b_nA_{nk}. \end{cases}$$

再把它们相加，得

$$(\sum_{j=1}^{n}a_{j1}A_{jk})x_1+(\sum_{j=1}^{n}a_{j2}A_{jk})x_2+\cdots+(\sum_{j=1}^{n}a_{jk}A_{jk})x_k+\cdots+$$
$$(\sum_{j=1}^{n}a_{jn}A_{jk})x_n=\sum_{j=1}^{n}b_jA_{jk}$$

从而有

$$Dx_k=\sum_{j=1}^{n}b_jA_{jk}=D_k,$$

故有当 $D\neq 0$ 时，得唯一解：

$$x_1=\frac{D_1}{D},\quad x_2=\frac{D_2}{D},\quad \cdots,\quad x_n=\frac{D_n}{D}.$$

一般来说，用克拉默法则求线性方程组的解时，计算量是比较大的．对具体的数字线性方程组，当未知数较多时往往可用计算机来求解．用计算机求解线性方程组目前已经有了一整套成熟的方法．

克拉默法则在一定条件下给出了线性方程组解的存在性、唯一性，与其在计算方面的作用相比，克拉默法则更具有重大的理论价值．撇开求解公式(3)，克拉默法则可叙述为下面的定理．

定理 2　如果线性方程组(1)的系数行列式 $D\neq 0$，则(1)一定有解，且解是唯一的．

在解题或证明中，常用到定理的逆否定理：

定理 3　如果线性方程组(1)无解或有两个不同的解，则它的系数行列式必为零．

对齐次线性方程组(2)，易见 $x_1=x_2=\cdots=x_n=0$ 一定是该方程组的解，称其为齐次线性方程组(2)的零解．把定理应用于齐次线性方程组(2)，有 $D_k=0(k=1,2,\cdots,n)$，故当 $D\neq 0$ 时，$x_1=x_2=\cdots=x_n=0$ 是齐次方程组(2)的唯一解，即可得到下列结论．

定理 4　如果齐次线性方程组(2)的系数行列式 $D\neq 0$，则齐次线性方程组(2)只有零解．

定理 5　如果齐次方程组(2)有非零解，则它的系数行列式 $D=0$．

例 1　解三元线性方程组 $\begin{cases} x_1-2x_2+x_3=-2, \\ 2x_1+x_2-3x_3=1, \\ -x_1+x_2-x_3=0. \end{cases}$

解　由于方程组的系数行列式

$$D=\begin{vmatrix} 1 & -2 & 1 \\ 2 & 1 & -3 \\ -1 & 1 & -1 \end{vmatrix}=1\times1\times(-1)+(-2)\times(-3)\times(-1)+1\times2\times1-(-1)\times1\times1-1\times(-3)\times1-(-2)\times2\times(-1)=-5\neq 0,$$

$$D_1=\begin{vmatrix} -2 & -2 & 1 \\ 1 & 1 & -3 \\ 0 & 1 & -1 \end{vmatrix}=-5, D_2=\begin{vmatrix} 1 & -2 & 1 \\ 2 & 1 & -3 \\ -1 & 0 & -1 \end{vmatrix}=-10,$$

$$D_3=\begin{vmatrix} 1 & -2 & -2 \\ 2 & 1 & 1 \\ -1 & 1 & 0 \end{vmatrix}=-5,$$

故所求方程组的解为：

$$x_1=\frac{D_1}{D}=1,\quad x_2=\frac{D_2}{D}=2,\quad x_3=\frac{D_3}{D}=1.$$

历史点滴：

1750 年，瑞士的克拉默发现了用行列式求解线性方程组的克拉默(Cramer)法则．这个法则在表述上简洁自然，思想深刻，包含了对多重行列式的计算，是对行列式与线性方程组之间关系的深刻理解．

例 2 解线性方程组 $\begin{cases} x_1 - x_2 + 2x_4 = -5, \\ 3x_1 + 2x_2 - x_3 - 2x_4 = 6, \\ 4x_1 + 3x_2 - x_3 - x_4 = 0, \\ 2x_1 - x_3 = 0. \end{cases}$

解 注意方程中缺少的未知数其系数为零,则

$$D = \begin{vmatrix} 1 & -1 & 0 & 2 \\ 3 & 2 & -1 & -2 \\ 4 & 3 & -1 & -1 \\ 2 & 0 & -1 & 0 \end{vmatrix} \xlongequal[\substack{r_3 - 4r_1 \\ r_4 - 2r_1}]{r_2 - 3r_1} \begin{vmatrix} 1 & -1 & 0 & 2 \\ 0 & 5 & -1 & -8 \\ 0 & 7 & -1 & -9 \\ 0 & 2 & -1 & -4 \end{vmatrix}$$

$$= \begin{vmatrix} 5 & -1 & -8 \\ 7 & -1 & -9 \\ 2 & -1 & -4 \end{vmatrix} \xlongequal{c_1 \leftrightarrow c_2} - \begin{vmatrix} -1 & 5 & -8 \\ -1 & 7 & -9 \\ -1 & 2 & -4 \end{vmatrix} = \begin{vmatrix} 1 & 5 & -8 \\ 1 & 7 & -9 \\ 1 & 2 & -4 \end{vmatrix}$$

$$\xlongequal[r_3 - r_1]{r_2 - r_1} \begin{vmatrix} 1 & 5 & -8 \\ 0 & 2 & -1 \\ 0 & -3 & 4 \end{vmatrix} = \begin{vmatrix} 2 & -1 \\ -3 & 4 \end{vmatrix}$$

$$= 2 \times 4 - (-1) \times (-3) = 5 \neq 0,$$

$$D_1 = \begin{vmatrix} -5 & -1 & 0 & 2 \\ 6 & 2 & -1 & -2 \\ 0 & 3 & -1 & -1 \\ 0 & 0 & -1 & 0 \end{vmatrix} = 10, D_2 = \begin{vmatrix} 1 & -5 & 0 & 2 \\ 3 & 6 & -1 & -2 \\ 4 & 0 & -1 & -1 \\ 2 & 0 & -1 & 0 \end{vmatrix} = -15,$$

$$D_3 = \begin{vmatrix} 1 & -1 & -5 & 2 \\ 3 & 2 & 6 & -2 \\ 4 & 3 & 0 & -1 \\ 2 & 0 & 0 & 0 \end{vmatrix} = 20, D_4 = \begin{vmatrix} 1 & -1 & 0 & -5 \\ 3 & 2 & -1 & 6 \\ 4 & 3 & -1 & 0 \\ 2 & 0 & -1 & 0 \end{vmatrix} = -25,$$

故 $$x_1 = 2, x_2 = -3, x_3 = 4, x_4 = -5.$$

例 3 问当 λ 为何值时,齐次线性方程组

$$\begin{cases} \lambda x_1 + x_2 + 2x_3 = 0, \\ x_1 + \lambda x_2 - x_3 = 0, \\ \lambda x_3 = 0 \end{cases}$$

只有零解?

解 $D = \begin{vmatrix} \lambda & 1 & 2 \\ 1 & \lambda & -1 \\ 0 & 0 & \lambda \end{vmatrix} = \lambda(\lambda^2 - 1) = \lambda(\lambda + 1)(\lambda - 1),$

故当 $\lambda \neq 0$ 且 $\lambda \neq \pm 1$ 时,方程组只有零解.

例 4 问 λ 为何值时,齐次线性方程组

$$\begin{cases}(1-\lambda)x_1 - 2x_2 + 4x_3=0,\\ 2x_1+(3-\lambda)x_2 + x_3=0,\\ x_1 + x_2+(1-\lambda)x_3=0\end{cases}$$

有非零解？

解 $D=\begin{vmatrix}1-\lambda & -2 & 4\\ 2 & 3-\lambda & 1\\ 1 & 1 & 1-\lambda\end{vmatrix}=\begin{vmatrix}1-\lambda & -3+\lambda & 4\\ 2 & 1-\lambda & 1\\ 1 & 0 & 1-\lambda\end{vmatrix}$

$=(1-\lambda)^3+(\lambda-3)-4(1-\lambda)-2(1-\lambda)(-3+\lambda)$

$=(1-\lambda)^3+2(1-\lambda)^2+\lambda-3=\lambda(\lambda-2)(3-\lambda)$,

齐次线性方程组有非零解，则 $D=0$，所以 $\lambda=0$ 或 $\lambda=2$ 或 $\lambda=3$ 时，齐次线性方程组有非零解.

例 5 平面上给定三个点，其横坐标互不相同，则必有一抛物线过此三点？

解 记这三个点的坐标为 (x_1,y_1)，(x_2,y_2)，(x_3,y_3)，设所求的抛物线方程为 $y=a+bx+cx^2$. 按题目意思得方程组

$$\begin{cases}a+bx_1+cx_1^2=y_1,\\ a+bx_2+cx_2^2=y_2,\\ a+bx_3+cx_3^2=y_3.\end{cases}$$

注意其中 a,b,c 为要求的未知量. 其系数行列式

$$D=\begin{vmatrix}1 & x_1 & x_1^2\\ 1 & x_2 & x_2^2\\ 1 & x_3 & x_3^2\end{vmatrix}=\begin{vmatrix}1 & 1 & 1\\ x_1 & x_2 & x_3\\ x_1^2 & x_2^2 & x_3^2\end{vmatrix}=(x_2-x_1)(x_3-x_1)(x_3-x_2)\neq 0$$

由克拉默法则可唯一解得 a,b,c

$$a=\frac{\begin{vmatrix}y_1 & x_1 & x_1^2\\ y_2 & x_2 & x_2^2\\ y_3 & x_3 & x_3^2\end{vmatrix}}{\begin{vmatrix}1 & x_1 & x_1^2\\ 1 & x_2 & x_2^2\\ 1 & x_3 & x_3^2\end{vmatrix}},\quad b=\frac{\begin{vmatrix}1 & y_1 & x_1^2\\ 1 & y_2 & x_2^2\\ 1 & y_3 & x_3^2\end{vmatrix}}{\begin{vmatrix}1 & x_1 & x_1^2\\ 1 & x_2 & x_2^2\\ 1 & x_3 & x_3^2\end{vmatrix}},\quad c=\frac{\begin{vmatrix}1 & x_1 & y_1\\ 1 & x_2 & y_2\\ 1 & x_3 & y_3\end{vmatrix}}{\begin{vmatrix}1 & x_1 & x_1^2\\ 1 & x_2 & x_2^2\\ 1 & x_3 & x_3^2\end{vmatrix}}.$$

具体取 $A(1,8)$，$B(3,8)$，$C(4,5)$，则可以决定一条抛物线 $y=-x^2+4x+5$，如图 2.1 所示.

考考你：

当线性方程组的系数行列式为零时，能否用克拉默法则解方程组？为什么？此时方程组的解为何？

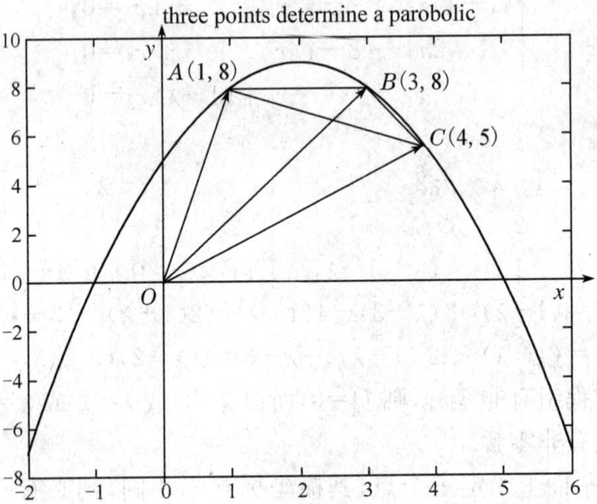

图 2.1

第五节　逆矩阵公式

在第一章中，我们介绍了逆矩阵概念和性质，下面我们将给出一个求逆矩阵的公式，形式是很完美的，但在实际应用中，只有对三阶以下的的矩阵才有可操作性.

一、伴随矩阵的概念

我们先看一个例子.

例 1　设 $\boldsymbol{A}=(a_{ij})_{3\times3}$，若 $\begin{vmatrix} a_{11} & a_{12} & a_{13} \\ a_{21} & a_{22} & a_{23} \\ a_{31} & a_{32} & a_{33} \end{vmatrix} \neq 0$. 求解矩阵方程 $\boldsymbol{AX}=\boldsymbol{E}_3$.

解　原方程即 $\begin{pmatrix} a_{11} & a_{12} & a_{13} \\ a_{21} & a_{22} & a_{23} \\ a_{31} & a_{32} & a_{33} \end{pmatrix}\begin{pmatrix} x_{11} & x_{12} & x_{13} \\ x_{21} & x_{22} & x_{23} \\ x_{31} & x_{32} & x_{33} \end{pmatrix}=\begin{pmatrix} 1 & 0 & 0 \\ 0 & 1 & 0 \\ 0 & 0 & 1 \end{pmatrix}$.

故有

$$\begin{cases} a_{11}x_{11}+a_{12}x_{21}+a_{13}x_{31}=1, \\ a_{21}x_{11}+a_{22}x_{21}+a_{23}x_{31}=0, \\ a_{31}x_{11}+a_{32}x_{21}+a_{33}x_{31}=0. \end{cases}$$

$$x_{11}=\frac{\begin{vmatrix}1 & a_{12} & a_{13}\\0 & a_{22} & a_{23}\\0 & a_{32} & a_{33}\end{vmatrix}}{|\boldsymbol{A}|}=\frac{A_{11}}{|\boldsymbol{A}|},\quad x_{21}=\frac{\begin{vmatrix}a_{11} & 1 & a_{13}\\a_{21} & 0 & a_{23}\\a_{31} & 0 & a_{33}\end{vmatrix}}{|\boldsymbol{A}|}=\frac{A_{12}}{|\boldsymbol{A}|},$$

$$x_{31}=\frac{\begin{vmatrix}a_{11} & a_{12} & 1\\a_{21} & a_{22} & 0\\a_{31} & a_{32} & 0\end{vmatrix}}{|\boldsymbol{A}|}=\frac{A_{13}}{|\boldsymbol{A}|},$$

同理可算得

$$x_{12}=\frac{A_{21}}{|\boldsymbol{A}|},\quad x_{22}=\frac{A_{22}}{|\boldsymbol{A}|},\quad x_{32}=\frac{A_{23}}{|\boldsymbol{A}|},$$

$$x_{13}=\frac{A_{31}}{|\boldsymbol{A}|},\quad x_{23}=\frac{A_{32}}{|\boldsymbol{A}|},\quad x_{33}=\frac{A_{33}}{|\boldsymbol{A}|}.$$

故

$$\boldsymbol{X}=\frac{1}{|\boldsymbol{A}|}\begin{pmatrix}A_{11} & A_{21} & A_{31}\\A_{12} & A_{22} & A_{32}\\A_{13} & A_{23} & A_{33}\end{pmatrix}.$$

定义 1　设 $\boldsymbol{A}=(a_{ij})_{n\times n}$ 为方阵，元素 a_{ij} 的代数余子式为 A_{ij}，则矩阵 $\boldsymbol{A}$ 的各个元素的代数余子式 A_{ij} 所构成的矩阵

$$\boldsymbol{A}^*=\begin{pmatrix}A_{11} & A_{21} & \cdots & A_{n1}\\A_{12} & A_{22} & \cdots & A_{n2}\\\vdots & \vdots & & \vdots\\A_{1n} & A_{2n} & \cdots & A_{nn}\end{pmatrix}$$

称为矩阵 $\boldsymbol{A}$ 的**伴随(adjoint)矩阵**.

特别提示：

矩阵 $\boldsymbol{A}$ 的伴随矩阵构成规则是把 $\boldsymbol{A}$ 的第 i 行元素的代数余子式依次排在伴随矩阵的第 i 列.

例 2　求矩阵 $\boldsymbol{A}=\begin{pmatrix}a & b\\c & d\end{pmatrix}$ 的伴随矩阵.

解　$A_{11}=d, A_{12}=-c, A_{21}=-b, A_{22}=a$，

所以

$$\boldsymbol{A}^*=\begin{pmatrix}A_{11} & A_{21}\\A_{12} & A_{22}\end{pmatrix}=\begin{pmatrix}d & -b\\-c & a\end{pmatrix}.$$

定义 2　若 n 阶矩阵 $\boldsymbol{A}$ 的行列式 $|\boldsymbol{A}|\neq 0$，则称 $\boldsymbol{A}$ 为非奇异的；反之若 $|\boldsymbol{A}|=0$，则称 $\boldsymbol{A}$ 为奇异的.

定理 1　若矩阵 $\boldsymbol{A}$ 可逆，则 $\boldsymbol{A}$ 非奇异(**nonsingular**).

证明　因为 $\boldsymbol{A}$ 可逆，即有 $\boldsymbol{A}^{-1}$，使 $\boldsymbol{A}\boldsymbol{A}^{-1}=\boldsymbol{E}$，故 $|\boldsymbol{A}|\,|\boldsymbol{A}^{-1}|=|\boldsymbol{E}|=1$. 所以 $|\boldsymbol{A}|\neq 0$，即 $\boldsymbol{A}$ 非奇异.

推论 1 矩阵 $\boldsymbol{A}$ 可逆的充分必要条件是其行列式 $|\boldsymbol{A}|\neq 0$.

引理 1 设 $\boldsymbol{A}$ 为 n 阶方阵，$\boldsymbol{A}^*$ 为其伴随矩阵. 证明：$\boldsymbol{A}\boldsymbol{A}^*=\boldsymbol{A}^*\boldsymbol{A}=|\boldsymbol{A}|\boldsymbol{E}_n$.

证明 由行列式的性质知

$$\boldsymbol{A}\boldsymbol{A}^*=\begin{bmatrix} a_{11} & a_{12} & \cdots & a_{1n} \\ a_{21} & a_{22} & \cdots & a_{2n} \\ \vdots & \vdots & & \vdots \\ a_{n1} & a_{n2} & \cdots & a_{nn} \end{bmatrix}\begin{bmatrix} A_{11} & A_{21} & \cdots & A_{n1} \\ A_{12} & A_{22} & \cdots & A_{n2} \\ \vdots & \vdots & & \vdots \\ A_{1n} & A_{2n} & \cdots & A_{nn} \end{bmatrix}$$

$$=\begin{pmatrix} \sum_{k=1}^{n} a_{1k}A_{1k} & \cdots & \sum_{k=1}^{n} a_{1k}A_{nk} \\ \vdots & & \vdots \\ \sum_{k=1}^{n} a_{nk}A_{1k} & \cdots & \sum_{k=1}^{n} a_{nk}A_{nk} \end{pmatrix}$$

$$=\begin{bmatrix} |\boldsymbol{A}| & 0 & \cdots & 0 \\ 0 & |\boldsymbol{A}| & \cdots & 0 \\ \vdots & \vdots & & \vdots \\ 0 & 0 & \cdots & |\boldsymbol{A}| \end{bmatrix}=|\boldsymbol{A}|\boldsymbol{E}_n.$$

类似可证：$\boldsymbol{A}^*\boldsymbol{A}=|\boldsymbol{A}|\boldsymbol{E}_n$.

特别提示：

推论 1 给出了矩阵 $\boldsymbol{A}$ 可逆的一个充分必要条件：$|\boldsymbol{A}|\neq 0$；因此 $|\boldsymbol{A}|\neq 0$ 既是逆矩阵的性质之一，也可以作为判断矩阵是否可逆的依据（$|\boldsymbol{A}|\neq 0$ 则可逆，$|\boldsymbol{A}|=0$ 则不可逆.）

二、矩阵可逆的判断及逆矩阵的求法

定理 2 n 阶矩阵 $\boldsymbol{A}$ 可逆的充分必要条件是其行列式 $|\boldsymbol{A}|\neq 0$. 且当 $\boldsymbol{A}$ 可逆时，有

$$\boldsymbol{A}^{-1}=\frac{1}{|\boldsymbol{A}|}\boldsymbol{A}^*,$$

其中 $\boldsymbol{A}^*$ 为 $\boldsymbol{A}$ 的伴随矩阵.

证明 因 $|\boldsymbol{A}|\neq 0$，故由引理 1 得 $\boldsymbol{A}\dfrac{1}{|\boldsymbol{A}|}\boldsymbol{A}^*=\dfrac{1}{|\boldsymbol{A}|}\boldsymbol{A}^*\boldsymbol{A}=\boldsymbol{E}$，

所以根据逆矩阵的定义，即有 $\boldsymbol{A}^{-1}=\dfrac{1}{|\boldsymbol{A}|}\boldsymbol{A}^*$.

例 3 求下列方阵的逆矩阵.

(1) $\boldsymbol{A}=\begin{pmatrix} a & b \\ c & d \end{pmatrix}$，$ad-bc\neq 0$；(2) $\boldsymbol{B}=\begin{pmatrix} 1 & 2 & 3 \\ 2 & 2 & 1 \\ 3 & 4 & 3 \end{pmatrix}$.

解 (1) $\boldsymbol{A}^{-1}=\dfrac{1}{|\boldsymbol{A}|}\boldsymbol{A}^*=\dfrac{1}{ad-bc}\begin{pmatrix} d & -b \\ -c & a \end{pmatrix}$.

特别提示：

定理 2 给出了利用伴随矩阵求逆矩阵的方法. 利用伴随矩阵法求逆矩阵的主要步骤是

① 求矩阵 $\boldsymbol{A}$ 的行列式 $|\boldsymbol{A}|$，判断 $\boldsymbol{A}$ 是否可逆；

② 若 $\boldsymbol{A}^{-1}$ 存在，求 $\boldsymbol{A}$ 的伴随矩阵 $\boldsymbol{A}^*$；

③ 利用公式 $\boldsymbol{A}^{-1}=\dfrac{1}{|\boldsymbol{A}|}\boldsymbol{A}^*$，求出 $\boldsymbol{A}^{-1}$.

(2) $|\boldsymbol{B}|=1\cdot B_{11}+2\cdot B_{12}+3\cdot B_{13}=2\neq0$,知 $\boldsymbol{B}^{-1}$存在.

$$B_{11}=2,\quad B_{21}=6,\quad B_{31}=-4,$$
$$B_{12}=-3,\quad B_{22}=-6,\quad B_{32}=5,$$
$$B_{13}=2,\quad B_{23}=2,\quad B_{33}=-2,$$

于是 $\boldsymbol{B}$ 的伴随矩阵为

$$\boldsymbol{B}^{*}=\begin{pmatrix}2&6&-4\\-3&-6&5\\2&2&-2\end{pmatrix},$$

所以

$$\boldsymbol{B}^{-1}=\frac{1}{|\boldsymbol{B}|}\boldsymbol{B}^{*}=\begin{pmatrix}1&3&-2\\-\frac{3}{2}&-3&\frac{5}{2}\\1&1&-1\end{pmatrix}.$$

对矩阵方程 $\boldsymbol{AX}=\boldsymbol{B}$,若 $\boldsymbol{A}$ 可逆,则方程两边同时左乘 $\boldsymbol{A}^{-1}$,有 $\boldsymbol{X}=\boldsymbol{A}^{-1}\boldsymbol{B}$;同理对矩阵方程 $\boldsymbol{XA}=\boldsymbol{B}$,若 $\boldsymbol{A}$ 可逆,则方程两边同时右乘 $\boldsymbol{A}^{-1}$,有 $\boldsymbol{X}=\boldsymbol{BA}^{-1}$.

例 4　解矩阵方程 $\boldsymbol{AX}=\boldsymbol{B}$,其中

$$\boldsymbol{A}=\begin{pmatrix}1&-2\\-1&1\end{pmatrix},\boldsymbol{B}=\begin{pmatrix}-1&0&2\\2&1&1\end{pmatrix}.$$

解　矩阵 $\boldsymbol{A}$ 的行列式

$$|\boldsymbol{A}|=\begin{vmatrix}1&-2\\-1&1\end{vmatrix}=-1\neq0,$$

所以 $\boldsymbol{A}$ 可逆,由

$$\boldsymbol{A}^{-1}=\frac{1}{|\boldsymbol{A}|}\boldsymbol{A}^{*}\text{ 可得},\boldsymbol{A}^{-1}=\begin{pmatrix}-1&-2\\-1&-1\end{pmatrix}$$

所以 $\boldsymbol{X}=\boldsymbol{A}^{-1}\boldsymbol{B}=\begin{pmatrix}-1&-2\\-1&-1\end{pmatrix}\begin{pmatrix}-1&0&2\\2&1&1\end{pmatrix}=\begin{pmatrix}-3&-2&-4\\-1&-1&-3\end{pmatrix}$.

特别提示:

求二阶可逆矩阵的逆矩阵的“两调一除法”:“两调”即主对角元素调换其位置,次对角元素调换其符号;“一除”即除以行列式.

特别提示:

利用伴随矩阵求逆矩阵的方法不适于求三阶及以上的矩阵的逆矩阵,但该方法在理论上有重要的价值.对于三阶及以上的矩阵的逆矩阵用我们后面介绍的初等变换的方法简单.

第六节　应用实例

一、平板稳态温度的计算

研究一个平板的热传导问题,设该平板的周边温度已经知道(见图 2.2),现在要确定板中间 4 个点 a,b,c,d 处的温度.假定其热传导过程已经达到稳态,因此在均匀的网格点上,各点的温度是其上下左右 4 个点的温度的平均值.

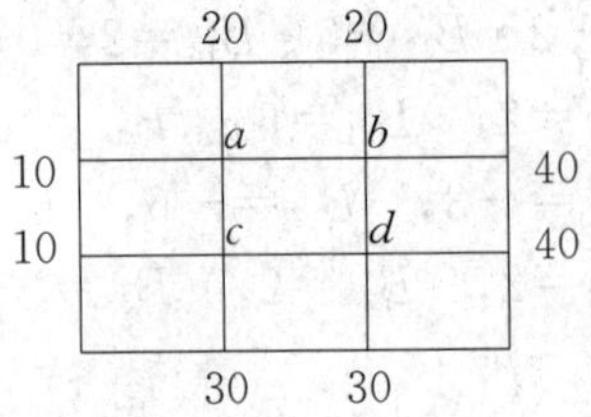

图2.2

根据题意列出方程为：

$$x_a=(10+20+x_b+x_c)/4$$
$$x_b=(20+40+x_a+x_d)/4$$
$$x_c=(10+30+x_a+x_d)/4$$
$$x_d=(40+30+x_b+x_c)/4$$

移项整理为标准的矩阵形式为：

$$\begin{bmatrix}1 & -0.25 & -0.25 & 0\\ -0.25 & 1 & 0 & -0.25\\ -0.25 & 0 & 1 & -0.25\\ 0 & -0.25 & -0.25 & 1\end{bmatrix}\begin{bmatrix}x_a\\ x_b\\ x_c\\ x_d\end{bmatrix}=\begin{bmatrix}7.5\\ 15\\ 10\\ 17.5\end{bmatrix}$$

输入 MATLAB 程序计算为：

```
>>A=[1,-0.25,-0.25,0;-0.25,1,0,-0.25;-0.25,0,1,
-0.25;0,-0.25,-0.25,1]
A=
    1.0000   -0.2500   -0.2500         0
   -0.2500    1.0000         0   -0.2500
   -0.2500         0    1.0000   -0.2500
         0   -0.2500   -0.2500    1.0000
>>b=[7.5;15;10;17.5]
b=
    7.5000
   15.0000
   10.0000
   17.5000
>>U=rref[A,b]
U=
    1.0000         0         0         0   20.0000
         0    1.0000         0         0   27.5000
         0         0    1.0000         0   22.5000
         0         0         0    1.0000   30.0000
```

把它"翻译"为方程，即 $x_a=20$ ℃，$x_b=27.5$ ℃，$x_c=22.5$ ℃，$x_d=30$ ℃.

二、平行四边形的面积

设有二阶行列式

$$D=\begin{vmatrix} a & b \\ c & d \end{vmatrix},$$

令向量组

$$\boldsymbol{\alpha}=\begin{pmatrix} a \\ c \end{pmatrix},\boldsymbol{\beta}=\begin{pmatrix} b \\ d \end{pmatrix},$$

$\boldsymbol{\alpha}$，$\boldsymbol{\beta}$ 称为二阶行列式 D 的列向量组，如图 2.3 所示，向量 $\boldsymbol{\alpha}$，$\boldsymbol{\beta}$ 确定一个平行四边形. 关于二阶行列式与其列向量组有以下定理.

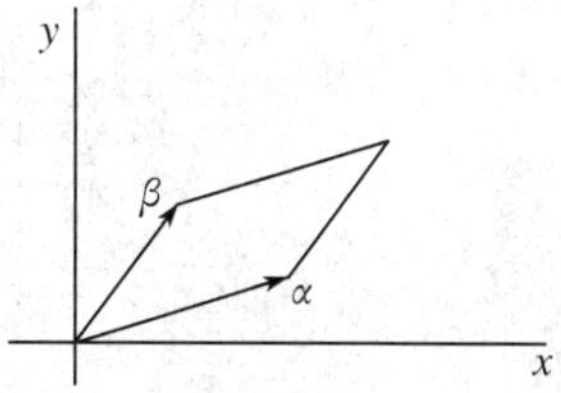

图 2.3　两向量所确定的平行四边形

定理 1　二阶行列式 D 的列向量组所确定的平行四边形的面积等于 $|D|$.

例 1　计算由点 $(-2,-2)$，$(4,-1)$，$(6,4)$ 和 $(0,3)$ 确定的平行四边形的面积，见图 2.4(a).

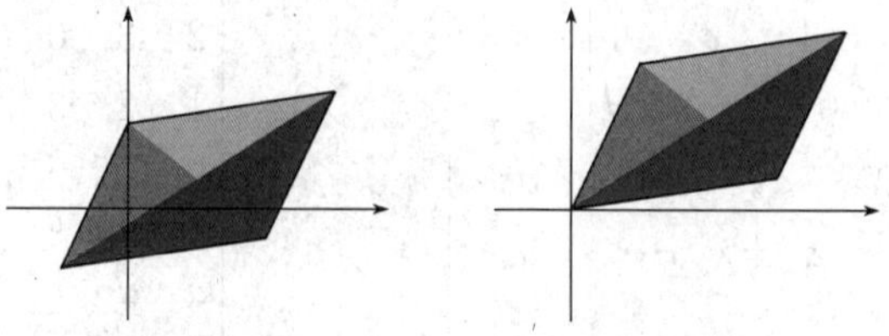

图 2.4

解　先将此平行四边形平移到使原点作为其一点的情形. 例如，将每个顶点坐标减去顶点 $(-2,-2)$，这样，新的平行四边形面积与原平行四边形面积相同，其顶点为 $(0,0)$，$(6,1)$，$(8,6)$ 和 $(2,5)$，见图 2.4(b). 构造行列式

$$D=\begin{vmatrix} 2 & 6 \\ 5 & 1 \end{vmatrix}=-28,$$

则所求平行四边形的面积为 28.

习题二

第一部分　笔算题

一、利用对角线法则计算下列三阶行列式：

1. $\begin{vmatrix} 1 & 0 & 2 \\ 1 & 4 & 3 \\ 3 & 1 & 0 \end{vmatrix}$；　　2. $\begin{vmatrix} 1 & 1 & 1 \\ x & y & z \\ x^2 & y^2 & z^2 \end{vmatrix}$；

3. $\begin{vmatrix} x & y & z \\ y & z & x \\ z & x & y \end{vmatrix}$；　　4. $\begin{vmatrix} x & y & x+y \\ y & x+y & x \\ x+y & x & y \end{vmatrix}$.

二、计算下列行列式：

1. $\begin{vmatrix} 3 & 1 & 2 & 3 \\ 1 & 2 & 0 & 2 \\ 4 & 5 & 2 & 0 \\ 0 & 1 & 1 & 2 \end{vmatrix}$；　　2. $\begin{vmatrix} 2 & 1 & 4 & 1 \\ 3 & -1 & 2 & 1 \\ 1 & 2 & 3 & 2 \\ 5 & 0 & 6 & 2 \end{vmatrix}$；

3. $\begin{vmatrix} a & 1 & 0 & 0 \\ -1 & b & 1 & 0 \\ 0 & -1 & c & 1 \\ 0 & 0 & -1 & d \end{vmatrix}$；　　4. $\begin{vmatrix} 0 & 1 & 2 & 3 \\ 3 & 0 & 1 & 2 \\ 2 & 3 & 0 & 1 \\ 1 & 2 & 3 & 0 \end{vmatrix}$；

5. $\begin{vmatrix} a_1+\lambda & a_2 & \cdots & a_n \\ a_1 & a_2+\lambda & \cdots & a_n \\ \vdots & \vdots & & \vdots \\ a_1 & a_2 & \cdots & a_n \\ a_1 & a_2 & \cdots & a_n+\lambda \end{vmatrix}$；　　6. $\begin{vmatrix} a & b & c & d \\ a & d & c & b \\ c & d & a & b \\ c & b & a & d \end{vmatrix}$；

7. 确定 λ，若 $\begin{vmatrix} 1-\lambda & 0 & 0 \\ 2 & -\lambda & -2 \\ 0 & -1 & -\lambda \end{vmatrix}=0$；

8. $\begin{vmatrix} 1 & 1 & 1 & 1 \\ 5 & 8 & 6 & 2 \\ 5^2 & 8^2 & 6^2 & 2^2 \\ 5^3 & 8^3 & 6^3 & 2^3 \end{vmatrix}$；

9. $\boldsymbol{A}=\begin{pmatrix} 7 & 8 \\ 5 & 6 \end{pmatrix}$，$|\boldsymbol{A}|$，$|\boldsymbol{A}^2|$，$|2\boldsymbol{A}|$，$\boldsymbol{A}^*$，$\boldsymbol{A}^{-1}$，$|\boldsymbol{A}^{-1}|$各为多少？

10. $\begin{vmatrix} a & b & b & \cdots & b \\ b & a & b & \cdots & b \\ \vdots & \vdots & \vdots & & \vdots \\ b & b & b & \cdots & a \end{vmatrix}$.

三、证明：

1. $\begin{vmatrix} ax+by & ay+bz & az+bx \\ ay+bz & az+bx & ax+by \\ az+bx & ax+by & ay+bz \end{vmatrix}=(a^3+b^3)\begin{vmatrix} x & y & z \\ y & z & x \\ z & x & y \end{vmatrix}$；

2. $\begin{vmatrix} 1 & 1 & 1 & 1 \\ a & b & c & d \\ a^2 & b^2 & c^2 & d^2 \\ a^4 & b^4 & c^4 & d^4 \end{vmatrix}$

$=(a-b)(a-c)(a-d)(b-c)(b-d)(c-d)(a+b+c+d)$；

3. $\begin{vmatrix} x & -1 & 0 & \cdots & 0 & 0 \\ 0 & x & -1 & \cdots & 0 & 0 \\ \vdots & \vdots & \vdots & & \vdots & \vdots \\ 0 & 0 & 0 & \cdots & x & -1 \\ a_n & a_{n-1} & a_{n-2} & \cdots & a_2 & x+a_1 \end{vmatrix}$

$=x^n+a_1x^{n-1}+\cdots+a_{n-1}x+a_n$.

四、求下列矩阵 $\boldsymbol{A}$ 的伴随矩阵 $\boldsymbol{A}^*$，并验证 $\boldsymbol{A}^*\boldsymbol{A}=\boldsymbol{A}\boldsymbol{A}^*=|\boldsymbol{A}|\boldsymbol{E}$.

$$\boldsymbol{A}=\begin{vmatrix} a_{11} & a_{12} & \cdots & a_{1n} \\ a_{21} & a_{22} & \cdots & a_{2n} \\ \vdots & \vdots & & \vdots \\ a_{n1} & a_{n2} & \cdots & a_{nn} \end{vmatrix}.$$

五、若三阶矩阵 $\boldsymbol{A}$ 的伴随矩阵为 $\boldsymbol{A}^*$，已知 $\det(\boldsymbol{A})=\frac{1}{2}$，求 $|(3\boldsymbol{A})^{-1}-2\boldsymbol{A}^*|$的值.

六、用克拉默法则解下列方程组(a,b,c,d,e 为未知数)：

1. $\begin{cases} a+b+c+d=5, \\ a+2b-c+4d=-2, \\ 2a-3b-c-5d=-2, \\ 3a+b+2c+11d=0. \end{cases}$ 2. $\begin{cases} 5a+6b=-1, \\ a+5b+6c=0, \\ b+5c+6d=0, \\ c+5d+6e=0, \\ d+5e=1. \end{cases}$

3. $\begin{cases} x_1-2x_2+x_3=-2, \\ 2x_1+x_2-3x_3=1, \\ -x_1+x_2-x_3=0. \end{cases}$

4. $\begin{cases} 2x_1+x_2-5x_3+x_4=8, \\ x_1-3x_2-6x_4=9, \\ 2x_2-x_3+2x_4=-5, \\ x_1+4x_2-7x_3+6x_4=0. \end{cases}$

七、问 a,b 取何值时,齐次线性方程组

$$\begin{cases} ax_1+x_2+x_3=0, \\ x_1+bx_2+x_3=0, \\ x_1+2bx_2+x_3=0 \end{cases}$$

有非零解?

八、问 λ 取何值时,齐次线性方程组

$$\begin{cases} (1-\lambda)x_1-2x_2+4x_3=0, \\ 2x_1+(3-\lambda)x_2+x_3=0, \\ x_1+x_2+(1-\lambda)x_3=0 \end{cases}$$

有非零解?

九、设有方程组

$$\begin{cases} x+y+z=a+b+c, \\ ax+by+cz=a^2+b^2+c^2, \\ bcx+cay+abz=3abc, \end{cases}$$

试问 a,b,c 满足什么条件时,方程组有唯一解,并求出唯一解.

十、填空题

1. 设 $\boldsymbol{A}$ 是四阶方阵且 $|\boldsymbol{A}|=3$,则 $|2\boldsymbol{A}|=$________,$|\boldsymbol{A}^*|=$________,$|\boldsymbol{A}^{-1}|=$________.

2. 当 $x=$________时,$\begin{vmatrix} 1 & c & 1 \\ a & c & x \\ b & x & b \end{vmatrix}=0$.

3. 当 $k=$________时,数量阵 $k\boldsymbol{E}$ 不可逆.

4. $D_3=\begin{vmatrix}0&0&1\\0&2&0\\3&0&0\end{vmatrix}=$________； $D_4=\begin{vmatrix}0&0&0&4\\0&0&3&0\\0&2&0&0\\1&0&0&0\end{vmatrix}=$________.

5. 四阶行列式 $\begin{vmatrix}1&2&3&4\\6&-1&7&0\\5&-2&8&-3\\4&9&5&6\end{vmatrix}$ 中元素 a_{23} 的代数余子式为________.

6. 设 $\mathbf{A}=\begin{pmatrix}1&0&0\\2&2&0\\3&4&5\end{pmatrix}$，则 $\mathbf{A}$ 的伴随矩阵 $\mathbf{A}^*=$________.

7. 设 $\begin{vmatrix}a_{11}&a_{12}&\cdots&a_{1n}\\a_{21}&a_{22}&\cdots&a_{2n}\\\vdots&\vdots&&\vdots\\a_{n1}&a_{n2}&\cdots&a_{nn}\end{vmatrix}=3$，则 $\begin{vmatrix}a_{11}&5a_{12}+2a_{11}&\cdots&a_{1n}\\a_{21}&5a_{22}+2a_{21}&\cdots&a_{2n}\\\vdots&\vdots&&\vdots\\a_{n1}&5a_{n2}+2a_{n1}&\cdots&a_{nn}\end{vmatrix}=$________.

8. 已知 $f(x)=\begin{vmatrix}x&1&1&2\\1&x&1&-1\\3&2&x&1\\1&1&2x&1\end{vmatrix}$，$x^3$ 的系数为________.

第二部分 计算机题

一、计算下列行列式

1. $D=\begin{vmatrix}1&2&3&4\\2&3&4&1\\3&4&1&2\\4&1&2&3\end{vmatrix}$； 2. $D=\begin{vmatrix}x&y&x+y\\y&x+y&x\\x+y&x&y\end{vmatrix}$；

3. $D=\begin{vmatrix}a&b&c&d\\a&a+b&a+b+c&a+b+c+d\\a&2a+b&3a+2b+c&4a+3b+2c+d\\a&3a+b&6a+3b+c&10a+6b+3c+d\end{vmatrix}$.

二、求解方程组

$$\begin{cases} 2x_1-3x_2+x_3+2x_4=8, \\ x_1+3x_2+x_4=6, \\ x_1-x_2+x_3+8x_4=7, \\ 7x_1+x_2-3x_3+2x_4=5. \end{cases}$$

三、在英文中有一种对消息进行保密的措施，就是把消息中的英文字母用一个整数来表示，然后传送这组整数.假定：

(1) 每个字母都对应一个非负整数，空格和 26 个英文字母依次对应整数 0～26(见下表).

表 2.1 空格及字母的整数代码表

空格	A	B	C	D	E	F	G	H	I	J	K	L	M
0	1	2	3	4	5	6	7	8	9	10	11	12	13
N	O	P	Q	R	S	T	U	V	W	X	Y	Z	
14	15	16	17	18	19	20	21	22	23	24	25	26	

(2) 假设将单词中从左到右，每 3 个字母分为一组，并将对应的 3 个整数排成 3 维的行向量，加密后仍为 3 维的行向量，其分量仍为整数.

(3) 取编码矩阵 $A=\begin{pmatrix} 1 & 1 & 0 \\ 2 & 1 & 1 \\ 3 & 2 & 2 \end{pmatrix}$.

按照上面的加密方法，设密文为：112，76，57，51，38，18，84，49，49，68，41，32，83，55，37，70，45，25，问恢复为原来的信息是什么？

第三章　矩阵的秩与线性方程组

线性方程组是线性代数的核心.在前面一章中,我们给出了方程个数与未知量个数相等时,求解线性方程组的克拉默法则:当方程组的系数行列式不等于零时,线性方程组有唯一解,并且解可以用行列式之比表示;对齐次线性方程组,当系数行列式等于零时,齐次线性方程组有无穷多解.

克拉默法则在理论上是一个非常完美的结果,但它只对方程个数与未知量个数相等且系数行列式不为零的线性方程组有效,所以应用范围有局限性,鉴于此,在这一章中我们要讨论如何解一般的线性方程组.

第一节　矩阵的初等变换及其标准形

一、矩阵的初等变换

1. 矩阵初等变换的定义

例 1　考虑线性方程组(鸡兔蛇同笼,足 94,头 37,问蛇至少几条?)

$$\begin{cases} x_1 + x_2 + x_3 = 37, \\ 2x_1 + 4x_2 = 94. \end{cases}$$

特别提示:

矩阵的初等变换源于线性方程组消元过程的同解变换.矩阵的初等变换在解线性方程组、求矩阵的逆、解矩阵方程以及研究矩阵的秩等方面起着重要的作用.

解　此时克拉默法则失效,消元法仍可行.将第 1 个方程与第 2 个方程交换位置,得

$$\begin{cases} 2x_1 + 4x_2 = 94, \\ x_1 + x_2 + x_3 = 37. \end{cases}$$

将方程组第 1 个方程乘$\frac{1}{2}$得

$$\begin{cases} x_1 + 2x_2 = 47, \\ x_1 + x_2 + x_3 = 37. \end{cases}$$

将第 1 个方程乘(−1)加到第 2 个方程上去,得

$$\begin{cases} x_1+2x_2 \qquad =47, \\ \qquad -x_2+x_3=-10. \end{cases}$$

将第 2 个方程乘 2 加到第 1 个方程上去，得

$$\begin{cases} x_1 \qquad +2x_3=27, \\ \quad -x_2 \ +x_3=-10. \end{cases}$$

将上面最后一个方程组变形为

$$\begin{cases} x_1=27-2x_3, \\ x_2=10+x_3. \end{cases}$$

x_3 可取任意值，称之为自由未知量. 对于 x_3 的每一取定的值，可唯一确定 x_1,x_2 的值，从而得到原方程组的一个解，因此原方程组有无穷多解. 令 $x_3=k$，得方程组的全部解(通解)为

$$\begin{cases} x_1=27-2k, \\ x_2=10+k, \\ x_3=k. \end{cases}$$

将其写成向量形式：

$$\begin{pmatrix} x_1 \\ x_2 \\ x_3 \end{pmatrix}=\begin{pmatrix} 27 \\ 10 \\ 0 \end{pmatrix}+k\begin{pmatrix} -2 \\ 1 \\ 1 \end{pmatrix}.$$

在上面线性方程组(**system of linear equations**)的求解过程中，我们不外乎对线性方程组施行了以下三种“同解变换”：

(1) 交换两个方程的位置；

(2) 用一个非零常数乘某一个方程；

(3) 将一个方程乘某一常数加到另一个方程上.

它们统称为线性方程组的初等变换，而解方程组的过程就是利用三种变换逐次“消元”得到一个能直接给出结果的同解方程组. 这种解方程组的方法称为高斯(**Gauss**)消元法.

我们可以发现在对方程组施行上面三种“初等变换”时，参与变化的只是未知量的系数，也就是说前述对方程组进行的同解变形，实际上是对方程组对应的增广矩阵(**augmented matrix**)

$$\begin{pmatrix} 1 & 1 & 1 & 37 \\ 2 & 4 & 0 & 94 \end{pmatrix}$$

施行相应的变换最后化为

$$\begin{pmatrix} 1 & 0 & 2 & 27 \\ 0 & -1 & 1 & -10 \end{pmatrix}.$$

为了清楚起见，将上述过程进行比较：

$$\begin{cases} x_1 + x_2 + x_3 = 37, \\ 2x_1 + 4x_2 = 94. \end{cases}$$

$$\xrightarrow{e_1 \leftrightarrow e_2} \begin{cases} 2x_1 + 4x_2 = 94, \\ x_1 + x_2 + x_3 = 37. \end{cases}$$

$$\xrightarrow{\frac{1}{2} \times e_1} \begin{cases} x_1 + 2x_2 = 47, \\ x_1 + x_2 + x_3 = 37. \end{cases}$$

$$\xrightarrow{e_2 + (-1) \times e_1} \begin{cases} x_1 + 2x_2 = 47, \\ -x_2 + x_3 = -10. \end{cases}$$

$$\xrightarrow{e_1 + 2 \times e_2} \begin{cases} x_1 + 2x_3 = 27, \\ -x_2 + x_3 = -10. \end{cases}$$

$$\begin{pmatrix} 1 & 1 & 1 & 37 \\ 2 & 4 & 0 & 94 \end{pmatrix}$$

$$\xrightarrow{r_1 \leftrightarrow r_2} \begin{pmatrix} 2 & 4 & 0 & 94 \\ 1 & 1 & 1 & 37 \end{pmatrix}$$

$$\xrightarrow{\frac{1}{2} r_1} \begin{pmatrix} 1 & 2 & 0 & 47 \\ 1 & 1 & 1 & 37 \end{pmatrix}$$

$$\xrightarrow{r_2 + (-1) r_1} \begin{pmatrix} 1 & 2 & 0 & 47 \\ 0 & -1 & 1 & -10 \end{pmatrix}$$

$$\xrightarrow{r_1 + 2 \times r_2} \begin{pmatrix} 1 & 0 & 2 & 27 \\ 0 & -1 & 1 & -10 \end{pmatrix}.$$

可见,线性方程组的三种“**初等变换**”对应矩阵的三种“行操作”.

定义 1　下面三种操作称为矩阵的**初等行变换**(**elementary row operations**):

(1) 对调第 i 行和第 j 行,记为 $r_i \leftrightarrow r_j$;

(2) 用非零数乘以矩阵的某一行,如用非零数 k 乘以矩阵的第 i 行,记为 kr_i;

(3) 某一行元素的 k 倍加到另一行对应元素上,如第 j 行元素的 k 倍加到第 i 行,记为 $r_i + kr_j$.

注意:

① 将上述定义中的“行”换成“列”,r 换成 c,得到**初等列变换**(**elementary column operations**)的定义;

② 矩阵的初等行变换和列变换通称为矩阵的**初等变换**;

③ 注意符号表示中对于一个矩阵 $r_i + kr_j \neq r_j + kr_i$,因两种操作的效果不同;

特别提示:

初等变换将一个矩阵变成另一个矩阵.一般情况下,变换前后的两个矩阵并不相等,因此,进行初等变换只能用记号“→”表示,而不能用等号.

④ 矩阵 $\boldsymbol{A}$ 和 $\boldsymbol{B}$ 可以经过有限次初等变换互变称它们**等价**，记为 $\boldsymbol{A}\sim\boldsymbol{B}$.

问题 1：通过什么样的初等变换使得下列式子成立？

$$\begin{pmatrix}1&0&0\\0&1&0\\0&0&1\end{pmatrix}\xrightarrow{?}\begin{pmatrix}0&0&1\\0&1&0\\1&0&0\end{pmatrix},$$

$$\begin{pmatrix}1&0&0\\0&1&0\\0&0&1\end{pmatrix}\xleftarrow{?}\begin{pmatrix}0&0&1\\0&1&0\\1&0&0\end{pmatrix},$$

$$\begin{pmatrix}1&0&0\\0&1&0\\0&0&1\end{pmatrix}\xrightarrow{?}\begin{pmatrix}1&0&0\\-1&1&0\\0&0&1\end{pmatrix},$$

$$\begin{pmatrix}1&0&0\\0&1&0\\0&0&1\end{pmatrix}\xleftarrow{?}\begin{pmatrix}1&0&0\\-1&1&0\\0&0&1\end{pmatrix}.$$

问题 2：如果对一个矩阵进行初等变换能简化到什么程度？

例 2 设 $\boldsymbol{A}=\begin{pmatrix}0&3&6&4\\3&-7&-5&8\\3&-9&-9&6\end{pmatrix}$，试化为等价的简单形式.

解 $\begin{pmatrix}0&3&6&4\\3&-7&-5&8\\3&-9&-9&6\end{pmatrix}$

$$\xrightarrow{r_1\leftrightarrow r_3}\begin{pmatrix}3&-9&-9&6\\3&-7&-5&8\\0&3&6&4\end{pmatrix}\xrightarrow{r_2-r_1}\begin{pmatrix}3&-9&-9&6\\0&2&4&2\\0&3&6&4\end{pmatrix}$$

$$\xrightarrow{r_2\div 2}\begin{pmatrix}3&-9&-9&6\\0&1&2&1\\0&3&6&4\end{pmatrix}\xrightarrow{r_3-3r_2}\begin{pmatrix}3&-9&-9&6\\0&1&2&1\\0&0&0&1\end{pmatrix}$$

$$\xrightarrow{r_1\div 3}\begin{pmatrix}1&-3&-3&2\\0&1&2&1\\0&0&0&1\end{pmatrix}\xrightarrow[r_2-r_3]{r_1-2r_3}\begin{pmatrix}1&-3&-3&0\\0&1&2&0\\0&0&0&1\end{pmatrix}$$

$$\xrightarrow{r_1+3r_2}\begin{pmatrix}1&0&3&0\\0&1&2&0\\0&0&0&1\end{pmatrix}\xrightarrow{c_3\leftrightarrow c_4}\begin{pmatrix}1&0&0&3\\0&1&0&2\\0&0&1&0\end{pmatrix}$$

矩阵与行列式的区别(一)：

行列式 $D=|a_{ij}|_n$ 是个数，而矩阵 $\boldsymbol{A}=(a_{ij})_{m\times n}$ 是张数表；行列式必须是方的($n\times n$ 个元素构成)，而矩阵可以不是方的($m\times n$ 个元素构成)；行列式的记号用两条竖线| |，而矩阵的记号用括号(　)或[　].

矩阵与行列式的区别(二)：

行列式的运算都用“=”表示，其含意是数=数，而矩阵现在介绍的初等变换，是将一个矩阵变到另一个不同的矩阵，不能用“=”表示，用记号“→”表示.

$$\xrightarrow{c_4-2c_2}\begin{pmatrix}1&0&0&3\\0&1&0&0\\0&0&1&0\end{pmatrix}\xrightarrow{c_4-3c_1}\begin{pmatrix}1&0&0&0\\0&1&0&0\\0&0&1&0\end{pmatrix}$$

2. 行阶梯形矩阵与行最简形矩阵

定义 2　行阶梯形矩阵是指满足下列两个条件的矩阵：

(1) 若有零行，则零行(元素全为零的行)全部位于非零行的下方；

(2) 各非零行的首个非零元素(从左至右的第一个不为零的元素)前面零元素的个数随着行标的增大而严格增加.

如：矩阵

$$\begin{pmatrix}1&1&-2&1&4\\0&1&-1&1&0\\0&0&0&1&-3\\0&0&0&0&0\end{pmatrix}$$

为行阶梯形矩阵，但矩阵

$$\begin{pmatrix}1&1&0&0&4\\0&1&0&2&-2\\0&2&0&-2&3\\0&0&0&0&4\end{pmatrix}$$

不是行阶梯形矩阵.

行阶梯形矩阵的特点：

1. 可画出一条阶梯线，且每个阶梯首元不为0；2. 每个台阶只有一行；3. 阶梯线下元素全为0.

由初等行变换的定义可得：

定理 1　任一矩阵经过有限次初等行变换可以化成行阶梯形矩阵.

证明　见附注 1.

例 3　已知矩阵 $\boldsymbol{A}=\begin{pmatrix}3&2&9&6\\-1&-3&4&-17\\1&4&-7&3\\-1&-4&7&-3\end{pmatrix}$，对其作初等行变换，化为行阶梯形矩阵.

解　$$\boldsymbol{A}=\begin{pmatrix}3&2&9&6\\-1&-3&4&-17\\1&4&-7&3\\-1&-4&7&-3\end{pmatrix}\xrightarrow{r_1\leftrightarrow r_3}\begin{pmatrix}1&4&-7&3\\-1&-3&4&-17\\3&2&9&6\\-1&-4&7&-3\end{pmatrix}$$

$$\xrightarrow[r_4+r_1]{\substack{r_2+r_1\\r_3-3r_1}}\begin{pmatrix}1&4&-7&3\\0&1&-3&-14\\0&-10&30&-3\\0&0&0&0\end{pmatrix}\xrightarrow{r_3+10r_2}\begin{pmatrix}1&4&-7&3\\0&1&-3&-14\\0&0&0&-143\\0&0&0&0\end{pmatrix}=\boldsymbol{B}.$$

特别提示：

一个矩阵的行阶梯形是不唯一的.

这里的矩阵 $\boldsymbol{B}$ 依其形状的特征就是**行阶梯形矩阵**.

定义 3 一个行阶梯形矩阵若满足下列两个条件，则称之为行最简形矩阵(**reduced row echelon form**)：

(1) 每个非零行第一个非零元素为 1；

(2) 每个非零行第一个非零元素所在列的其他元素都为 0.

如：矩阵 $\begin{pmatrix} 1 & 0 & -1 & 0 & 4 \\ 0 & 1 & -1 & 0 & 3 \\ 0 & 0 & 0 & 1 & -3 \\ 0 & 0 & 0 & 0 & 0 \end{pmatrix}$ 为行最简形矩阵.

行阶梯形矩阵再经过初等行变换，可化成行最简形矩阵，例如

$$\boldsymbol{B}=\begin{pmatrix} 1 & 4 & -7 & 3 \\ 0 & 1 & -3 & -14 \\ 0 & 0 & 0 & -143 \\ 0 & 0 & 0 & 0 \end{pmatrix} \xrightarrow{r_3 \div (-143)} \begin{pmatrix} 1 & 4 & -7 & 3 \\ 0 & 1 & -3 & -14 \\ 0 & 0 & 0 & 1 \\ 0 & 0 & 0 & 0 \end{pmatrix}$$

$$\xrightarrow[r_2+14r_3]{r_1-4r_2} \begin{pmatrix} 1 & 0 & 5 & 59 \\ 0 & 1 & -3 & 0 \\ 0 & 0 & 0 & 1 \\ 0 & 0 & 0 & 0 \end{pmatrix} \xrightarrow{r_1-59r_3} \begin{pmatrix} 1 & 0 & 5 & 0 \\ 0 & 1 & -3 & 0 \\ 0 & 0 & 0 & 1 \\ 0 & 0 & 0 & 0 \end{pmatrix}=\boldsymbol{C}.$$

行最简形矩阵的特点：

1. 是行阶梯形矩阵；2. 首元为 1；3. 1 所在列的其余元素为 0.

矩阵 $\boldsymbol{C}$ 是矩阵 $\boldsymbol{B}$ 的行最简形矩阵.

用数学归纳法可以证明：任何一个矩阵都可以经过有限次初等行变换化为行最简形矩阵，即如下结论

定理 2 任一矩阵 $\boldsymbol{A}$ 总可以经过有限次初等行变换化为行最简形矩阵.

定义 4 如果一个矩阵的左上角是一个单位矩阵，其他位置的元素都为零，则称这个矩阵为标准形(**canonical form**)矩阵.

用分块矩阵表示，形如

$$\begin{pmatrix} \boldsymbol{E}_r & \boldsymbol{O}_{r\times(n-r)} \\ \boldsymbol{O}_{(m-r)\times r} & \boldsymbol{O}_{(m-r)\times(n-r)} \end{pmatrix} (1\leqslant r\leqslant \min(m,n)),$$

$$(\boldsymbol{E}_m, \boldsymbol{O}_{m\times(n-m)}), \quad \begin{pmatrix} \boldsymbol{E}_n \\ \boldsymbol{O}_{(m-n)\times n} \end{pmatrix}$$

特别提示：

一个矩阵的行最简形矩阵和标准形是唯一的.

的矩阵都是标准形矩阵.

行最简形矩阵再经过初等列变换，可化成标准形.

例如，

$$B=\begin{pmatrix}1&0&-1&0&4\\0&1&-1&0&3\\0&0&0&1&-3\\0&0&0&0&0\end{pmatrix}\xrightarrow{c_3\leftrightarrow c_4}\begin{pmatrix}1&0&0&-1&4\\0&1&0&-1&3\\0&0&1&0&-3\\0&0&0&0&0\end{pmatrix}$$

$$\xrightarrow{c_4+c_1+c_2}\begin{pmatrix}1&0&0&0&4\\0&1&0&0&3\\0&0&1&0&-3\\0&0&0&0&0\end{pmatrix}$$

$$\xrightarrow{c_5-4c_1-3c_2+3c_3}\begin{pmatrix}1&0&0&0&0\\0&1&0&0&0\\0&0&1&0&0\\0&0&0&0&0\end{pmatrix}=\boldsymbol{F}.$$

矩阵 $\boldsymbol{F}$ 是矩阵 $\boldsymbol{B}$ 的标准形.

定理 3　任意一个矩阵 $\boldsymbol{A}=(a_{ij})_{m\times n}$ 经过有限次初等变换,可以化为下列标准形矩阵

$$\begin{pmatrix}\boldsymbol{E}_r & \boldsymbol{O}_{r\times(n-r)}\\ \boldsymbol{O}_{(m-r)\times r} & \boldsymbol{O}_{(m-r)\times(n-r)}\end{pmatrix}=\boldsymbol{F}_{m\times n}.$$

特别提示:

一个矩阵只经过初等行变换可得到其行阶梯形、行最简形矩阵.

例 4　用初等变换化矩阵 $\begin{pmatrix}0&2&-4\\-1&-4&5\\3&1&7\\0&5&-10\\2&3&0\end{pmatrix}$ 为标准形.

解　$$\begin{pmatrix}0&2&-4\\-1&-4&5\\3&1&7\\0&5&-10\\2&3&0\end{pmatrix}\xrightarrow{r_1\leftrightarrow r_2}\begin{pmatrix}-1&-4&5\\0&2&-4\\3&1&7\\0&5&-10\\2&3&0\end{pmatrix}$$

$$\xrightarrow[r_5+2r_1]{r_3+3r_1}\begin{pmatrix}-1&-4&5\\0&2&-4\\0&-11&22\\0&5&-10\\0&-5&10\end{pmatrix}\xrightarrow[c_3+5c_1]{c_2-4c_1}\begin{pmatrix}-1&0&0\\0&2&-4\\0&-11&22\\0&5&-10\\0&-5&10\end{pmatrix}$$

$$\xrightarrow[c_3+2c_2]{c_1\times(-1)}\begin{pmatrix}1&0&0\\0&2&0\\0&-11&0\\0&5&0\\0&-5&0\end{pmatrix}\xrightarrow[r_5+\frac{5}{2}r_2]{\substack{r_3+\frac{11}{2}r_2\\r_4-\frac{5}{2}r_2}}\begin{pmatrix}1&0&0\\0&2&0\\0&0&0\\0&0&0\\0&0&0\end{pmatrix}\xrightarrow{r_2\div 2}\begin{pmatrix}1&0&0\\0&1&0\\0&0&0\\0&0&0\\0&0&0\end{pmatrix}.$$

例 5 将矩阵 $\boldsymbol{A}=\begin{pmatrix}2&1&2&3\\4&1&3&5\\2&0&1&2\end{pmatrix}$化为标准形.

解 $\boldsymbol{A}=\begin{pmatrix}2&1&2&3\\4&1&3&5\\2&0&1&2\end{pmatrix}\xrightarrow[r_3-r_1]{r_2-2r_1}\begin{pmatrix}2&1&2&3\\0&-1&-1&-1\\0&-1&-1&-1\end{pmatrix}$

$$\xrightarrow[c_4-\frac{3}{2}c_1]{\substack{c_2-\frac{1}{2}c_1\\c_3-c_1}}\begin{pmatrix}2&0&0&0\\0&-1&-1&-1\\0&-1&-1&-1\end{pmatrix}\xrightarrow[r_1\div 2]{r_3-r_2}\begin{pmatrix}1&0&0&0\\0&-1&-1&-1\\0&0&0&0\end{pmatrix}$$

$$\xrightarrow[c_4-c_2]{c_3-c_2}\begin{pmatrix}1&0&0&0\\0&-1&0&0\\0&0&0&0\end{pmatrix}\xrightarrow{r_2\times(-1)}\begin{pmatrix}1&0&0&0\\0&1&0&0\\0&0&0&0\end{pmatrix}.$$

定义 5 如果矩阵 $\boldsymbol{A}$ 经过有限次初等变换后化为矩阵 $\boldsymbol{B}$,则称 $\boldsymbol{A}$ 等价于矩阵 $\boldsymbol{B}$,简记为

$$\boldsymbol{A}\sim\boldsymbol{B}.$$

矩阵等价的一些简单性质:

(1) 反身性 $\boldsymbol{A}\sim\boldsymbol{A}$;

(2) 对称性 $\boldsymbol{A}\sim\boldsymbol{B}$,则 $\boldsymbol{B}\sim\boldsymbol{A}$;

(3) 传递性 $\boldsymbol{A}\sim\boldsymbol{B}$ 且 $\boldsymbol{B}\sim\boldsymbol{C}$,则 $\boldsymbol{A}\sim\boldsymbol{C}$.

二、初等矩阵

1. 初等矩阵的定义

定义 6 对单位矩阵 $\boldsymbol{E}$ 施以一次初等变换得到的矩阵称为**初等矩阵(elementary reduction matrices)**.

三种初等变换分别对应着三种初等矩阵.

(1) 对换阵

$\boldsymbol{E}$ 的某两行(列)互换得到的矩阵,如 $\boldsymbol{E}$ 的第 i,j 行(列)互换得到的矩阵

$$
\boldsymbol{E}(i,j)=\begin{pmatrix}
1 & & & & & & & & \\
 & \ddots & & & & & & & \\
 & & 1 & & & & & & \\
 & & & 0 & \cdots & 1 & & & \\
 & & & & 1 & & & & \\
 & & & \vdots & \ddots & \vdots & & & \\
 & & & & & 1 & & & \\
 & & & 1 & \cdots & 0 & & & \\
 & & & & & & 1 & & \\
 & & & & & & & \ddots & \\
 & & & & & & & & 1
\end{pmatrix}\begin{matrix} \\ \\ \\ i\text{行} \\ \\ \\ \\ j\text{行} \\ \\ \\ \\ \end{matrix}
$$

i 列　　　　j 列

(2) 倍乘阵

$\boldsymbol{E}$ 的某一行(列)乘以非零数 k 得到的矩阵，如 $\boldsymbol{E}$ 的第 i 行(列)乘以非零数 k 得到的矩阵

$$
\boldsymbol{E}(i(k))=\begin{pmatrix}
1 & & & & \\
 & \ddots & & & \\
 & & k & & \\
 & & & \ddots & \\
 & & & & 1
\end{pmatrix}\begin{matrix} \\ \\ i\text{行} \\ \\ \\ \end{matrix}
$$

i 列

(3) 倍加阵

$\boldsymbol{E}$ 的某一行(列)乘以非零数 k 加到另一行(例)上得到的矩阵，如 $\boldsymbol{E}$ 的第 j 行乘以数 k 加到第 i 行上，或 $\boldsymbol{E}$ 的第 i 列乘以数 k 加到第 j 列上得到的矩阵

$$
\boldsymbol{E}(i,j(k))=\begin{pmatrix}
1 & & & & & \\
 & \ddots & & & & \\
 & & 1 & \cdots & k & & \\
 & & & \ddots & \vdots & & \\
 & & & & 1 & & \\
 & & & & & \ddots & \\
 & & & & & & 1
\end{pmatrix}\begin{matrix} \\ \\ i\text{行} \\ \\ j\text{行} \\ \\ \\ \end{matrix}
$$

i 列　j 列

如：

$$\begin{pmatrix}0&0&1\\0&1&0\\1&0&0\end{pmatrix},\quad \begin{pmatrix}-1&0&0\\0&1&0\\0&0&1\end{pmatrix},\quad \begin{pmatrix}1&0&0\\0&\frac{1}{2}&0\\0&0&1\end{pmatrix},$$

$$\boldsymbol{E}(1,3)\qquad \boldsymbol{E}(1(-1))\qquad \boldsymbol{E}\left(2\left(\frac{1}{2}\right)\right)$$

$$\begin{pmatrix}0&0&1&0\\0&1&0&0\\1&0&0&0\\0&0&0&1\end{pmatrix},\quad \begin{pmatrix}1&0&0&0\\0&1&0&0\\0&0&0&1\\0&0&1&0\end{pmatrix},\quad \begin{pmatrix}1&0&0&0\\0&1&0&-2\\0&0&1&0\\0&0&0&1\end{pmatrix}.$$

$$\boldsymbol{E}(1,3)\qquad \boldsymbol{E}(3,4)\qquad \boldsymbol{E}(2,4(-2))$$

2. 初等矩阵的性质

命题 1 初等矩阵都是可逆矩阵,其逆矩阵仍是初等矩阵,且

(1) $\boldsymbol{E}(i,j)^{-1}=\boldsymbol{E}(i,j)$； $\boldsymbol{E}(i(k))^{-1}=\boldsymbol{E}(i(k^{-1}))$；
$\boldsymbol{E}(i,j(k))^{-1}=\boldsymbol{E}(i,j(-k))$.

(2) $|\boldsymbol{E}(i,j)|=-1$；$|\boldsymbol{E}(i(k))|=k$；$|\boldsymbol{E}(ij(k))|=1$.

(3) 初等矩阵的乘积仍然可逆.

3. 初等变换用矩阵乘法实现

先考察初等变换与初等矩阵的关系：

$$\boldsymbol{A}=\begin{pmatrix}0&3&6&4\\3&-7&-5&8\\3&-9&-9&6\end{pmatrix}\xrightarrow{\begin{pmatrix}0&0&1\\0&1&0\\1&0&0\end{pmatrix}\boldsymbol{A}}\boldsymbol{A}_1=\begin{pmatrix}3&-9&-9&6\\3&-7&-5&8\\0&3&6&4\end{pmatrix}$$

$$\xrightarrow{\begin{pmatrix}1&0&0\\-1&1&0\\0&0&1\end{pmatrix}\boldsymbol{A}_1}\boldsymbol{A}_2=\begin{pmatrix}3&-9&-9&6\\0&2&4&2\\0&3&6&4\end{pmatrix}$$

$$\xrightarrow{\begin{pmatrix}1&0&0\\0&\frac{1}{2}&0\\0&0&1\end{pmatrix}\boldsymbol{A}_2}\boldsymbol{A}_3=\begin{pmatrix}3&-9&-9&6\\0&1&2&1\\0&3&6&4\end{pmatrix}\cdots$$

$\boldsymbol{A}_1=\boldsymbol{P}_1\boldsymbol{A}$， $\boldsymbol{A}_2=\boldsymbol{P}_2\boldsymbol{A}_1=\boldsymbol{P}_2\boldsymbol{P}_1\boldsymbol{A}$， $\boldsymbol{A}_3=\boldsymbol{P}_3\boldsymbol{A}_2=\boldsymbol{P}_3\boldsymbol{P}_2\boldsymbol{P}_1\boldsymbol{A},\cdots,\boldsymbol{A}_k=\boldsymbol{P}_k\cdots\boldsymbol{P}_2\boldsymbol{P}_1\boldsymbol{A}$，

$$\boldsymbol{A}_k=\begin{pmatrix}1&0&3&0\\0&1&2&0\\0&0&0&1\end{pmatrix}\xrightarrow{\boldsymbol{A}_k\begin{pmatrix}1&0&0&0\\0&1&0&0\\0&0&0&1\\0&0&1&0\end{pmatrix}}\boldsymbol{A}_{k+1}=\begin{pmatrix}1&0&0&3\\0&1&0&2\\0&0&1&0\end{pmatrix}$$

$$\xrightarrow{A_{k+1}\begin{pmatrix}1&0&0&0\\0&1&0&-2\\0&0&1&0\\0&0&0&1\end{pmatrix}} A_{k+2}=\begin{pmatrix}1&0&0&3\\0&1&0&0\\0&0&1&0\end{pmatrix}$$

$$\xrightarrow{A_{k+2}\begin{pmatrix}1&0&0&-3\\0&1&0&0\\0&0&1&0\\0&0&0&1\end{pmatrix}} A_{k+3}=\begin{pmatrix}1&0&0&0\\0&1&0&0\\0&0&1&0\end{pmatrix}.$$

$\boldsymbol{A}_{k+1}=\boldsymbol{A}_k\boldsymbol{Q}_1=\boldsymbol{P}_k\cdots\boldsymbol{P}_2\boldsymbol{P}_1\boldsymbol{A}\boldsymbol{Q}_1$，　$\boldsymbol{A}_{k+2}=\boldsymbol{A}_{k+1}\boldsymbol{Q}_2=\boldsymbol{P}_k\cdots\boldsymbol{P}_2\boldsymbol{P}_1\boldsymbol{A}\boldsymbol{Q}_1\boldsymbol{Q}_2$，$\boldsymbol{A}_{k+3}=\boldsymbol{A}_{k+2}\boldsymbol{Q}_3=\boldsymbol{P}_k\cdots\boldsymbol{P}_2\boldsymbol{P}_1\boldsymbol{A}\boldsymbol{Q}_1\boldsymbol{Q}_2\boldsymbol{Q}_3$. 由此可得

定理 4 （初等变换和初等矩阵的关系）　设 $\boldsymbol{A}$ 为 $m\times n$ 矩阵，对 $\boldsymbol{A}$ 施行一次初等行变换，相当于在 $\boldsymbol{A}$ 的左边乘相应的 m 阶初等矩阵；对 $\boldsymbol{A}$ 施行一次初等列变换，相当于在 $\boldsymbol{A}$ 的右边乘相应的 n 阶初等矩阵. 即

(1) $\boldsymbol{A}_{m\times n}\xrightarrow{r_i\leftrightarrow r_j}\boldsymbol{E}_m(i,j)\boldsymbol{A}_{m\times n}$；

(2) $\boldsymbol{A}_{m\times n}\xrightarrow{c_i\leftrightarrow c_j}\boldsymbol{A}_{m\times n}\boldsymbol{E}_n(i,j)$；

(3) $\boldsymbol{A}_{m\times n}\xrightarrow{kr_i}\boldsymbol{E}_m(i(k))\boldsymbol{A}_{m\times n}$；

(4) $\boldsymbol{A}_{m\times n}\xrightarrow{kc_i}\boldsymbol{A}_{m\times n}\boldsymbol{E}_n(i(k))$；

(5) $\boldsymbol{A}_{m\times n}\xrightarrow{r_i+kr_j}\boldsymbol{E}_m(i,j(k))\boldsymbol{A}_{m\times n}$；

(6) $\boldsymbol{A}_{m\times n}\xrightarrow{c_i+kc_j}\boldsymbol{A}_{m\times n}\boldsymbol{E}_n(i,j(k))$.

证明　将矩阵 $\boldsymbol{A}_{m\times n}$ 表示成按行分块的分块矩阵

$$\boldsymbol{A}=\begin{pmatrix}\boldsymbol{a}_1^{\mathrm{T}}\\\boldsymbol{a}_2^{\mathrm{T}}\\\vdots\\\boldsymbol{a}_m^{\mathrm{T}}\end{pmatrix},$$

其中 $\boldsymbol{a}_i^{\mathrm{T}}=(a_{i1},a_{i2},\cdots,a_{in})\quad(i=1,2,\cdots,m)$，于是

$$\boldsymbol{E}_m(i,j)\boldsymbol{A}=\begin{pmatrix}1&&&&&&\\&\ddots&&&&&\\&&0&\cdots&1&&\\&&\vdots&&\vdots&&\\&&1&\cdots&0&&\\&&&&&\ddots&\\&&&&&&1\end{pmatrix}\begin{pmatrix}\boldsymbol{a}_1^{\mathrm{T}}\\\vdots\\\boldsymbol{a}_i^{\mathrm{T}}\\\vdots\\\boldsymbol{a}_j^{\mathrm{T}}\\\vdots\\\boldsymbol{a}_m^{\mathrm{T}}\end{pmatrix}=\begin{pmatrix}\boldsymbol{a}_1^{\mathrm{T}}\\\vdots\\\boldsymbol{a}_j^{\mathrm{T}}\\\vdots\\\boldsymbol{a}_i^{\mathrm{T}}\\\vdots\\\boldsymbol{a}_m^{\mathrm{T}}\end{pmatrix}.$$

其结果相当于矩阵 $\boldsymbol{A}$ 进行一次第一种初等行变换，即交换矩阵的第 i,j

两行. 又

$$\boldsymbol{E}_m(i(k))\boldsymbol{A}=\begin{pmatrix}1&&&&\\&\ddots&&&\\&&k&&\\&&&\ddots&\\&&&&1\end{pmatrix}\begin{pmatrix}\boldsymbol{a}_1^{\mathrm{T}}\\ \vdots\\ \boldsymbol{a}_i^{\mathrm{T}}\\ \vdots\\ \boldsymbol{a}_m^{\mathrm{T}}\end{pmatrix}=\begin{pmatrix}\boldsymbol{a}_1^{\mathrm{T}}\\ \vdots\\ k\boldsymbol{a}_i^{\mathrm{T}}\\ \vdots\\ \boldsymbol{a}_m^{\mathrm{T}}\end{pmatrix},$$

其结果相当于矩阵 $\boldsymbol{A}$ 进行一次第二种初等行变换,即用数 k 乘矩阵 $\boldsymbol{A}$ 的第 i 行各元素. 又

$$\boldsymbol{E}_m(i,j(k))\boldsymbol{A}=\begin{pmatrix}1&&&&&&\\&\ddots&&&&&\\&&1&\cdots&k&&\\&&&\ddots&\vdots&&\\&&&&1&&\\&&&&&\ddots&\\&&&&&&1\end{pmatrix}\begin{pmatrix}\boldsymbol{a}_1^{\mathrm{T}}\\ \vdots\\ \boldsymbol{a}_i^{\mathrm{T}}\\ \vdots\\ \boldsymbol{a}_j^{\mathrm{T}}\\ \vdots\\ \boldsymbol{a}_m^{\mathrm{T}}\end{pmatrix}=\begin{pmatrix}\boldsymbol{a}_1^{\mathrm{T}}\\ \vdots\\ \boldsymbol{a}_i^{\mathrm{T}}+k\boldsymbol{a}_j^{\mathrm{T}}\\ \vdots\\ \boldsymbol{a}_j^{\mathrm{T}}\\ \vdots\\ \boldsymbol{a}_m^{\mathrm{T}}\end{pmatrix},$$

其结果相当于矩阵 $\boldsymbol{A}$ 进行一次第三种初等行变换,即用数 k 乘矩阵 $\boldsymbol{A}$ 的第 j 行加到第 i 行.

利用等价矩阵的定义及定理 3 和定理 4 可得

定理 5 对于任一 $m\times n$ 矩阵 $\boldsymbol{A}=(a_{ij})_{m\times n}$,一定存在有限个 m 阶初等矩阵 $\boldsymbol{P}_1,\cdots,\boldsymbol{P}_s$ 和 n 阶初等方阵 $\boldsymbol{P}_{s+1},\cdots,\boldsymbol{P}_k$ 使

$$\boldsymbol{P}_1\cdots\boldsymbol{P}_s\boldsymbol{A}\boldsymbol{P}_{s+1}\cdots\boldsymbol{P}_k=\begin{pmatrix}\boldsymbol{E}_r&\boldsymbol{O}\\ \boldsymbol{O}&\boldsymbol{O}\end{pmatrix}_{m\times n}=\boldsymbol{F}_{m\times n}.$$

4. 利用初等变换求逆矩阵及解矩阵方程

(1) 求方阵 $\boldsymbol{A}$ 的逆矩阵 $\boldsymbol{A}^{-1}$.

在第二章第五节中,给出了矩阵 $\boldsymbol{A}$ 可逆的充要条件,同时也给出了利用伴随矩阵求逆矩阵 $\boldsymbol{A}^{-1}$ 的一种方法——伴随矩阵法,即

$$\boldsymbol{A}^{-1}=\frac{1}{|\boldsymbol{A}|}\boldsymbol{A}^*.$$

对于阶数较高的矩阵,用伴随矩阵法求逆矩阵计算量太大,下面介绍一种较为简便的方法——初等变换法.

定理 6 n 阶矩阵 $\boldsymbol{A}$ 可逆的充分必要条件是 $\boldsymbol{A}$ 可以表示为有限个初等矩阵的乘积.

证明 充分性:设 $\boldsymbol{A}=\boldsymbol{P}_1\cdots\boldsymbol{P}_k$. 其中 $\boldsymbol{P}_1,\cdots,\boldsymbol{P}_k$ 为初等矩阵. 因初等矩阵可逆,有限个可逆矩阵的乘积仍可逆,故 $\boldsymbol{A}$ 可逆.

必要性:由定理 3,对 n 阶矩阵 $\boldsymbol{A}$ 存在 n 阶初等矩阵 $\boldsymbol{P}_1,\cdots,\boldsymbol{P}_s$,

$P_{s+1},\cdots,P_k$，使

$$P_1\cdots P_sAP_{s+1}\cdots P_k=F_{n\times n}. \tag{1}$$

下面证明：如果矩阵 A 可逆，则 $F_{n\times n}=E$.

若 $F_{n\times n}\neq E$，则 $F_{n\times n}$ 的对角线上必有零元素，在(1)的两端取行列式，并利用方阵的行列式性质，有

$$|P_1|\cdots|P_s||A||P_{s+1}|\cdots|P_k|=|F_{n\times n}|=0. \tag{2}$$

于是，$|P_1|,\cdots,|P_s|,|A|,|P_{s+1}|,\cdots,|P_k|$ 中必至少有一个是零，这与 $P_1,\cdots,P_s,A,P_{s+1},\cdots,P_k$ 均为可逆矩阵相矛盾. 故 $F_{n\times n}=E$，即

$$P_1\cdots P_sAP_{s+1}\cdots P_k=E. \tag{3}$$

(3)两边左乘 $(P_1\cdots P_s)^{-1}$，右乘 $(P_{s+1}\cdots P_k)^{-1}$ 可得

$$A=(P_1\cdots P_s)^{-1}(P_{s+1}\cdots P_k)^{-1}=P_s^{-1}\cdots P_1^{-1}P_k^{-1}P_{s+1}^{-1},$$

而初等矩阵的逆矩阵仍是初等矩阵，所以 n 阶可逆矩阵 A 可表示为初等矩阵的乘积.

推论 1　n 阶矩阵 A 可逆的充要条件是 A 与单位矩阵等价：$A\sim E_n$.

推论 2　$m\times n$ 矩阵 A 与 B 等价的充要条件是存在 m 阶可逆矩阵 P 和 n 阶可逆矩阵 Q，使 $PAQ=B$.

从定理 6 出发，可以得到另一种求逆阵的方法.

当 $|A|\neq0$ 时，由定理 6 可知存在有限个初等阵 $P_1,P_2,\cdots,P_l$ 使得 $A=P_1P_2\cdots P_l$. 在此式两边左乘以矩阵 $(P_1P_2\cdots P_l)^{-1}=P_l^{-1}\cdots P_2^{-1}P_1^{-1}$ 得：

$$P_l^{-1}\cdots P_2^{-1}P_1^{-1}A=E. \tag{4}$$

另一方面，由于 $A=P_1P_2\cdots P_l$，故得 $A^{-1}=(P_1P_2\cdots P_l)^{-1}=P_l^{-1}\cdots P_2^{-1}P_1^{-1}E$，即

$$P_l^{-1}\cdots P_2^{-1}P_1^{-1}E=A^{-1}. \tag{5}$$

公式(4)和(5)表明：同一组初等变换可把 A 变为 E，把 E 变为 A^{-1}. 那么，(4)、(5)两式可以合并为

$$P_l^{-1}P_{l-1}^{-1}\cdots P_2^{-1}P_1^{-1}(A,E)=(E,A^{-1}). \tag{6}$$

因此，求矩阵 A 的逆矩阵 A^{-1} 时，可构造矩阵 $n\times 2n$ 矩阵

$$(A,E),$$

然后对其施以初等行变换将矩阵 A 化为单位矩阵 E，则上述初等变换同时也将其中的单位矩阵 E 化为 A^{-1}，即

$$(A,E)\xrightarrow{\text{初等行变换}}(E,A^{-1}),$$

这就是求逆矩阵的初等变换法. 这种用矩阵的初等变换求逆阵的方法，常常比前面介绍的伴随矩阵法要简便一些，特别是当矩阵的阶数较高时

是这样.

例 6 把可逆矩阵 $\boldsymbol{A}=\begin{pmatrix}1&2&0\\-1&1&1\\3&-2&0\end{pmatrix}$ 分解为初等矩阵的乘积.

解 对 $\boldsymbol{A}$ 进行如下初等变换：

$$\boldsymbol{A}\xrightarrow{c_2-2c_1}\begin{pmatrix}1&0&0\\-1&3&1\\3&-8&0\end{pmatrix}\xrightarrow{r_2+r_1}\begin{pmatrix}1&0&0\\0&3&1\\3&-8&0\end{pmatrix}$$

$$\xrightarrow{r_3-3r_1}\begin{pmatrix}1&0&0\\0&3&1\\0&-8&0\end{pmatrix}\xrightarrow{c_3\leftrightarrow c_2}\begin{pmatrix}1&0&0\\0&1&3\\0&0&-8\end{pmatrix}$$

$$\xrightarrow{c_3-3c_2}\begin{pmatrix}1&0&0\\0&1&0\\0&0&-8\end{pmatrix}\xrightarrow{r_3\div(-8)}\begin{pmatrix}1&0&0\\0&1&0\\0&0&1\end{pmatrix}.$$

与每次初等交换对应的矩阵分别为：

$$\boldsymbol{P}_1=\begin{pmatrix}1&0&0\\1&1&0\\0&0&1\end{pmatrix},\boldsymbol{P}_2=\begin{pmatrix}1&0&0\\0&1&0\\-3&0&1\end{pmatrix},\boldsymbol{P}_3=\begin{pmatrix}1&0&0\\0&1&0\\0&0&-1/8\end{pmatrix},$$

$$\boldsymbol{Q}_1=\begin{pmatrix}1&-2&0\\0&1&0\\0&0&1\end{pmatrix},\boldsymbol{Q}_2=\begin{pmatrix}1&0&0\\0&0&1\\0&1&0\end{pmatrix},\boldsymbol{Q}_3=\begin{pmatrix}1&0&0\\0&1&-3\\0&0&1\end{pmatrix},$$

其中 $\boldsymbol{P}_i$ 为行变换的初等矩阵，$\boldsymbol{Q}_i$ 为列变换的初等矩阵，其逆矩阵分别为：

求 n 阶方阵 $\boldsymbol{A}$ 的逆矩阵 $\boldsymbol{A}^{-1}$ 的初等行变换法：

1. 构造 $n\times 2n$ 矩阵 $(\boldsymbol{A},\boldsymbol{E})$；2. 对矩阵 $(\boldsymbol{A},\boldsymbol{E})$ 实施初等行变换，当 $\boldsymbol{A}$ 变为 $\boldsymbol{E}$ 时，原来的 $\boldsymbol{E}$ 就是 $\boldsymbol{A}^{-1}$；当 $\boldsymbol{A}$ 不能变为 $\boldsymbol{E}$ 时，则说明 $\boldsymbol{A}$ 不可逆.

$$\boldsymbol{P}_1^{-1}=\begin{pmatrix}1&0&0\\-1&1&0\\0&0&1\end{pmatrix},\boldsymbol{P}_2^{-1}=\begin{pmatrix}1&0&0\\0&1&0\\3&0&1\end{pmatrix},\boldsymbol{P}_3^{-1}=\begin{pmatrix}1&0&0\\0&1&0\\0&0&-8\end{pmatrix},$$

$$\boldsymbol{Q}_1^{-1}=\begin{pmatrix}1&2&0\\0&1&0\\0&0&1\end{pmatrix},\boldsymbol{Q}_2^{-1}=\begin{pmatrix}1&0&0\\0&0&1\\0&1&0\end{pmatrix},\boldsymbol{Q}_3^{-1}=\begin{pmatrix}1&0&0\\0&1&3\\0&0&1\end{pmatrix},$$

于是 $\boldsymbol{A}=\boldsymbol{P}_1^{-1}\boldsymbol{P}_2^{-1}\boldsymbol{P}_3^{-1}\boldsymbol{Q}_3^{-1}\boldsymbol{Q}_2^{-1}\boldsymbol{Q}_1^{-1}$.

例 7 设 $\boldsymbol{A}=\begin{pmatrix}1&2&3\\2&2&1\\3&4&3\end{pmatrix}$，求 $\boldsymbol{A}^{-1}$.

解 $(\boldsymbol{A},\boldsymbol{E})=\begin{pmatrix}1&2&3&1&0&0\\2&2&1&0&1&0\\3&4&3&0&0&1\end{pmatrix}$

$$\xrightarrow[r_3-3r_1]{r_2-2r_1}\begin{pmatrix}1&2&3&1&0&0\\0&-2&-5&-2&1&0\\0&-2&-6&-3&0&1\end{pmatrix}$$

$$\xrightarrow[r_3-r_2]{r_1+r_2}\begin{pmatrix}1&0&-2&-1&1&0\\0&-2&-5&-2&1&0\\0&0&-1&-1&-1&1\end{pmatrix}$$

$$\xrightarrow[r_2-5r_3]{r_1-2r_3}\begin{pmatrix}1&0&0&1&3&-2\\0&-2&0&3&6&-5\\0&0&-1&-1&-1&1\end{pmatrix}$$

$$\xrightarrow[r_3\div(-1)]{r_2\div(-2)}\begin{pmatrix}1&0&0&1&3&-2\\0&1&0&-3/2&-3&5/2\\0&0&1&1&1&-1\end{pmatrix},$$

所以

$$\boldsymbol{A}^{-1}=\begin{pmatrix}1&3&-2\\-3/2&-3&5/2\\1&1&-1\end{pmatrix}.$$

例 8　已知矩阵 $\boldsymbol{A}=\begin{pmatrix}1&0&1\\2&1&0\\-3&2&-5\end{pmatrix}$，求$(\boldsymbol{E}-\boldsymbol{A})^{-1}$.

解　$\boldsymbol{A}=\begin{pmatrix}1&0&1\\2&1&0\\-3&2&-5\end{pmatrix}$，　$\boldsymbol{E}-\boldsymbol{A}=\begin{pmatrix}0&0&-1\\-2&0&0\\3&-2&6\end{pmatrix}$，

$$(\boldsymbol{E}-\boldsymbol{A},\boldsymbol{E})=\begin{pmatrix}0&0&-1&1&0&0\\-2&0&0&0&1&0\\3&-2&6&0&0&1\end{pmatrix}$$

$$\xrightarrow{r_1\leftrightarrow r_2}\begin{pmatrix}-2&0&0&0&1&0\\0&0&-1&1&0&0\\3&-2&6&0&0&1\end{pmatrix}$$

$$\xrightarrow{r_2\leftrightarrow r_3}\begin{pmatrix}-2&0&0&0&1&0\\3&-2&6&0&0&1\\0&0&-1&1&0&0\end{pmatrix}$$

$$\xrightarrow{r_1\div(-2)}\begin{pmatrix}1&0&0&0&-1/2&0\\3&-2&6&0&0&1\\0&0&-1&1&0&0\end{pmatrix}$$

$$\xrightarrow{r_2-3r_1}\begin{pmatrix}1&0&0&0&-1/2&0\\0&-2&6&0&3/2&1\\0&0&-1&1&0&0\end{pmatrix}$$

$$\xrightarrow[r_3\times(-1)]{r_2\div(-2)}\begin{pmatrix}1&0&0&0&-1/2&0\\0&1&-3&0&-3/4&-1/2\\0&0&1&-1&0&0\end{pmatrix}$$

$$\xrightarrow{r_2+3r_3}\begin{pmatrix}1&0&0&0&-1/2&0\\0&1&0&-3&-3/4&-1/2\\0&0&1&-1&0&0\end{pmatrix},$$

所以
$$(\boldsymbol{E}-\boldsymbol{A})^{-1}=\begin{pmatrix}0&-1/2&0\\-3&-3/4&-1/2\\-1&0&0\end{pmatrix}.$$

例 9 求下列 n 阶方阵的逆阵：

$$\boldsymbol{A}=\begin{pmatrix}&&&a_1\\&&a_2&\\&\iddots&&\\a_n&&&\end{pmatrix},\quad a_i\neq 0(i=1,2,\cdots,n),$$

$\boldsymbol{A}$ 中空白处表示为零.

解

$$\left(\begin{array}{cccc|cccc}&&&a_1&1&&&\\&&a_2&&&1&&\\&\iddots&&&&&\ddots&\\a_n&&&&&&&1\end{array}\right)\longrightarrow\left(\begin{array}{cccc|cccc}a_n&&&&&&&1\\&a_{n-1}&&&&&\iddots&\\&&\ddots&&&1&&\\&&&a_1&1&&&\end{array}\right)$$

$$\longrightarrow\left(\begin{array}{cccc|cccc}1&&&&&&&1/a_n\\&1&&&&&\iddots&\\&&\ddots&&&1/a_2&&\\&&&1&1/a_1&&&\end{array}\right),$$

所以

$$\boldsymbol{A}^{-1}=\begin{pmatrix}&&&1/a_n\\&&\iddots&\\&1/a_2&&\\1/a_1&&&\end{pmatrix}.$$

(2) 用初等变换法求解矩阵方程 $\boldsymbol{AX}=\boldsymbol{B}$.

若 $\boldsymbol{A}$ 可逆，方程两边分别左乘 $\boldsymbol{A}^{-1}$ 得

$$X=A^{-1}B.$$

因为 A 可逆，所以存在初等矩阵 $P_1,P_2,\cdots,P_l$ 使得

$$A=P_1P_2\cdots P_l,$$

从而有

$$A^{-1}=(P_1P_2\cdots P_l)^{-1}=P_l^{-1}P_{l-1}^{-1}\cdots P_2^{-1}P_1^{-1}.$$

$$X=(P_1P_2\cdots P_l)^{-1}B=P_l^{-1}P_{l-1}^{-1}\cdots P_2^{-1}P_1^{-1}B.$$

将两式合并有

$$P_l^{-1}P_{l-1}^{-1}\cdots P_2^{-1}P_1^{-1}(A,B)=(E,A^{-1}B),$$

即对 (A,B) 作初等行变换，当把 A 化成 E 时，B 变为 $A^{-1}B$.

$$(A,B)\xrightarrow{\text{初等行变换}}(E,A^{-1}B).$$

例 10　求矩阵 X，使 $AX=B$，其中 $A=\begin{pmatrix}1&2&3\\2&2&1\\3&4&3\end{pmatrix}$，$B=\begin{pmatrix}2&5\\3&1\\4&3\end{pmatrix}$.

解　若 A 可逆，则 $X=A^{-1}B$.

$$(A,B)=\begin{pmatrix}1&2&3&2&5\\2&2&1&3&1\\3&4&3&4&3\end{pmatrix}\xrightarrow[r_3-3r_1]{r_2-2r_1}\begin{pmatrix}1&2&3&2&5\\0&-2&-5&-1&-9\\0&-2&-6&-2&-12\end{pmatrix}$$

$$\xrightarrow[r_3-r_2]{r_1+r_2}\begin{pmatrix}1&0&-2&1&-4\\0&-2&-5&-1&-9\\0&0&-1&-1&-3\end{pmatrix}\xrightarrow[r_2-5r_3]{r_1-2r_3}\begin{pmatrix}1&0&0&3&2\\0&-2&0&4&6\\0&0&-1&-1&-3\end{pmatrix}$$

$$\xrightarrow[r_3\div(-1)]{r_2\div(-2)}\begin{pmatrix}1&0&0&3&2\\0&1&0&-2&-3\\0&0&1&1&3\end{pmatrix},$$

即得

$$X=\begin{pmatrix}3&2\\-2&-3\\1&3\end{pmatrix}.$$

考考你：

例 10 的如下求解过程是否正确？由于 $AX=B$ 且 A 可逆，所以 $X=BA^{-1}$.

例 11　求解矩阵方程 $AX=A+X$，其中 $A=\begin{pmatrix}2&2&0\\2&1&3\\0&1&0\end{pmatrix}$.

解　把所给方程变形为 $(A-E)X=A$，则 $X=(A-E)^{-1}A$.

$$(A-E,A)=\begin{pmatrix}1&2&0&2&2&0\\2&0&3&2&1&3\\0&1&-1&0&1&0\end{pmatrix}$$

$$\xrightarrow[r_2\leftrightarrow r_3]{r_2-2r_1}\begin{pmatrix}1&2&0&2&2&0\\0&1&-1&0&1&0\\0&-4&3&-2&-3&3\end{pmatrix}$$

$$\xrightarrow[r_3\div(-1)]{r_3+4r_2}\begin{pmatrix}1&2&0&2&2&0\\0&1&-1&0&1&0\\0&0&1&2&-1&-3\end{pmatrix}$$

$$\xrightarrow{r_2+r_3}\begin{pmatrix}1&2&0&2&2&0\\0&1&0&2&0&-3\\0&0&1&2&-1&-3\end{pmatrix}$$

$$\xrightarrow{r_1-2r_2}\begin{pmatrix}1&0&0&-2&2&6\\0&1&0&2&0&-3\\0&0&1&2&-1&-3\end{pmatrix},$$

特别提示：

在例 11 的求解过程中，把所给方程变形后表示成 $(\boldsymbol{A}-1)\boldsymbol{X}=\boldsymbol{A}$，这是错误的，你知道这是为什么？

即得
$$\boldsymbol{X}=\begin{pmatrix}-2&2&6\\2&0&-3\\2&-1&-3\end{pmatrix}.$$

例 12 求解矩阵方程 $\boldsymbol{XA}=\boldsymbol{A}+2\boldsymbol{X}$，其中 $\boldsymbol{A}=\begin{pmatrix}4&2&3\\1&1&0\\-1&2&3\end{pmatrix}$.

解 先将原方程作恒等变形：

$$\boldsymbol{XA}=\boldsymbol{A}+2\boldsymbol{X}\Leftrightarrow\boldsymbol{XA}-2\boldsymbol{X}=\boldsymbol{A}\Leftrightarrow\boldsymbol{X}(\boldsymbol{A}-2\boldsymbol{E})=\boldsymbol{A},$$

由于 $\boldsymbol{A}-2\boldsymbol{E}=\begin{pmatrix}2&2&3\\1&-1&0\\-1&2&1\end{pmatrix}$，而 $|\boldsymbol{A}-2\boldsymbol{E}|=-1\neq0$，故 $\boldsymbol{A}-2\boldsymbol{E}$ 可逆，从而 $\boldsymbol{X}=\boldsymbol{A}(\boldsymbol{A}-2\boldsymbol{E})^{-1}$.

$$\begin{pmatrix}\boldsymbol{A}-2\boldsymbol{E}\\\boldsymbol{A}\end{pmatrix}=\begin{pmatrix}2&2&3\\1&-1&0\\-1&2&1\\4&2&3\\1&1&0\\-1&2&3\end{pmatrix}\xrightarrow{c_1-c_3}\begin{pmatrix}-1&2&3\\1&-1&0\\-2&2&1\\1&2&3\\1&1&0\\-4&2&3\end{pmatrix}\xrightarrow[c_3+3c_1]{c_2+2c_1}\begin{pmatrix}-1&0&0\\1&1&3\\-2&-2&-5\\1&4&6\\1&3&3\\-4&-6&-9\end{pmatrix}$$

$$\xrightarrow[c_3-3c_2]{c_1\times(-1)}\begin{pmatrix}1&0&0\\-1&1&0\\2&-2&1\\-1&4&-6\\-1&3&-6\\4&-6&9\end{pmatrix}\xrightarrow[c_2+2c_3]{c_1-2c_3}\begin{pmatrix}1&0&0\\-1&1&0\\0&0&1\\11&-8&-6\\11&-9&-6\\-14&12&9\end{pmatrix}\xrightarrow{c_1+c_2}\begin{pmatrix}1&0&0\\0&1&0\\0&0&1\\3&-8&-6\\2&-9&-6\\-2&12&9\end{pmatrix}.$$

特别提示：

在例 12 的求解过程中，把所给方程变形后表示成$(\boldsymbol{A}-2\boldsymbol{E})\boldsymbol{X}=\boldsymbol{A}$，这是错误的，你知道这是为什么？

即
$$\boldsymbol{X}=\begin{pmatrix}3&-8&-6\\2&-9&-6\\-2&12&9\end{pmatrix}.$$

例 13　求解$\begin{cases}8x+8y+9z=116,\\7x+4y+3z=61,\\3x+5y+6z=68.\end{cases}$并求 $\boldsymbol{A}^{-1}$，已知 $|\boldsymbol{A}|=\begin{vmatrix}8&8&9\\7&4&3\\3&5&6\end{vmatrix}=15.$

解　将方程组写成矩阵形式 $\boldsymbol{A}_{3\times3}\boldsymbol{X}=\boldsymbol{b}$，即

$$\begin{pmatrix}8&8&9\\7&4&3\\3&5&6\end{pmatrix}\begin{pmatrix}x\\y\\z\end{pmatrix}=\begin{pmatrix}116\\61\\68\end{pmatrix},$$

由条件知，矩阵 $\boldsymbol{A}$ 可逆，从而 $\boldsymbol{X}=\boldsymbol{A}^{-1}\boldsymbol{b}$，下面用初等行变换求 $\boldsymbol{A}^{-1}$，

$$(\boldsymbol{A},\boldsymbol{E},\boldsymbol{b})=\begin{pmatrix}8&8&9&1&0&0&116\\7&4&3&0&1&0&61\\3&5&6&0&0&1&68\end{pmatrix}$$

$$\xrightarrow{r_1-r_2}\begin{pmatrix}1&4&6&1&-1&0&55\\7&4&3&0&1&0&61\\3&5&6&0&0&1&68\end{pmatrix}$$

$$\xrightarrow[r_3-3r_1]{r_2-7r_1}\begin{pmatrix}1&4&6&1&-1&0&55\\0&-24&-39&-7&8&0&-324\\0&-7&-12&-3&3&1&-97\end{pmatrix}$$

$$\xrightarrow{r_2\div(-3)}\begin{pmatrix}1&4&6&1&-1&0&55\\0&8&13&\frac{7}{3}&\frac{-8}{3}&0&108\\0&-7&-12&-3&3&1&-97\end{pmatrix}$$

$$\xrightarrow{r_2+r_3}\begin{pmatrix}1&4&6&1&-1&0&55\\0&1&1&\frac{-2}{3}&\frac{1}{3}&1&11\\0&-7&-12&-3&3&1&-97\end{pmatrix}$$

$$\xrightarrow{r_3+7r_2}\begin{pmatrix}1&4&6&1&-1&0&55\\0&1&1&\frac{-2}{3}&\frac{1}{3}&1&11\\0&0&-5&\frac{-23}{3}&\frac{16}{3}&8&-20\end{pmatrix}$$

$$\xrightarrow{r_3\div(-5)}\begin{pmatrix}1&4&6&1&-1&0&55\\0&1&1&\frac{-2}{3}&\frac{1}{3}&1&11\\0&0&1&\frac{23}{15}&\frac{-16}{15}&\frac{-24}{15}&4\end{pmatrix}$$

$$\xrightarrow[r_2-r_3]{r_1-6r_3}\begin{pmatrix}1&4&0&\frac{-123}{15}&\frac{81}{15}&\frac{144}{15}&31\\0&1&0&\frac{-33}{15}&\frac{21}{15}&\frac{39}{15}&7\\0&0&1&\frac{23}{15}&\frac{-16}{15}&\frac{-24}{15}&4\end{pmatrix}$$

$$\xrightarrow{r_1-4r_2}\begin{pmatrix}1&0&0&\frac{9}{15}&\frac{-3}{15}&\frac{-12}{15}&3\\0&1&0&\frac{-33}{15}&\frac{21}{15}&\frac{39}{15}&7\\0&0&1&\frac{23}{15}&\frac{-16}{15}&\frac{-24}{15}&4\end{pmatrix},$$

所以 $\boldsymbol{X}=\boldsymbol{A}^{-1}\boldsymbol{b}=\frac{1}{15}\begin{pmatrix}9&-3&-12\\-33&21&39\\23&-16&-24\end{pmatrix}\begin{pmatrix}116\\61\\68\end{pmatrix}=\begin{pmatrix}3\\7\\4\end{pmatrix}$.

若例 13 仅仅求方程组的解，而没有要求求 $\boldsymbol{A}^{-1}$，则利用增广矩阵求解过程可简化为

$$(\boldsymbol{A},\boldsymbol{b})=\begin{pmatrix}8&8&9&116\\7&4&3&61\\3&5&6&68\end{pmatrix}$$

$$\xrightarrow{r_1-r_2}\begin{pmatrix}1&4&6&55\\7&4&3&61\\3&5&6&68\end{pmatrix}\xrightarrow[r_3-3r_1]{r_2-7r_1}\begin{pmatrix}1&4&6&55\\0&-24&-39&-324\\0&-7&-12&-97\end{pmatrix}$$

$$\xrightarrow{r_2\div(-3)}\begin{pmatrix}1&4&6&55\\0&8&13&108\\0&-7&-12&-97\end{pmatrix}\xrightarrow{r_2+r_3}\begin{pmatrix}1&4&6&55\\0&1&1&11\\0&-7&-12&-97\end{pmatrix}$$

$$\xrightarrow{r_3+7r_2}\begin{pmatrix}1&4&6&55\\0&1&1&11\\0&0&-5&-20\end{pmatrix}\xrightarrow{r_3\div(-5)}\begin{pmatrix}1&4&6&55\\0&1&1&11\\0&0&1&4\end{pmatrix}$$

$$\xrightarrow[r_2-r_3]{r_1-6r_3}\begin{pmatrix}1&4&0&31\\0&1&0&7\\0&0&1&4\end{pmatrix}\xrightarrow{r_1-4r_2}\begin{pmatrix}1&0&0&3\\0&1&0&7\\0&0&1&4\end{pmatrix},$$

所以
$$\boldsymbol{X}=\boldsymbol{A}^{-1}\boldsymbol{b}=\begin{pmatrix}3\\7\\4\end{pmatrix}.$$

思考题：填写下表，你能说出行列式与矩阵的不同吗？

	$\boldsymbol{m}\times\boldsymbol{n}$ 矩阵	$\boldsymbol{n}$ 阶行列式
定义		
加法		
数乘		
乘法		
符号		

附注 1　定理 1 的证明

定理 1　任一矩阵经过有限次初等行变换可以化成行阶梯形矩阵.

证明　若 $\boldsymbol{A}$ 为零矩阵，则已是行阶梯形矩阵.

设 $\boldsymbol{A}$ 为 m 行 n 列矩阵. 若 $\boldsymbol{A}$ 是非零矩阵，则可自第一列起依次寻查下去，直至找到非零列为止，不妨设这是第 j_1 列. 然后对这一列元素自 a_{1j_1} 开始依次寻查，直至找到第一个非零元素为止，设此元素是 a_{ij_1}，这时作第一种行初等变换，把 $\boldsymbol{A}$ 的第 i 行换成第一行. 不妨将经此变换的结果仍记作 $\boldsymbol{A}$. 于是，$a_{1j_1}\neq0$ 为第一行的首非零元素，且前 j_1-1 列全为零列. 接着用第三种行初等变换将第 j_1 列除 a_{1j_1} 外的元素化为零，并记经这样变换的矩阵为 $\boldsymbol{A}_1$，若 $\boldsymbol{A}_1$ 中除第一行外其余各行的元素都是 0，则已是行阶梯形矩阵，否则对 $\boldsymbol{A}_1$ 的后 $m-1$ 行重复以上变换，得到 $\boldsymbol{A}_2$ 等等.

如此反复，进行这样的变换共 m 次，即可将 $\boldsymbol{A}$ 化成了阶梯形矩阵，证毕.

第二节　矩阵的秩

一、矩阵的秩的概念

让我们先来看如下常数项全为零的线性方程组(齐次线性方程组)

$$\begin{cases} 2x_1 \quad\quad + 2x_3 \quad\quad\quad\quad = 0, \\ 4x_1 + x_2 + 2x_3 \quad\quad + 3x_5 = 0, \\ 3x_1 \quad\quad + 3x_3 + 4x_4 - 4x_5 = 0, \\ 8x_1 + 2x_2 + 4x_3 \quad\quad + 6x_5 = 0 \end{cases} \tag{1}$$

的求解过程.因其最后一个方程的系数为第二个方程对应系数的2倍,故与第二个方程同解,可以将这个多余的方程去掉.这样,通过加减消元法可以得到方程组(1)的同解方程组

$$\begin{cases} x_1 \quad + x_3 \quad\quad\quad = 0, \\ \quad x_2 - 2x_3 \quad + 3x_5 = 0, \\ \quad\quad\quad\quad x_4 \ - x_5 = 0. \end{cases} \tag{2}$$

它已不再含有多余的方程,故我们称之为原方程组(1)的**保留方程组**.可以看出,用加减消元法由方程组(1)得到保留方程组(2)的过程,实质上是对方程组(1)的系数对应的矩阵进行初等行变换的过程,即将方程组(1)的系数矩阵作如下的变换

$$\boldsymbol{A} = \begin{pmatrix} 2 & 0 & 2 & 0 & 0 \\ 4 & 1 & 2 & 0 & 3 \\ 3 & 0 & 3 & 4 & -4 \\ 8 & 2 & 4 & 0 & 6 \end{pmatrix} \xrightarrow[r_4 - 4r_1,\, r_1 \times \frac{1}{2}]{r_2 - 2r_1,\, r_3 - \frac{3}{2}r_1} \begin{pmatrix} 1 & 0 & 1 & 0 & 0 \\ 0 & 1 & -2 & 0 & 3 \\ 0 & 0 & 0 & 4 & -4 \\ 0 & 2 & -4 & 0 & 6 \end{pmatrix}$$

$$\xrightarrow[r_4 - 2r_2]{r_3 \times \frac{1}{4}} \begin{pmatrix} 1 & 0 & 1 & 0 & 0 \\ 0 & 1 & -2 & 0 & 3 \\ 0 & 0 & 0 & 1 & -1 \\ 0 & 0 & 0 & 0 & 0 \end{pmatrix} = \boldsymbol{B}.$$

$\boldsymbol{B}$ 对应的方程组即保留方程组(2).它是一种(行)**阶梯形矩阵**,即每行的首非零元素(若存在)下方全为零或每个"阶梯"只有一行的矩阵(注意:一定要掌握它的特点!而它的得到一般是要经过三种行初等变换的).在我们引入矩阵的秩的概念后,将会看到 $\boldsymbol{B}$ 的**非零行**(元素不全为零的行)的个数即保留方程组中方程的个数,就是原矩阵 $\boldsymbol{A}$ 的秩.

定义1　在 $m\times n$ 矩阵 $\boldsymbol{A}$ 中,任取 k 行 k 列($1\leqslant k\leqslant m, 1\leqslant k\leqslant n$),位于这些行列交叉处的 k^2 个元素,不改变它们在 $\boldsymbol{A}$ 中所处的位置次序而

得到的 k 阶行列式，称为矩阵 $\boldsymbol{A}$ 的 k 阶子式.

如：设有矩阵 $\boldsymbol{A}=\begin{pmatrix}2 & -3 & 8 & 2\\ 2 & 12 & -2 & 12\\ 1 & 3 & 1 & 4\end{pmatrix}$，选取第一行和第三行，第二列和第三列，其交叉处的元素按原来位置构成的二阶行列式

$$\begin{vmatrix}-3 & 8\\ 3 & 1\end{vmatrix}=-27$$

就是矩阵 $\boldsymbol{A}$ 的一个二阶子式. 事实上，矩阵 $\boldsymbol{A}$ 的 1 阶子式有 $C_3^1\times C_4^1=3\times 4$ 个；2 阶子式有 $C_3^2\times C_4^2=3\times 6$ 个；三阶子式有 $C_3^3\times C_4^3=1\times 4$ 个.

特别注意：

$m\times n$ 矩阵 $\boldsymbol{A}$ 的 k 阶子式共有 $C_m^k\cdot C_n^k$ 个，其中不为零的子式称为非零子式.

考考你：

假若一个 5×6 的矩阵中所有 3 阶子式都等于零的话，它的 4 阶子式中会出现非零的吗？

定义 2　设 $\boldsymbol{A}$ 为 $m\times n$ 矩阵，如果在矩阵 $\boldsymbol{A}$ 中有一个不等于零的 r 阶子式 D，而所有的 $r+1$ 阶子式（如果存在的话）皆为零，那么 D 称为矩阵 $\boldsymbol{A}$ 的最高阶非零子式，数 r 为矩阵 $\boldsymbol{A}$ 的秩（**rank**），记为 $R(\boldsymbol{A})$，即 $R(\boldsymbol{A})=r$. 规定零矩阵的秩等于零.

特别注意：

设 $\boldsymbol{A}$ 为 n 阶非奇异矩阵，即 $|\boldsymbol{A}|\neq 0$，从而可知 n 阶非奇异方阵的秩等于它的阶数 n，故又称非奇异矩阵为**满秩方阵**，奇异方阵又称为**降秩方阵**.

历史点滴：

矩阵秩的概念是弗罗贝尼乌斯于 1879 年引入的.

由矩阵秩的定义知矩阵的秩具有下列性质：

(1) 若矩阵 $\boldsymbol{A}$ 中有某个 s 阶子式不为 0，则 $R(\boldsymbol{A})\geqslant s$；

(2) 若 $\boldsymbol{A}$ 中所有 t 阶子式全为 0，则 $R(\boldsymbol{A})<t$；

(3) 若 $\boldsymbol{A}$ 为 $m\times n$ 矩阵，则 $0\leqslant R(\boldsymbol{A})\leqslant \min\{m,n\}$；

(4) $R(\boldsymbol{A})=R(\boldsymbol{A}^{\mathrm{T}})$.

例 1　求矩阵 $\boldsymbol{A}=\begin{pmatrix}1 & 2 & 3\\ 2 & 3 & -5\\ 4 & 7 & 1\end{pmatrix}$ 的秩.

解　在 $\boldsymbol{A}$ 中，$\begin{vmatrix}1 & 3\\ 2 & -5\end{vmatrix}\neq 0$. 又因为 $\boldsymbol{A}$ 的 3 阶子式只有一个 $|\boldsymbol{A}|$，且

$$|\boldsymbol{A}|=\begin{vmatrix}1 & 2 & 3\\ 2 & 3 & -5\\ 4 & 7 & 1\end{vmatrix}=\begin{vmatrix}1 & 2 & 3\\ 0 & -1 & -11\\ 0 & -1 & -11\end{vmatrix}=0,$$

所以 $R(\boldsymbol{A})=2$.

例 2 求矩阵 $\boldsymbol{B}=\begin{pmatrix}2 & -1 & 0 & 3 & -2\\0 & 3 & 1 & -2 & 5\\0 & 0 & 0 & 4 & -3\\0 & 0 & 0 & 0 & 0\end{pmatrix}$ 的秩.

解 因为 $\boldsymbol{B}$ 是一个行阶梯形矩阵,其非零行只有 3 行,所以 $\boldsymbol{B}$ 的所有四阶子式全为零.

而
$$\begin{vmatrix}2 & -1 & 3\\0 & 3 & -2\\0 & 0 & 4\end{vmatrix}\neq 0,$$
所以 $R(\boldsymbol{B})=3$.

$\boldsymbol{B}$ 的秩等于 $\boldsymbol{B}$ 中的非零行数,这一现象并非偶然. 由定义容易证明:

定理 1 行阶梯形矩阵的秩等于它的非零行的行数.

二、矩阵的秩的求法

利用定义计算矩阵的秩,需要由高阶到低阶考虑矩阵的子式,当矩阵的行数与列数较高时,按定义求秩是非常麻烦的. 由于行阶梯形矩阵的秩很容易判断,它的秩就等于非零行的行数,一看便知无须计算. 而任意矩阵都可以经过初等变换化为行阶梯形矩阵,因此自然想到用初等变换把矩阵化为行阶梯形矩阵. 但两个等价矩阵的秩是否相等呢? 下面的定理对此作出了肯定的回答.

特别提示:

定理 2 给出了求矩阵秩的方法:先化为行阶梯形矩阵,行阶梯形矩阵中非零行的行数就是其秩.

定理 2 矩阵的初等变换不改变矩阵的秩,即若 $\boldsymbol{A}\sim\boldsymbol{B}$,则 $R(\boldsymbol{A})=R(\boldsymbol{B})$.

证明:见附注 1

矩阵秩的求法:

根据定理 2,为求矩阵的秩,只要把矩阵用初等行变换变成行阶梯形矩阵,行阶梯形矩阵中非零行的行数即是该矩阵的秩.

例 3 求矩阵 $\boldsymbol{A}=\begin{pmatrix}0 & -3 & -6 & 4\\-1 & -2 & -1 & 3\\-2 & -3 & 0 & 3\\1 & 4 & 5 & -9\end{pmatrix}$ 的秩.

解
$$\boldsymbol{A}\xrightarrow{r_1\leftrightarrow r_4}\begin{pmatrix}1 & 4 & 5 & -9\\-1 & -2 & -1 & 3\\-2 & -3 & 0 & 3\\0 & -3 & -6 & 4\end{pmatrix}\xrightarrow[r_3+2r_1]{r_2+r_1}\begin{pmatrix}1 & 4 & 5 & -9\\0 & 2 & 4 & -6\\0 & 5 & 10 & -15\\0 & -3 & -6 & 4\end{pmatrix}$$

$$\xrightarrow[r_4+\frac{3}{2}r_2]{r_3-\frac{5}{2}r_2}\begin{pmatrix}1&4&5&-9\\0&2&4&-6\\0&0&0&0\\0&0&0&-5\end{pmatrix}\xrightarrow{r_3\leftrightarrow r_4}\begin{pmatrix}1&4&5&-9\\0&2&4&-6\\0&0&0&-5\\0&0&0&0\end{pmatrix},$$

故 $R(\boldsymbol{A})=3$.

例 4　将矩阵 $\boldsymbol{A}=\begin{pmatrix}1&2&3&4\\-1&-1&-4&-2\\3&4&11&8\end{pmatrix}$ 化为标准形，并求其秩.

解

$$\begin{pmatrix}1&2&3&4\\-1&-1&-4&-2\\3&4&11&8\end{pmatrix}\xrightarrow[r_3-3r_1]{r_2+r_1}\begin{pmatrix}1&2&3&4\\0&1&-1&2\\0&-2&2&-4\end{pmatrix}$$

$$\xrightarrow{r_3+2r_2}\begin{pmatrix}1&2&3&4\\0&1&-1&2\\0&0&0&0\end{pmatrix}\xrightarrow{r_1-2r_2}\begin{pmatrix}1&0&5&0\\0&1&-1&2\\0&0&0&0\end{pmatrix}$$

$$\xrightarrow{c_3-5c_1}\begin{pmatrix}1&0&0&0\\0&1&-1&2\\0&0&0&0\end{pmatrix}\xrightarrow[c_4-2c_2]{c_3+c_2}\begin{pmatrix}1&0&0&0\\0&1&0&0\\0&0&0&0\end{pmatrix},$$

故 $R(\boldsymbol{A})=2$.

例 5　设 $\boldsymbol{A}=\begin{pmatrix}3&2&0&5&0\\3&-2&3&6&-1\\2&0&1&5&-3\\1&6&-4&-1&4\end{pmatrix}$，求矩阵 $\boldsymbol{A}$ 的秩，并求 $\boldsymbol{A}$ 的一个最高非零子式.

解　对 $\boldsymbol{A}$ 作初等行变换，变成行阶梯形矩阵.

$$\boldsymbol{A}\xrightarrow{r_1\leftrightarrow r_4}\begin{pmatrix}1&6&-4&-1&4\\3&-2&3&6&-1\\2&0&1&5&-3\\3&2&0&5&0\end{pmatrix}\xrightarrow{r_2-r_4}\begin{pmatrix}1&6&-4&-1&4\\0&-4&3&1&-1\\2&0&1&5&-3\\3&2&0&5&0\end{pmatrix}$$

$$\xrightarrow[r_4-3r_1]{r_3-2r_1}\begin{pmatrix}1&6&-4&-1&4\\0&-4&3&1&-1\\0&-12&9&7&-11\\0&-16&12&8&-12\end{pmatrix}\xrightarrow[r_4-4r_2]{r_3-3r_2}\begin{pmatrix}1&6&-4&-1&4\\0&-4&3&1&-1\\0&0&0&4&-8\\0&0&0&4&-8\end{pmatrix}$$

$$\xrightarrow{r_4-r_3}\begin{pmatrix}1&6&-4&-1&4\\0&-4&3&1&-1\\0&0&0&4&-8\\0&0&0&0&0\end{pmatrix},$$

由行阶梯形矩阵有三个非零行知 $R(\boldsymbol{A})=3$.

再求 $\boldsymbol{A}$ 的一个最高阶非零子式. 由 $R(\boldsymbol{A})=3$ 知,$\boldsymbol{A}$ 的最高阶非零子式为三阶. $\boldsymbol{A}$ 的三阶子式共有 $C_4^3\cdot C_5^3=40$ 个.

考察 $\boldsymbol{A}$ 的行阶梯形矩阵,记 $\boldsymbol{A}=(\boldsymbol{a}_1,\boldsymbol{a}_2,\boldsymbol{a}_3,\boldsymbol{a}_4,\boldsymbol{a}_5)$,则矩阵 $\boldsymbol{B}=(\boldsymbol{a}_1,\boldsymbol{a}_2,\boldsymbol{a}_4)$的行阶梯形矩阵为 $\begin{pmatrix}1&6&-1\\0&-4&1\\0&0&4\\0&0&0\end{pmatrix}$,$R(\boldsymbol{B})=3$,故 $\boldsymbol{B}$ 中必有三阶非零子式. $\boldsymbol{B}$ 的三阶子式共有 4 个.

计算 $\boldsymbol{B}$ 中前三行构成的子式

$$\begin{vmatrix}3&2&5\\3&-2&6\\2&0&5\end{vmatrix}=\begin{vmatrix}3&2&5\\6&0&11\\2&0&5\end{vmatrix}=-2\begin{vmatrix}6&11\\2&5\end{vmatrix}=-16\neq0,$$

则这个子式便是 $\boldsymbol{A}$ 的一个最高阶非零子式.

例 6 设 $\boldsymbol{A}$ 为 n 阶非奇异矩阵,$\boldsymbol{B}$ 为 $n\times m$ 矩阵. 试证:$\boldsymbol{A}$ 与 $\boldsymbol{B}$ 之积的秩等于 $\boldsymbol{B}$ 的秩,即 $R(\boldsymbol{AB})=R(\boldsymbol{B})$.

证明 因为 $\boldsymbol{A}$ 非奇异,故可表示成若干初等矩阵之积,

$$\boldsymbol{A}=\boldsymbol{P}_1\boldsymbol{P}_2\cdots\boldsymbol{P}_s,$$

其中 $\boldsymbol{P}_i(i=1,2,\cdots,s)$皆为初等矩阵.

$$\boldsymbol{AB}=\boldsymbol{P}_1\boldsymbol{P}_2\cdots\boldsymbol{P}_s\boldsymbol{B},$$

即 $\boldsymbol{AB}$ 是 $\boldsymbol{B}$ 经 s 次初等行变换后得出的. 因而

$$R(\boldsymbol{AB})=R(\boldsymbol{B}).$$

证毕.

特别提示:

由矩阵的秩及满秩矩阵的定义,显然,若一个 n 阶矩阵 $\boldsymbol{A}$ 是满秩的,则 $|\boldsymbol{A}|\neq0$. 因而 $\boldsymbol{A}$ 非奇异;反之亦然.

例 7 $\boldsymbol{A}=\begin{pmatrix}1&-1&1&2\\3&\lambda&-1&2\\5&3&\mu&6\end{pmatrix}$,已知 $R(\boldsymbol{A})=2$,求 λ 与 μ 的值.

解 $\boldsymbol{A}\xrightarrow[r_3-5r_1]{r_2-3r_1}\begin{pmatrix}1&-1&1&2\\0&\lambda+3&-4&-4\\0&8&\mu-5&-4\end{pmatrix}\xrightarrow{r_3-r_2}\begin{pmatrix}1&-1&1&2\\0&\lambda+3&-4&-4\\0&5-\lambda&\mu-1&0\end{pmatrix}$,

因 $R(\boldsymbol{A})=2$,故

$$\begin{cases}5-\lambda=0,\\ \mu-1=0,\end{cases}\Rightarrow\begin{cases}\lambda=5,\\ \mu=1.\end{cases}$$

附注 1

定理 2　矩阵的初等变换不改变矩阵的秩，即若 $\boldsymbol{A}\sim\boldsymbol{B}$，则 $R(\boldsymbol{A})=R(\boldsymbol{B})$.

证明　由于对矩阵作初等列变换就是对其转置矩阵作初等行变换，而 $R(\boldsymbol{A})=R(\boldsymbol{A}^{\mathrm{T}})$，因此，只需证明矩阵经过一次初等行变换后不改变矩阵的秩即可. 设 $\boldsymbol{A}$ 经一次初等行变换变为 $\boldsymbol{B}$，$R(\boldsymbol{A})=r$ 且 $\boldsymbol{A}$ 的一个 r 阶子式 $D_r\neq0$.

下面分别就三种初等行变换加以证明.

(1) $r_i\leftrightarrow r_j$. 设交换矩阵 $\boldsymbol{A}$ 中某两行得矩阵 $\boldsymbol{B}$，在 $\boldsymbol{B}$ 中总能找到与 $\boldsymbol{A}$ 中的子式 D_r 相对应的子式 $\overline{D}_r$，由行列式的性质知：

$$\overline{D}_r=D_r \text{ 或 } \overline{D}_r=-D_r,$$

因此，$\overline{D}_r$ 与 D_r 有相同的非零性，于是，交换矩阵的两行其秩不变.

(2) $kr_i(k\neq0)$. 设用非零常数 k 乘矩阵 $\boldsymbol{A}$ 的第 i 行得矩阵 $\boldsymbol{B}$，在 $\boldsymbol{B}$ 中总能找到与 $\boldsymbol{A}$ 中的子式 D_r 相对应的子式 $\overline{D}_r$，由行列式的性质知：

$$\overline{D}_r=D_r \text{ 或 } \overline{D}_r=kD_r,$$

因此，用非零常数 k 乘矩阵 $\boldsymbol{A}$ 的某一行其秩不变.

(3) r_i+kr_j. 设 $R(\boldsymbol{A})=r$，$\boldsymbol{A}$ 的第 i 行元素加上第 j 行元素的 k 倍，得矩阵 $\boldsymbol{B}$. 考虑矩阵 $\boldsymbol{B}$ 的 $r+1$ 阶子式，设 M 为 $\boldsymbol{B}$ 中的 $r+1$ 阶子式，那么共有三种可能：

① M 不包含 $\boldsymbol{B}$ 中的第 i 行元素，这时 M 也是矩阵 $\boldsymbol{A}$ 的 $r+1$ 阶子式，故 $M=0$；

② M 包含 $\boldsymbol{B}$ 中的第 i 行元素，同时也包含 $\boldsymbol{B}$ 中的第 j 行元素，由行列式性质知 $M=0$；

③ M 包含 $\boldsymbol{B}$ 中的第 i 行元素，但不包含 $\boldsymbol{B}$ 中的第 j 行元素，这时

$$M=\begin{vmatrix}\cdots & \cdots & \cdots & \cdots\\ a_{it_1}+ka_{jt_1} & a_{it_2}+ka_{jt_2} & \cdots & a_{it_{r+1}}+ka_{jt_{r+1}}\\ \cdots & \cdots & \cdots & \cdots\end{vmatrix}$$

$$=\begin{vmatrix}\cdots & \cdots & \cdots & \cdots\\ a_{it_1} & a_{it_2} & \cdots & a_{it_{r+1}}\\ \cdots & \cdots & \cdots & \cdots\end{vmatrix}+k\begin{vmatrix}\cdots & \cdots & \cdots & \cdots\\ a_{jt_1} & a_{jt_2} & \cdots & a_{jt_{r+1}}\\ \cdots & \cdots & \cdots & \cdots\end{vmatrix}$$

$$M_1=\begin{vmatrix} \cdots & \cdots & \cdots & \cdots \\ a_{it_1} & a_{it_2} & \cdots & a_{it_{r+1}} \\ \cdots & \cdots & \cdots & \cdots \end{vmatrix}$$ 是 $\boldsymbol{A}$ 中的一个 $r+1$ 阶子式，故 $M_1=0$；

$$M_2=k\begin{vmatrix} \cdots & \cdots & \cdots & \cdots \\ a_{jt_1} & a_{jt_2} & \cdots & a_{jt_{r+1}} \\ \cdots & \cdots & \cdots & \cdots \end{vmatrix}$$ 经过行重新排列也是 $\boldsymbol{A}$ 中的一个 $r+1$ 阶子式，由行列式性质知 $M_2=0$，于是 $M=0$，综上所述知：$\boldsymbol{B}$ 中所有的 $r+1$ 阶子式全为零，故 $R(\boldsymbol{B})\leqslant r$.

又矩阵初等变换是可逆的，将 $\boldsymbol{B}$ 的第 i 行元素加上第 j 行元素的 $(-k)$ 倍，就得到矩阵 $\boldsymbol{A}$，故 $r\leqslant R(\boldsymbol{B})$，所以 $R(\boldsymbol{B})=R(\boldsymbol{A})=r$. 因此，矩阵经过一次初等行变换后不改变矩阵的秩.

第三节　线性方程组解的判定

在这一节，我们首先利用消元法给出了线性方程组有解的条件. 进一步，我们利用系数矩阵 $\boldsymbol{A}$ 和增广矩阵 $\boldsymbol{B}=(\boldsymbol{A},\boldsymbol{b})$ 的秩讨论线性方程组是否有解以及有解时解是否唯一等问题.

一、问题的提出

例 1　研究下列方程组解的情况：

(1) $\begin{cases} x_1+x_2=30, \\ 2x_1+4x_2=94. \end{cases}$ 鸡兔同笼，唯一解 $x_1=13, x_2=17$.

(2) $\begin{cases} x_1+x_2=30, \\ 4x_1+4x_2=94. \end{cases}$ 龟兔同笼，无解.

(3) $\begin{cases} x_1+x_2=30, \\ 4x_1+4x_2=120. \end{cases}$ 龟兔同笼，多个解 $x_1=30-x_2$.

对于含有 m 个方程，n 个未知量的线性方程组

$$\begin{cases} a_{11}x_1+a_{12}x_2+\cdots+a_{1n}x_n=b_1, \\ a_{21}x_1+a_{22}x_2+\cdots+a_{2n}x_n=b_2, \\ \cdots\cdots\cdots\cdots \\ a_{m1}x_1+a_{m2}x_2+\cdots+a_{mn}x_n=b_m. \end{cases} \tag{1}$$

问：线性方程组(1)什么时候有解？什么时候有唯一解？什么时候有无穷多个解？

若记

$$A_{m\times n}=\begin{pmatrix}a_{11} & a_{12} & \cdots & a_{1n}\\ a_{21} & a_{22} & \cdots & a_{2n}\\ \vdots & \vdots & & \vdots\\ a_{m1} & a_{m2} & \cdots & a_{mn}\end{pmatrix},X_{n\times 1}=\begin{pmatrix}x_1\\ x_2\\ \vdots\\ x_n\end{pmatrix},b_{m\times 1}=\begin{pmatrix}b_1\\ b_2\\ \vdots\\ b_m\end{pmatrix},$$

则方程组(1)可写为矩阵方程

$$A_{m\times n}X_{n\times 1}=b_{m\times 1} \tag{2}$$

称 $A_{m\times n}$ 为线性方程组(1)的系数矩阵，称 $B=(A_{m\times n},b_{m\times 1})$ 为其增广矩阵. 当 $b_{m\times 1}\neq O$ 时，称(1)为非齐次线性方程组；当 $b_{m\times 1}=O$ 时，称为齐次线性方程组.

二、高斯消元法

前面曾经介绍过用加减消元法解三元一次方程组(鸡兔蛇同笼，足94，头37，问蛇至少几条?)

$$\begin{cases}x_1+x_2+x_3=37,\\ 2x_1+4x_2=94.\end{cases}$$

其求解过程如下：

$$\begin{cases}x_1+x_2+x_3=37,\\ 2x_1+4x_2=94.\end{cases}\xrightarrow{e_1\leftrightarrow e_2}\begin{cases}2x_1+4x_2=94,\\ x_1+x_2+x_3=37.\end{cases}$$

$$\xrightarrow{e_1\div 2}\begin{cases}x_1+2x_2=47,\\ x_1+x_2+x_3=37.\end{cases}\xrightarrow{e_2-e_1}\begin{cases}x_1+2x_2=47,\\ -x_2+x_3=-10.\end{cases}$$

$$\xrightarrow{e_1+2e_2}\begin{cases}x_1+2x_3=27,\\ -x_2+x_3=-10.\end{cases}\xrightarrow{e_2\div(-1)}\begin{cases}x_1+2x_3=27,\\ x_2-x_3=10.\end{cases}$$

$$\begin{pmatrix}1 & 1 & 1 & 37\\ 2 & 4 & 0 & 94\end{pmatrix}\xrightarrow{r_1\leftrightarrow r_2}\begin{pmatrix}2 & 4 & 0 & 94\\ 1 & 1 & 1 & 37\end{pmatrix}$$

$$\xrightarrow{r_1\div 2}\begin{pmatrix}1 & 2 & 0 & 47\\ 1 & 1 & 1 & 37\end{pmatrix}\xrightarrow{r_2-r_1}\begin{pmatrix}1 & 2 & 0 & 47\\ 0 & -1 & 1 & -10\end{pmatrix}$$

$$\xrightarrow{r_1+2r_2}\begin{pmatrix}1 & 0 & 2 & 27\\ 0 & -1 & 1 & -10\end{pmatrix}\xrightarrow{r_2\div(-1)}\begin{pmatrix}1 & 0 & 2 & 27\\ 0 & 1 & -1 & 10\end{pmatrix}.$$

这种方法同样适用于一般线性方程组(1)，下面就来介绍如何用高斯消元法解一般的线性方程组.

对于方程组(1)，则其消元过程如下：

首先检查 x_1 的系数，如果 x_1 的系数 $a_{11},a_{21},\cdots,a_{m1}$ 全为零，那么方程组(1)对 x_1 没有任何限制，x_1 就可以取任何值，而方程组(1)可以看作 $x_2,x_3,\cdots,x_n$ 的方程组来解. 如果 x_1 的系数不全为零，那么利用初等变换

历史点滴：

高斯消元法以数学家高斯命名，但最早出现于中国古籍《九章算术》，成书于约公元前150年.

1,可以设 $a_{11}\neq 0$,利用初等变换 3,分别把第一个方程的 $-\frac{a_{i1}}{a_{11}}$ 倍加到第 i 个方程($i=2,\cdots,m$). 于是方程组(1)就变成

$$\begin{cases} a_{11}x_1+a_{12}x_2+\cdots+a_{1n}x_n=b_1, \\ \qquad a'_{22}x_2+\cdots+a'_{2n}x_n=b'_2, \\ \qquad\cdots\cdots\cdots\cdots \\ \qquad a'_{m2}x_2+\cdots+a'_{mn}x_n=b'_m, \end{cases} \tag{3}$$

其中 $a'_{ij}=a_{ij}-\frac{a_{i1}}{a_{11}}\cdot a_{1j}, i=2,\cdots,m, j=2,\cdots,n$.

对方程组(3)的后 $m-1$ 个方程构成的方程组重复以上过程,如此不断进行下去,最后得到如下与方程组(1)同解的阶梯形(**echelon form**)方程组.

$$\begin{cases} c_{11}x_1+c_{12}x_2+\cdots+c_{1r}x_r+\cdots+c_{1n}x_n=d_1, \\ \qquad c_{22}x_2+\cdots+c_{2r}x_r+\cdots+c_{2n}x_n=d_2, \\ \qquad\cdots\cdots\cdots\cdots \\ \qquad\qquad c_{rr}x_r+\cdots+c_{rn}x_n=d_r, \\ \qquad\qquad\qquad 0=d_{r+1}, \\ \qquad\qquad\qquad 0=0, \\ \qquad\cdots\cdots\cdots\cdots \\ \qquad\qquad\qquad 0=0, \end{cases} \tag{4}$$

其中 $c_{ii}\neq 0, i=1,\cdots,r$.

当(4)中的 $d_{r+1}\neq 0$ 时,方程组(3)无解.

当(4)中的 $d_{r+1}=0$ 时,方程组(3)有解,解的情况如下:

(1) $r=n$ 时阶梯形方程组(3)变为

$$\begin{cases} c_{11}x_1+c_{12}x_2+\cdots+c_{1n}x_n=d_1, \\ \qquad c_{22}x_2+\cdots+c_{2n}x_n=d_2, \\ \qquad\cdots\cdots\cdots\cdots \\ \qquad\qquad c_{nn}x_n=d_n, \end{cases} \tag{5}$$

显然方程组(5)也就是方程组(1)有唯一的解.

(2) $r<n$ 时阶梯形方程组(4)为

$$\begin{cases} c_{11}x_1+c_{12}x_2+\cdots+c_{1r}x_r+c_{1,r+1}x_{r+1}+\cdots+c_{1n}x_n=d_1, \\ \qquad c_{22}x_2+\cdots+c_{2r}x_r+c_{2,r+1}x_{r+1}+\cdots+c_{2n}x_n=d_2, \\ \qquad\cdots\cdots\cdots\cdots \\ \qquad\qquad c_{rr}x_r+c_{r,r+1}x_{r+1}+\cdots+c_{rn}x_n=d_r, \end{cases} \tag{6}$$

显然方程组(6)也就是方程组(1)有无穷多解.

综上讨论得

定理 1　设方程组(1)经过初等变换化为阶梯形(**echelon form**)方程组(4).

若 $d_{r+1}\neq 0$,则方程组(1)无解;

若 $d_{r+1}=0$,且 $r=n$,则方程组(1)有唯一解;

若 $d_{r+1}=0$,且 $r<n$,则方程组(1)有无穷多解.

三、非齐次线性方程组的解

1. 非齐次线性方程组有解的条件

上面介绍了求解一般线性方程组(1)的消元法,并得到方程组(1)有解的条件.下面我们将进一步研究方程组有解的条件及求解法.

我们知道方程组(1)与其增广矩阵

$$\boldsymbol{B}=(\boldsymbol{A},\boldsymbol{b})=\begin{pmatrix} a_{11} & a_{12} & \cdots & a_{1n} & b_1 \\ a_{21} & a_{22} & \cdots & a_{2n} & b_2 \\ \vdots & \vdots & & \vdots & \vdots \\ a_{m1} & a_{m2} & \cdots & a_{mn} & b_m \end{pmatrix}$$

是一一对应的,运用消元法解方程组(1)等价于对其增广矩阵进行初等行变换,利用系数矩阵 $\boldsymbol{A}$ 和增广矩阵 $\boldsymbol{B}=(\boldsymbol{A},\boldsymbol{b})$ 的秩,可以方便地讨论线性方程组是否有解的问题.其结论为:

定理 2　n 元非齐次线性方程组(1)有解的充分必要条件是 $R(\boldsymbol{A})=R(\boldsymbol{B})$.

证明　线性方程组(1)经初等变换后可化为阶梯形方程组(4).

$$\begin{cases} c_{11}x_1+c_{12}x_2+\cdots+c_{1r}x_r+\cdots+c_{1n}x_n=d_1, \\ \qquad c_{22}x_2+\cdots+c_{2r}x_r+\cdots+c_{2n}x_n=d_2, \\ \qquad\qquad \cdots\cdots\cdots\cdots \\ \qquad\qquad c_{rr}x_r+\cdots+c_{rn}x_n=d_r, \\ \qquad\qquad\qquad 0=d_{r+1}, \\ \qquad\qquad\qquad 0=0, \\ \qquad\qquad\qquad \cdots\cdots \\ \qquad\qquad\qquad 0=0, \end{cases} \tag{4}$$

那么,相应的矩阵的行初等变换将方程组(1)的系数矩阵 $\boldsymbol{A}$ 和增广矩阵 $\boldsymbol{B}$ 分别化成

$$\overline{A}=\begin{pmatrix} c_{11} & c_{12} & \cdots & c_{1r} & \cdots & c_{1n} \\ 0 & c_{22} & \cdots & c_{2r} & \cdots & c_{2n} \\ \vdots & \vdots & & \vdots & & \vdots \\ 0 & 0 & \cdots & c_{rr} & \cdots & c_{rn} \\ 0 & 0 & \cdots & 0 & \cdots & 0 \\ 0 & 0 & \cdots & 0 & \cdots & 0 \\ \vdots & \vdots & & \vdots & & \vdots \\ 0 & 0 & \cdots & 0 & \cdots & 0 \end{pmatrix},\overline{B}=\begin{pmatrix} c_{11} & c_{12} & \cdots & c_{1r} & \cdots & c_{1n} & d_1 \\ 0 & c_{22} & \cdots & c_{2r} & \cdots & c_{2n} & d_2 \\ \vdots & \vdots & & \vdots & & \vdots & \vdots \\ 0 & 0 & \cdots & c_{rr} & \cdots & c_{rn} & d_r \\ 0 & 0 & \cdots & 0 & \cdots & 0 & d_{r+1} \\ 0 & 0 & \cdots & 0 & \cdots & 0 & 0 \\ \vdots & \vdots & & \vdots & & \vdots & \vdots \\ 0 & 0 & \cdots & 0 & \cdots & 0 & 0 \end{pmatrix}.$$

因为 $\overline{A},\overline{B}$ 都是阶梯形矩阵,所以可以看出 $R(\overline{A})=r$,而

$$R(\overline{B})=\begin{cases} r+1, d_{r+1}\neq 0, \\ r, \quad d_{r+1}=0. \end{cases}$$

而初等变换不改变矩阵的秩,所以

$$R(A)=R(\overline{A})=r,\quad R(B)=R(\overline{B})=\begin{cases} r+1, d_{r+1}\neq 0, \\ r, \quad d_{r+1}=0. \end{cases}$$

必要性　设方程组(1)有解,于是方程组(3)也有解,则必有 $d_{r+1}=0$,于是 $R(A)=R(B)=r$.

充分性　设 $R(A)=R(B)=r$,于是 $R(\overline{B})=r$,所以 $d_{r+1}=0$(否则 $R(\overline{B})=r+1$,矛盾),因而方程组(3)有解,故原方程组(1)亦有解.

定理 3　对 n 元非齐次线性方程组(1)有:

(1) 当 $R(A)=R(B)=r=n$ 时,方程组(1)有唯一解;

(2) 当 $R(A)=R(B)=r<n$ 时,方程组(1)有无穷多个解.

证明　设 $R(A)=R(B)=r$,则 A 中必有一个不等于零的 r 阶子式,不妨假设 A 的左上角的 r 阶子式不等于零,则

$$B=(A,b)\xrightarrow{\text{初等行变换}}\begin{pmatrix} 1 & 0 & \cdots & 0 & b_{11} & \cdots & b_{1,n-r} & d_1 \\ 0 & 1 & \cdots & 0 & b_{21} & \cdots & b_{2,n-r} & d_2 \\ \vdots & \vdots & & \vdots & \vdots & & \vdots & \vdots \\ 0 & 0 & \cdots & 1 & b_{r1} & \cdots & b_{r,n-r} & d_r \\ 0 & 0 & \cdots & 0 & 0 & \cdots & 0 & 0 \\ 0 & 0 & \cdots & 0 & 0 & \cdots & 0 & 0 \\ \vdots & \vdots & & \vdots & \vdots & & \vdots & \vdots \\ 0 & 0 & \cdots & 0 & 0 & \cdots & 0 & 0 \end{pmatrix}=C$$

显然有 $R(B)=R(C)$,矩阵 C 对应的线性方程组为变换

$$\begin{cases} x_1 \qquad + b_{11}x_{r+1} + \cdots + b_{1,n-r}x_n = d_1, \\ \quad x_2 \quad + b_{21}x_{r+1} + \cdots + b_{2,n-r}x_n = d_2, \\ \qquad \cdots\cdots\cdots\cdots \\ \qquad\quad x_r + b_{r1}x_{r+1} + \cdots + b_{r,n-r}x_n = d_r, \end{cases} \tag{7}$$

方程组的解可以表示为

$$\begin{cases} x_1 = d_1 - b_{1,r+1}x_{r+1} - \cdots - b_{1n}x_n, \\ x_2 = d_2 - b_{2,r+1}x_{r+1} - \cdots - b_{2n}x_n, \\ \qquad \cdots\cdots\cdots\cdots \\ x_r = d_r - b_{r,r+1}x_{r+1} - \cdots - b_{rn}x_n. \end{cases} \tag{8}$$

当 $R(\boldsymbol{A}) = R(\boldsymbol{B}) = n$ 时，由(4)得方程组(1)的解

$$\begin{cases} x_1 = d_1, \\ x_2 = d_2, \\ \cdots\cdots \\ x_n = d_n. \end{cases}$$

即方程组(1)有唯一解.

当 $R(\boldsymbol{A}) = R(\boldsymbol{B}) = r < n$ 时，令 $x_{r+1} = k_1, \cdots, x_n = k_{n-r}$，由(8)得方程组(1)含有 $n-r$ 个参数的解.

$$\begin{cases} x_1 = d_1 - b_{1,r+1}k_1 - \cdots - b_{1n}k_{n-r}, \\ x_2 = d_2 - b_{2,r+1}k_1 - \cdots - b_{2n}k_{n-r}, \\ \cdots\cdots\cdots\cdots \\ x_r = d_r - b_{r,r+1}k_1 - \cdots - b_{rn}k_{n-r}, \\ x_{r+1} = k_1, \\ \cdots\cdots\cdots\cdots \\ x_n = k_{n-r}. \end{cases} \tag{9}$$

即

$$\begin{pmatrix} x_1 \\ \vdots \\ x_r \\ x_{r+1} \\ \vdots \\ x_n \end{pmatrix} = k_1 \begin{pmatrix} -b_{1,r+1} \\ \vdots \\ -b_{2,r+1} \\ 1 \\ \vdots \\ 0 \end{pmatrix} + \cdots + k_{n-r} \begin{pmatrix} -b_{1n} \\ \vdots \\ -b_{rn} \\ 0 \\ \vdots \\ 1 \end{pmatrix} + \begin{pmatrix} d_1 \\ \vdots \\ d_r \\ 0 \\ \vdots \\ 0 \end{pmatrix}.$$

由于参数 $k_1, \cdots, k_{n-r}$ 可任意取值，故方程组(1)有无穷多个解.

由定理 3 容易得出线性方程组理论中的另一个基本定理，这就是

定理 4　n 元齐次线性方程组 $\boldsymbol{AX} = \boldsymbol{O}$ 有非零解的充分必要条件是

历史点滴：

19 世纪，英国数学家史密斯（H. Smith）和道奇森（C-L. Dodgson）继续研究线性方程组理论，前者引进了方程组的增广矩阵和非增广矩阵的概念，后者证明了 n 个未知数 m 个方程的方程组相容的充要条件是系数矩阵和增广矩阵的秩相同. 这正是现代方程组理论中的重要结果之一.

$R(\boldsymbol{A})<n$.

2. 非齐次线性方程组的求解步骤

对于线性方程组 $\boldsymbol{AX}=\boldsymbol{b}$，当 $R(\boldsymbol{A})=R(\boldsymbol{B})=r<n$ 时，由于含 $n-r$ 个参数的解.

$$\begin{pmatrix} x_1 \\ \vdots \\ x_r \\ x_{r+1} \\ \vdots \\ x_n \end{pmatrix}=k_1\begin{pmatrix} -c_{1,r+1} \\ \vdots \\ -c_{r,r+1} \\ 1 \\ \vdots \\ 0 \end{pmatrix}+\cdots+k_{n-r}\begin{pmatrix} -c_{1n} \\ \vdots \\ -c_{rn} \\ 0 \\ \vdots \\ 1 \end{pmatrix}+\begin{pmatrix} d_1 \\ \vdots \\ d_r \\ 0 \\ \vdots \\ 0 \end{pmatrix}$$

可表示线性方程组的任一解，故称之为线性方程组的通解. 由定理 3 的证明过程易得线性方程组 $\boldsymbol{AX}=\boldsymbol{b}$ 的求解步骤，现归纳如下：

(1) 对于非齐次线性方程组 $\boldsymbol{AX}=\boldsymbol{b}$，把它的增广矩阵 $\boldsymbol{B}$ 化成行阶梯形矩阵，从中可同时看出 $R(\boldsymbol{A})$ 和 $R(\boldsymbol{B})$. 若 $R(\boldsymbol{A})<R(\boldsymbol{B})$，则方程组无解.

(2) 若 $R(\boldsymbol{A})=R(\boldsymbol{B})$，则进一步把 $\boldsymbol{B}$ 化成行最简形矩阵. 而对于齐次线性方程组，则把系数矩阵 $\boldsymbol{A}$ 化成行最简形矩阵.

(3) 设 $R(\boldsymbol{A})=R(\boldsymbol{B})=r$，把行最简形矩阵中 r 个非零行的非零首元所对应的未知量取作非自由未知量，其余 $n-r$ 个未知量取作自由未知量，并令自由未知量分别等于 $c_1,c_2,\cdots,c_{n-r}$，由 $\boldsymbol{B}$(或 $\boldsymbol{A}$)的行最简形矩阵，即可写出含 $n-r$ 个参数的通解.

例 2 判断下列方程组是否有解？如有解，是否有唯一的一组解？

$$\begin{cases} x_1+2x_2-3x_3+x_4=1, \\ x_1+x_2+x_3+x_4=0. \end{cases}$$

解 方程组的系数矩阵

$$\boldsymbol{A}=\begin{pmatrix} 1 & 2 & -3 & 1 \\ 1 & 1 & 1 & 1 \end{pmatrix},$$

显然 $\boldsymbol{A}$ 有一个 2 阶子式 $\begin{vmatrix} 1 & 2 \\ 1 & 1 \end{vmatrix}=-1\neq 0$，因此 $r(\boldsymbol{A})=2$. 增广矩阵

$$\boldsymbol{B}=\begin{pmatrix} 1 & 2 & -3 & 1 & 1 \\ 1 & 1 & 1 & 1 & 0 \end{pmatrix},$$

显然 $R(\boldsymbol{B})=2$，因此该方程组有解. 但方程组的未知数个数为 4，因此应有无穷多组解.

例 3 判断方程组是否有解？

$$\begin{cases}-3x_1+x_2+4x_3=-1,\\ x_1+x_2+x_3=0,\\ -2x_1+x_3=-1,\\ x_1+x_2-2x_3=0.\end{cases}$$

解　利用初等变换法求增广矩阵 $\boldsymbol{B}$ 的秩.

$$\boldsymbol{B}=\begin{pmatrix}-3&1&4&-1\\1&1&1&0\\-2&0&1&-1\\1&1&-2&0\end{pmatrix}\xrightarrow{r_1\leftrightarrow r_2}\begin{pmatrix}1&1&1&0\\-3&1&4&-1\\-2&0&1&-1\\1&1&-2&0\end{pmatrix}$$

$$\xrightarrow[r_4-r_1]{\substack{r_2+3r_1\\ r_3+2r_1}}\begin{pmatrix}1&1&1&0\\0&4&7&-1\\0&2&3&-1\\0&0&-3&0\end{pmatrix}\xrightarrow{r_2\leftrightarrow r_3}\begin{pmatrix}1&1&1&0\\0&2&3&-1\\0&4&7&-1\\0&0&-3&0\end{pmatrix}$$

$$\xrightarrow{r_3-2r_2}\begin{pmatrix}1&1&1&0\\0&2&3&-1\\0&0&1&1\\0&0&-3&0\end{pmatrix}\xrightarrow{r_4+3r_3}\begin{pmatrix}1&1&1&0\\0&2&3&-1\\0&0&1&1\\0&0&0&3\end{pmatrix}.$$

因此 $R(\boldsymbol{A})=3,R(\boldsymbol{B})=4$. 由于 $R(\boldsymbol{A})\neq R(\boldsymbol{B})$,故原方程组无解.

例 4　求解齐次线性方程组 $\begin{cases}x_1+2x_2+2x_3+x_4=0,\\ 2x_1+x_2-2x_3-2x_4=0,\\ x_1-x_2-4x_3-3x_4=0.\end{cases}$

解　对系数矩阵 $\boldsymbol{A}$ 施行初等行变换.

$$\boldsymbol{A}=\begin{pmatrix}1&2&2&1\\2&1&-2&-2\\1&-1&-4&-3\end{pmatrix}\xrightarrow[r_3-r_1]{r_2-2r_1}\begin{pmatrix}1&2&2&1\\0&-3&-6&-4\\0&-3&-6&-4\end{pmatrix}$$

$$\xrightarrow[r_2\div(-3)]{r_3-r_2}\begin{pmatrix}1&2&2&1\\0&1&2&4/3\\0&0&0&0\end{pmatrix}\xrightarrow{r_1-2r_2}\begin{pmatrix}1&0&-2&-5/3\\0&1&2&4/3\\0&0&0&0\end{pmatrix}.$$

即得与原方程同解的方程组

$$\begin{cases}x_1=2x_3+\dfrac{5}{3}x_4,\\ x_2=-2x_3-\dfrac{4}{3}x_4,\end{cases}$$

其中 x_3,x_4 可任意取值.

令 $x_3=c_1,x_4=c_2$,把它写成向量形式为

$$\begin{pmatrix} x_1 \\ x_2 \\ x_3 \\ x_4 \end{pmatrix} = c_1 \begin{pmatrix} 2 \\ -2 \\ 1 \\ 0 \end{pmatrix} + c_2 \begin{pmatrix} 5/3 \\ -4/3 \\ 0 \\ 1 \end{pmatrix}.$$

它表达了方程组的全部解.

例 5 证明方程组$\begin{cases} x_1 - x_2 = a_1, \\ x_2 - x_3 = a_2, \\ x_3 - x_4 = a_3, \\ x_4 - x_5 = a_4, \\ x_5 - x_1 = a_5 \end{cases}$有解的充要条件是 $a_1 + a_2 + a_3 + a_4 + a_5 = 0$. 在有解的情况下,求出它的全部解.

证明 对增广矩阵 $\widetilde{\mathbf{A}}$ 进行初等变换:

$$\widetilde{\mathbf{A}} = \begin{pmatrix} 1 & -1 & 0 & 0 & 0 & a_1 \\ 0 & 1 & -1 & 0 & 0 & a_2 \\ 0 & 0 & 1 & -1 & 0 & a_3 \\ 0 & 0 & 0 & 1 & -1 & a_4 \\ -1 & 0 & 0 & 0 & 1 & a_5 \end{pmatrix}$$

$$\xrightarrow{r_5 + r_1 + r_2 + r_3 + r_4} \begin{pmatrix} 1 & -1 & 0 & 0 & 0 & a_1 \\ 0 & 1 & -1 & 0 & 0 & a_2 \\ 0 & 0 & 1 & -1 & 0 & a_3 \\ 0 & 0 & 0 & 1 & -1 & a_4 \\ 0 & 0 & 0 & 0 & 0 & \sum\limits_{i=1}^{5} a_i \end{pmatrix}.$$

因为
$$R(\mathbf{A}) = R(\widetilde{\mathbf{A}}) \Leftrightarrow \sum_{i=1}^{5} a_i = 0,$$

所以方程组有解的充要条件是 $\sum\limits_{i=1}^{5} a_i = 0$.

在有解的情况下,原方程组等价于方程组$\begin{cases} x_1 - x_2 = a_1, \\ x_2 - x_3 = a_2, \\ x_3 - x_4 = a_3, \\ x_4 - x_5 = a_4. \end{cases}$

故所求全部解为

$$\begin{cases}x_1=a_1+a_2+a_3+a_4+x_5,\\x_2=a_2+a_3+a_4+x_5,\\x_3=a_3+a_4+x_5,\\x_4=a_4+x_5,\end{cases}$$

其中，x_5 为任意实数. 注意：在有解的情况下，$x_5-x_1=a_5$.

例 6　就 k,b 的不同取值讨论下列方程组的解的情况：

$$\begin{cases}x+y=2,\\-kx+y=b.\end{cases}$$

解　增广矩阵行变换为

$$\boldsymbol{B}=\begin{pmatrix}1&1&\vdots&2\\-k&1&\vdots&b\end{pmatrix}\xrightarrow{r_2+kr_1}\begin{pmatrix}1&1&\vdots&2\\0&1+k&\vdots&b+2k\end{pmatrix}$$

故

(1) $k=-1,b\neq2\Rightarrow R(\mathbf{A})=1<2=R(\boldsymbol{B})$，此时方程组无解；

(2) $k\neq-1\Rightarrow R(\mathbf{A})=R(\boldsymbol{B})=2$，此时有唯一解，$x=\dfrac{2-b}{1+k}$，$y=\dfrac{b+2k}{1+k}$；

(3) $k=-1,b=2\Rightarrow R(\mathbf{A})=R(\boldsymbol{B})=1<2$，此时有无穷多解.

此时增广矩阵可行变换为

$$\boldsymbol{B}\xrightarrow{r}\begin{pmatrix}1&1&\vdots&2\\0&0&\vdots&0\end{pmatrix}$$

写出通解

$$\begin{cases}x=2-y,\\y=y.\end{cases}\text{即}\begin{pmatrix}x\\y\end{pmatrix}=\begin{pmatrix}2\\0\end{pmatrix}+k\begin{pmatrix}-1\\1\end{pmatrix},$$

$k\in\mathbf{R}$.

如图 3.1 所示.

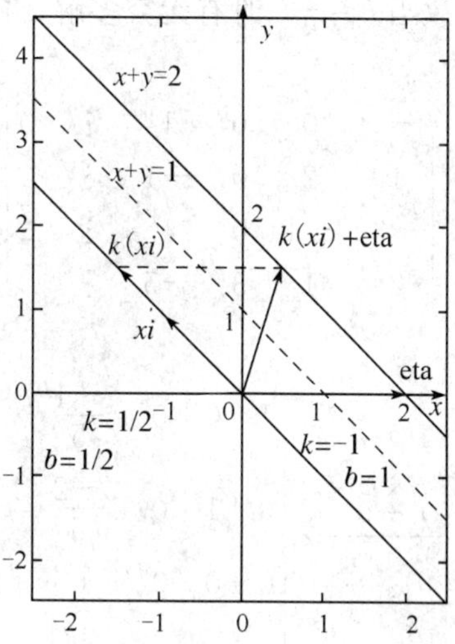

图 3.1

四、齐次线性方程组的解

定理 5　齐次线性方程组

$$\mathbf{A}_{m\times n}\boldsymbol{X}_{n\times1}=\boldsymbol{O}_{m\times1}\tag{10}$$

的解有两种情形：

(1) 方程组(10)只有零解⇔有唯一解　⇔$R(\mathbf{A})=n$；

(2) 方程组(10)有非零解⇔有无穷多解⇔$R(\mathbf{A})<n$.

推论 1　若 $m<n$，则 $\mathbf{A}_{m\times n}\boldsymbol{X}_{n\times1}=\boldsymbol{O}_{m\times1}$ 有非零解.

推论 2 $\boldsymbol{A}_{n\times n}\boldsymbol{X}_{n\times 1}=\boldsymbol{O}_{n\times 1}$有非零解$\Leftrightarrow|\boldsymbol{A}_{n\times n}|=0$.

例 7 确定使下面方程组有无穷多解的 k,并具体求解之.

$$\begin{cases} kx_1 + x_4=0, \\ x_1+2x_2 - x_4=0, \\ (k+2)x_1 - x_2 + x_4=0, \\ 2x_1 + x_2+3x_3+kx_4=0. \end{cases}$$

解 考察系数行列式

$$D=\begin{vmatrix} k & 0 & 0 & 1 \\ 1 & 2 & 0 & -1 \\ k+2 & -1 & 0 & 1 \\ 2 & 1 & 3 & k \end{vmatrix}=3\times(-1)^{4+3}\begin{vmatrix} k & 0 & 1 \\ 1 & 2 & -1 \\ k+2 & -1 & 1 \end{vmatrix}$$

$$=3(k+5),$$

故当 $k=-5$ 时有无穷多解,将增广矩阵行变换有:

$$\begin{pmatrix} -5 & 0 & 0 & 1 & \vdots & 0 \\ 1 & 2 & 0 & -1 & \vdots & 0 \\ -3 & -1 & 0 & 1 & \vdots & 0 \\ 2 & 1 & 3 & -5 & \vdots & 0 \end{pmatrix} \xrightarrow[r_4+\frac{2}{5}r_1]{r_2+\frac{1}{5}r_1 \quad r_3-\frac{3}{5}r_1} \begin{pmatrix} -5 & 0 & 0 & 1 & \vdots & 0 \\ 0 & 2 & 0 & \frac{-4}{5} & \vdots & 0 \\ 0 & -1 & 0 & \frac{2}{5} & \vdots & 0 \\ 0 & 1 & 3 & \frac{-23}{5} & \vdots & 0 \end{pmatrix}$$

$$\xrightarrow[r_4+r_3 \quad r_3+r_2]{r_1\div(-5) \quad r_2\div 2} \begin{pmatrix} 1 & 0 & 0 & \frac{-1}{5} & \vdots & 0 \\ 0 & 1 & 0 & \frac{-2}{5} & \vdots & 0 \\ 0 & 0 & 0 & 0 & \vdots & 0 \\ 0 & 0 & 3 & \frac{-21}{5} & \vdots & 0 \end{pmatrix} \xrightarrow[r_3\leftrightarrow r_4]{r_4\div 3} \begin{pmatrix} 1 & 0 & 0 & \frac{-1}{5} & \vdots & 0 \\ 0 & 1 & 0 & \frac{-2}{5} & \vdots & 0 \\ 0 & 0 & 1 & \frac{-7}{5} & \vdots & 0 \\ 0 & 0 & 0 & 0 & \vdots & 0 \end{pmatrix},$$

故

$$\begin{pmatrix} x_1 \\ x_2 \\ x_3 \\ x_4 \end{pmatrix}=k\begin{pmatrix} \frac{1}{5} \\ \frac{2}{5} \\ \frac{7}{5} \\ 1 \end{pmatrix}, \quad k\in\mathbf{R}.$$

第四节　应用实例

交通网络流量分析

城市道路网中每条道路、每个交叉路口的车流量调查，是分析、评价及改善城市交通状况的基础. 根据实际车流量信息可以设计流量控制方案，必要时设置单行线，以免大量车辆长时间拥堵.

某城市单行线如图 3.2 所示，其中的数字表示该路段每小时按箭头方向行驶的车流量(单位:辆)

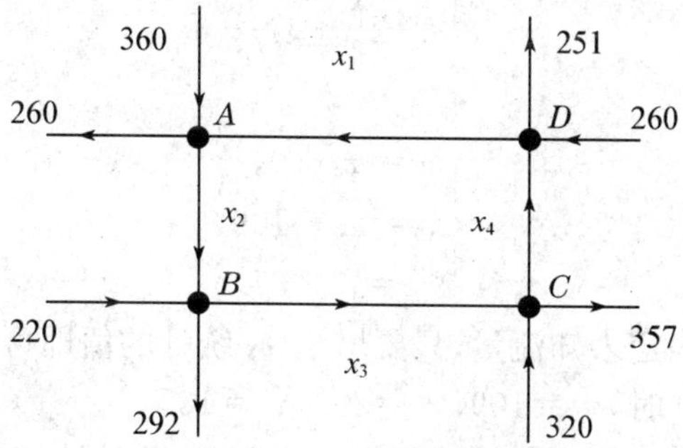

图 3.2　单行道 4 节点交通图

图中数字表示某一个时段的机动车流量.

假设　(1) 每条道路都是单行线;(2) 每个交叉路口进入和离开的车辆数目相等.

试建立确定每条道路流量的线性方程组，并回答如下问题:

(1) 为了唯一确定未知流量，还需要增添哪几条道路的流量统计?

(2) 当 $x_4=350$ 时，确定 x_1,x_2,x_3 的值.

解　根据已知条件，得到各节点的流通方程

$$
\begin{aligned}
&\text{节点 } A: x_1+360=x_2+260,\\
&\text{节点 } B: x_2+220=x_3+292,\\
&\text{节点 } C: x_3+320=x_4+357,\\
&\text{节点 } D: x_4+260=x_1+251.
\end{aligned}
$$

整理得方程组为

$$
\begin{cases}
x_1-x_2 = -100,\\
x_2-x_3 = 72,\\
x_3-x_4 = 37,\\
-x_1+x_4 = -9.
\end{cases}
$$

其增广矩阵为

$$(\boldsymbol{A},\boldsymbol{b})=\begin{pmatrix}1 & -1 & 0 & 0 & -100\\ 0 & 1 & -1 & 0 & 72\\ 0 & 0 & 1 & -1 & 37\\ -1 & 0 & 0 & 1 & -9\end{pmatrix}\xrightarrow{\text{初等行变换}}\begin{pmatrix}1 & 0 & 0 & -1 & 9\\ 0 & 1 & 0 & -1 & 109\\ 0 & 0 & 1 & -1 & 37\\ 0 & 0 & 0 & 0 & 0\end{pmatrix}$$

由于$(\boldsymbol{A},\boldsymbol{b})$的行最简形最后一行全为零,说明上述方程组中的最后一个方程是多余的.方程组中只有三个有效方程,所以有无穷组解.由此可得

$$\begin{cases}x_1-x_4=9,\\ x_2-x_4=109,\\ x_3-x_4=37,\end{cases}$$

即

$$\begin{cases}x_1=x_4+9,\\ x_2=x_4+109,\\ x_3=x_4+37.\end{cases}$$

为了唯一确定未知流量,只要增添 x_4 统计的值即可.

当 $x_4=100$ 时,$x_1=109,x_2=209,x_3=137$.

如果有一些车辆围绕十字路口的矩形区反时针绕行,流量 x_1,x_2,x_3,x_4 都会增加,但并不影响出入十字路口的流量,仍满足方程组.这就是方程组有无穷多解的原因.

进一步分析:

(1) 由于$(\boldsymbol{A},\boldsymbol{b})$的行最简形最后一行全为零,说明上述方程组中的最后一个方程是多余的.这意味着最后一个方程中的数据"251"可以不用统计.

(2) 由$\begin{cases}x_1=x_4+9,\\ x_2=x_4+109,\\ x_3=x_4+37\end{cases}$可得$\begin{cases}x_2=x_1+100,\\ x_3=x_1+28,\\ x_4=x_1-9.\end{cases}$

这说明未知量 x_1 的值统计出来之后可以确定出 x_2,x_3,x_4 的值.事实上,x_1,x_2,x_3,x_4 这四个未知量中,任意一个未知量的值统计出来之后都可以确定出其他三个未知量的值.

习题三

笔算题

一、判断题

1. 设$\boldsymbol{A},\boldsymbol{B}$均为二阶方阵，若矩阵的秩$R(\boldsymbol{A})=R(\boldsymbol{B})=1$，则$\boldsymbol{A},\boldsymbol{B}$均与$\begin{pmatrix}1&0\\0&1\end{pmatrix}$等价.

2. $\boldsymbol{A}$总可以经过初等变换化为单位矩阵$\boldsymbol{E}$.

3. $\boldsymbol{A}$与$\boldsymbol{B}$等价的充要条件是$R(\boldsymbol{A})=R(\boldsymbol{B})$.

4. 设$\boldsymbol{A}$为$m\times n$矩阵，$R(\boldsymbol{A})=m<n$，则$\boldsymbol{A}$的任意m阶子式不等于0.

5. 从矩阵$\boldsymbol{A}$中划去一行得到矩阵$\boldsymbol{B}$，则$R(\boldsymbol{B})=R(\boldsymbol{A})-1$.

6. 设$\boldsymbol{A}$为$m\times n$矩阵，且$m\neq n$，则

(1) 当$R(\boldsymbol{A})=n$时，齐次线性方程组$\boldsymbol{Ax}=\boldsymbol{0}$只有零解；

(2) 当$R(\boldsymbol{A})=n$时，非齐次线性方程组$\boldsymbol{Ax}=\boldsymbol{b}$有唯一解；

(3) 当$R(\boldsymbol{A})=m$时，非齐次线性方程组$\boldsymbol{Ax}=\boldsymbol{b}$有无穷多解.

7. 设$\boldsymbol{A}$为$m\times n$矩阵，$\boldsymbol{Ax}=\boldsymbol{0}$是非齐次线性方程组$\boldsymbol{Ax}=\boldsymbol{b}$所对应的齐次线性方程组，则

(1) 若$\boldsymbol{Ax}=\boldsymbol{0}$仅有零解，则$\boldsymbol{Ax}=\boldsymbol{b}$有唯一解；

(2) 若$\boldsymbol{Ax}=\boldsymbol{0}$有非零解，则$\boldsymbol{Ax}=\boldsymbol{b}$有无穷多解；

(3) 若$\boldsymbol{Ax}=\boldsymbol{b}$有无穷多解，则$\boldsymbol{Ax}=\boldsymbol{0}$有非零解.

8. 对矩阵$(\boldsymbol{A}\ \vdots\ \boldsymbol{E})$施行若干次初等变换，当$\boldsymbol{A}$变为$\boldsymbol{E}$时，相应的$\boldsymbol{E}$变为$\boldsymbol{A}^{-1}$.

9. 初等矩阵一定是可逆矩阵.

10. 设$\boldsymbol{B}$是可逆矩阵，$\boldsymbol{C}=\boldsymbol{AB}$，则$R(\boldsymbol{A})=R(\boldsymbol{C})$.

11. 设$\boldsymbol{A},\boldsymbol{B}$为同阶可逆矩阵，则存在可逆矩阵$\boldsymbol{P}$和$\boldsymbol{Q}$，使$\boldsymbol{PAQ}=\boldsymbol{B}$.

二、填空题

1. 若矩阵$\boldsymbol{A}=\begin{pmatrix}1&3&2&-1\\-2&-6&-3&5\\3&9&3&a\end{pmatrix}$与矩阵$\boldsymbol{B}=\begin{pmatrix}1&3&3&-5\\1&2&3&-1\\1&0&3&7\end{pmatrix}$等价，则$a=$________.

2. 设 $\boldsymbol{A},\boldsymbol{B}$ 都是 n 阶非零方阵,且 $\boldsymbol{AB}=\boldsymbol{O}$,则 $R(\boldsymbol{A})$________ n.

3. 齐次线性方程组 $\boldsymbol{A}_{5\times4}\boldsymbol{X}_{4\times1}=\boldsymbol{O}$ 有非零解的充要条件是________.

4. 已知线性方程组 $\begin{pmatrix}1 & 2 & 1\\ 2 & 3 & a+1\\ 1 & a & -2\end{pmatrix}\begin{pmatrix}x_1\\ x_2\\ x_3\end{pmatrix}=\begin{pmatrix}1\\ 3\\ 0\end{pmatrix}$ 无解,则 a =________.

5. 设 $\boldsymbol{A}$ 是 n 阶非奇异矩阵,则 $R(\boldsymbol{A})=$________.

三、把下列矩阵化为行最简形矩阵和标准形.

1. $\begin{pmatrix}1 & 0 & 2 & -1\\ 2 & 0 & 3 & 1\\ 3 & 0 & 4 & 3\end{pmatrix}$;　　2. $\begin{pmatrix}1 & 1 & 1 & 1 & 1\\ 3 & 2 & 1 & 1 & -3\\ 0 & 1 & 3 & 2 & 5\\ 5 & 4 & 3 & 3 & -1\end{pmatrix}$.

四、求下列矩阵的秩,并求一个最高阶非零子式.

1. $\begin{pmatrix}1 & 3 & -9 & 3\\ 0 & 1 & -3 & 4\\ -2 & -3 & 9 & 6\end{pmatrix}$;　　2. $\begin{pmatrix}1 & 0 & 0 & 1\\ 1 & 2 & 0 & -1\\ 3 & -1 & 0 & 4\\ 1 & 4 & 5 & 1\end{pmatrix}$.

五、求解下列线性方程组.

1. $\begin{cases}2x_1-4x_2+5x_3+3x_4=0,\\ 3x_1-6x_2+4x_3+2x_4=0,\\ 4x_1-8x_2+17x_3+11x_4=0.\end{cases}$

2. $\begin{cases}3x_1-2x_2-x_4=0,\\ 2x_2+2x_3+x_4=0,\\ x_1-2x_2-3x_3-2x_4=0,\\ x_2+2x_3+x_4=0.\end{cases}$

3. $\begin{cases}2x+y-z+w=1,\\ 4x+2y-2z+w=2,\\ 2x+y-z-w=1.\end{cases}$

六、λ 取何值时,下列方程组有唯一解,无解或有无穷多解?并在有无穷多解时求解.

1. $\begin{cases}\lambda x_1+x_2+x_3=1,\\ x_1+\lambda x_2-x_3=\lambda,\\ x_1+x_2+\lambda x_3=\lambda.\end{cases}$

2. $\begin{cases}(2-\lambda)x_1+2x_2-2x_3=1,\\ 2x_1+(5-\lambda)x_2-4x_3=2,\\ -2x_1-4x_2+(5-\lambda)x_3=-\lambda-1.\end{cases}$

七、设$\begin{cases}-x_1-2x_2+ax_3=1,\\ x_1+x_2+2x_3=0,\\ 4x_1+5x_2+10x_3=b.\end{cases}$问 a,b 满足什么条件时，此方程组有唯一解，无解或有无穷多解？并在有无穷多解时求解.

八、用初等矩阵将 $\boldsymbol{A}=\begin{pmatrix}1&2&3\\0&2&4\\0&0&0\end{pmatrix}$ 化为标准形的过程表示出来.

九、利用矩阵的初等变换，求下列方阵的逆矩阵.

1. $\begin{pmatrix}3&-3&4\\2&-3&4\\0&-1&1\end{pmatrix}$；　　2. $\begin{pmatrix}-1&-2&0&3\\1&2&2&0\\-2&-2&-3&1\\1&1&2&0\end{pmatrix}$.

十、利用初等变换求解下列矩阵方程

1. 设 $\boldsymbol{A}=\begin{pmatrix}2&3&-1\\1&2&0\\-1&2&-1\end{pmatrix}$，$\boldsymbol{B}=\begin{pmatrix}2&1\\-1&0\\3&0\end{pmatrix}$，求 $\boldsymbol{X}$ 使 $\boldsymbol{AX}=\boldsymbol{B}$.

2. 设 $\boldsymbol{A}=\begin{pmatrix}2&1&-1\\2&1&0\\1&-1&1\end{pmatrix}$，$\boldsymbol{B}=\begin{pmatrix}1&0&2\\2&1&0\end{pmatrix}$，求 $\boldsymbol{X}$ 使 $\boldsymbol{XA}=\boldsymbol{B}$.

计算机题

一、将 $\boldsymbol{A}=\begin{pmatrix}3&2&-1&-3&-2\\2&-1&3&1&-3\\7&0&5&-1&-8\end{pmatrix}$ 化为行最简形.

二、设 $\boldsymbol{M}=\begin{pmatrix}3&2&-1&-3&-2\\2&-1&3&1&-3\\7&0&5&-1&-8\end{pmatrix}$，求矩阵 $\boldsymbol{M}$ 的秩.

三、设 $\boldsymbol{A}=\begin{pmatrix} 5 & 3 & 1 & -7 & -10 \\ 2 & -18 & -5 & 3 & 15 \\ -6 & 0 & 3 & 2 & -11 \\ -1 & -7 & 0 & 0 & 0 \\ 12 & -10 & -10 & 1 & 10 \end{pmatrix}$,用不同方法求其逆.

四、求解下列线性方程组

1. $\begin{cases} 2x_1-x_2+3x_3+2x_4=6, \\ 3x_1-3x_2+3x_3+2x_4=5, \\ 3x_1-x_2-x_3+2x_4=3, \\ 3x_1-x_2+3x_3-x_4=4. \end{cases}$

2. $\begin{cases} 5x_1+6x_2=1, \\ x_1+5x_2+6x_3=0, \\ x_2+5x_3+6x_4=0, \\ x_3+5x_4+6x_5=0, \\ x_4+5x_5=1. \end{cases}$

五、λ 取何值时,线性方程组

$$\begin{cases} (\lambda+3)x_1+x_2+2x_3=\lambda, \\ \lambda x_1+(\lambda-1)x_2+x_3=2\lambda, \\ 3(\lambda+1)x_1+\lambda x_2+(\lambda+3)x_3=3 \end{cases}$$

(1) 有唯一解?(2) 无解?(3) 有无穷多解?

六、城市道路网中每条道路、每个交叉路口的车流量调查,是分析、评价及改善城市交通状况的基础. 某城市有下图所示的交通图,每条道路都是单行线,需要调查每条道路每小时的车流量. 图中的数字表示该条路段的车流数. 如果每个交叉路口进入和离开的车数相等,整个图中进入和离开的车数相等.

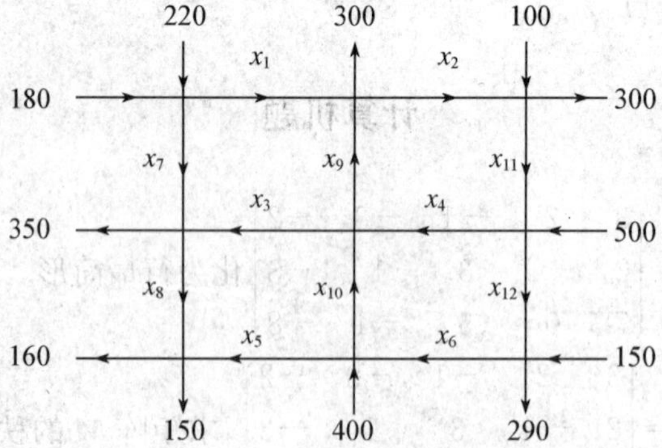

(1) 建立确定每条道路流量的线性方程组;

(2) 分析哪些流量数据是多余的;

(3) 为了唯一确定未知流量,需要增添哪几条道路的流量统计?

第四章　向量组的线性相关性与线性方程组解的结构

前面几章我们多次涉及线性方程组的求解，如运用克拉默法则、利用逆阵、利用行初等变换，等等，也引出了一些重要结论和方法. 但前面的讨论不系统，因为没有理论工具. 为了系统地研究线性方程组的求解，本章引出向量组的线性相关性和秩，这就是我们所期待的理论工具. 有了以上的基础，本章将给出线性方程组的完整理论.

第一节　n 维向量的线性相关性

一、n 维向量的概念

在解析几何中，我们讨论过二维、三维空间中的向量（既有大小，又有方向的量），以及向量的加法运算及向量与数的乘法. 将其推广，我们可以得到 n 维向量的概念及其线性运算.

定义 1　n 个有次序的数 $a_1, a_2, \cdots, a_n$ 所组成的数组称为 n 维向量（**vector**），n 维向量一般用粗体 $\boldsymbol{\alpha}, \boldsymbol{\beta}, \boldsymbol{\gamma}, \boldsymbol{a}, \boldsymbol{o}, \boldsymbol{x}, \boldsymbol{y}$ 等表示. 记为 $\boldsymbol{\alpha}=(a_1, a_2, \cdots, a_n)$，其中 a_i 为向量的第 i 个分量.

所有的分量均为实数的向量称为实向量；分量为复数的向量称为复向量. 今后除特别指明外，一般我们只讨论实向量.

n 维向量写成一行 $\boldsymbol{\alpha}=(a_1, a_2, \cdots, a_n)$，称为行向量，也就是 $1\times n$ 矩阵（行矩阵）. n 维向量写成一列 $\boldsymbol{\alpha}=\begin{pmatrix} a_1 \\ a_2 \\ \vdots \\ a_n \end{pmatrix}$，称为列向量，也就是 $n\times 1$ 矩阵（列矩阵）.

如：$(1,2,0)$，$(a_1,a_2,\cdots,a_n)$，$\begin{pmatrix}0\\0\\1\\2\end{pmatrix}$，$\begin{pmatrix}x_1\\x_2\\\vdots\\x_n\end{pmatrix}$

分别称为3维行向量、n维行向量、4维列向量、n维列向量.

特别提示：

① 向量与矩阵的关系：

设 $\boldsymbol{A}=\begin{pmatrix}a_{11}&a_{12}&\cdots&a_{1n}\\a_{21}&a_{22}&\cdots&a_{2n}\\\vdots&\vdots&&\vdots\\a_{m1}&a_{m2}&\cdots&a_{mn}\end{pmatrix}$，若记 $\boldsymbol{\alpha}_j=\begin{pmatrix}a_{1j}\\a_{2j}\\\vdots\\a_{mj}\end{pmatrix}$，则 $\boldsymbol{A}=(\boldsymbol{\alpha}_1,\boldsymbol{\alpha}_2,\cdots,\boldsymbol{\alpha}_n)$，

若记 $\boldsymbol{\beta}_i=(a_{i1},a_{i2},\cdots,a_{in})$，则 $\boldsymbol{A}=\begin{pmatrix}\boldsymbol{\beta}_1\\\boldsymbol{\beta}_2\\\vdots\\\boldsymbol{\beta}_m\end{pmatrix}$，

由此说明矩阵可以用行向量表示，也可以用列向量表示.

称矩阵$\boldsymbol{A}$的每一列

$$\boldsymbol{\alpha}_j=\begin{pmatrix}a_{1j}\\a_{2j}\\\vdots\\a_{mj}\end{pmatrix}\quad(j=1,2,\cdots,n)$$

组成的向量组$\boldsymbol{\alpha}_1,\boldsymbol{\alpha}_2,\cdots,\boldsymbol{\alpha}_n$为矩阵$\boldsymbol{A}$的列向量组.

称矩阵$\boldsymbol{A}$的每一行

$$\boldsymbol{\beta}_i=(a_{i1}\quad a_{i2}\quad\cdots\quad a_{in})\quad(i=1,2,\cdots,m)$$

组成的向量组$\boldsymbol{\beta}_1,\boldsymbol{\beta}_2,\cdots,\boldsymbol{\beta}_m$为矩阵$\boldsymbol{A}$的行向量组.

特别提示：

含有有限个向量的有序向量组与矩阵一一对应.

② 特殊的向量：

所有分量均为零的向量称为零向量，记为$\mathbf{0}=(0,0,\cdots,0)$；

$\boldsymbol{\varepsilon}_1=(1,0,0,\cdots,0)$，$\boldsymbol{\varepsilon}_2=(0,1,0,\cdots,0)$，$\cdots$，$\boldsymbol{\varepsilon}_n=(0,0,0,\cdots,1)$

称为单位向量，$\boldsymbol{\varepsilon}_1,\boldsymbol{\varepsilon}_2,\cdots,\boldsymbol{\varepsilon}_n$为初始单位向量组.

例1 一个n元线性方程$a_1x_1+a_2x_2+\cdots+a_nx_n=b$，可以用$n+1$维向量$(a_1,a_2,\cdots,a_n,b)$来表示. 从而线性方程组

$$\begin{cases}a_{11}x_1+a_{12}x_2+\cdots+a_{1n}x_n=b_1,\\\cdots\cdots\cdots\cdots\\a_{m1}x_1+a_{m2}x_2+\cdots+a_{mn}x_n=b_m,\end{cases}$$

就可以用 m 个 $n+1$ 维向量

$$(a_{11}, a_{12}, \cdots a_{1n}, b_1)$$
$$\cdots\cdots$$
$$(a_{m1}, a_{m2}, \cdots a_{mn}, b_m)$$

来表示.

例 2　1994 年全国大学生数学建模竞赛 B 题(锁具装箱):某厂生产一批弹子锁具,每个锁具的钥匙有五个槽,每个槽的高度从$\{1,2,3,4,5,6\}$6 个数(单位略)中任取一数. 试验表明在当前工艺条件下,当两个锁具的钥匙的五个槽的高度中有四个相同,另一个槽的高度差为 1,则两个锁能够互开. 如何装箱才能最大范围的实现"一把钥匙开一把锁"的目的. 参赛的同学将每一把锁的钥匙用一个 5 维向量 $\boldsymbol{\alpha}=(a_1, \cdots, a_5)$来表示,最后成功地解决了这个问题.

例 3　为了描述飞机的状态,需要以下 6 个参数:

机身的仰角 $\varphi\left(-\frac{\pi}{2}\leqslant\varphi\leqslant\frac{\pi}{2}\right)$,

机翼的转角 $\psi(-\pi<\psi\leqslant\pi)$,

机身的水平转角 $\theta(0\leqslant\theta<2\pi)$,

飞机重心在空间的位置参数 $P(x,y,z)$,

所以,确定飞机的状态,需用 6 维向量 $\boldsymbol{\alpha}=(x,y,z,\varphi,\psi,\theta)$表示.

将一个 n 维行向量 $\boldsymbol{\alpha}=(a_1,a_2,\cdots,a_n)$看成一个 $1\times n$ 矩阵;一个 n 维列向量 $\boldsymbol{\alpha}=\begin{pmatrix}a_1\\a_2\\\vdots\\a_n\end{pmatrix}$看成一个 $n\times 1$ 矩阵,那么,向量就是特殊的矩阵. 因此,矩阵的所有运算也都适应于向量. 例如同维向量的加、减法,数与向量的乘法和转置. 为了今后使用方便我们重述如下.

二、向量的线性运算

设 $\boldsymbol{\alpha}=(a_1,a_2,\cdots,a_n)$,$\boldsymbol{\beta}=(b_1,b_2,\cdots,b_m)$,若

1. $m=n$;

2. $a_i=b_i$,　$\forall 1\leqslant i\leqslant n$.

则称两个**向量相等**,记作 $\boldsymbol{\alpha}=\boldsymbol{\beta}$.

例 4　设有向量 $\boldsymbol{\alpha}=\left(x,\quad xy,\quad \frac{y}{x}\right)$,$\boldsymbol{\beta}=(1,\quad 1,\quad 1)$,已知 $\boldsymbol{\alpha}=\boldsymbol{\beta}$,求 x,y.

解 由 $\boldsymbol{\alpha}=\boldsymbol{\beta}$，有 $\begin{cases}x=1,\\ xy=1,\\ \dfrac{y}{x}=1,\end{cases}$ 所以 $\begin{cases}x=1,\\ y=1.\end{cases}$

1. 向量加法

定义 2 设两个 n 维向量 $\boldsymbol{\alpha}=(a_1,a_2,\cdots,a_n)$ 和 $\boldsymbol{\beta}=(b_1,b_2,\cdots,b_n)$，称向量 $\boldsymbol{\gamma}=(a_1+b_1,a_2+b_2,\cdots,a_n+b_n)$ 为 $\boldsymbol{\alpha}$ 与 $\boldsymbol{\beta}$ 的和，记作 $\boldsymbol{\alpha}+\boldsymbol{\beta}=\boldsymbol{\gamma}$，此运算称为向量的加法.

向量的加法满足如下运算律：

(1) 交换律 $\boldsymbol{\alpha}+\boldsymbol{\beta}=\boldsymbol{\beta}+\boldsymbol{\alpha}$；

(2) 结合律 $(\boldsymbol{\alpha}+\boldsymbol{\beta})+\boldsymbol{\gamma}=\boldsymbol{\alpha}+(\boldsymbol{\beta}+\boldsymbol{\gamma})$.

2. 数乘向量

定义 3 设 $\boldsymbol{\alpha}=(a_1,a_2,\cdots,a_n)$，$k\in\mathbf{R}$（实数集），则称向量 $(ka_1,ka_2,\cdots,ka_n)$ 为实数与 n 维向量的**数量积**，记作 $k\boldsymbol{\alpha}$，此运算称为向量的**数乘运算**.

向量的数乘运算满足如下运算律（其中 $k,l\in\mathbf{R}$，$\boldsymbol{\alpha}$ 与 $\boldsymbol{\beta}$ 为 n 维向量）：

(1) 分配律 $k(\boldsymbol{\alpha}+\boldsymbol{\beta})=k\boldsymbol{\alpha}+k\boldsymbol{\beta}$；

(2) 分配律 $(k+l)\boldsymbol{\alpha}=k\boldsymbol{\alpha}+l\boldsymbol{\alpha}$.

有了向量的数乘运算，则有 $(-1)\boldsymbol{\alpha}=(-a_1,-a_2,\cdots,-a_n)$. 称 n 维向量 $(-a_1,-a_2,\cdots,-a_n)$ 为 $\boldsymbol{\alpha}$ 的**负向量**，记作 $-\boldsymbol{\alpha}=(-a_1,-a_2,\cdots,-a_n)$.

3. 向量减法

利用向量的加法和数乘运算，我们可以定义**向量的减法**：

设 $\boldsymbol{\alpha}=(a_1,a_2,\cdots,a_n)$，$\boldsymbol{\beta}=(b_1,b_2,\cdots,b_n)$，则

$$\begin{aligned}\boldsymbol{\alpha}-\boldsymbol{\beta}&=\boldsymbol{\alpha}+(-1)\cdot\boldsymbol{\beta}\\&=(a_1+(-1)b_1,a_2+(-1)b_2,\cdots,a_n+(-1)b_n)\\&=(a_1-b_1,a_2-b_2,\cdots,a_n-b_n).\end{aligned}$$

4. 转置

设 $\boldsymbol{\alpha}=\begin{pmatrix}a_1\\a_2\\\vdots\\a_n\end{pmatrix}$，则向量 $(a_1,a_2,\cdots,a_n)$ 称为 $\boldsymbol{\alpha}=\begin{pmatrix}a_1\\a_2\\\vdots\\a_n\end{pmatrix}$ 的转置，记作 $\boldsymbol{\alpha}^{\mathrm{T}}$.

三、线性组合及相关性

1. 线性方程组的"第三种"看法

设有方程组

$$\begin{cases} a_{11}x_1+a_{12}x_2+\cdots+a_{1n}x_n=b_1, \\ a_{21}x_1+a_{22}x_2+\cdots+a_{2n}x_n=b_2, \\ \cdots\cdots\cdots\cdots \\ a_{m1}x_1+a_{m2}x_2+\cdots+a_{mn}x_n=b_m, \end{cases}$$

用矩阵表示即为 $\boldsymbol{Ax}=\boldsymbol{b}$，其中 $\boldsymbol{A}$ 为系数矩阵，$\boldsymbol{x}$ 为未知数矩阵，$\boldsymbol{b}$ 为常数项矩阵. 即

$$\underset{\boldsymbol{\alpha}_1\quad\ \boldsymbol{\alpha}_2\quad\ \cdots\quad\ \boldsymbol{\alpha}_n}{\begin{pmatrix} a_{11} & a_{12} & \cdots & a_{1n} \\ \vdots & \vdots & & \vdots \\ a_{m1} & a_{m2} & \cdots & a_{mn} \end{pmatrix}}\begin{pmatrix} x_1 \\ x_2 \\ \vdots \\ x_n \end{pmatrix}=\underset{\boldsymbol{b}}{\begin{pmatrix} b_1 \\ \vdots \\ b_m \end{pmatrix}},$$

其中

$$\boldsymbol{b}=\begin{pmatrix} b_1 \\ b_2 \\ \vdots \\ b_m \end{pmatrix},\boldsymbol{\alpha}_j=\begin{pmatrix} a_{1j} \\ a_{2j} \\ \vdots \\ a_{mj} \end{pmatrix}\quad(j=1,2,\cdots,n).$$

由分块矩阵乘法知

$$x_1\boldsymbol{\alpha}_1+x_2\boldsymbol{\alpha}_2+\cdots+x_n\boldsymbol{\alpha}_n=\boldsymbol{b}.$$

于是，方程组是否有解的问题转变成能否找到一组数 $x_1,x_2,\cdots,x_n$ 使

$$x_1\boldsymbol{\alpha}_1+x_2\boldsymbol{\alpha}_2+\cdots+x_n\boldsymbol{\alpha}_n=\boldsymbol{b}$$

的问题.

2. 向量线性表示的定义

定义 4　设有 m 维向量组 A：$\boldsymbol{\alpha}_1,\boldsymbol{\alpha}_2,\cdots,\boldsymbol{\alpha}_n$ 和 m 维向量 $\boldsymbol{\beta}$，如果存在一组数 $k_1,k_2,\cdots,k_n$ 使得 $\boldsymbol{\beta}=k_1\boldsymbol{\alpha}_1+k_2\boldsymbol{\alpha}_2+\cdots+k_n\boldsymbol{\alpha}_n$，则称 $\boldsymbol{\beta}$ 可以由向量组 A：$\boldsymbol{\alpha}_1,\boldsymbol{\alpha}_2,\cdots,\boldsymbol{\alpha}_n$ 线性表示(**linear representation**)，或者称 $\boldsymbol{\beta}$ 是向量组 $\boldsymbol{\alpha}_1,\boldsymbol{\alpha}_2,\cdots,\boldsymbol{\alpha}_n$ 的线性组合.(注意：$k_1,k_2,\cdots,k_n$ 可以为任意数，甚至全为0)

例 5　设 $\boldsymbol{\alpha}_1=\begin{pmatrix} 1 \\ -2 \\ -5 \end{pmatrix},\boldsymbol{\alpha}_2=\begin{pmatrix} 2 \\ 5 \\ 6 \end{pmatrix},\boldsymbol{\beta}=\begin{pmatrix} 7 \\ 4 \\ -3 \end{pmatrix}$. 问 $\boldsymbol{\beta}$ 可否由 $\boldsymbol{\alpha}_1,\boldsymbol{\alpha}_2$ 线性表

示?

解 设 $\boldsymbol{\beta}$ 可由 $\boldsymbol{\alpha}_1,\boldsymbol{\alpha}_2$ 线性表示,则 $\boldsymbol{\beta}=k_1\boldsymbol{\alpha}_1+k_2\boldsymbol{\alpha}_2$,

即

$$k_1\begin{pmatrix}1\\-2\\-5\end{pmatrix}+k_2\begin{pmatrix}2\\5\\6\end{pmatrix}=\begin{pmatrix}7\\4\\-3\end{pmatrix},$$

就是以 $(\boldsymbol{\alpha}_1,\boldsymbol{\alpha}_2\ \vdots\ \boldsymbol{\beta})$ 为增广矩阵的方程组,

将增广矩阵行变换有

$$(\boldsymbol{\alpha}_1,\boldsymbol{\alpha}_2\ \vdots\ \boldsymbol{\beta})\xrightarrow{r}\begin{pmatrix}1 & 2 & \vdots & 7\\0 & 9 & \vdots & 18\\0 & 16 & \vdots & 32\end{pmatrix}\xrightarrow{r}\overset{\displaystyle\widetilde{\boldsymbol{\alpha}}_1\quad\widetilde{\boldsymbol{\alpha}}_2\quad\widetilde{\boldsymbol{\beta}}}{\begin{pmatrix}1 & 0 & \vdots & 3\\0 & 1 & \vdots & 2\\0 & 0 & \vdots & 0\end{pmatrix}}$$

故 $\boldsymbol{\beta}$ 可由 $\boldsymbol{\alpha}_1,\boldsymbol{\alpha}_2$ 线性表示,且可以唯一表示为 $\boldsymbol{\beta}=3\boldsymbol{\alpha}_1+2\boldsymbol{\alpha}_2$.

3. 向量线性表示的判定——以列向量为例说明

设 $\boldsymbol{\beta},\boldsymbol{\alpha}_1,\boldsymbol{\alpha}_2,\cdots,\boldsymbol{\alpha}_n$ 为 n 维列向量,若 $\boldsymbol{\beta}$ 能由 $\boldsymbol{\alpha}_1,\boldsymbol{\alpha}_2,\cdots,\boldsymbol{\alpha}_n$ 线性表示,则 $\boldsymbol{\beta}=k_1\boldsymbol{\alpha}_1+k_2\boldsymbol{\alpha}_2+\cdots+k_n\boldsymbol{\alpha}_n$ 成立,我们的目的是寻找使等式成立的 k_1, $k_2,\cdots,k_n$,这便转化成方程组的问题:

$$\begin{cases}a_{11}k_1+a_{12}k_2+\cdots+a_{1n}k_n=b_1,\\a_{21}k_1+a_{22}x_2+\cdots+a_{2n}x_n=b_2,\\\quad\quad\quad\cdots\cdots\cdots\cdots\\a_{n1}k_1+a_{n2}k_2+\cdots+a_{nn}k_n=b_n.\end{cases}$$

我们记 $\boldsymbol{A}=(\boldsymbol{\alpha}_1,\boldsymbol{\alpha}_2,\cdots,\boldsymbol{\alpha}_n)$,$(\boldsymbol{A}\ \vdots\ \boldsymbol{\beta})=(\boldsymbol{\alpha}_1,\boldsymbol{\alpha}_2,\cdots,\boldsymbol{\alpha}_n,\boldsymbol{\beta})$,由非其次线性方程组有解的条件,我们有:

定理 1 $\boldsymbol{\beta}$ 能由向量组 $\boldsymbol{A}:\boldsymbol{\alpha}_1,\boldsymbol{\alpha}_2,\cdots,\boldsymbol{\alpha}_n$ 线性表示的充分必要条件为

$$R(\boldsymbol{A})=R(\boldsymbol{A}\ \vdots\ \boldsymbol{\beta}).$$

要使 $\boldsymbol{\beta}$ 能由 $\boldsymbol{\alpha}_1,\boldsymbol{\alpha}_2,\cdots,\boldsymbol{\alpha}_n$ 线性表示,只需要对应方程组有解即可,可能是唯一解,可能是无穷多组解.

以上讨论的是列向量,若要处理行向量组的问题,只需将其转置成列向量即可.

例 6 (1)试将 $\boldsymbol{\beta}=\begin{pmatrix}3\\-3\\-3\end{pmatrix}$ 由 $\boldsymbol{\alpha}_1=\begin{pmatrix}1\\-1\\2\end{pmatrix}$,$\boldsymbol{\alpha}_2=\begin{pmatrix}0\\1\\3\end{pmatrix}$,$\boldsymbol{\alpha}_3=\begin{pmatrix}2\\1\\4\end{pmatrix}$ 线性表示.

解 设 $k_1\boldsymbol{\alpha}_1+k_2\boldsymbol{\alpha}_2+k_3\boldsymbol{\alpha}_3=\boldsymbol{\beta}$,则对应的方程组为

考考你:

仔细观察例 3 发现 $\widetilde{\boldsymbol{\beta}}=3\ \widetilde{\boldsymbol{\alpha}}_1+2\ \widetilde{\boldsymbol{\alpha}}_2$,是否具有一般性?

$$\begin{cases} k_1 + 2k_3 = 3, \\ -k_1 + k_2 + k_3 = -3, \\ 2k_1 + 3k_2 + 4k_3 = -3. \end{cases}$$

$$\begin{pmatrix} 1 & 0 & 2 & 3 \\ -1 & 1 & 1 & -3 \\ 2 & 3 & 4 & -3 \end{pmatrix} \to \begin{pmatrix} 1 & 0 & 0 & 1 \\ 0 & 1 & 0 & -3 \\ 0 & 0 & 1 & 1 \end{pmatrix}$$

故

$$\boldsymbol{\beta} = \boldsymbol{\alpha}_1 - 3\boldsymbol{\alpha}_2 + \boldsymbol{\alpha}_3.$$

(2) 试将 $\boldsymbol{\beta}=(3,5,-6)$ 由 $\boldsymbol{\alpha}_1=(1,0,1)$，$\boldsymbol{\alpha}_2=(1,1,1)$，$\boldsymbol{\alpha}_3=(0,-1,-1)$ 线性表示.(若再加一个向量如何?)

$$\boldsymbol{\beta} = -11\boldsymbol{\alpha}_1 + 14\boldsymbol{\alpha}_2 + 9\boldsymbol{\alpha}_3.$$

(3) 试将 $\boldsymbol{\beta}=(0,0,0)$ 由 $\boldsymbol{\alpha}_1=(1,2,3)$，$\boldsymbol{\alpha}_2=(2,3,4)$，$\boldsymbol{\alpha}_3=(3,2,1)$ 线性表示.

$$\boldsymbol{\beta} = 0\boldsymbol{\alpha}_1 + 0\boldsymbol{\alpha}_2 + 0\boldsymbol{\alpha}_3 = 5\boldsymbol{\alpha}_1 - 4\boldsymbol{\alpha}_2 + \boldsymbol{\alpha}_3.$$

在 $\boldsymbol{\beta}=k_1\boldsymbol{\alpha}_1+k_2\boldsymbol{\alpha}_2+\cdots+k_n\boldsymbol{\alpha}_n$ 中，若令 $\boldsymbol{\beta}=\mathbf{0}$，则

$$\mathbf{0} = k_1\boldsymbol{\alpha}_1 + k_2\boldsymbol{\alpha}_2 + \cdots + k_n\boldsymbol{\alpha}_n,$$

此时，对应的方程组为 $\begin{cases} a_{11}k_1 + a_{12}k_2 + \cdots + a_{1n}k_n = 0, \\ a_{21}k_1 + a_{22}x_2 + \cdots + a_{2n}x_n = 0, \\ \cdots\cdots\cdots\cdots \\ a_{n1}k_1 + a_{n2}k_2 + \cdots + a_{nn}k_n = 0. \end{cases}$ 这是齐次线性方程组，我们所要解决的问题是零向量能否由 $\boldsymbol{\alpha}_1,\boldsymbol{\alpha}_2,\cdots,\boldsymbol{\alpha}_n$ 线性表示出来.

由齐次线性方程组解的情况可知，上述方程组至少有一个零解，即 $\mathbf{0}$ 一定可以由 $\boldsymbol{\alpha}_1,\boldsymbol{\alpha}_2,\cdots,\boldsymbol{\alpha}_n$ 线性表示出来，但我们所要关注的，是它是否有非零解的问题.

由此，我们得到一个新的概念：向量组的线性相关性.

四、向量组的线性相关性

如果说向量的线性组合所讨论的是向量和向量组的关系，那么，向量组的相关性则是讨论向量组自身的、内部的关系，可以看做线性组合的特殊情况.

1. 向量组线性相关的定义

定义 5　设有向量组 A：$\boldsymbol{\alpha}_1,\boldsymbol{\alpha}_2,\cdots,\boldsymbol{\alpha}_n$，若存在一组不全为零的数 $k_1, k_2,\cdots,k_n$，使 $k_1\boldsymbol{\alpha}_1+k_2\boldsymbol{\alpha}_2+\cdots+k_n\boldsymbol{\alpha}_n=\mathbf{0}$，则称向量组 A：$\boldsymbol{\alpha}_1,\boldsymbol{\alpha}_2,\cdots,\boldsymbol{\alpha}_n$ 线性相关(**linearly dependent**).(注意，此处要求是一组不全为零的数)，否则称向量组 A：$\boldsymbol{\alpha}_1,\boldsymbol{\alpha}_2,\cdots,\boldsymbol{\alpha}_n$ 线性无关(**linearly independent**).

特别提示：

① 线性相关与线性无关是一对对立概念；

② 含有零向量的向量组必定线性相关.

例 7 判别向量组 $\boldsymbol{\varepsilon}_1=(1,0)$ 和 $\boldsymbol{\varepsilon}_2=(0,1)$ 的线性相关性.

解 令 $k_1\boldsymbol{\varepsilon}_1+k_2\boldsymbol{\varepsilon}_2=\mathbf{0}$，即 $(k_1,0)+(0,k_2)=(0,0)$，得关于 k_1,k_2 的齐次方程组

$$\begin{cases}k_1+0=0,\\0+k_2=0.\end{cases}$$

其系数行列式为 $\begin{vmatrix}1&0\\0&1\end{vmatrix}=1\neq0$，据克拉默法则的推论，它只有零解 $k_1=k_2=0$，可知 $\boldsymbol{\varepsilon}_1$、$\boldsymbol{\varepsilon}_2$ 是线性无关的.

例 8 设

$$\boldsymbol{\varepsilon}_1=\begin{pmatrix}1\\0\\\vdots\\0\end{pmatrix},\boldsymbol{\varepsilon}_2=\begin{pmatrix}0\\1\\\vdots\\0\end{pmatrix},\cdots,\boldsymbol{\varepsilon}_n=\begin{pmatrix}0\\\vdots\\0\\1\end{pmatrix}\in\mathbf{R}^n,\text{而 }\boldsymbol{\alpha}=\begin{pmatrix}a_1\\a_2\\\vdots\\a_n\end{pmatrix}\in\mathbf{R}^n$$

为任一 n 维向量，证明：$\boldsymbol{\varepsilon}_1,\boldsymbol{\varepsilon}_2,\cdots,\boldsymbol{\varepsilon}_n$ 线性无关，而 $\boldsymbol{\varepsilon}_1,\boldsymbol{\varepsilon}_2,\cdots,\boldsymbol{\varepsilon}_n,\boldsymbol{\alpha}$ 线性相关.

证明 令 $k_1\boldsymbol{\varepsilon}_1+k_2\boldsymbol{\alpha}_2\cdots+k_n\boldsymbol{\varepsilon}_n=\mathbf{0}$，即得

$$\begin{pmatrix}k_1\\0\\\vdots\\0\end{pmatrix}+\begin{pmatrix}0\\k_2\\\vdots\\0\end{pmatrix}+\cdots+\begin{pmatrix}0\\0\\\vdots\\k_n\end{pmatrix}=\begin{pmatrix}0\\0\\\vdots\\0\end{pmatrix},$$

其系数行列式为 $\begin{vmatrix}1&0&\cdots&0\\0&1&\cdots&0\\\vdots&\vdots&&\vdots\\0&0&\cdots&1\end{vmatrix}=1\neq0$，据克拉默法则的推论，此方程唯有零解 $k_1=k_2=\cdots=k_n=0$，可知 $\boldsymbol{\varepsilon}_1,\boldsymbol{\varepsilon}_2,\cdots,\boldsymbol{\varepsilon}_n$ 线性无关. 又可直接验证

$$\boldsymbol{\alpha}=a_1\boldsymbol{\varepsilon}_1+a_2\boldsymbol{\varepsilon}_2+\cdots+a_n\boldsymbol{\varepsilon}_n,$$

知 $\boldsymbol{\varepsilon}_1,\boldsymbol{\varepsilon}_2,\cdots,\boldsymbol{\varepsilon}_n,\boldsymbol{\alpha}$ 线性相关.

向量组 $\boldsymbol{\varepsilon}_1,\boldsymbol{\varepsilon}_2,\cdots,\boldsymbol{\varepsilon}_n$ 具有很好的性质：形式上十分简单、线性无关，任一 n 维向量总可以由它们线性表示，且表示系数就是该向量的各分量.

例 9 判断下列向量组的相关性：

$$\boldsymbol{\alpha}_1=\begin{pmatrix}1\\-3\\-2\end{pmatrix},\boldsymbol{\alpha}_2=\begin{pmatrix}-3\\9\\6\end{pmatrix},\boldsymbol{\alpha}_3=\begin{pmatrix}5\\-7\\h\end{pmatrix}.$$

解　按定义求解吗？h 不知道？玄机在何处？观察之，终发现

$$\begin{pmatrix}-3\\9\\6\end{pmatrix}=-3\begin{pmatrix}1\\-3\\-2\end{pmatrix},$$

又如何呢？$\begin{pmatrix}-3\\9\\6\end{pmatrix}+3\begin{pmatrix}1\\-3\\-2\end{pmatrix}+0\begin{pmatrix}5\\-7\\-h\end{pmatrix}=\begin{pmatrix}0\\0\\0\end{pmatrix}$，故相关也.

例 10　判断下列向量组的相关性.

$$\boldsymbol{\alpha}_1=\begin{pmatrix}1\\-2\\-5\end{pmatrix},\boldsymbol{\alpha}_2=\begin{pmatrix}2\\5\\6\end{pmatrix},\boldsymbol{\alpha}_3=\begin{pmatrix}4\\5\\6\end{pmatrix},\boldsymbol{\alpha}_4=\begin{pmatrix}7\\8\\9\end{pmatrix}.$$

解　$k_1\boldsymbol{\alpha}_1+k_2\boldsymbol{\alpha}_2+k_3\boldsymbol{\alpha}_3+k_4\boldsymbol{\alpha}_4=\mathbf{0}$ 有非零解吗？由上章推论 1 知若 $m<n$，则 $\boldsymbol{A}_{m\times n}\boldsymbol{X}_{n\times 1}=\boldsymbol{O}_{m\times 1}$ 有非零解，所以向量组线性相关.

例 11　$\boldsymbol{\alpha}_1,\boldsymbol{\alpha}_2,\boldsymbol{\alpha}_3$ 线性无关，而 $\boldsymbol{\beta}_1=\boldsymbol{\alpha}_1+\boldsymbol{\alpha}_2,\boldsymbol{\beta}_2=\boldsymbol{\alpha}_2+\boldsymbol{\alpha}_3,\boldsymbol{\beta}_3=\boldsymbol{\alpha}_3+\boldsymbol{\alpha}_1$，试判定 $\boldsymbol{\beta}_1,\boldsymbol{\beta}_2,\boldsymbol{\beta}_3$ 的线性相关性.

解　令　$k_1\boldsymbol{\beta}_1+k_2\boldsymbol{\beta}_2+k_3\boldsymbol{\beta}_3=\mathbf{0}$，

由条件得 $k_1(\boldsymbol{\alpha}_1+\boldsymbol{\alpha}_2)+k_2(\boldsymbol{\alpha}_2+\boldsymbol{\alpha}_3)+k_3(\boldsymbol{\alpha}_3+\boldsymbol{\alpha}_1)=\mathbf{0}$，

整理得　$(k_1+k_3)\boldsymbol{\alpha}_1+(k_1+k_2)\boldsymbol{\alpha}_2+(k_2+k_3)\boldsymbol{\alpha}_3=\mathbf{0}$.

由于 $\boldsymbol{\alpha}_1,\boldsymbol{\alpha}_2,\boldsymbol{\alpha}_3$ 线性无关，上式只有唯一零解，即只有

$$\begin{cases}k_1+\quad\;\; k_3=0,\\ k_1+k_2\qquad=0,\\ \qquad k_2+k_3=0,\end{cases}$$

而

$$\begin{vmatrix}1&0&1\\1&1&0\\0&1&1\end{vmatrix}=2\neq 0,$$

据克拉默法则的推论，知方程组唯有零解 $k_1=k_2=k_3=0$，故 $\boldsymbol{\beta}_1,\boldsymbol{\beta}_2,\boldsymbol{\beta}_3$ 线性无关.

2. 向量组线性相关的判定定理

定理 2　设 $\boldsymbol{\alpha}_1,\boldsymbol{\alpha}_2,\cdots,\boldsymbol{\alpha}_s$ 为 $\mathbf{R}^n$ 中的一组 n 维向量($s>1$)，则它们线性相关的充分必要条件为其中至少存在一个向量可以由其余的 $s-1$ 个向量线性表示.

证明　**必要性**　若 $\boldsymbol{\alpha}_1,\boldsymbol{\alpha}_2,\cdots,\boldsymbol{\alpha}_s$ 线性相关，则存在一组不全为零的数 $k_1,k_2,\cdots,k_s$，使

$$k_1\boldsymbol{\alpha}_1+k_2\boldsymbol{\alpha}_2+\cdots+k_s\boldsymbol{\alpha}_s=\mathbf{0}.$$

不妨设 k_i 不为零,则可得

$$\boldsymbol{\alpha}_i=-\frac{k_1}{k_i}\boldsymbol{\alpha}_1-\frac{k_2}{k_i}\boldsymbol{\alpha}_2-\cdots-\frac{k_{i-1}}{k_i}\boldsymbol{\alpha}_{i-1}-\frac{k_{i+1}}{k_i}\boldsymbol{\alpha}_{i+1}-\cdots-\frac{k_s}{k_i}\boldsymbol{\alpha}_s,$$

即 $\boldsymbol{\alpha}_i$ 可表示成 $\boldsymbol{\alpha}_1,\boldsymbol{\alpha}_2,\cdots,\boldsymbol{\alpha}_{i-1},\boldsymbol{\alpha}_{i+1},\cdots,\boldsymbol{\alpha}_s$ 的线性组合.

充分性 设 $\boldsymbol{\alpha}_i$ 可由 $\boldsymbol{\alpha}_1,\boldsymbol{\alpha}_2,\cdots,\boldsymbol{\alpha}_{i-1},\boldsymbol{\alpha}_{i+1},\cdots,\boldsymbol{\alpha}_s$ 的线性表示. 即存在数 $c_1,c_2,\cdots,c_{i-1},c_{i+1},\cdots,c_s$ 使得

$$\boldsymbol{\alpha}_i=c_1\boldsymbol{\alpha}_1+c_2\boldsymbol{\alpha}_2+\cdots+c_{i-1}\boldsymbol{\alpha}_{i-1}+c_{i+1}\boldsymbol{\alpha}_{i+1}+\cdots+c_s\boldsymbol{\alpha}_s.$$

可见,存在不全为 0 的数 $c_1,c_2,\cdots,c_{i-1},-1,c_{i+1},\cdots,c_s$ 使得

$$c_1\boldsymbol{\alpha}_1+c_2\boldsymbol{\alpha}_2+\cdots+c_{i-1}\boldsymbol{\alpha}_{i-1}+(-1)\boldsymbol{\alpha}_i+c_{i+1}\boldsymbol{\alpha}_{i+1}+\cdots+c_s\boldsymbol{\alpha}_s=0,$$

所以 $\boldsymbol{\alpha}_1,\boldsymbol{\alpha}_2,\cdots,\boldsymbol{\alpha}_s$ 线性相关.

特别提示: 两个向量 $\boldsymbol{\alpha},\boldsymbol{\beta}$ 线性相关当且仅当 $\boldsymbol{\alpha},\boldsymbol{\beta}$ 的分量成比例.

定理 3 给定向量组 $A:\boldsymbol{\alpha}_1,\boldsymbol{\alpha}_2,\cdots,\boldsymbol{\alpha}_n$,记 $\boldsymbol{A}=(\boldsymbol{\alpha}_1,\ \boldsymbol{\alpha}_2,\ \cdots\ ,\boldsymbol{\alpha}_n)$,则

(1) 向量组 $A:\boldsymbol{\alpha}_1,\boldsymbol{\alpha}_2,\cdots,\boldsymbol{\alpha}_n$ 线性相关 $\Leftrightarrow \boldsymbol{Ax}=\boldsymbol{0}$ 有非零解 $\Leftrightarrow$ $R(\boldsymbol{A})<n$;

(2) 向量组 $A:\boldsymbol{\alpha}_1,\boldsymbol{\alpha}_2,\cdots,\boldsymbol{\alpha}_n$ 线性无关 $\Leftrightarrow \boldsymbol{Ax}=\boldsymbol{0}$ 只有零解 $\Leftrightarrow$ $R(\boldsymbol{A})=n$.

特别提示: 定理 3 及其推论说明,当把向量组看成矩阵时,矩阵的秩与向量组中向量个数的大小关系决定了其相关性.

推论 1 向量个数大于向量维数,则向量组线性相关. 即当 $s>n$ 时,任意 s 个 n 维向量都线性相关.

推论 2 当向量组中所含向量的个数等于向量的维数时,这组向量线性无关的充分必要条件是由它们组成的方阵可逆(行列式非零).

例 12 判断下列向量组的相关性:

$$\begin{pmatrix}-2\\2\end{pmatrix},\begin{pmatrix}2\\1\end{pmatrix},\begin{pmatrix}8\\7\end{pmatrix}.$$

解 由推论 1 知,向量组线性相关.

例 13 试判定下列等式的线性相关性.

$$\boldsymbol{\alpha}_1=\begin{pmatrix}1\\1\\-1\end{pmatrix},\boldsymbol{\alpha}_2=\begin{pmatrix}-1\\-2\\1\end{pmatrix},\boldsymbol{\alpha}_3=\begin{pmatrix}5\\8\\-5\end{pmatrix}.$$

解 因为

$$|(\boldsymbol{\alpha}_1,\boldsymbol{\alpha}_2,\boldsymbol{\alpha}_3)|=\begin{vmatrix}1&-1&5\\1&-2&8\\-1&1&-5\end{vmatrix}=0,$$

知三个向量 $\boldsymbol{\alpha}_1,\boldsymbol{\alpha}_2,\boldsymbol{\alpha}_3$ 线性相关.

考考你: 你能用定理 3 证明线性方程组 $\boldsymbol{A}_{m\times n}\boldsymbol{X}=\boldsymbol{b}$ 有多余方程的充分必要条件是它的增广矩阵 $\boldsymbol{B}=(\boldsymbol{A},\boldsymbol{b})$ 的秩小于方程的个数吗? 即 $R(\boldsymbol{B})<m$.

定理 4 设向量组 $\boldsymbol{\alpha}_1,\boldsymbol{\alpha}_2,\cdots,\boldsymbol{\alpha}_s$ 线性无关,而向量组 $\boldsymbol{\alpha}_1,\boldsymbol{\alpha}_2,\cdots,\boldsymbol{\alpha}_s,\boldsymbol{\beta}$ 线性相关,则 $\boldsymbol{\beta}$ 可以由向量组 $\boldsymbol{\alpha}_1,\boldsymbol{\alpha}_2,\cdots,\boldsymbol{\alpha}_s$ 唯一地线性表示.

证明 因 $\boldsymbol{\alpha}_1,\boldsymbol{\alpha}_2,\cdots,\boldsymbol{\alpha}_s,\boldsymbol{\beta}$ 线性相关,则存在不全为零的数:k_0,

$k_1,\cdots,k_s$，使得 $k_0\boldsymbol{\beta}+k_1\boldsymbol{\alpha}_1+\cdots+k_s\boldsymbol{\alpha}_s=\mathbf{0}$. 若 $k_0=0$，则 $k_1,\cdots,k_s$ 必不全为零，而上式等价于 $k_1\boldsymbol{\alpha}_1+\cdots+k_s\boldsymbol{\alpha}_s=\mathbf{0}$，这就表明 $\boldsymbol{\alpha}_1,\boldsymbol{\alpha}_2,\cdots,\boldsymbol{\alpha}_s$ 线性相关，与条件矛盾. 故 $k_0\neq0$，于是有 $\boldsymbol{\beta}=-\dfrac{k_1}{k_0}\boldsymbol{\alpha}_1-\cdots-\dfrac{k_s}{k_0}\boldsymbol{\alpha}_s$，这表明 $\boldsymbol{\beta}$ 可以由向量组 $\boldsymbol{\alpha}_1,\boldsymbol{\alpha}_2,\cdots,\boldsymbol{\alpha}_s$ 线性表示.

下证唯一性：设若不然，存在两个不同的表示式 $\boldsymbol{\beta}=k_1\boldsymbol{\alpha}_1+\cdots+k_s\boldsymbol{\alpha}_s$ 和 $\boldsymbol{\beta}=l_1\boldsymbol{\alpha}_1+\cdots+l_s\boldsymbol{\alpha}_s$，二式相减得 $\mathbf{0}=(k_1-l_1)\boldsymbol{\alpha}_1+\cdots+(k_s-l_s)\boldsymbol{\alpha}_s$，由于二式不同，$(k_i-l_i)$ 不全为零$(i=1,\cdots,s)$，又推出 $\boldsymbol{\alpha}_1,\boldsymbol{\alpha}_2,\cdots,\boldsymbol{\alpha}_s$ 线性相关，仍与条件矛盾，因此表示式必是唯一的.

推论 3　若 $\boldsymbol{\beta}$ 可以由向量组 $\boldsymbol{\alpha}_1,\boldsymbol{\alpha}_2,\cdots,\boldsymbol{\alpha}_s$ 线性表示，则表示式唯一当且仅当向量组 $\boldsymbol{\alpha}_1,\boldsymbol{\alpha}_2,\cdots,\boldsymbol{\alpha}_s$ 线性无关(证明留给读者作为练习).

特别提示：

若向量组 A 线性无关，而 $\boldsymbol{\beta}$ 可由向量组 A 线性表示，则表示唯一.

定理 5　设 $\boldsymbol{\alpha}_1,\boldsymbol{\alpha}_2,\cdots,\boldsymbol{\alpha}_s$ 为一组 n 维向量且线性相关，则添加任何 n 维向量 $\boldsymbol{\beta}$ 之后向量组 $\boldsymbol{\alpha}_1,\boldsymbol{\alpha}_2,\cdots,\boldsymbol{\alpha}_s,\boldsymbol{\beta}$ 仍线性相关. 即“部分相关，整体相关”.

证明　因 $\boldsymbol{\alpha}_1,\boldsymbol{\alpha}_2,\cdots,\boldsymbol{\alpha}_s$ 为 $\mathbf{R}^n$ 中一组线性相关的向量，则有不全为零的数 $k_1,k_2,\cdots,k_s$ 使 $k_1\boldsymbol{\alpha}_1+k_2\boldsymbol{\alpha}_2+\cdots+k_s\boldsymbol{\alpha}_s=\mathbf{0}$ 成立. 而 $\forall\,\boldsymbol{\alpha}_{s+1}\in\mathbf{R}^n$，$k_1\boldsymbol{\alpha}_1+k_2\boldsymbol{\alpha}_2+\cdots+k_s\boldsymbol{\alpha}_s+0\boldsymbol{\alpha}_{s+1}=\mathbf{0}$ 仍成立，且系数 $k_1,k_2,\cdots,k_s,0$ 也仍然不全为零，因此 $\boldsymbol{\alpha}_1,\boldsymbol{\alpha}_2,\cdots,\boldsymbol{\alpha}_s,\boldsymbol{\alpha}_{s+1}$ 仍线性相关. 添加多个向量的情形也类似可证. 这个定理有时称作“扩充定理”.

推论 4　含有零向量的向量组必是相关组.

证明　零向量线性相关，因此含有零向量的向量组就是相关组的添加，从而仍相关.

推论 5　无关向量组的任一部分组必无关.

证明　这是定理 5 的逆否命题，因而是等价命题.

特别提示：

推论 5 简称为“**整体无关，部分无关**”.

下面的定理可称为“接长定理”：设

$$\boldsymbol{\alpha}_1=\begin{pmatrix}a_{11}\\ \vdots\\ a_{t1}\end{pmatrix},\boldsymbol{\alpha}_2=\begin{pmatrix}a_{12}\\ \vdots\\ a_{t2}\end{pmatrix},\cdots,\boldsymbol{\alpha}_s=\begin{pmatrix}a_{1s}\\ \vdots\\ a_{ts}\end{pmatrix},$$

是 s 个 t 维向量，在每个向量后面各添加一个分量，记作

$$\boldsymbol{\beta}_1=\begin{pmatrix}a_{11}\\ \vdots\\ a_{t1}\\ a_{t+1,1}\end{pmatrix},\boldsymbol{\beta}_2=\begin{pmatrix}a_{12}\\ \vdots\\ a_{t2}\\ a_{t+1,2}\end{pmatrix},\cdots,\boldsymbol{\beta}_s=\begin{pmatrix}a_{1s}\\ \vdots\\ a_{ts}\\ a_{t+1,s}\end{pmatrix},$$

称后者为前者的“**接长向量组**”，前者为后者的“**截短向量组**”，则有：

定理 6　线性无关的向量组接长后仍无关.

证明 我们证其逆否命题:"**相关向量组截短后仍相关**".设$\boldsymbol{\beta}_1,\cdots,\boldsymbol{\beta}_s$线性相关,则存在一组不全为零的数$k_1,k_2,\cdots,k_s$,使$k_1\boldsymbol{\beta}_1+\cdots+k_s\boldsymbol{\beta}_s=\mathbf{0}$.于是齐次方程组

$$\begin{cases}a_{11}k_1+\cdots\cdots+a_{1s}k_s=0,\\ \cdots\cdots\cdots\cdots\\ a_{t1}k_1+\cdots\cdots+a_{ts}k_s=0,\\ a_{t+1,1}k_1+\cdots+a_{t+1,s}k_s=0\end{cases}\tag{1}$$

有非零解$k_1,k_2,\cdots,k_s$.注意到它的前t个方程正好是$x_1\boldsymbol{\alpha}_1+\cdots+x_s\boldsymbol{\alpha}_s=\mathbf{0}$,这组非零解$k_1,k_2,\cdots,k_s$也满足此方程,可知$\boldsymbol{\alpha}_1,\boldsymbol{\alpha}_2,\cdots,\boldsymbol{\alpha}_s$线性相关.

接长若干个分量的情况亦类似,不过分量的添加位置要一致.

例 14 设$\boldsymbol{\alpha}_1=\begin{pmatrix}1\\1\end{pmatrix},\boldsymbol{\alpha}_2=\begin{pmatrix}2\\2\end{pmatrix}$,易见$\boldsymbol{\alpha}_1,\boldsymbol{\alpha}_2$线性相关.若接长为$\boldsymbol{\beta}_1=\begin{pmatrix}1\\1\\1\end{pmatrix},\boldsymbol{\beta}_2=\begin{pmatrix}2\\2\\2\end{pmatrix}$,则$\boldsymbol{\beta}_1,\boldsymbol{\beta}_2$仍然相关;但若接长为$\boldsymbol{\beta}_1'=\begin{pmatrix}1\\1\\1\end{pmatrix},\boldsymbol{\beta}_2'=\begin{pmatrix}2\\2\\3\end{pmatrix}$,则二者便线性无关了.而若$\boldsymbol{\alpha}_1=\begin{pmatrix}1\\1\end{pmatrix},\boldsymbol{\alpha}_2=\begin{pmatrix}2\\3\end{pmatrix}$,易见$\boldsymbol{\alpha}_1,\boldsymbol{\alpha}_2$本身线性无关,则无论如何添加分量都不能使其变为相关.

定理 7 一组向量的分量作同样的调换,不会改变它们的相关性.

证明 参见(1)式,分量作同样的调换,相当于齐次方程组(1)的各方程作相应的调换,这是方程组的同解变形,解不变,向量的相关性也就不变.

考考你:古代谜题

一摆渡人欲将一只狼,一头羊,一篮菜从河西渡过河到河东.由于船小,一次只能带一物过河,并且狼与羊,羊与菜不能独处.给出渡河方法.

3. 向量组线性相关的判定方法

$\boldsymbol{\alpha}_1,\boldsymbol{\alpha}_2,\cdots,\boldsymbol{\alpha}_n$线性相关$\Leftrightarrow$对应的齐次线性方程组$\mathbf{A}\boldsymbol{x}=\mathbf{0}$有非零解$\Leftrightarrow R(\mathbf{A})<n$,其中$\mathbf{A}=(\boldsymbol{\alpha}_1,\boldsymbol{\alpha}_2,\cdots,\boldsymbol{\alpha}_n)$.

方法:用向量组构造矩阵$\mathbf{A}=(\boldsymbol{\alpha}_1,\boldsymbol{\alpha}_2,\cdots,\boldsymbol{\alpha}_n)$,再求$R(\mathbf{A})$.

例 15 判定下列向量组

$$\boldsymbol{\alpha}_1=(1,2,-1,5)^{\mathrm{T}},\boldsymbol{\alpha}_2=(2,-1,1,1)^{\mathrm{T}},\boldsymbol{\alpha}_3=(4,3,-1,1)^{\mathrm{T}}$$

是否线性相关?

解 $$\mathbf{A}=(\boldsymbol{\alpha}_1,\boldsymbol{\alpha}_2,\boldsymbol{\alpha}_3)=\begin{bmatrix}1&2&4\\2&-1&3\\-1&1&-1\\5&1&1\end{bmatrix}\xrightarrow[r_5-5r_1]{\substack{r_2-2r_1\\ r_3+r_1}}\begin{bmatrix}1&2&4\\0&-5&-5\\0&3&3\\0&-9&-19\end{bmatrix}$$

$$\xrightarrow[\substack{r_3-3r_2\\ r_4+9r_2}]{r_2\div(-5)}\begin{bmatrix}1&2&4\\0&1&1\\0&0&0\\0&0&-10\end{bmatrix}\xrightarrow{r_3\leftrightarrow r_4}\begin{bmatrix}1&2&4\\0&1&1\\0&0&-10\\0&0&0\end{bmatrix}.$$

因为 $R(\boldsymbol{A})=3$,所以 $\boldsymbol{\alpha}_1,\boldsymbol{\alpha}_2,\boldsymbol{\alpha}_3$ 线性无关.

例 16　已知 $\boldsymbol{\alpha}_1=\begin{pmatrix}\lambda+1\\4\\6\end{pmatrix},\boldsymbol{\alpha}_2=\begin{pmatrix}1\\0\\\lambda\end{pmatrix},\boldsymbol{\alpha}_3=\begin{pmatrix}2\\2\\\lambda\end{pmatrix}$,$\lambda$ 为何值时 $\boldsymbol{\alpha}_1,\boldsymbol{\alpha}_2,\boldsymbol{\alpha}_3$ 线性相关,并将 $\boldsymbol{\alpha}_1$ 用 $\boldsymbol{\alpha}_2,\boldsymbol{\alpha}_3$ 线性表示.

解　$\begin{pmatrix}1&2&\lambda+1\\0&2&4\\\lambda&\lambda&6\end{pmatrix}\rightarrow\begin{pmatrix}1&0&\lambda-3\\0&1&2\\0&0&6-\lambda^2+\lambda\end{pmatrix}$(化成行最简形矩阵的形式)

要使 $\boldsymbol{\alpha}_1,\boldsymbol{\alpha}_2,\boldsymbol{\alpha}_3$ 线性相关,需要 $R(\boldsymbol{A})<3$,则 $6-\lambda^2+\lambda=0$,可得 $\lambda=-2,\lambda=3$.

$\lambda=-2$ 时,$\boldsymbol{\alpha}_1=-5\boldsymbol{\alpha}_2+2\boldsymbol{\alpha}_3$;$\lambda=3$ 时,$\boldsymbol{\alpha}_1=0\cdot\boldsymbol{\alpha}_2+2\boldsymbol{\alpha}_3$.

思考题:现代谜题(据说是微软的面试题哦!)

有 4 个女人要过一座桥.她们都站在桥的某一边,要让她们在 17 分钟内全部通过这座桥.

这时是晚上.她们只有一个手电筒.最多只能让两个人同时过桥,且必须要带着手电筒.手电筒必须要传来传去,不能扔过去.每个女人过桥的速度不同(甲乙丙丁分别需要 1,2,5,10 分钟),两个人的速度必须以较慢的那个人的速度过桥.

怎样让这 4 个女人在 17 分钟内过桥?

第二节　向量组的秩

秩(rank),是线性代数中最深刻的概念之一.本节将要揭示向量组的线性相关性的本质不变量——秩,用它来刻画一个向量组中最多含多少个线性无关的向量.

一、向量组的等价

1. 定义

定义 1　设有两向量组 A:$\boldsymbol{\alpha}_1,\boldsymbol{\alpha}_2,\cdots,\boldsymbol{\alpha}_s$;$B$:$\boldsymbol{\beta}_1,\boldsymbol{\beta}_2,\cdots,\boldsymbol{\beta}_t$.若向量组 B

特别提示:

若向量组 $A\subset B$,则向量组 A 可由向量组 B 线性表示.

中的每一个向量都能由向量组 A 线性表示，则称向量组 B 能由向量组 A 线性表示. 若向量组 A 与向量组 B 能相互线性表示，则称这两个向量组等价，记为 $A\sim B$.

例如：向量组Ⅰ：$\begin{pmatrix}2\\0\end{pmatrix}$、$\begin{pmatrix}3\\0\end{pmatrix}$能由向量组Ⅱ：$\begin{pmatrix}1\\0\end{pmatrix}$、$\begin{pmatrix}0\\1\end{pmatrix}$线性表示，但向量组Ⅱ：$\begin{pmatrix}1\\0\end{pmatrix}$、$\begin{pmatrix}0\\1\end{pmatrix}$不能由向量组Ⅰ：$\begin{pmatrix}2\\0\end{pmatrix}$、$\begin{pmatrix}3\\0\end{pmatrix}$线性表示，故向量组Ⅰ与Ⅱ不等价.

又如：设有向量组Ⅲ：$\boldsymbol{\alpha}_1=\begin{pmatrix}1\\1\end{pmatrix}$，$\boldsymbol{\alpha}_2=\begin{pmatrix}1\\-1\end{pmatrix}$，$\boldsymbol{\alpha}_3=\begin{pmatrix}2\\1\end{pmatrix}$与向量组Ⅳ：$\boldsymbol{\beta}_1=\begin{pmatrix}1\\0\end{pmatrix}$，$\boldsymbol{\beta}_2=\begin{pmatrix}2\\2\end{pmatrix}$，则 $\boldsymbol{\alpha}_1=0\boldsymbol{\beta}_1+\frac{1}{2}\boldsymbol{\beta}_2$，$\boldsymbol{\alpha}_2=2\boldsymbol{\beta}_1-\frac{1}{2}\boldsymbol{\beta}_2$，$\boldsymbol{\alpha}_3=\boldsymbol{\beta}_1+\frac{1}{2}\boldsymbol{\beta}_2$，即向量组Ⅲ可以由向量组Ⅳ线性表示. 又 $\boldsymbol{\beta}_1=\frac{1}{2}\boldsymbol{\alpha}_1+\frac{1}{2}\boldsymbol{\alpha}_2+0\boldsymbol{\alpha}_3$，$\boldsymbol{\beta}_2=2\boldsymbol{\alpha}_1+0\boldsymbol{\alpha}_2+0\boldsymbol{\alpha}_3$，即向量组Ⅳ可以由向量组Ⅲ线性表示，故向量组Ⅲ与Ⅳ等价.

特别提示：

由等价的定义可得下面三个结论成立：

(1) 自反性：$A\sim A$；

(2) 对称性：$A\sim B\Rightarrow B\sim A$；

(3) 传递性：$A\sim B, B\sim C\Rightarrow A\sim C$.

证明 只证第三条.

因为 $B\sim C$，所以 $\forall\,\boldsymbol{\alpha}\in C$，存在 $\boldsymbol{\beta}_1,\cdots,\boldsymbol{\beta}_m\in B$ 使得

$$\boldsymbol{\alpha}=k_1\boldsymbol{\beta}_1+\cdots+k_m\boldsymbol{\beta}_m.$$

因为 $A\sim B$，所以 $\forall\,\boldsymbol{\beta}_i(i=1,\cdots,m)\in B$，存在 $\boldsymbol{\gamma}_1^i,\cdots,\boldsymbol{\gamma}_{l_i}^i\in A$ 使得

$$\boldsymbol{\beta}_i=q_1^i\boldsymbol{\gamma}_1^i+\cdots+q_{l_i}^i\boldsymbol{\gamma}_{l_i}^i.$$

结合可得到 $\boldsymbol{\alpha}=\sum_{i=1}^{m}k_i\boldsymbol{\beta}_i=\sum_{i=1}^{m}\boldsymbol{k}_i\sum_{s=1}^{l_i}q_s^i\boldsymbol{\gamma}_s^i=\sum_{i=1}^{m}\sum_{s=1}^{l_i}k_iq_s^i\boldsymbol{\gamma}_s^i$.

例 1 下列两个向量组是否等价？

$$A:\boldsymbol{\alpha}_1=\begin{pmatrix}1\\2\\0\end{pmatrix},\boldsymbol{\alpha}_2=\begin{pmatrix}2\\0\\1\end{pmatrix};B:\boldsymbol{\varepsilon}_1=\begin{pmatrix}1\\0\\0\end{pmatrix},\boldsymbol{\varepsilon}_2=\begin{pmatrix}0\\1\\0\end{pmatrix},\boldsymbol{\varepsilon}_3=\begin{pmatrix}0\\0\\1\end{pmatrix}.$$

解 $D=(\boldsymbol{\alpha}_1,\boldsymbol{\alpha}_2,\boldsymbol{\varepsilon}_1)=\begin{pmatrix}1&2&1\\2&0&0\\0&1&0\end{pmatrix}$，$|D|\neq0$，$R(D)=3$.

所以 $\boldsymbol{\alpha}_1,\boldsymbol{\alpha}_2,\boldsymbol{\varepsilon}_1$ 线性无关.

所以 $\boldsymbol{\varepsilon}_1$ 不能由 $\boldsymbol{\alpha}_1,\boldsymbol{\alpha}_2$ 线性表示,即向量组 B 不能由向量组 A 线性表示,所以 A 与 B 不等价.

例 2　问 a 为何值,向量组 A:$\begin{pmatrix}a-1\\-1\end{pmatrix},\begin{pmatrix}1\\a+1\end{pmatrix}$与向量组 B:$\begin{pmatrix}1\\0\end{pmatrix}$,$\begin{pmatrix}0\\1\end{pmatrix}$等价?

解　因为$\begin{pmatrix}a-1\\-1\end{pmatrix}=(a-1)\begin{pmatrix}1\\0\end{pmatrix}-\begin{pmatrix}0\\1\end{pmatrix},\begin{pmatrix}1\\a+1\end{pmatrix}=\begin{pmatrix}1\\0\end{pmatrix}+(a+1)\begin{pmatrix}0\\1\end{pmatrix}$,所以向量组 A:$\begin{pmatrix}a-1\\-1\end{pmatrix},\begin{pmatrix}1\\a+1\end{pmatrix}$可由向量组 B:$\begin{pmatrix}1\\0\end{pmatrix},\begin{pmatrix}0\\1\end{pmatrix}$线性表示.下面只需证明向量组 B:$\begin{pmatrix}1\\0\end{pmatrix},\begin{pmatrix}0\\1\end{pmatrix}$可以由向量组 A:$\begin{pmatrix}a-1\\-1\end{pmatrix},\begin{pmatrix}1\\a+1\end{pmatrix}$线性表示即可.

设

$$\begin{pmatrix}1\\0\end{pmatrix}=k_{11}\begin{pmatrix}a-1\\-1\end{pmatrix}+k_{21}\begin{pmatrix}1\\a+1\end{pmatrix},$$

$$\begin{pmatrix}0\\1\end{pmatrix}=k_{12}\begin{pmatrix}a-1\\-1\end{pmatrix}+k_{22}\begin{pmatrix}1\\a+1\end{pmatrix},$$

即

$$\boldsymbol{e}_1=\boldsymbol{\alpha}_1k_{11}+\boldsymbol{\alpha}_2k_{21},\qquad \boldsymbol{e}_2=\boldsymbol{\alpha}_1k_{12}+\boldsymbol{\alpha}_2k_{22}$$

同时成立?a 不知道怎么解?两式合在一起即

$$(\boldsymbol{e}_1,\boldsymbol{e}_2)=(\boldsymbol{\alpha}_1,\boldsymbol{\alpha}_2)\begin{bmatrix}k_{11}&k_{12}\\k_{21}&k_{22}\end{bmatrix},$$

$$\begin{pmatrix}1&0\\0&1\end{pmatrix}=\begin{pmatrix}a-1&1\\-1&a+1\end{pmatrix}\begin{bmatrix}k_{11}&k_{12}\\k_{21}&k_{22}\end{bmatrix}.$$

故$\begin{pmatrix}a-1&1\\-1&a+1\end{pmatrix}$可逆足矣.解之得 $a\neq 0$ 即可.

2. 向量组有限时等价的矩阵表示

设有向量组 A:$\boldsymbol{\alpha}_1,\boldsymbol{\alpha}_2,\cdots,\boldsymbol{\alpha}_s$ 和向量组 B:$\boldsymbol{\beta}_1,\boldsymbol{\beta}_2,\cdots,\boldsymbol{\beta}_t$,按定义,若向量组 B 能由向量组 A 线性表示,则存在

$$k_{1j},k_{2j},\cdots,k_{sj}\quad(j=1,2,\cdots,t)$$

使

$$\boldsymbol{\beta}_j=k_{1j}\boldsymbol{\alpha}_1+k_{2j}\boldsymbol{\alpha}_2+\cdots+k_{sj}\boldsymbol{\alpha}_s=(\boldsymbol{\alpha}_1,\boldsymbol{\alpha}_2,\cdots,\boldsymbol{\alpha}_s)\begin{pmatrix}k_{1j}\\k_{2j}\\\vdots\\k_{sj}\end{pmatrix},$$

合起来就有

$$(\boldsymbol{\beta}_1,\boldsymbol{\beta}_2,\cdots,\boldsymbol{\beta}_t)=(\boldsymbol{\alpha}_1,\boldsymbol{\alpha}_2,\cdots,\boldsymbol{\alpha}_s)\begin{pmatrix}k_{11}&k_{12}&\cdots&k_{1t}\\k_{21}&k_{22}&\cdots&k_{2t}\\\vdots&\vdots&&\vdots\\k_{s1}&k_{s2}&\cdots&k_{st}\end{pmatrix},$$

其中矩阵 $\boldsymbol{K}_{s\times t}=(k_{ij})_{s\times t}$ 称为这一线性表示的系数矩阵(或表示矩阵).或更简洁地记为:$\boldsymbol{B}=\boldsymbol{AK}$,$\boldsymbol{B}$ 和 $\boldsymbol{A}$ 分别是由向量组 B 和 A 作为列向量组所组成的矩阵.(如果两个向量组都是行向量组,则可将上式转置得 $\boldsymbol{B}^{\mathrm{T}}=\boldsymbol{K}^{\mathrm{T}}\boldsymbol{A}^{\mathrm{T}}$.)

进一步,如果两个向量组等价,则应同时成立另一个表示式 $\boldsymbol{A}=\boldsymbol{BL}$,其中 $\boldsymbol{L}$ 是向量组 A 由 B 线性表示的 $t\times s$ 表示矩阵.在讨论向量组之间的表示关系时,表示矩阵扮演着重要角色.

如:

$$\begin{aligned}\boldsymbol{\beta}_1&=2\boldsymbol{\alpha}_1-3\boldsymbol{\alpha}_2+\boldsymbol{\alpha}_3-\boldsymbol{\alpha}_4,\\\boldsymbol{\beta}_2&=\boldsymbol{\alpha}_1-2\boldsymbol{\alpha}_2-3\boldsymbol{\alpha}_3+2\boldsymbol{\alpha}_4,\\\boldsymbol{\beta}_3&=-\boldsymbol{\alpha}_1+3\boldsymbol{\alpha}_2-2\boldsymbol{\alpha}_3-\boldsymbol{\alpha}_4\end{aligned}$$

可表示为

$$\begin{pmatrix}\boldsymbol{\beta}_1\\\boldsymbol{\beta}_2\\\boldsymbol{\beta}_3\end{pmatrix}=\begin{pmatrix}2&-3&1&-1\\1&-2&-3&2\\-1&3&-2&-1\end{pmatrix}\begin{pmatrix}\boldsymbol{\alpha}_1\\\boldsymbol{\alpha}_2\\\boldsymbol{\alpha}_3\\\boldsymbol{\alpha}_4\end{pmatrix}.$$

这一线性表示的表示矩阵为

$$\boldsymbol{K}=\begin{pmatrix}2&-3&1&-1\\1&-2&-3&2\\-1&3&-2&-1\end{pmatrix}.$$

定理 1 设有同维向量组 A:$\boldsymbol{\alpha}_1,\boldsymbol{\alpha}_2,\cdots,\boldsymbol{\alpha}_s$ 和 B:$\boldsymbol{\beta}_1,\cdots,\boldsymbol{\beta}_t$,若 A 组线性无关,且 A 组可以由 B 组线性表示,则 $s\leqslant t$.

证明 由条件知应有表示式 $\boldsymbol{A}=\boldsymbol{LB}$ 成立,也就是

$$\begin{pmatrix}\boldsymbol{\alpha}_1\\\vdots\\\boldsymbol{\alpha}_s\end{pmatrix}=\begin{pmatrix}l_{11}&\cdots&l_{1t}\\\vdots&&\vdots\\l_{s1}&\cdots&l_{st}\end{pmatrix}\begin{pmatrix}\boldsymbol{\beta}_1\\\vdots\\\boldsymbol{\beta}_t\end{pmatrix},\tag{1}$$

将矩阵 $\boldsymbol{L}$ 按行分块，记作

$$\boldsymbol{L}=\begin{pmatrix}\boldsymbol{\rho}_1\\ \vdots\\ \boldsymbol{\rho}_s\end{pmatrix},$$

其中 $\boldsymbol{\rho}_i=(l_{i1},\cdots,l_{it})$，$i=1,\cdots,s$，若命题结论不真，$s>t$，则 $\boldsymbol{\rho}_1,\cdots,\boldsymbol{\rho}_s$ 作为 s 个 t 维向量，由本章第一节**定理 3 的推论 1** 知它们线性相关，于是存在一组不全为零的数 $k_1,\cdots,k_s$，满足 $k_1\boldsymbol{\rho}_1+\cdots+k_s\boldsymbol{\rho}_s=\boldsymbol{0}$，用矩阵形式表达便是

$$(k_1,\cdots,k_s)\begin{pmatrix}\boldsymbol{\rho}_1\\ \vdots\\ \boldsymbol{\rho}_s\end{pmatrix}=(k_1\cdots k_s)\boldsymbol{L}=\boldsymbol{0}.$$

用这组不全为零的数 $k_1,\cdots,k_s$ 对向量组 A 作线性组合：

$$(k_1,\cdots,k_s)\begin{pmatrix}\boldsymbol{\alpha}_1\\ \vdots\\ \boldsymbol{\alpha}_s\end{pmatrix}=(k_1,\cdots,k_s)\boldsymbol{A}=(k_1\cdots k_s)\boldsymbol{LB}=\boldsymbol{0B}=\boldsymbol{0},$$

这表明向量组 A 线性相关，与条件矛盾. 因此，必有 $s\leqslant t$.

推论　两个等价的无关向量组所含的向量个数必相同.

二、最大无关组

本章第一节**定理** 5 **的推论**指出，无关向量组的任一部分组必无关. 但一个相关向量组的部分组，可能无关，也可能相关.

如：向量组

$$\boldsymbol{\alpha}_1=\begin{pmatrix}1\\1\end{pmatrix},\boldsymbol{\alpha}_2=\begin{pmatrix}2\\2\end{pmatrix},\boldsymbol{\alpha}_3=\begin{pmatrix}1\\2\end{pmatrix}$$

中，$\boldsymbol{\alpha}_1,\boldsymbol{\alpha}_2$ 线性相关，$\boldsymbol{\alpha}_2,\boldsymbol{\alpha}_3$ 线性无关.

由于单独一个非零向量是线性无关的，因此一个向量组只要不全是零向量，就必定含有无关的部分组. 问题在于它最多可以含有几个无关的向量?

定义 2　设有向量组 T，若存在向量组 A：$\boldsymbol{\alpha}_1,\boldsymbol{\alpha}_2,\cdots,\boldsymbol{\alpha}_r$，($\boldsymbol{\alpha}_1,\boldsymbol{\alpha}_2,\cdots,\boldsymbol{\alpha}_r\in T$)满足：

(1) A：$\boldsymbol{\alpha}_1,\boldsymbol{\alpha}_2,\cdots,\boldsymbol{\alpha}_r$ 线性无关；

(2) 向量 T 中任意 $r+1$ 个向量(如果有的话)都线性相关.

则称向量组 A：$\boldsymbol{\alpha}_1,\boldsymbol{\alpha}_2,\cdots,\boldsymbol{\alpha}_r$ 是向量组 T 的最大线性无关组(**maximal linearly independent subset**)，简称为最大无关组. 最大线性无关组也称为极大线性无关组，简称为极大无关组.

定理 2　最大无关组有以下性质：

(1) 不唯一性：一个向量组的最大无关组可以有多个；

(2) 等价性：一个向量组与它的任一最大无关组等价，它的不同最大无关组之间亦彼此等价；

(3) 等量性：一个向量组的所有最大无关组所含的向量个数必相等.

证明　(1) 可以举例验证：取向量组 $\boldsymbol{\alpha}_1=\begin{pmatrix}1\\1\end{pmatrix}$，$\boldsymbol{\alpha}_2=\begin{pmatrix}2\\2\end{pmatrix}$，$\boldsymbol{\alpha}_3=\begin{pmatrix}1\\2\end{pmatrix}$，显然，$\boldsymbol{\alpha}_2$，$\boldsymbol{\alpha}_3$ 是该向量组的一个最大无关组，同时 $\boldsymbol{\alpha}_1$，$\boldsymbol{\alpha}_3$ 也是该向量组的一个最大无关组.

(2) 设 A 是 T 的一个最大无关组，则 A 是 T 的一个部分组，显然可以由 T 线性表示. 反之，$\forall \boldsymbol{\alpha}\in T$，若有 $\boldsymbol{\alpha}\in A$，则 $\boldsymbol{\alpha}$ 可由 A 线性表示；若 $\boldsymbol{\alpha}\notin A$，则由定义 2，添入 $\boldsymbol{\alpha}$ 将使 A 变为相关组，于是由本章第一节的定理 4，亦知 $\boldsymbol{\alpha}$ 可由 A 线性表示. 因此 T 可由 A 线性表示，从而 A 与 T 等价. 进而，若 A、B 都是 T 的最大无关组，则 A、B 都与 T 等价. 由等价关系的传递性，知 A 与 B 等价.

(3) 若 A、B 都是 T 的最大无关组，则是彼此等价的两个无关向量组，由定理 1 之推论，知它们必含有同样多的向量.

由此可知，一个向量组的最大无关组可以不唯一，但最多可以有几个向量线性无关，却是唯一的，这是向量组本身所固有的性质.

三、向量组的秩

定义 3　向量组 T 的任一最大无关组所含向量的个数称为向量组 T 的秩，记作 $R(T)$.

例如：向量组

$$\boldsymbol{\alpha}_1=\begin{pmatrix}1\\1\end{pmatrix},\boldsymbol{\alpha}_2=\begin{pmatrix}2\\2\end{pmatrix},\boldsymbol{\alpha}_3=\begin{pmatrix}1\\2\end{pmatrix}$$

的秩为 2.

根据这个定义，求一个向量组的秩，关键在于求它的一个最大无关组. 下面先介绍几个与秩有关的定理.

如果向量组 T 含有 s 个向量，则显然有 $R(T)\leqslant s$. 因而有：

定理 3　含有 s 个向量的向量组 T 是线性无关组当且仅当 $R(T)=s$.

这个命题等价于"向量组 T 是相关组当且仅当 $R(T)<s$". 因此，称无关组是**满秩**的，而相关组是**降秩**的. 满秩向量组只有唯一的最大无关

组，即其本身；但反之未必然.

定理 4　若向量组 A 可以由向量组 B 表示，则 $R(A)\leqslant R(B)$.

证明　分别取 A、B 的一个最大无关组$\hat{A}$、$\hat{B}$，则$\hat{A}$与 A 等价、$\hat{B}$与 B 等价，从而$\hat{A}$可由$\hat{B}$表示，根据定理 1，可知$\hat{A}$所含的向量个数不会超过$\hat{B}$，而$\hat{A}$、$\hat{B}$所含的向量个数分别就是 A、B 的秩，因此 $R(A)\leqslant R(B)$.

推论 1　设向量组 A 和向量组 B 等价，则 $R(A)=R(B)$，即等价的向量组等秩.

证明　这是因为等价向量组可以互相线性表示，由**定理 4** 可知结论成立.

例 3　设矩阵

$$\boldsymbol{A}=\begin{pmatrix}0 & 3 & -6 & 6 & 4 & -5\\ 3 & -7 & 8 & -5 & 8 & 9\\ 3 & -9 & 12 & -9 & 6 & 15\end{pmatrix},令\ S=\{\boldsymbol{x}\in\mathbf{R}^2\mid \boldsymbol{Ax}=\boldsymbol{0}\},$$

求向量组 S 的秩，并找一组最大无关组.

解　找 $\boldsymbol{Ax}=\boldsymbol{0}$ 的解，

$$\boldsymbol{B}=(\boldsymbol{A}\ \vdots\ \boldsymbol{0})=\begin{pmatrix}0 & 3 & -6 & 6 & 4 & -5 & \vdots & 0\\ 3 & -7 & 8 & -5 & 8 & 9 & \vdots & 0\\ 3 & -9 & 12 & -9 & 6 & 15 & \vdots & 0\end{pmatrix}$$

$$\xrightarrow{r_3\leftrightarrow r_1}\begin{pmatrix}3 & -9 & 12 & -9 & 6 & 15 & \vdots & 0\\ 3 & -7 & 8 & -5 & 8 & 9 & \vdots & 0\\ 0 & 3 & -6 & 6 & 4 & -5 & \vdots & 0\end{pmatrix}$$

$$\xrightarrow{r_2-r_1}\begin{pmatrix}3 & -9 & 12 & -9 & 6 & 15 & \vdots & 0\\ 0 & 2 & -4 & 4 & 2 & -6 & \vdots & 0\\ 0 & 3 & -6 & 6 & 4 & -5 & \vdots & 0\end{pmatrix}$$

$$\xrightarrow[r_3-3r_2]{\substack{r_1\div 3\\ r_2\div 2}}\begin{pmatrix}1 & -3 & 4 & -3 & 2 & 5 & \vdots & 0\\ 0 & 1 & -2 & 2 & 1 & -3 & \vdots & 0\\ 0 & 0 & 0 & 0 & 1 & 4 & \vdots & 0\end{pmatrix}$$

$$\xrightarrow[\substack{r_1-5r_3\\ r_2-r_3}]{r_1+3r_2}\begin{pmatrix}1 & 0 & -2 & 3 & 0 & -24 & \vdots & 0\\ 0 & 1 & -2 & 2 & 0 & -7 & \vdots & 0\\ 0 & 0 & 0 & 0 & 1 & 4 & \vdots & 0\end{pmatrix},$$

即

$$\begin{cases} x_1=2x_3-3x_4+24x_6, \\ x_2=2x_3-2x_4+7x_6, \\ x_3=x_3, \\ x_4=\qquad x_4, \\ x_5=\qquad -4x_6, \\ x_6=\qquad x_6. \end{cases}$$

写成向量形式，

$$\boldsymbol{x}=\begin{pmatrix} x_1 \\ x_2 \\ x_3 \\ x_4 \\ x_5 \\ x_6 \end{pmatrix}=\begin{pmatrix} 2x_3-3x_4+24x_6 \\ 2x_3-2x_4+7x_6 \\ x_3 \\ x_4 \\ -4x_6 \\ x_6 \end{pmatrix}=x_3\underbrace{\begin{pmatrix} 2 \\ 2 \\ 1 \\ 0 \\ 0 \\ 0 \end{pmatrix}}_{\boldsymbol{\xi}_1}+x_4\underbrace{\begin{pmatrix} -3 \\ -2 \\ 0 \\ 1 \\ 0 \\ 0 \end{pmatrix}}_{\boldsymbol{\xi}_2}+x_6\underbrace{\begin{pmatrix} 24 \\ 7 \\ 0 \\ 0 \\ -4 \\ 1 \end{pmatrix}}_{\boldsymbol{\xi}_3},$$

考考你：

观察例 3 有 $R(\mathbf{A})+R(S)=6$，这是偶然吗？

自由未知量 x_3,x_4,x_6 为组合系数，另一方面为结果向量的分量. 故欲组合出零向量，需 $x_3=x_4=x_6=0$，从而$\{\boldsymbol{\xi}_1,\boldsymbol{\xi}_2,\boldsymbol{\xi}_3\}$线性无关. 我们有$\{\boldsymbol{\xi}_1,\boldsymbol{\xi}_2,\boldsymbol{\xi}_3\}\sim S$，$\{\boldsymbol{\xi}_1,\boldsymbol{\xi}_2,\boldsymbol{\xi}_3\}$为向量组 S 的最大无关组. 显然 $R(S)=3$.

四、矩阵的秩与向量组的秩的关系

定义 4 设 $\mathbf{A}$ 为 $m\times n$ 实矩阵，记作 $\mathbf{A}\in\mathbf{R}_{m\times n}$，分别按列和按行分块，记作

$$\mathbf{A}=(\boldsymbol{\alpha}_1,\cdots,\boldsymbol{\alpha}_n)\text{和}\mathbf{A}=\begin{pmatrix} \boldsymbol{\omega}_1 \\ \vdots \\ \boldsymbol{\omega}_m \end{pmatrix},$$

n 个 m 维列向量组成的向量组：$\boldsymbol{\alpha}_1,\cdots,\boldsymbol{\alpha}_n$ 的秩称为 $\mathbf{A}$ 的列秩，记作 $R_L(\mathbf{A})$；m 个 n 维行向量组成的向量组：$\boldsymbol{\omega}_1,\cdots,\boldsymbol{\omega}_m$ 的秩称为 $\mathbf{A}$ 的行秩，记作 $R_H(\mathbf{A})$.

定理 5 矩阵的秩等于它的**行向量组**的秩，也等于它的**列向量组**的秩.

证明 以行向量组为例加以证明. 假设

$$\mathbf{A}_{m\times n}=\begin{pmatrix} a_{11} & a_{12} & \cdots & a_{1n} \\ a_{21} & a_{22} & \cdots & a_{2n} \\ \vdots & \vdots & & \vdots \\ a_{m1} & a_{m2} & \cdots & a_{mn} \end{pmatrix}=\begin{pmatrix} \boldsymbol{\alpha}_1 \\ \boldsymbol{\alpha}_2 \\ \vdots \\ \boldsymbol{\alpha}_m \end{pmatrix}\text{，且 } R(\mathbf{A}_{m\times n})=r.$$

根据 $R(\mathbf{A}_{m\times n})=r$ 的定义知：$\mathbf{A}_{m\times n}$的最高非零子式 D_r 所在的 r 个行

向量 $\boldsymbol{\alpha}_1,\boldsymbol{\alpha}_2,\cdots,\boldsymbol{\alpha}_r$ 线性无关，而 $\boldsymbol{A}_{m\times n}$ 的所有 $r+1$ 个行向量线性相关，因此

$$\boldsymbol{\alpha}_1,\boldsymbol{\alpha}_2,\cdots,\boldsymbol{\alpha}_r$$

是 $\boldsymbol{A}_{m\times n}$ 行向量组 $\boldsymbol{\alpha}_1,\boldsymbol{\alpha}_2,\cdots,\boldsymbol{\alpha}_m$ 的最大无关组，因此

$$R\{\text{行向量组}\}=r=R(\boldsymbol{A}_{m\times n}).$$

推论 2　给定向量组 A：$\boldsymbol{\alpha}_1,\boldsymbol{\alpha}_2,\cdots,\boldsymbol{\alpha}_n$，记

$$\boldsymbol{A}'=(\boldsymbol{\alpha}_1,\quad \boldsymbol{\alpha}_2,\quad \cdots\quad ,\boldsymbol{\alpha}_n),$$

则

$$R(A)=R(\boldsymbol{A}').$$

即看成向量组与看成矩阵有相同的秩.

推论 3　设 $R(\boldsymbol{A}_{m\times n})=r$，$D_r$ 为 $\boldsymbol{A}_{m\times n}$ 的最高非零子式，则

(1) D_r 所在的 r 行构成矩阵 $\boldsymbol{A}_{m\times n}$ 的行向量组的最大线性无关组；

(2) D_r 所在的 r 列构成矩阵 $\boldsymbol{A}_{m\times n}$ 的列向量组的最大线性无关组.

五、求向量组的秩及其最大无关组

我们通常用矩阵的秩来讨论有关向量组的秩、求最大无关组、求线性表示式等问题.

已给向量组 $\boldsymbol{\alpha}_1,\boldsymbol{\alpha}_2,\cdots,\boldsymbol{\alpha}_n$，求向量组 $\boldsymbol{\alpha}_1,\boldsymbol{\alpha}_2,\cdots,\boldsymbol{\alpha}_n$ 的最大无关组的方法：

对矩阵 $\boldsymbol{A}=(\boldsymbol{\alpha}_1,\boldsymbol{\alpha}_2,\cdots,\boldsymbol{\alpha}_n)$ 施以初等行变换，直到变成行最简形矩阵，此时，单位向量所对应的向量就是最大无关组.

例 4　求向量组 $\boldsymbol{\alpha}_1=(1,4,1,0)^{\mathrm{T}}$，$\boldsymbol{\alpha}_2=(2,1,-1,-3)^{\mathrm{T}}$，$\boldsymbol{\alpha}_3=(1,0,-3,-1)^{\mathrm{T}}$，$\boldsymbol{\alpha}_4=(0,2,-6,3)^{\mathrm{T}}$ 的秩和一个最大无关组，并以之表示组中的其他向量.

解　用初等行变换求秩：将所给向量分别转置为列向量再组成矩阵，并施以行变换.

将以 $\boldsymbol{\alpha}_1,\boldsymbol{\alpha}_2,\boldsymbol{\alpha}_3,\boldsymbol{\alpha}_4$ 为列向量的矩阵施以行变换：

$$\boldsymbol{A}=(\boldsymbol{\alpha}_1,\boldsymbol{\alpha}_2,\boldsymbol{\alpha}_3,\boldsymbol{\alpha}_4)=\begin{pmatrix}1&2&1&0\\4&1&0&2\\1&-1&-3&-6\\0&-3&-1&3\end{pmatrix}\xrightarrow[r_3-r_1]{r_2-4r_1}\begin{pmatrix}1&2&1&0\\0&-7&-4&2\\0&-3&-4&-6\\0&-3&-1&3\end{pmatrix}$$

$$\xrightarrow[r_3-r_4]{r_2-2r_4}\begin{pmatrix}1&2&1&0\\0&-1&-2&-4\\0&0&-3&-9\\0&-3&-1&3\end{pmatrix}\xrightarrow[\substack{r_2\div(-1)\\ r_3\div(-3)}]{\substack{r_1+2r_2\\ r_4-3r_2}}\begin{pmatrix}1&0&-3&-8\\0&1&2&4\\0&0&1&3\\0&0&5&15\end{pmatrix}$$

$$\xrightarrow[r_4-5r_3]{\substack{r_1+3r_3\\ r_2-2r_3}}\begin{pmatrix}1&0&0&1\\0&1&0&-2\\0&0&1&3\\0&0&0&0\end{pmatrix}\Rightarrow \boldsymbol{\alpha}_4=\boldsymbol{\alpha}_1-2\boldsymbol{\alpha}_2+3\boldsymbol{\alpha}_3,$$

可见向量组的秩为 3，可取 $\boldsymbol{\alpha}_1,\boldsymbol{\alpha}_2,\boldsymbol{\alpha}_3$ 为一个最大无关组. 注意到方程组 $x_1\boldsymbol{\alpha}_1+x_2\boldsymbol{\alpha}_2+x_3\boldsymbol{\alpha}_3=\boldsymbol{\alpha}_4$ 的增广矩阵正好就是 $\boldsymbol{A}$，就可以理解这个做法的原理和结果了.

例 5 求 $\boldsymbol{\alpha}_1=\begin{pmatrix}2\\4\\2\end{pmatrix},\boldsymbol{\alpha}_2=\begin{pmatrix}1\\1\\0\end{pmatrix},\boldsymbol{\alpha}_3=\begin{pmatrix}2\\3\\1\end{pmatrix},\boldsymbol{\alpha}_4=\begin{pmatrix}3\\5\\2\end{pmatrix}$ 的最大无关组，并将其余向量用该最大无关组线性表示.

解

$$\boldsymbol{A}=\begin{pmatrix}2&1&2&3\\4&1&3&5\\2&0&1&2\end{pmatrix}\rightarrow\begin{pmatrix}1&0&1/2&1\\0&1&1&1\\0&0&0&0\end{pmatrix}=\boldsymbol{A}'=(\boldsymbol{\beta}_1,\boldsymbol{\beta}_2,\boldsymbol{\beta}_3,\boldsymbol{\beta}_4).$$

显然在向量组 $\boldsymbol{\beta}_1,\boldsymbol{\beta}_2,\boldsymbol{\beta}_3,\boldsymbol{\beta}_4$ 中，$\boldsymbol{\beta}_1,\boldsymbol{\beta}_2$ 为极大无关组，

$$\boldsymbol{\beta}_3=\frac{1}{2}\boldsymbol{\beta}_1+\boldsymbol{\beta}_2,\boldsymbol{\beta}_4=\boldsymbol{\beta}_1+\boldsymbol{\beta}_2.$$

从而，在原向量组中 $\boldsymbol{\alpha}_1,\boldsymbol{\alpha}_2$ 为极大无关组，

$$\boldsymbol{\alpha}_3=\frac{1}{2}\boldsymbol{\alpha}_1+\boldsymbol{\alpha}_2,\boldsymbol{\alpha}_4=\boldsymbol{\alpha}_1+\boldsymbol{\alpha}_2.$$

六、矩阵运算与秩

上面讨论了矩阵的初等变换与秩的关系，下面讨论一下矩阵的其他运算与秩的关系.

定理 6 矩阵的代数运算与秩有如下的关系：

(1) 设 $\boldsymbol{A}$ 与 $\boldsymbol{B}$ 可加，则有 $R(\boldsymbol{A})-R(\boldsymbol{B})\leqslant R(\boldsymbol{A}+\boldsymbol{B})\leqslant R(\boldsymbol{A})+R(\boldsymbol{B})$；

(2) $R(k\boldsymbol{A})=R(\boldsymbol{A})(k\neq 0)$；

(3) 设 $\boldsymbol{A}$ 与 $\boldsymbol{B}$ 可乘，则 $R(\boldsymbol{AB})\leqslant\min(R(\boldsymbol{A}),R(\boldsymbol{B}))$；

(4) $R(\boldsymbol{A}^{\mathrm{T}})=R(\boldsymbol{A})$；

(5) 若 $\boldsymbol{A}$ 为 n 阶可逆阵，则 $R(\boldsymbol{A}^{-1})=R(\boldsymbol{A})=n$；

(6) 若 $\boldsymbol{A}$ 是分块对角阵：$\boldsymbol{A}=\mathrm{diag}(\boldsymbol{A}_1,\cdots,\boldsymbol{A}_k)$，则有 $R(\boldsymbol{A})=\sum\limits_{i=1}^{k}R(\boldsymbol{A}_i)$.

证明 (2)、(4)、(5)是显然的，我们证明其余三条：

(1) 设 $\boldsymbol{A},\boldsymbol{B}\in\mathbf{R}_{m\times n}$,记作

$$\boldsymbol{A}=(\boldsymbol{\alpha}_1,\cdots,\boldsymbol{\alpha}_n),\quad \boldsymbol{B}=(\boldsymbol{\beta}_1,\cdots,\boldsymbol{\beta}_n),$$

即将 $\boldsymbol{A},\boldsymbol{B}$ 分别按列分块,再记

$$\boldsymbol{C}=(\boldsymbol{\alpha}_1,\cdots,\boldsymbol{\alpha}_n,\boldsymbol{\beta}_1,\cdots,\boldsymbol{\beta}_n),$$

即两个向量组的并集. 因为 $\boldsymbol{C}$ 中的向量能由 $\boldsymbol{A}$ 或 $\boldsymbol{B}$ 表示,故有 $R(\boldsymbol{C})\leqslant R(\boldsymbol{A})+R(\boldsymbol{B})$. 由于

$$\boldsymbol{A}+\boldsymbol{B}=(\boldsymbol{\alpha}_1+\boldsymbol{\beta}_1,\cdots,\boldsymbol{\alpha}_n+\boldsymbol{\beta}_n),$$

它的列向量能由 $\boldsymbol{C}$ 表示,故得右端不等式:$R(\boldsymbol{A}+\boldsymbol{B})\leqslant R(\boldsymbol{C})\leqslant R(\boldsymbol{A})+R(\boldsymbol{B})$.

又记 $\boldsymbol{D}=\boldsymbol{A}+\boldsymbol{B}$,则 $\boldsymbol{A}=\boldsymbol{D}-\boldsymbol{B}$. 由上知,

$R(\boldsymbol{A})=R(\boldsymbol{D}-\boldsymbol{B})\leqslant R(\boldsymbol{D})+R(-\boldsymbol{B})=R(\boldsymbol{D})+R(\boldsymbol{B})=R(\boldsymbol{A}+\boldsymbol{B})+R(\boldsymbol{B})$,

移项便得左端不等式.

(3) 记 $\boldsymbol{A}=(a_{ij})_{m\times s},\boldsymbol{B}=(b_{ij})_{s\times n},\boldsymbol{AB}=\boldsymbol{C}=(c_{ij})_{m\times n}$,一方面,将 $\boldsymbol{A}$、$\boldsymbol{C}$ 分别按列分块,记作 $(\boldsymbol{C}_1,\cdots,\boldsymbol{C}_n)=(\boldsymbol{A}_1,\cdots,\boldsymbol{A}_s)\boldsymbol{B}$,这表明 $\boldsymbol{C}$ 的列向量组可以由 $\boldsymbol{A}$ 的列向量组线性表示,$\boldsymbol{B}$ 为表示矩阵,从而 $R(\boldsymbol{C})\leqslant R(\boldsymbol{A})$. 另一方面,将 $\boldsymbol{B}$、$\boldsymbol{C}$ 分别按行分块,记作

$$\begin{pmatrix}\boldsymbol{\gamma}_1\\ \vdots\\ \boldsymbol{\gamma}_m\end{pmatrix}=\boldsymbol{A}\begin{pmatrix}\boldsymbol{\beta}_1\\ \vdots\\ \boldsymbol{\beta}_s\end{pmatrix},$$

这表明 $\boldsymbol{C}$ 的行向量组可以由 $\boldsymbol{B}$ 的行向量组线性表示,$\boldsymbol{A}$ 为表示矩阵,从而 $R(\boldsymbol{C})\leqslant R(\boldsymbol{B})$. 综上所述,$R(\boldsymbol{C})\leqslant\min(R(\boldsymbol{A}),R(\boldsymbol{B}))$.

(6) 不妨设 $\boldsymbol{A}=\begin{pmatrix}\boldsymbol{A}_k & \boldsymbol{O}\\ \boldsymbol{O} & \boldsymbol{A}_l\end{pmatrix}$,其中 $\boldsymbol{A}_k$、$\boldsymbol{A}_l$ 分别为 k 阶、l 阶方阵. 由于 $\boldsymbol{A}$ 的前 k 行的后 l 个分量全是 0,$\boldsymbol{A}$ 的后 l 行的前 k 个分量全是 0,故 $\boldsymbol{A}$ 的前 k 行中任一向量均不能由后 l 行线性表示,后 l 行中任一向量亦不能由前 k 行线性表示,于是 $\boldsymbol{A}$ 的前 k 行的任一极大无关组与后 l 行的任一极大无关组的并集仍是一线性无关组,且可表示 $\boldsymbol{A}$ 的所有行向量,因而是 $\boldsymbol{A}$ 的行向量组的极大无关组,故得出结论 $R(\boldsymbol{A})=R(\boldsymbol{A}_k)+R(\boldsymbol{A}_l)$. 分为多块时的情形也类似.(用最大非零子式或初等变换保秩也可证明本结论,读者可试为之.)

例 6　证明:若 $\boldsymbol{AB}=\boldsymbol{C}$,且 $\boldsymbol{A}$ 为可逆阵,则 $R(\boldsymbol{C})=R(\boldsymbol{B})$.

证明　因 $\boldsymbol{A}$ 可逆,故 $\boldsymbol{A}$ 可表为若干初等矩阵之积,记作 $\boldsymbol{A}=\boldsymbol{P}_1\cdots\boldsymbol{P}_k$,于是有 $\boldsymbol{C}=\boldsymbol{AB}=\boldsymbol{P}_1\cdots\boldsymbol{P}_k\boldsymbol{B}$,这等于对 $\boldsymbol{B}$ 做了若干次行初等变换,由初等变换的保秩性知有 $R(\boldsymbol{C})=R(\boldsymbol{B})$.(若 $\boldsymbol{A}$ 乘在右边,则相当于右乘初等矩

阵，对 $\boldsymbol{B}$ 做了若干次列初等变换，秩也不变.）

第三节　线性方程组解的结构

在上一章中，我们已经介绍了用矩阵的初等变换解线性方程组的方法，并得到了两个重要结论，即

（1）n 个未知量的齐次线性方程组 $\boldsymbol{Ax}=\boldsymbol{0}$ 有非零解的充分必要条件是系数矩阵的秩 $R(\boldsymbol{A})<n$.

（2）n 个未知量的非齐次线性方程组 $\boldsymbol{Ax}=\boldsymbol{b}$ 有解的充分必要条件是系数矩阵 $\boldsymbol{A}$ 的秩等于增广矩阵 $\boldsymbol{B}$ 的秩，且当 $R(\boldsymbol{A})=R(\boldsymbol{B})=n$ 时方程组有唯一解，当 $R(\boldsymbol{A})=R(\boldsymbol{B})=r<n$ 时方程组有无穷多个解.

下面我们用向量组线性相关的理论来讨论线性方程组的解.

历史点滴：

n 维向量空间（或称 n 维线性空间）的概念来源于几何. 17 世纪，法国数学家笛卡尔创立了解析几何，使人们有了 2、3 维向量空间理论. 19 世纪，皮亚诺(Peano 1958—1932)第一次提出了实数域上向量空间的公理化定义，它的提出对线性代数学的发展起了极大的推动作用.

一、向量空间的概念

1. 向量空间

定义 1　设 V 是 n 维向量的非空集合，且满足：

（1）$\forall \boldsymbol{\alpha},\boldsymbol{\beta}\in V$，　$\boldsymbol{\alpha}+\boldsymbol{\beta}\in V$；

（2）$\forall \boldsymbol{\alpha}\in V, k\in \mathbf{R}, k\boldsymbol{\alpha}\in V$，其中 $\mathbf{R}$ 是实数集.

那么称 V 为向量空间(**vector space**). 如果向量空间 V_1, V_2 满足 $V_1\subseteq V_2$，则称 V_1 是 V_2 的子空间(**subspace**).

例 1　设 $\mathbf{R}^n=\{(x_1,x_2,\cdots,x_n)^{\mathrm{T}}\mid x_i\in\mathbf{R}, i=1,2,\cdots,n\}$，则 $\mathbf{R}^n$ 为一个向量空间.

解　$\boldsymbol{\alpha}+\boldsymbol{\beta}\in V, k\boldsymbol{\alpha}\in V$. 所以由向量空间的定义，$\mathbf{R}^n$ 为一向量空间.

特别注意：

① 任意 n 维向量构成的向量空间 V 都是 $\mathbf{R}^n$ 的子空间.

② $V=\{0\}$ 为向量空间.

③ 任何向量空间一定要包含零向量.

例 2　对 $m\times n$ 矩阵 $\boldsymbol{A}_{m\times n}$，记 $N(\boldsymbol{A})=\{\boldsymbol{x}\in\mathbf{R}^n \mid \boldsymbol{Ax}=\boldsymbol{0}\}$，则 $N(\boldsymbol{A})$ 为一向量空间.

解　$\boldsymbol{0}\in N(\boldsymbol{A})$，故 $N(\boldsymbol{A})$ 非空. 又

$$\boldsymbol{\alpha},\boldsymbol{\beta}\in N(\boldsymbol{A})\Leftrightarrow \left.\begin{array}{c}\boldsymbol{A\alpha}=\boldsymbol{0}, \boldsymbol{A\beta}=\boldsymbol{0}\\ \boldsymbol{A}(\boldsymbol{\alpha}+\boldsymbol{\beta})=\boldsymbol{A\alpha}+\boldsymbol{A\beta}\end{array}\right\}\Rightarrow \boldsymbol{A}(\boldsymbol{\alpha}+\boldsymbol{\beta})=\boldsymbol{0}\Rightarrow \boldsymbol{\alpha}+\boldsymbol{\beta}\in N(\boldsymbol{A});$$

$$\boldsymbol{A}(k\boldsymbol{\alpha})=k(\boldsymbol{A\alpha})=\boldsymbol{0}\Rightarrow k\boldsymbol{\alpha}\in N(\boldsymbol{A}).$$

所以由向量空间的定义，$N(\boldsymbol{A})$ 为一向量空间.

例 3　$L(\boldsymbol{\alpha}_1,\boldsymbol{\alpha}_2,\cdots,\boldsymbol{\alpha}_n)=\{k_1\boldsymbol{\alpha}_1+k_2\boldsymbol{\alpha}_2+\cdots+k_n\boldsymbol{\alpha}_n \mid k_i\in\mathbf{R},i=1,2,\cdots,n\}$为一向量空间,称为向量组 $\boldsymbol{\alpha}_1,\boldsymbol{\alpha}_2,\cdots,\boldsymbol{\alpha}_n$ 生成的向量空间.

例 4　$A=\left\{\begin{pmatrix}x\\y\end{pmatrix}\middle| x^2+y^2\leqslant 1\right\}$是向量空间吗?

解　A 不是向量空间.

2. 向量空间的基与维数

定义 2　设 V 是向量空间,$\boldsymbol{\alpha}_1,\boldsymbol{\alpha}_2,\cdots,\boldsymbol{\alpha}_r\in V$,若 $\boldsymbol{\alpha}_1,\boldsymbol{\alpha}_2,\cdots,\boldsymbol{\alpha}_r$ 满足:

(1) 向量组 $\boldsymbol{\alpha}_1,\boldsymbol{\alpha}_2,\cdots,\boldsymbol{\alpha}_r$ 线性无关;

(2) $\forall\boldsymbol{\alpha}\in V$,$\boldsymbol{\alpha}$ 可由向量组 $\boldsymbol{\alpha}_1,\boldsymbol{\alpha}_2,\cdots,\boldsymbol{\alpha}_r$ 线性表示.

则称向量组 $\boldsymbol{\alpha}_1,\boldsymbol{\alpha}_2,\cdots,\boldsymbol{\alpha}_r$ 是向量空间 V 的一组基(**basis**),r 称为向量空间 V 的维数(**dimension**),记为 $\dim V=r$.

特别注意:

① 对于 $V=\{\mathbf{0}\}$定义 $\dim V=0$.

② 若 $\dim V=r$,则 V 中向量的维数大于等于 r.

③ 将向量空间看成向量组,则 V 的一组基就是 V 的一个最大无关组.

④ 若 $\boldsymbol{\alpha}_1,\boldsymbol{\alpha}_2,\cdots,\boldsymbol{\alpha}_r$ 为向量空间 V 的一组基,则$\{\boldsymbol{\alpha}_1,\boldsymbol{\alpha}_2,\cdots,\boldsymbol{\alpha}_r\}\sim V$.

⑤ 若 $\boldsymbol{\alpha}_1,\boldsymbol{\alpha}_2,\cdots,\boldsymbol{\alpha}_r$ 为向量空间 V 的一组基,则 $V=L(\boldsymbol{\alpha}_1,\boldsymbol{\alpha}_2,\cdots,\boldsymbol{\alpha}_r)$.

特别提示:

向量空间维数与向量维数是两个不同的概念.

例 5　在下列向量组

$$(1)\begin{pmatrix}1\\0\\0\end{pmatrix},\begin{pmatrix}2\\3\\0\end{pmatrix};\quad(2)\begin{pmatrix}1\\0\\0\end{pmatrix},\begin{pmatrix}2\\3\\0\end{pmatrix},\begin{pmatrix}4\\5\\6\end{pmatrix};\quad(3)\begin{pmatrix}1\\0\\0\end{pmatrix},\begin{pmatrix}2\\3\\0\end{pmatrix},\begin{pmatrix}4\\5\\6\end{pmatrix},\begin{pmatrix}7\\8\\9\end{pmatrix}$$

中,哪些线性无关,但不生成 $\mathbf{R}^3$? 哪些是 $\mathbf{R}^3$ 的一个基? 哪些线性相关,但生成 $\mathbf{R}^3$?

解　向量组(1)线性无关,但不生成 $\mathbf{R}^3$;向量组(2)是 $\mathbf{R}^3$ 的一个基;向量组(3)线性相关,但生成 $\mathbf{R}^3$.

例 6　已知

$$\boldsymbol{\alpha}_1=\begin{pmatrix}1\\1\\1\end{pmatrix},\boldsymbol{\alpha}_2=\begin{pmatrix}-1\\0\\-1\end{pmatrix},\boldsymbol{\alpha}_3=\begin{pmatrix}2\\4\\2\end{pmatrix},\boldsymbol{\alpha}_4=\begin{pmatrix}1\\1\\2\end{pmatrix},\boldsymbol{\alpha}_5=\begin{pmatrix}0\\6\\3\end{pmatrix},$$

求 $V=L(\boldsymbol{\alpha}_1,\boldsymbol{\alpha}_2,\cdots,\boldsymbol{\alpha}_5)$的基与维数.

解　找 $\boldsymbol{\alpha}_1,\boldsymbol{\alpha}_2,\cdots,\boldsymbol{\alpha}_5$ 的最大无关组即可.

$$
\begin{matrix} \boldsymbol{\alpha}_1 & \boldsymbol{\alpha}_2 & \boldsymbol{\alpha}_3 & \boldsymbol{\alpha}_4 & \boldsymbol{\alpha}_5 \end{matrix} \qquad \begin{matrix} \widetilde{\boldsymbol{\alpha}}_1 & \widetilde{\boldsymbol{\alpha}}_2 & \widetilde{\boldsymbol{\alpha}}_3 & \widetilde{\boldsymbol{\alpha}}_4 & \widetilde{\boldsymbol{\alpha}}_5 \end{matrix}
$$

$$
\begin{pmatrix} 1 & -1 & 2 & 1 & 0 \\ 1 & 0 & 4 & 1 & 6 \\ 1 & -1 & 2 & 2 & 3 \end{pmatrix} \xrightarrow{r} \begin{pmatrix} 1 & 0 & 4 & 0 & 3 \\ 0 & 1 & 2 & 0 & 6 \\ 0 & 0 & 0 & 1 & 3 \end{pmatrix}
$$

故$\{\boldsymbol{\alpha}_1,\boldsymbol{\alpha}_2,\boldsymbol{\alpha}_4\}$为向量组$\boldsymbol{\alpha}_1,\boldsymbol{\alpha}_2,\cdots,\boldsymbol{\alpha}_5$的最大无关组，$\{\boldsymbol{\alpha}_1,\boldsymbol{\alpha}_2,\boldsymbol{\alpha}_4\}$就是

$$V=L(\boldsymbol{\alpha}_1,\boldsymbol{\alpha}_2,\cdots,\boldsymbol{\alpha}_5)$$

的基，因$\{\boldsymbol{\alpha}_1,\boldsymbol{\alpha}_2,\boldsymbol{\alpha}_4\}$无关，且

$$\boldsymbol{\alpha}_3=4\boldsymbol{\alpha}_1+2\boldsymbol{\alpha}_2,\boldsymbol{\alpha}_5=3\boldsymbol{\alpha}_1+6\boldsymbol{\alpha}_2+3\boldsymbol{\alpha}_4.$$

故对任何

$$\boldsymbol{\alpha}=k_1\boldsymbol{\alpha}_1+k_2\boldsymbol{\alpha}_2+k_3\boldsymbol{\alpha}_3+k_4\boldsymbol{\alpha}_4+k_5\boldsymbol{\alpha}_5\in V=L(\boldsymbol{\alpha}_1,\boldsymbol{\alpha}_2,\cdots,\boldsymbol{\alpha}_5),$$

总有

$$\boldsymbol{\alpha}=k_1\boldsymbol{\alpha}_1+k_2\boldsymbol{\alpha}_2+k_3(4\boldsymbol{\alpha}_1+2\boldsymbol{\alpha}_2)+k_4\boldsymbol{\alpha}_4+k_5(3\boldsymbol{\alpha}_1+6\boldsymbol{\alpha}_2+3\boldsymbol{\alpha}_4).$$

所以$V=L(\boldsymbol{\alpha}_1,\boldsymbol{\alpha}_2,\cdots,\boldsymbol{\alpha}_5)$的基为$\{\boldsymbol{\alpha}_1,\boldsymbol{\alpha}_2,\boldsymbol{\alpha}_4\}$，维数为3.

二、齐次线性方程组解的结构

设有n元齐次线性方程组

$$
\begin{cases} a_{11}x_1+a_{12}x_2+\cdots+a_{1n}x_n=0, \\ a_{21}x_1+a_{22}x_2+\cdots+a_{2n}x_n=0, \\ \cdots\cdots\cdots\cdots \\ a_{m1}x_1+a_{m2}x_2+\cdots+a_{mn}x_n=0. \end{cases} \tag{1}
$$

记$\mathbf{A}=(a_{ij})_{m\times n}$，$\boldsymbol{x}=(x_1,x_2,\cdots,x_n)^{\mathrm{T}}$，则(1)可写成

$$\mathbf{A}\boldsymbol{x}=\mathbf{0} \tag{2}$$

如果$x_1=\xi_{11},x_2=\xi_{21},\cdots,x_n=\xi_{n1}$是(2)的解，则

$$\boldsymbol{x}=\boldsymbol{\xi}_1=(\xi_{11},\xi_{21},\cdots,\xi_{n1})^{\mathrm{T}}$$

称为(1)的解向量，自然它也是(2)的解. 根据(2)容易验证解向量有下列性质：

性质 1　若$\boldsymbol{\xi}_1,\boldsymbol{\xi}_2$是(2)的解，则$\boldsymbol{\xi}_1+\boldsymbol{\xi}_2$也是(2)的解.

证明　只要验证$\boldsymbol{x}=\boldsymbol{\xi}_1+\boldsymbol{\xi}_2$满足方程(2)：

$$\mathbf{A}(\boldsymbol{\xi}_1+\boldsymbol{\xi}_2)=\mathbf{A}\boldsymbol{\xi}_1+\mathbf{A}\boldsymbol{\xi}_2=\mathbf{0}+\mathbf{0}=\mathbf{0}.$$

性质 2　若$\boldsymbol{\xi}$是(2)的解，k是任意实数，则$k\boldsymbol{\xi}$是(2)的解.

证明　$\mathbf{A}(k\boldsymbol{\xi})=k\mathbf{A}\boldsymbol{\xi}=k\mathbf{0}=\mathbf{0}.$

证毕.

定义 3　设$\mathbf{A}$为$m\times n$矩阵，方程组$\mathbf{A}\boldsymbol{x}=\mathbf{0}$的全体解所组成的集合$N(\mathbf{A})=\{\boldsymbol{x}\in\mathbf{R}^n\,|\,\mathbf{A}\boldsymbol{x}=\mathbf{0}\}$，称为齐次线性方程组(1)的**解空间**.

如果能求得**解空间** $N(\boldsymbol{A})=\{\boldsymbol{x}\in\mathbf{R}^n \mid \boldsymbol{A}\boldsymbol{x}=\boldsymbol{0}\}$ 的一个最大无关组 $\boldsymbol{\xi}_1$，$\boldsymbol{\xi}_2,\cdots,\boldsymbol{\xi}_t$，那么方程 $\boldsymbol{A}\boldsymbol{x}=\boldsymbol{0}$ 的任一解都可由最大无关组 $\boldsymbol{\xi}_1,\boldsymbol{\xi}_2,\cdots,\boldsymbol{\xi}_t$ 线性表示；另一方面，由上述性质 1，2 可知，最大无关组 S_0 的任何线性组合

$$\boldsymbol{x}=k_1\boldsymbol{\xi}_1+k_2\boldsymbol{\xi}_2+\cdots+k_t\boldsymbol{\xi}_t$$

都是方程 $\boldsymbol{A}\boldsymbol{x}=\boldsymbol{0}$ 的解，因此上式便是方程 $\boldsymbol{A}\boldsymbol{x}=\boldsymbol{0}$ 的通解.

定义 4 设 $\boldsymbol{A}$ 为 $m\times n$ 矩阵，齐次线性方程组 $\boldsymbol{A}\boldsymbol{x}=\boldsymbol{0}$ 解集 $N(\boldsymbol{A})=\{\boldsymbol{x}\in\mathbf{R}^n \mid \boldsymbol{A}\boldsymbol{x}=\boldsymbol{0}\}$ 的最大无关组 $\boldsymbol{\xi}_1,\boldsymbol{\xi}_2,\cdots,\boldsymbol{\xi}_t$，称为 $\boldsymbol{A}\boldsymbol{x}=\boldsymbol{0}$ 的基础解系.

显然，只有当齐次线性方程组 $\boldsymbol{A}\boldsymbol{x}=\boldsymbol{0}$ 存在非零解时，才会存在基础解系. 要求齐次线性方程组的通解，只需求出它的基础解系.

关于基础解系，有以下定理.

定理 1 设 $\boldsymbol{A}$ 为 $m\times n$ 矩阵，$R(\boldsymbol{A})=r<n$，则 n 元齐次线性方程组 $\boldsymbol{A}\boldsymbol{x}=\boldsymbol{0}$ 存在基础解系，并且它的任一个基础解系均由 $n-r$ 个解组成.

证明 无妨设 $\boldsymbol{A}$ 左上角的 r 阶子方阵非奇异，则方程组(1)可以改写成

$$\begin{cases} a_{11}x_1+\cdots+a_{1r}x_r=-a_{1r+1}x_{r+1}-\cdots-a_{1n}x, \\ \cdots\cdots\cdots\cdots \\ a_{r1}x_1+\cdots+a_{rr}x_r=-a_{rr+1}x_{r+1}-\cdots-a_{rn}x_n. \end{cases} \tag{3}$$

把 $x_{r+1},\cdots,x_n$ 的任意一组值代入(3)，根据克拉默法则就唯一地确定了(3)的一个解 $x_1,\cdots,x_r$. 把它同取定的 $x_{r+1},\cdots,x_n$ 合在一起，就确定了(2)的一个解向量. 换言之，对于方程组(1)的任意两个解向量，只要它们的后 $n-r$ 各分量相同，则前 r 个分量也相同，从而两个解向量就完全一样.

在(3)中分别取

$$(x_{r+1},\cdots,x_n)=(1,0,\cdots,0),(0,1,\cdots,0),\cdots,(0,0,\cdots,1), \tag{4}$$

这样 $n-r$ 组值，就得到了(2)的 $n-r$ 个解向量.

$$\begin{aligned} \boldsymbol{\eta}_1&=(c_{11},\cdots,c_{1r},1,0,\cdots,0)^{\mathrm{T}}, \\ \boldsymbol{\eta}_2&=(c_{21},\cdots,c_{2r},0,1,\cdots,0)^{\mathrm{T}}, \\ &\cdots\cdots\cdots\cdots \\ \boldsymbol{\eta}_{n-r}&=(c_{n-r,1},\cdots,c_{n-r,r},0,0,\cdots,1)^{\mathrm{T}}. \end{aligned} \tag{5}$$

现在来证明(5)就是(2)解集的基础解系.

首先，由向量组(4)的线性无关及**线性无关的向量组接长后仍无关**知向量组(5)线性无关.

其次，证(2)的任一组解向量可由向量组(5)线性表示. 设

$$\boldsymbol{\eta}=(c_1,\cdots,c_r,c_{r+1},\cdots,c_n)$$

是(2)的任一解向量，由于 $\boldsymbol{\eta}_1,\boldsymbol{\eta}_2,\cdots,\boldsymbol{\eta}_{n-r}$ 是(2)的解向量，所以它们的线性组合

$$c_{r+1}\boldsymbol{\eta}_1+c_{r+2}\boldsymbol{\eta}_2+\cdots+c_n\boldsymbol{\eta}_{n-r}$$

也是(2)的解向量，并且它的后 $n-r$ 个分量同 $\boldsymbol{\eta}$ 的后 $n-r$ 分量相同，由前面的分析知

$$\boldsymbol{\eta}=c_{r+1}\boldsymbol{\eta}_1+c_{r+2}\boldsymbol{\eta}_2+\cdots+c_n\boldsymbol{\eta}_{n-r}$$

这就证明了(5)是(2)的基础解系.

特别提示：

齐次线性方程组 $\boldsymbol{Ax}=\boldsymbol{0}$ 的任意两个解中，若对应于自由未知量的分量取相同的值，则这两个解相等.

在求得基础解系 $\boldsymbol{\eta}_1,\boldsymbol{\eta}_2,\cdots,\boldsymbol{\eta}_{n-r}$ 后，解集为

$$S=\{\boldsymbol{x}=k_1\boldsymbol{\eta}_1+k_2\boldsymbol{\eta}_2+\cdots+k_{n-r}\boldsymbol{\eta}_{n-r}\mid k_i\in\mathbf{R},i=1,2,\cdots,n-r\}$$

而形如 $\boldsymbol{x}=k_1\boldsymbol{\eta}_1+k_2\boldsymbol{\eta}_2+\cdots+k_{n-r}\boldsymbol{\eta}_{n-r}$ 的解称为(2)的通解.

推论 设 $\mathbf{A}$ 为 $m\times n$ 矩阵，$R(\mathbf{A})=r<n$，n 元齐次线性方程组 $\mathbf{A}\boldsymbol{x}=\boldsymbol{0}$ 基础解系中所含解向量的个数记为 $R(S)$，则 $R(\mathbf{A})+R(S)=n$.

小结 对齐次线性方程组 $\mathbf{A}_{m\times n}\boldsymbol{x}=\boldsymbol{0}$ 有如下结论：

(1) 若 $R(\mathbf{A})=r=n$，则方程组只有零解，没有非零解，没有基础解系；

特别提示：

齐次线性方程组的基础解系不是唯一的，齐次线性方程组的通解形式也是不唯一的.

(2) 若 $R(\mathbf{A})=r<n$，则方程组有无穷多解，基础解系由 $n-r$ 个向量构成，若设 $\boldsymbol{\eta}_1,\boldsymbol{\eta}_2,\cdots,\boldsymbol{\eta}_{n-r}$ 为解集 S 的一个基础解系，则通解为

$$x=k_1\boldsymbol{\eta}_1+k_2\boldsymbol{\eta}_2+\cdots+k_{n-r}\boldsymbol{\eta}_{n-r},$$

其中 $k_1,k_2,\cdots,k_{n-r}$ 为任意常数.

例 7 求下面齐次线性方程组的基础解系和通解：

$$\begin{cases}x_1+2x_2-\ x_3+2x_4=0,\\2x_1+4x_2+\ x_3+\ x_4=0,\\-x_1-2x_2-2x_3+\ x_4=0.\end{cases}$$

解 对系数矩阵进行初等行变换得

$$\mathbf{A}=\begin{pmatrix}1&2&-1&2\\2&4&1&1\\-1&-2&-2&1\end{pmatrix}\longrightarrow\begin{pmatrix}1&2&-1&2\\0&0&3&-3\\0&0&-3&3\end{pmatrix}\longrightarrow\begin{pmatrix}1&2&0&1\\0&0&1&-1\\0&0&0&0\end{pmatrix}.$$

写出通解

$$\begin{pmatrix}x_1\\x_2\\x_3\\x_4\end{pmatrix}=\begin{pmatrix}-2x_2-x_4\\x_2\\x_4\\x_4\end{pmatrix}=x_2\underset{\boldsymbol{\xi}_1}{\begin{pmatrix}-2\\1\\0\\0\end{pmatrix}}-x_4\underset{\boldsymbol{\xi}_2}{\begin{pmatrix}-1\\0\\1\\1\end{pmatrix}}$$

基础解系为 $\{\boldsymbol{\xi}_1,\boldsymbol{\xi}_2\}$.

例 8　证明：若 $\boldsymbol{A}_{m\times n}\boldsymbol{B}_{n\times l}=\boldsymbol{O}$，则 $R(\boldsymbol{A})+R(\boldsymbol{B})\leqslant n$.

证明　设 $\boldsymbol{B}=(\boldsymbol{b}_1,\boldsymbol{b}_2,\cdots,\boldsymbol{b}_l)$，则

$$\boldsymbol{A}(\boldsymbol{b}_1,\boldsymbol{b}_2,\cdots,\boldsymbol{b}_l)=(\boldsymbol{0},\boldsymbol{0},\cdots,\boldsymbol{0}),$$

即

$$\boldsymbol{A}\boldsymbol{b}_i=\boldsymbol{0}(i=1,2,\cdots,l).$$

上式表明矩阵 $\boldsymbol{B}$ 的 l 个列向量都是齐次方程 $\boldsymbol{A}\boldsymbol{x}=\boldsymbol{0}$ 的解.

设方程 $\boldsymbol{A}\boldsymbol{x}=\boldsymbol{0}$ 的解集为 S，由 $\boldsymbol{b}_i\in S$ 可知有

$$R(\boldsymbol{b}_1,\boldsymbol{b}_2,\cdots,\boldsymbol{b}_l)\leqslant R(S)，即 R(\boldsymbol{B})\leqslant R(S).$$

而由定理 1 的推论有 $R(\boldsymbol{A})+R(S)=n$，故 $R(\boldsymbol{A})+R(\boldsymbol{B})\leqslant n$.

例 9　求一个齐次线性方程组，使它的基础解系由下列向量组成：

$$\boldsymbol{\xi}_1=\begin{pmatrix}1\\2\\3\\4\end{pmatrix},\quad \boldsymbol{\xi}_2=\begin{pmatrix}4\\3\\2\\1\end{pmatrix}.$$

解　设所求得齐次线性方程组为 $\boldsymbol{A}\boldsymbol{x}=\boldsymbol{0}$，矩阵 $\boldsymbol{A}$ 的行向量形如 $\boldsymbol{\alpha}^{\mathrm{T}}=(a_1,a_2,a_3,a_4)$，根据题意，有 $\boldsymbol{\alpha}^{\mathrm{T}}\boldsymbol{\xi}_1=0$，$\boldsymbol{\alpha}^{\mathrm{T}}\boldsymbol{\xi}_2=0$，即

$$\begin{cases}a_1+2a_2+3a_3+4a_4=0,\\4a_1+3a_2+2a_3+a_4=0.\end{cases}$$

设这个方程组系数矩阵为 $\boldsymbol{B}$，对 $\boldsymbol{B}$ 进行初等行变换，得

$$\boldsymbol{B}=\begin{pmatrix}1&2&3&4\\4&3&2&1\end{pmatrix}\to\begin{pmatrix}1&2&3&4\\0&-5&-10&-15\end{pmatrix}\to\begin{pmatrix}1&0&-1&-2\\0&1&2&3\end{pmatrix}.$$

这个方程组的同解方程组为

$$\begin{cases}a_1-a_3-2a_4=0,\\a_2+2a_3+3a_4=0.\end{cases}$$

其基础解系为 $\begin{pmatrix}1\\-2\\1\\0\end{pmatrix}$，$\begin{pmatrix}2\\-3\\0\\1\end{pmatrix}$，故可取矩阵 $\boldsymbol{A}$ 的行向量为

$$\boldsymbol{\alpha}_1^{\mathrm{T}}=(1,-2,1,0),\boldsymbol{\alpha}_2^{\mathrm{T}}=(2,-3,0,1),$$

故所求齐次线性方程组的系数矩阵 $\boldsymbol{A}=\begin{pmatrix}1&-2&1&0\\2&-3&0&1\end{pmatrix}$，所求齐次线性方程组为

$$\begin{cases}x_1-2x_2+x_3=0,\\2x_1-3x_2+x_4=0.\end{cases}$$

三、非齐次线性方程组解的结构

设有非齐次线性方程组

$$\begin{cases} a_{11}x_1+a_{12}x_2+\cdots+a_{1n}x_n=b_1, \\ a_{21}x_1+a_{22}x_2+\cdots+a_{2n}x_n=b_2, \\ \cdots\cdots\cdots\cdots \\ a_{m1}x_1+a_{m2}x_2+\cdots+a_{mn}x_n=b_m. \end{cases} \tag{6}$$

若记

$$\boldsymbol{\alpha}_j=(a_{1j},a_{2j},\cdots,a_{mj})^{\mathrm{T}},j=1,2,\cdots,n,\boldsymbol{b}=(b_1,b_2,\cdots,b_m)^{\mathrm{T}},$$
$$\boldsymbol{x}=(x_1,x_2,\cdots,x_n)^{\mathrm{T}},\quad \boldsymbol{A}=(\boldsymbol{\alpha}_1,\boldsymbol{\alpha}_2,\cdots,\boldsymbol{\alpha}_n).$$

则(6)可写成

$$\boldsymbol{Ax}=\boldsymbol{b} \tag{7}$$

和

$$x_1\boldsymbol{\alpha}_1+x_2\boldsymbol{\alpha}_2+\cdots+x_n\boldsymbol{\alpha}_n=\boldsymbol{b} \tag{8}$$

齐次线性方程组

$$\boldsymbol{Ax}=\boldsymbol{0}$$

称为非齐次线性方程组 $\boldsymbol{Ax}=\boldsymbol{b}$ 的**导出组**. 非齐次线性方程组 $\boldsymbol{Ax}=\boldsymbol{b}$ 的解具有下列性质：

性质 3 设 $\boldsymbol{\eta}_1,\boldsymbol{\eta}_2$ 是 $\boldsymbol{Ax}=\boldsymbol{b}$ 的解，则 $\boldsymbol{x}=\boldsymbol{\eta}_1-\boldsymbol{\eta}_2$ 是其对应齐次方程组(也称为 $\boldsymbol{Ax}=\boldsymbol{b}$ 的导出组)$\boldsymbol{Ax}=\boldsymbol{0}$ 的解.

证明 因为 $\boldsymbol{\eta}_1,\boldsymbol{\eta}_2$ 为 $\boldsymbol{Ax}=\boldsymbol{b}$ 的两个解，则 $\boldsymbol{A\eta}_i=\boldsymbol{b}(i=1,2)$，由于

$$\boldsymbol{A}(\boldsymbol{\eta}_1-\boldsymbol{\eta}_2)=\boldsymbol{A\eta}_1-\boldsymbol{A\eta}_2=\boldsymbol{b}-\boldsymbol{b}=\boldsymbol{0},$$

故 $\boldsymbol{\eta}_1-\boldsymbol{\eta}_2$ 是 $\boldsymbol{Ax}=\boldsymbol{0}$ 的解.

性质 4 若 $\boldsymbol{\eta}^*$ 是 $\boldsymbol{Ax}=\boldsymbol{b}$ 的一个解，$\boldsymbol{\xi}$ 是导出组 $\boldsymbol{Ax}=\boldsymbol{0}$ 的一个解，则 $\boldsymbol{x}=\boldsymbol{\eta}^*+\boldsymbol{\xi}$ 为 $\boldsymbol{Ax}=\boldsymbol{b}$ 的解.

证明 由已知条件知 $\boldsymbol{\eta}^*,\boldsymbol{\xi}$ 满足：$\boldsymbol{A\eta}^*=\boldsymbol{b},\boldsymbol{A\xi}=\boldsymbol{0}$，则

$$\boldsymbol{A}(\boldsymbol{\eta}^*+\boldsymbol{\xi})=\boldsymbol{A\eta}^*+\boldsymbol{A\xi}=\boldsymbol{b}+\boldsymbol{0}=\boldsymbol{b},$$

知 $\boldsymbol{\eta}^*+\boldsymbol{\xi}$ 是 $\boldsymbol{Ax}=\boldsymbol{b}$ 的解.

定理 2 设 $m\times n$ 线性方程组 $\boldsymbol{Ax}=\boldsymbol{b}$ 相容(即有解)，$R(\boldsymbol{A}\vdots\boldsymbol{b})=R(\boldsymbol{A})=r$，$\boldsymbol{\eta}$ 是其任一解，又设 $\boldsymbol{Ax}=\boldsymbol{b}$ 的导出组 $\boldsymbol{Ax}=\boldsymbol{0}$ 的基础解系为 $\boldsymbol{\xi}_1,\cdots,\boldsymbol{\xi}_{n-r}$，则 $\boldsymbol{Ax}=\boldsymbol{b}$ 的通解为 $\boldsymbol{x}=\boldsymbol{\eta}+t_1\boldsymbol{\xi}_1+\cdots+t_{n-r}\boldsymbol{\xi}_{n-r}(t_i\in\mathbf{R},i=1,\cdots,n-r)$. (9)

证明 首先，易见所有满足(9)式的向量 $\boldsymbol{x}$ 均满足方程组：

$$\boldsymbol{Ax}=\boldsymbol{A}(\boldsymbol{\eta}+\sum_{i=1}^{n-r}t_i\boldsymbol{\xi}_i)=\boldsymbol{A\eta}+\sum_{i=1}^{n-r}t_i(\boldsymbol{A\xi}_i)=\boldsymbol{b}+\sum t_i\boldsymbol{0}=\boldsymbol{b}.$$

其次,设 $\boldsymbol{x}$ 为 $\boldsymbol{Ax}=\boldsymbol{b}$ 的任一解,则 $\boldsymbol{x}-\boldsymbol{\eta}$ 为 $\boldsymbol{Ax}=\boldsymbol{0}$ 的解,故可由基础解系表示为 $\boldsymbol{x}-\boldsymbol{\eta}=t_1\boldsymbol{\xi}_1+\cdots+t_{n-r}\boldsymbol{\xi}_{n-r}$,移项便得(9)式.

特别地,若 $R(\boldsymbol{A}\vdots\boldsymbol{b})=R(\boldsymbol{A})=n$,则 $\boldsymbol{Ax}=\boldsymbol{b}$ 的导出组 $\boldsymbol{Ax}=\boldsymbol{0}$ 只有唯一零解,故 $\boldsymbol{Ax}=\boldsymbol{b}$ 也只有唯一解 $\boldsymbol{x}=\boldsymbol{\eta}+\boldsymbol{0}=\boldsymbol{\eta}$.

特别提示:

求解 $\boldsymbol{A}_{m\times n}\boldsymbol{x}_{n\times 1}=\boldsymbol{b}$ 的步骤

① 求 $\boldsymbol{A}_{m\times n}\boldsymbol{x}_{n\times 1}=\boldsymbol{b}$ 的一个特解 $\boldsymbol{\eta}$;

② 若 $\boldsymbol{\xi}_1,\boldsymbol{\xi}_2,\cdots,\boldsymbol{\xi}_{n-r}$ 为导出组 $\boldsymbol{A}_{m\times n}\boldsymbol{x}_{n\times 1}=\boldsymbol{O}_{m\times 1}$ 的一个基础解系,则其通解为 $x=k_1\boldsymbol{\xi}_1+k_2\boldsymbol{\xi}_2+\cdots+k_{n-r}\boldsymbol{\xi}_{n-r}+\boldsymbol{\eta},k_1,k_2,\cdots,k_{n-r}\in\mathbf{R}$.

例 10　求非齐次线性方程组的通解

$$\begin{cases}2x_1+x_2-x_3+x_4=1,\\4x_1+2x_2-2x_3+x_4=2,\\2x_1+x_2-x_3-x_4=1.\end{cases}$$

解　将增广矩阵化为行简化阶梯形矩阵得

$$\boldsymbol{B}=\begin{pmatrix}2&1&-1&1&\vdots&1\\4&2&-2&1&\vdots&2\\2&1&-1&-1&\vdots&1\end{pmatrix}\xrightarrow[r_3-r_1]{r_2-2r_1}\begin{pmatrix}2&1&-1&1&\vdots&1\\0&0&0&-1&\vdots&0\\0&0&0&-2&\vdots&0\end{pmatrix}$$

$$\xrightarrow[r_2\div(-1)]{r_3-2r_2}\begin{pmatrix}2&1&-1&0&\vdots&1\\0&0&0&1&\vdots&0\\0&0&0&0&\vdots&0\end{pmatrix}\xrightarrow{r_1\div 2}\begin{pmatrix}1&\frac{1}{2}&\frac{-1}{2}&0&\vdots&\frac{1}{2}\\0&0&0&1&\vdots&0\\0&0&0&0&\vdots&0\end{pmatrix}.$$

写出通解

$$\begin{cases}x_1=\frac{-1}{2}x_2+\frac{1}{2}x_3+\frac{1}{2},\\x_2=\quad x_2,\\x_3=\qquad x_3,\\x_4=\qquad 0.\end{cases}$$

$$\boldsymbol{x}=\begin{pmatrix}x_1\\x_2\\x_3\\x_4\end{pmatrix}=k_1\begin{pmatrix}\frac{-1}{2}\\1\\0\\0\end{pmatrix}+k_2\begin{pmatrix}\frac{1}{2}\\0\\1\\0\end{pmatrix}+\begin{pmatrix}\frac{1}{2}\\0\\0\\0\end{pmatrix},\quad k_1,k_2\in\mathbf{R}.$$

例 11　设

$$\boldsymbol{A}=\begin{pmatrix}1&1&1\\1&1&a\\1&0&a-2\end{pmatrix},\boldsymbol{b}=\begin{pmatrix}0\\c+1\\c\end{pmatrix},\boldsymbol{x}=\begin{pmatrix}x_1\\x_2\\x_3\end{pmatrix},$$

讨论方程组 $\boldsymbol{Ax}=\boldsymbol{b}$ 的解并求有无穷多解时情况.

解　方法一:系数矩阵为方阵,可以考虑克拉默法则.

$$|\boldsymbol{A}|=\begin{vmatrix}1&1&1\\1&1&a\\1&0&a-2\end{vmatrix}=\begin{vmatrix}1&1&1\\0&0&a-1\\0&-1&a-3\end{vmatrix}=a-1$$

所以

(1) 当 $a\neq1$, $|\boldsymbol{A}|\neq0$,线性方程组有唯一解.

(2) 当 $a=1$ 时,对增广矩阵进行行变换得

$$\boldsymbol{B}=\begin{pmatrix}1&1&1&0\\1&1&1&c+1\\1&0&-1&c\end{pmatrix}\xrightarrow[r_3-r_1]{r_2-r_1}\begin{pmatrix}1&1&1&0\\0&0&0&c+1\\0&-1&-2&c\end{pmatrix}$$

$$\xrightarrow[r_2\leftrightarrow r_3]{r_3\div(-1)}\begin{pmatrix}1&1&1&0\\0&1&2&-c\\0&0&0&c+1\end{pmatrix}\xrightarrow{r_1-r_2}\begin{pmatrix}1&0&-1&c\\0&1&2&-c\\0&0&0&c+1\end{pmatrix}.$$

当 $a=1,c\neq-1$ 时,方程组无解;当 $a=1,c=-1$ 时,方程组有无穷多解.此时增广矩阵可以行变换为

$$\boldsymbol{B}\xrightarrow{r}\begin{pmatrix}1&0&-1&-1\\0&1&2&1\\0&0&0&0\end{pmatrix},$$

$$\begin{cases}x_1=\quad x_3-1,\\x_2=-2x_3+1,\\x_3=\quad x_3.\end{cases}\quad x=\begin{pmatrix}x_1\\x_2\\x_3\end{pmatrix}=k\begin{pmatrix}1\\-2\\1\end{pmatrix}+\begin{pmatrix}-1\\1\\0\end{pmatrix},\quad k\in\mathbf{R}.$$

方法二:直接对增广矩阵进行行变换,适当的时候讨论.

$$\boldsymbol{B}=\begin{pmatrix}1&1&1&0\\1&1&a&c+1\\1&0&a-2&c\end{pmatrix}\xrightarrow[r_3-r_1]{r_2-r_1}\begin{pmatrix}1&1&1&0\\0&0&a-1&c+1\\0&-1&a-3&c\end{pmatrix}$$

$$\xrightarrow[r_3+r_2]{r_2-r_3}\begin{pmatrix}1&1&1&0\\0&1&2&1\\0&0&a-1&c+1\end{pmatrix}\xrightarrow{r_1-r_2}\begin{pmatrix}1&0&-1&-1\\0&1&2&1\\0&0&a-1&c+1\end{pmatrix}.$$

故可以得到

(1) 当 $a\neq1$ 时,$R(\boldsymbol{A})=R(\boldsymbol{B})=3$,所以线性方程组有唯一解;

(2) 当 $a=1,c\neq-1$ 时,$R(\boldsymbol{A})=2<3=R(\boldsymbol{B})$,所以线性方程组无解;

(3) 当 $a=1,c=-1$ 时,$R(\boldsymbol{A})=R(\boldsymbol{B})=2<3$,所以线性方程组有无穷多解.

此时增广矩阵可以行变换为

$$\boldsymbol{B}\xrightarrow{r}\begin{pmatrix}1&0&-1&-1\\0&1&2&1\\0&0&0&0\end{pmatrix},$$

特别提示:

设有非齐次线性方程组 $\boldsymbol{Ax}=\boldsymbol{b}$,而 $\boldsymbol{\alpha}_1,\boldsymbol{\alpha}_2,\cdots,\boldsymbol{\alpha}_n$ 是系数矩阵 $\boldsymbol{A}$ 的列向量组,则下列四个命题等价:

① 非齐次线性方程组 $\boldsymbol{Ax}=\boldsymbol{b}$ 有解;

② 向量 $\boldsymbol{b}$ 能由向量组 $\boldsymbol{\alpha}_1,\boldsymbol{\alpha}_2,\cdots,\boldsymbol{\alpha}_n$ 线性表示;

③ 向量组 $\boldsymbol{\alpha}_1,\boldsymbol{\alpha}_2,\cdots,\boldsymbol{\alpha}_n$ 与向量组 $\boldsymbol{\alpha}_1,\boldsymbol{\alpha}_2,\cdots,\boldsymbol{\alpha}_n,\boldsymbol{b}$ 等价;

④ $R(\boldsymbol{A})=R(\boldsymbol{A},\boldsymbol{b})$.

$$\begin{cases} x_1 = \quad x_3 - 1, \\ x_2 = -2x_3 + 1, \\ x_3 = \quad x_3. \end{cases} \quad x = \begin{pmatrix} x_1 \\ x_2 \\ x_3 \end{pmatrix} = k\begin{pmatrix} 1 \\ -2 \\ 1 \end{pmatrix} + \begin{pmatrix} -1 \\ 1 \\ 0 \end{pmatrix}, \quad k \in \mathbf{R}.$$

例 12　求解下列非齐次线性方程组：

$$\begin{cases} x_1 + x_2 - 3x_3 - x_4 = 1, \\ 3x_1 - x_2 - 3x_3 + 4x_4 = 4, \\ x_1 + 5x_2 - 9x_3 - 8x_4 = 0. \end{cases}$$

解　对方程组的增广矩阵作如下初等变换：

$$\boldsymbol{B} = (\boldsymbol{A} \vdots \boldsymbol{b}) = \begin{pmatrix} 1 & 1 & -3 & -1 & \vdots & 1 \\ 3 & -1 & -3 & 4 & \vdots & 4 \\ 1 & 5 & -9 & -8 & \vdots & 0 \end{pmatrix}$$

$$\xrightarrow[r_3 - r_1]{r_2 - 3r_1} \begin{pmatrix} 1 & 1 & -3 & -1 & \vdots & 1 \\ 0 & -4 & 6 & 7 & \vdots & 1 \\ 0 & 4 & -6 & -7 & \vdots & -1 \end{pmatrix}$$

$$\xrightarrow{r_3 + r_2} \begin{pmatrix} 1 & 1 & -3 & -1 & \vdots & 1 \\ 0 & -4 & 6 & 7 & \vdots & 1 \\ 0 & 0 & 0 & 0 & \vdots & 0 \end{pmatrix}$$

$$\xrightarrow{r_2 \div (-4)} \begin{pmatrix} 1 & 1 & -3 & -1 & \vdots & 1 \\ 0 & 1 & -3/2 & -7/4 & \vdots & -1/4 \\ 0 & 0 & 0 & 0 & \vdots & 0 \end{pmatrix}$$

$$\xrightarrow{r_1 - r_2} \begin{pmatrix} 1 & 0 & -3/2 & 3/4 & \vdots & 5/4 \\ 0 & 1 & -3/2 & -7/4 & \vdots & -1/4 \\ 0 & 0 & 0 & 0 & \vdots & 0 \end{pmatrix}.$$

由 $R(\mathbf{A}) = R(\mathbf{B})$，知方程组有解. 又 $R(\mathbf{A}) = 2, n - r = 2$，所以方程组有无穷多解. 且原方程组等价于方程组

$$\begin{cases} x_1 = \dfrac{3}{2}x_3 - \dfrac{3}{4}x_4 + \dfrac{5}{4}, \\ x_2 = \dfrac{3}{2}x_3 + \dfrac{7}{4}x_4 - \dfrac{1}{4}. \end{cases}$$

令 $\begin{pmatrix} x_3 \\ x_4 \end{pmatrix} = \begin{pmatrix} 1 \\ 0 \end{pmatrix}, \begin{pmatrix} 0 \\ 1 \end{pmatrix}$ 分别代入等价方程组对应的齐次方程组中求得基础解系

$$\boldsymbol{\eta}_1 = \begin{pmatrix} 3/2 \\ 3/2 \\ 1 \\ 0 \end{pmatrix}, \boldsymbol{\eta}_2 = \begin{pmatrix} -3/4 \\ 7/4 \\ 0 \\ 1 \end{pmatrix}.$$

求特解：令 $x_3=x_4=0$，得 $x_1=5/4,x_2=-1/4$，即特解 $\boldsymbol{\gamma}=\begin{pmatrix}5/4\\-1/4\\0\\0\end{pmatrix}$. 原方程组的解为 $\boldsymbol{x}=\boldsymbol{\gamma}+c_1\boldsymbol{\eta}_1+c_2\boldsymbol{\eta}_2$，其中 c_1,c_2 为任意数.

例 13 设四元非齐次线性方程组 $\boldsymbol{Ax}=\boldsymbol{b}$ 的系数矩阵 $\boldsymbol{A}$ 的秩为 3，已知它的三个解向量为 $\boldsymbol{\eta}_1,\boldsymbol{\eta}_2,\boldsymbol{\eta}_3$，其中

$$\boldsymbol{\eta}_1=\begin{pmatrix}3\\-4\\1\\2\end{pmatrix},\quad \boldsymbol{\eta}_2+\boldsymbol{\eta}_3=\begin{pmatrix}4\\6\\8\\0\end{pmatrix},$$

求该方程组的通解.

解 依题意，方程组 $\boldsymbol{Ax}=\boldsymbol{b}$ 的导出组的基础解系含 $4-3=1$ 个向量，于是导出组的任何一个非零解都可作为其基础解系. 由条件知方程组相容，且有 $\boldsymbol{A\eta}_1=\boldsymbol{b}$，$\boldsymbol{A}(\boldsymbol{\eta}_2+\boldsymbol{\eta}_3)=2\boldsymbol{b}$，记 $2\boldsymbol{\eta}_1-\boldsymbol{\eta}_2-\boldsymbol{\eta}_3=\boldsymbol{\xi}$，易见

$$\boldsymbol{\xi}=\begin{pmatrix}2\\-14\\-6\\4\end{pmatrix}\neq 0,$$

故 $\boldsymbol{\xi}$ 线性无关. 由 $\boldsymbol{A\xi}=\boldsymbol{A}(2\boldsymbol{\eta}_1-\boldsymbol{\eta}_2-\boldsymbol{\eta}_3)=2\boldsymbol{A\eta}_1-\boldsymbol{A}(\boldsymbol{\eta}_2+\boldsymbol{\eta}_3)=2\boldsymbol{b}-2\boldsymbol{b}=\boldsymbol{0}$，知 $\boldsymbol{\xi}$ 是导出组 $\boldsymbol{Ax}=\boldsymbol{0}$ 的解. 由条件知，$n-r=4-3=1$，故 $\boldsymbol{\xi}$ 可作 $\boldsymbol{Ax}=\boldsymbol{0}$ 的基础解系，于是 $\boldsymbol{Ax}=\boldsymbol{b}$ 的通解可表为

$$\boldsymbol{x}=\boldsymbol{\eta}_1+c[2\boldsymbol{\eta}_1-(\boldsymbol{\eta}_2+\boldsymbol{\eta}_3)]=\begin{pmatrix}3\\-4\\1\\2\end{pmatrix}+c\begin{pmatrix}2\\-14\\-6\\4\end{pmatrix}\ (c\text{ 为任意常数}).$$

第四节 应用实例

一、减肥配方问题

目前市场流行一种名为“细胞营养粉”的减肥产品，售价为 299 元/550 克，厂家声称该营养粉符合英国剑桥大学医学院给出的减肥所要求的每日营养量的简捷营养处方. 各种营养成分对比如表 4.1 所示：

表 4.1

营养	减肥要求每日营养量	每 100 g 食物所含营养(g)			
		细胞营养粉	脱脂牛奶	大豆面粉	乳清
蛋白质	33	40	36	51	13
碳水化合物	45	52	52	34	74
脂肪	3	3.2	0	7	1.1

考虑能否用三种食物:脱脂牛奶,大豆面粉和乳清混合代替细胞营养粉,若能代替,这三种食物各占的比例为多少?

解　脱脂牛奶、大豆粉、乳清、细胞营养粉分别用三维列向量 $\boldsymbol{u}_1,\boldsymbol{u}_2,\boldsymbol{u}_3,\boldsymbol{u}_4$ 表示,分析由这四个向量组成的向量组的线性相关性.若向量组线性无关,则不能用这三种食物混合代替细胞营养粉;若 $\boldsymbol{u}_1,\boldsymbol{u}_2,\boldsymbol{u}_3$ 线性无关,而 $\boldsymbol{u}_1,\boldsymbol{u}_2,\boldsymbol{u}_3,\boldsymbol{u}_4$ 线性相关,则可由这三种食物混合代替细胞营养粉,并可求出这三种食物的混合比例.显然

$$\boldsymbol{u}_1=\begin{pmatrix}36\\52\\0\end{pmatrix},\boldsymbol{u}_2=\begin{pmatrix}51\\34\\7\end{pmatrix},\boldsymbol{u}_3=\begin{pmatrix}13\\73\\1.1\end{pmatrix},\boldsymbol{u}_4=\begin{pmatrix}33\\45\\3\end{pmatrix}.$$

以 $\boldsymbol{u}_1,\boldsymbol{u}_2,\boldsymbol{u}_3,\boldsymbol{u}_4$ 为列作矩阵

$$\boldsymbol{U}=(\boldsymbol{u}_1,\boldsymbol{u}_2,\boldsymbol{u}_3,\boldsymbol{u}_4)=\begin{pmatrix}36&51&13&33\\52&34&73&45\\0&7&1.1&3\end{pmatrix},$$

利用初等行变换将其变为行最简形

$$\boldsymbol{U}_0=\begin{pmatrix}1&0&0&0.4356\\0&1&0&0.4255\\0&0&1&0.2010\end{pmatrix}.$$

从行最简形矩阵 $\boldsymbol{U}_0$ 中可以看出向量组是线性相关的,并且 $\boldsymbol{u}_1,\boldsymbol{u}_2,\boldsymbol{u}_3$ 线性无关,所以可由这三种食物混合代替细胞营养粉. $\boldsymbol{u}_1,\boldsymbol{u}_2,\boldsymbol{u}_3$ 是一个最大线性无关组,且有

$$\boldsymbol{u}_4=0.4356\boldsymbol{u}_1+0.4255\boldsymbol{u}_2+0.2010\boldsymbol{u}_3.$$

二、投入产出问题

一个城镇有三个主要企业:煤矿、电厂和地方铁路作为它的经济系统.生产价值 1 元的煤,需消耗 0.25 元的电费和 0.35 元的运输费;生产

价值 1 元的电，需消耗 0.40 元的煤费、0.05 元的电费和 0.10 元的运输费. 在某一个星期内，除了这三个企业间的彼此需求，煤矿得到 50000 元的订单，电厂得到 25000 元的电量供应要求，而地方铁路得到价值 30000 元的运输需求.

(1) 这三个企业在这星期各应生产多少产值才能满足内外需求？

(2) 除了外部需求，试求这星期内各企业之间的消耗需求，同时求出各企业新创造的价值(即产值除去各企业的消耗所剩的部分).

问题分析：

本例是一个小型的投入产出模型，它以一个城镇的三个企业作为经济系统来考察，虽然比较简单，但可以借此说明投入产出法在经济分析中的应用.

在一个国家或区域的经济系统中，各部门(或企业)既有消耗又有生产，或者说既有“投入”又有“产出”. 生产的产品供给各部门和系统外以满足需求，同时也消耗系统内部各部门所提供的产品，当然还有其他的消耗，例如人力消耗等. 消耗的目的是为了生产；生产的结果必然要创造新价值，以支付工资和获取利润. 显然对每一部门，物资消耗和新创造的价值等于它生产的总产值，这就是“投入”和“产出”之间的平衡关系.

建立数学模型：

设煤矿、电厂和地方铁路在这星期生产总产值分别为 x_1，x_2 和 x_3 (元)，那么容易有

$$\begin{cases} x_1 = 0x_1 + 0.4x_2 + 0.45x_3 + 50000, \\ x_2 = 0.25x_1 + 0.05x_2 + 0.1x_3 + 25000, \\ x_3 = 0.35x_1 + 0.1x_2 + 0.1x_3 + 30000. \end{cases} \tag{1}$$

上面的方程组(1)中的每个等式以价值形式说明了对每一企业有：中间产品(作为系统内各企业的消耗)+最终产品(外部需求)=总产品，这称为**分配平衡方程组**.

另一方面，若 z_1，z_2 和 z_3 (元)分别为煤矿、电厂和地方铁路在这星期的新创价值，那么应有

$$\begin{cases} x_1 = 0x_1 + 0.25x_2 + 0.35x_3 + z_1, \\ x_2 = 0.4x_1 + 0.05x_2 + 0.1x_3 + z_2, \\ x_3 = 0.45x_1 + 0.1x_2 + 0.1x_3 + z_3. \end{cases} \tag{2}$$

方程组(2)说明对每一企业有：

对系统内各企业产品的消耗+新创价值=总产值，

这称为**消耗平衡方程组**.

问题的求解：

将方程组(1)写成矩阵形式为

$$X=AX+Y$$

其中

$$A=\begin{pmatrix}0 & 0.4 & 0.45\\0.25 & 0.05 & 0.1\\0.35 & 0.1 & 0.1\end{pmatrix},X=\begin{pmatrix}x_1\\x_2\\x_3\end{pmatrix},Y=\begin{pmatrix}50000\\25000\\30000\end{pmatrix}.$$

在经济学上分别称为直接消耗矩阵、产出向量和最后需求(或最终产品)向量;A 中的元素 a_{ij} 称为直接消耗系数,上述方程组又可写为

$$(E-A)X=Y$$

其中 E 是单位矩阵,$E-A$ 称为 **Leontief** 矩阵.

方程组(1)当然很容易求解(但当向量维数较高时,可借助计算机利用编程或者利用数学软件求解),可得

$$X=\begin{pmatrix}x_1\\x_2\\x_3\end{pmatrix}=\begin{pmatrix}114458\\65395\\85111\end{pmatrix}.$$

这就是说,在该星期中,煤矿、电厂和地方铁路的总产值分别为 114458 元、65395 元和 85111 元.

由于得到了系统各个企业的总产值(产出向量),我们就可以利用直接消耗系数矩阵 A 进行计算:

$$A\begin{pmatrix}114458 & 0 & 0\\0 & 65395 & 0\\0 & 0 & 85111\end{pmatrix}=\begin{pmatrix}1 & 26158 & 38300\\28615 & 3270 & 8511\\40060 & 6540 & 8511\end{pmatrix}$$

不难理解,上式右端矩阵的每一行给出了每一企业分别用于企业内部和其他企业的消耗(中间产品). 进而利用(2)式容易求出各企业新创造的价值(单位:元)为

$$z_1=45784,z_2=29427,z_3=29789.$$

投入产出表如表 4.2 所示.

表 4.2　　　　单位:千元

产出 投入		中间产品				最终产品	总产值
		煤矿	电厂	铁路	小计		
中间投入	煤矿	0	26.158	38.300	64.458	50.000	114.458
	电厂	28.614	3.270	8.511	40.395	25.000	65.395
	铁路	40.060	6.540	8.511	55.111	30.000	85.111
	小计	68.674	35.968	55.322	159.964	105.000	264.964
新创价值		45.784	29.427	29.789	105.000		
总产值		114.456	69.395	85.111	264.964		

表 4.2 称为投入产出表,当然这里的形式十分简化.一般说来,在对一个国家或区域的经济用投入产出法进行分析和研究时,首先就是根据统计数字制定投入产出表,进而计算出有关的技术系数;还可以建立上述的反映分配平衡和消耗平衡关系的代数方程组,通过求解方程组来获知最终需求的变动对各部门生产的影响.

另一方面,当总产品发生变化时,由于消耗系数一般不发生变化,但各部门之间流量相应发生变化,这也符合人们日常的认识观念,即在其他条件不发生变化的情况下,总产品越多,各部门消耗相应要增加.

习题四

第一部分　笔算题

一、计算题

1. 设 $\boldsymbol{\alpha}_1=(1,-1,2,4)$,$\boldsymbol{\alpha}_2=(0,3,1,2)$,$\boldsymbol{\alpha}_3=(3,0,7,14)$,$\boldsymbol{\alpha}_4=(1,-1,2,0)$,$\boldsymbol{\alpha}_5=(2,1,5,6)$,求向量组的秩及其一个极大无关组,并用它表示其他向量.

2. 设 $\boldsymbol{\alpha}_1=(1,0,2,1)^{\mathrm{T}}$,$\boldsymbol{\alpha}_2=(1,2,0,1)^{\mathrm{T}}$,$\boldsymbol{\alpha}_3=(2,1,3,0)^{\mathrm{T}}$,$\boldsymbol{\alpha}_4=(2,5,-1,4)^{\mathrm{T}}$,求此向量组的秩及一个极大无关组,并用它表示其他向量.

二、求下列齐次线性方程组的基础解系:

1. $\begin{cases} x_1-8x_2+10x_3+2x_4=0, \\ 2x_1+4x_2+5x_3-x_4=0, \\ 3x_1+8x_2+6x_3-2x_4=0; \end{cases}$

2. $\begin{cases} 2x_1-3x_2-2x_3+x_4=0, \\ 3x_1+5x_2+4x_3-2x_4=0, \\ 8x_1+7x_2+6x_3-3x_4=0; \end{cases}$

3. $nx_1+(n-1)x_2+\cdots+2x_{n-1}+x_n=0$.

三、求下列非齐次方程组的一个解及对应的齐次线性方程组的基础解系，并写出其通解.

1. $\begin{cases} x_1+x_2=5, \\ 2x_1+x_2+x_3+2x_4=1, \\ 5x_1+3x_2+2x_3+2x_4=3; \end{cases}$

2. $\begin{cases} x_1-5x_2+2x_3-3x_4=11, \\ 5x_1+3x_2+6x_3-x_4=-1, \\ 2x_1+4x_2+2x_3+x_4=-6. \end{cases}$

四、证明题

1. 设 $\boldsymbol{\varepsilon}_1,\boldsymbol{\varepsilon}_2,\boldsymbol{\varepsilon}_3$ 为 3 维欧氏空间 V 的一组标准正交基，$\boldsymbol{\eta}_1=\frac{1}{3}(-\boldsymbol{\varepsilon}_1+2\boldsymbol{\varepsilon}_2+3\boldsymbol{\varepsilon}_3)$，$\boldsymbol{\eta}_2=\frac{1}{3}(2\boldsymbol{\varepsilon}_1+2\boldsymbol{\varepsilon}_2-\boldsymbol{\varepsilon}_3)$，$\boldsymbol{\eta}_3=\frac{1}{3}(-2\boldsymbol{\varepsilon}_1+\boldsymbol{\varepsilon}_2-2\boldsymbol{\varepsilon}_3)$，证明：$\boldsymbol{\eta}_1,\boldsymbol{\eta}_2,\boldsymbol{\eta}_3$ 也是欧氏空间 V 的一组标准正交基.

2. 设向量组 A：$\boldsymbol{\alpha}_1,\boldsymbol{\alpha}_2,\cdots,\boldsymbol{\alpha}_m$ 线性无关，向量 $\boldsymbol{\beta}_1$ 可由向量组 A 线性表示，而向量 $\boldsymbol{\beta}_2$ 不能由向量组 A 线性表示. 证明：$m+1$ 个向量 $\boldsymbol{\alpha}_1,\boldsymbol{\alpha}_2,\cdots,\boldsymbol{\alpha}_m,l\boldsymbol{\beta}_1+\boldsymbol{\beta}_2$ 必线性无关.

3. 设 $\boldsymbol{\alpha}_1,\boldsymbol{\alpha}_2,\cdots,\boldsymbol{\alpha}_n$ 为一组 n 维向量，如果单位向量 $\boldsymbol{\varepsilon}_1,\boldsymbol{\varepsilon}_2,\cdots,\boldsymbol{\varepsilon}_n$ 可被它们线性表出，证明：$\boldsymbol{\alpha}_1,\boldsymbol{\alpha}_2,\cdots,\boldsymbol{\alpha}_n$ 线性无关.

4. 向量组 $\boldsymbol{\alpha}_1,\boldsymbol{\alpha}_2,\boldsymbol{\alpha}_3$ 线性无关，证明 $\boldsymbol{\alpha}_1,\boldsymbol{\alpha}_1+2\boldsymbol{\alpha}_2,\boldsymbol{\alpha}_2+3\boldsymbol{\alpha}_3$ 也线性无关.

5. 向量组 $\boldsymbol{\alpha}_1,\boldsymbol{\alpha}_2,\boldsymbol{\alpha}_3$ 线性无关，且 $\boldsymbol{\beta}_1=4\boldsymbol{\alpha}_1-4\boldsymbol{\alpha}_2$，$\boldsymbol{\beta}_2=\boldsymbol{\alpha}_1-2\boldsymbol{\alpha}_2+\boldsymbol{\alpha}_3$，$\boldsymbol{\beta}_3=\boldsymbol{\alpha}_2-\boldsymbol{\alpha}_3$，证明：$\boldsymbol{\beta}_1,\boldsymbol{\beta}_2,\boldsymbol{\beta}_3$ 线性相关.

6. 若 $\boldsymbol{\xi}_1$ 和 $\boldsymbol{\xi}_2$ 是齐次线性方程组 $\boldsymbol{AX}=\mathbf{0}$ 的基础解系，$\boldsymbol{\eta}_1=\boldsymbol{\xi}_1+\boldsymbol{\xi}_2$，$\boldsymbol{\eta}_2=\boldsymbol{\xi}_1-\boldsymbol{\xi}_2$，试证明 $\boldsymbol{\eta}_1,\boldsymbol{\eta}_2$ 也是 $\boldsymbol{AX}=\mathbf{0}$ 的基础解系.

五、判断题

1. 当矩阵 $\boldsymbol{A}$ 的列向量组线性无关时，$\boldsymbol{A}$ 的行向量组也线性无关.

(　　)

2. 向量组 $\boldsymbol{\alpha}_1^{\mathrm{T}}=(2,6)$，$\boldsymbol{\alpha}_2^{\mathrm{T}}=(1,5)$，$\boldsymbol{\alpha}_3^{\mathrm{T}}=(3,1)$ 是线性相关的向量组.　(　　)

3. 已知向量组 $\boldsymbol{\alpha}_1,\cdots,\boldsymbol{\alpha}_m$ 的秩为 $r(r<m)$，则该向量组中任意 r 个向量线性无关.　(　　)

4. 设 $\boldsymbol{A}$ 是 n 阶方阵，且 $|\boldsymbol{A}|=0$，则必有一行为其余行的线性组合. ( )

5. 若向量组 $\boldsymbol{\alpha}_1,\boldsymbol{\alpha}_2,\cdots,\boldsymbol{\alpha}_s$ 线性相关，则 $\boldsymbol{\alpha}_1$ 可由 $\boldsymbol{\alpha}_2,\cdots,\boldsymbol{\alpha}_s$ 线性表示. ( )

6. 若 $\boldsymbol{\alpha}_1,\boldsymbol{\alpha}_2,\cdots,\boldsymbol{\alpha}_s$ 不线性相关，就一定线性无关. ( )

六、填空题

1. 已知 $\boldsymbol{\alpha}_1,\boldsymbol{\alpha}_2,\boldsymbol{\alpha}_3$ 线性相关，$\boldsymbol{\alpha}_3$ 不能由 $\boldsymbol{\alpha}_1,\boldsymbol{\alpha}_2$ 线性表示，则 $\boldsymbol{\alpha}_1,\boldsymbol{\alpha}_2$ 线性________.

2. 设 $\boldsymbol{\alpha}_1,\boldsymbol{\alpha}_2,\boldsymbol{\alpha}_3,\boldsymbol{\beta}_1,\boldsymbol{\beta}_2$ 都是 4 维列向量，且 4 阶行列式 $|\boldsymbol{\alpha}_1,\boldsymbol{\alpha}_2,\boldsymbol{\alpha}_3,\boldsymbol{\beta}_1|=m$，$|\boldsymbol{\alpha}_1,\boldsymbol{\alpha}_2,\boldsymbol{\beta}_2,\boldsymbol{\alpha}_3|=n$，则 4 阶行列式 $|\boldsymbol{\alpha}_3,\boldsymbol{\alpha}_2,\boldsymbol{\alpha}_1,(\boldsymbol{\beta}_1+\boldsymbol{\beta}_2)|=$________.

3. 向量组 $\boldsymbol{\alpha}_1=(1,1,1)^{\mathrm{T}},\boldsymbol{\alpha}_2=(1,2,4)^{\mathrm{T}},\boldsymbol{\alpha}_3=(1,a,a^2)^{\mathrm{T}}$，线性无关的充要条件为 $a\neq$________且 $a\neq$________.

4. 已知向量 $\boldsymbol{\alpha}_1,\boldsymbol{\alpha}_2,\boldsymbol{\alpha}_3$ 线性无关，则向量组

$$\boldsymbol{\alpha}_1+\boldsymbol{\alpha}_2+3\boldsymbol{\alpha}_3,-\boldsymbol{\alpha}_1+\boldsymbol{\alpha}_2+2\boldsymbol{\alpha}_3,\boldsymbol{\alpha}_1+k\boldsymbol{\alpha}_2+4\boldsymbol{\alpha}_3$$

线性无关的充分必要条件为 k________.

5. 设向量 $\boldsymbol{\alpha}_1=(1,-2,3),\boldsymbol{\alpha}_2=(0,2,-5),\boldsymbol{\alpha}_3=(-1,0,2),\boldsymbol{\alpha}_4=(4,5,8)$，则 $\boldsymbol{\alpha}_1,\boldsymbol{\alpha}_2,\boldsymbol{\alpha}_3,\boldsymbol{\alpha}_4$ 线性________关.

6. 已知向量 $\boldsymbol{\alpha}_1=(1,1,2,1)^{\mathrm{T}}$，$\boldsymbol{\alpha}_2=(1,0,0,2)^{\mathrm{T}}$，$\boldsymbol{\alpha}_3=(-1,-4,-8,k)^{\mathrm{T}}$ 线性相关，则 k________.

7. 若向量组 $\boldsymbol{\alpha}_1^{\mathrm{T}}=(1,t+1,0),\boldsymbol{\alpha}_2^{\mathrm{T}}=(1,2,0),\boldsymbol{\alpha}_3^{\mathrm{T}}=(0,0,t^2+1)$ 线性相关，则实数 $t=$________.

8. 设向量组 $\boldsymbol{\alpha}_1,\boldsymbol{\alpha}_2,\boldsymbol{\alpha}_3$ 线性相关，而向量组 $\boldsymbol{\alpha}_2,\boldsymbol{\alpha}_3,\boldsymbol{\alpha}_4$ 线性无关，则向量组 $\boldsymbol{\alpha}_1,\boldsymbol{\alpha}_2,\boldsymbol{\alpha}_3$ 的最大线性无关组是________.

9. 已知四元非线性方程组的系数矩阵 $\boldsymbol{A}$ 的秩为 3，$\boldsymbol{\eta}_1,\boldsymbol{\eta}_2,\boldsymbol{\eta}_3$ 是它的三个解向量，且 $\boldsymbol{\eta}_1=(1,2,3,4)^{\mathrm{T}},\boldsymbol{\eta}_2+\boldsymbol{\eta}_3=(2,3,4,5)^{\mathrm{T}}$，则对应齐次方程组 $\boldsymbol{AX}=\boldsymbol{0}$ 的基础解系是________，$\boldsymbol{AX}=\boldsymbol{b}$ 的通解是________.

10. 齐次线性方程组 $\boldsymbol{A}_{m\times n}\boldsymbol{X}_{n\times 1}=\boldsymbol{0}$ 有非零解的充分必要条件是________.

11. 设 $\boldsymbol{AX}=\boldsymbol{0}$ 为 n 元齐次线性方程组，$R(\boldsymbol{A})=r<n$，则方程组有________个解向量线性无关.

第二部分　计算机题

1. 求向量组 $\boldsymbol{\alpha}_1=(1,2,-1,1),\boldsymbol{\alpha}_3=(0,-4,5,-2),\boldsymbol{\alpha}_2=(2,0,3,$

0)的秩.

2. 向量组 $\boldsymbol{\alpha}_1=(1,1,2,3)$，$\boldsymbol{\alpha}_2=(1,-1,1,1)$，$\boldsymbol{\alpha}_3=(1,3,4,5)$，$\boldsymbol{\alpha}_4=(3,1,5,7)$是否线性相关？

3. 求向量组 $\boldsymbol{\alpha}_1=(1,-1,2,4)$，$\boldsymbol{\alpha}_2=(0,3,1,2)$，$\boldsymbol{\alpha}_3=(3,0,7,14)$，$\boldsymbol{\alpha}_4=(1,-1,2,0)$，$\boldsymbol{\alpha}_5=(2,1,5,0)$的最大无关组，并将其他向量用最大无关组线性表示.

4. 求下列齐次线性方程组的基础解系，并用它表示出全部解：

$$\begin{cases} x_1+x_2+x_3+x_4+x_5=0, \\ 3x_1+2x_2+x_3+x_4-3x_5=0, \\ x_2+2x_3+2x_4+6x_5=0, \\ 5x_1+4x_2+3x_3+3x_4-x_5=0. \end{cases}$$

5. 求解线性方程组：

$$\begin{cases} x_1+x_2+x_3+x_4+x_5=7, \\ 3x_1+2x_2+x_3+x_4-3x_5=-2, \\ x_2+2x_3+2x_4+6x_5=23, \\ 5x_1+4x_2+3x_3+3x_4-x_5=12. \end{cases}$$

6. 蛋白质、碳水化合物和脂肪是人体每日必需的三种营养，但过量的脂肪摄入不利于健康. 人们可以通过适量的运动来消耗多余的脂肪. 设三种食物(脱脂牛奶、大豆面粉、乳清)每 100 克中蛋白质、碳水化合物和脂肪的含量以及慢跑 5 分钟消耗蛋白质、碳水化合物和脂肪的量如表 4.3 所示.

表 4.3　三种食物的营养成分和慢跑的消耗情况

营养	每 100 克食物所含营养(克)			慢跑 5 分钟消耗量(克)	每日需要的营养量(克)
	牛奶	大豆面粉	乳清		
蛋白质	36	51	13	10	33
碳水化合物	52	34	74	20	45
脂肪	10	7	1	15	3

问怎样安排饮食和运动才能实现每日的营养需求？

第五章 特征值、特征向量及二次型

本章主要讨论方阵的特征值与特征向量、方阵的相似对角化和二次型的化简等问题以及矩阵特征值理论在经济和工程技术中的应用.

第一节 矩阵的特征值和特征向量

历史点滴:

1743 年,法国数学家达朗贝尔(1717—1783)在研究常系数线性微分组的解的问题时提出"特征值"的概念.

特征值与特征向量的概念刻画了方阵的一些本质特征,在几何学、力学、常微分方程动力系统、管理工程及经济应用等方面都有着广泛的应用.如振动问题和稳定性问题、最大值最小值问题,常常可以归结为求一个方阵的特征值和特征向量的问题.数学中诸如方阵的对角化及解微分方程组的问题,也都要用到特征值的理论.

一、引例

例 1 (预测问题)某城市有 15 万人具有本科以上学历,其中有 1.5 万人是教师,据调查,平均每年有 10%的人从教师职业转为其他职业,只有 1%的人从其他职业转为教师职业,试预测 n 年以后这 15 万人中还有多少人在从事教育职业.

解 用 x_n 和 y_n 分别表示第 n 年后做教师职业和其他职业的人数,记成向量 $\begin{pmatrix} x_n \\ y_n \end{pmatrix}$,则 $\begin{pmatrix} x_0 \\ y_0 \end{pmatrix}=\begin{pmatrix} 1.5 \\ 13.5 \end{pmatrix}$.根据已知条件可得:

$$\begin{cases} x_{n+1}=0.9x_n+0.01y_n, \\ y_{n+1}=0.1x_n+0.99y_n. \end{cases}$$

即

$$\begin{pmatrix} x_{n+1} \\ y_{n+1} \end{pmatrix}=\begin{pmatrix} 0.9 & 0.01 \\ 0.1 & 0.99 \end{pmatrix}\begin{pmatrix} x_n \\ y_n \end{pmatrix}.$$

令 $\boldsymbol{A}=(a_{ij})=\begin{pmatrix}0.90 & 0.01\\0.10 & 0.99\end{pmatrix}$，则矩阵 $\boldsymbol{A}$ 表示教师职业和其他职业间的转移，其中 $a_{11}=0.90$ 表示每年有 90%的人原来是教师现在还是教师；$a_{21}=0.10$ 表示每年有 10%的人从教师职业转为其他职业.
显然

$$\begin{pmatrix}x_1\\y_1\end{pmatrix}=\boldsymbol{A}\begin{pmatrix}x_0\\y_0\end{pmatrix}=\begin{pmatrix}0.90 & 0.01\\0.10 & 0.99\end{pmatrix}\begin{pmatrix}1.5\\13.5\end{pmatrix}=\begin{pmatrix}1.485\\13.515\end{pmatrix},$$

即一年以后，从事教师职业和其他职业的人数分别为 1.485 万和 13.515 万. 又

$$\begin{pmatrix}x_2\\y_2\end{pmatrix}=\boldsymbol{A}\begin{pmatrix}x_1\\y_1\end{pmatrix}=\boldsymbol{A}^2\begin{pmatrix}x_0\\y_0\end{pmatrix},\cdots,\begin{pmatrix}x_n\\y_n\end{pmatrix}=\boldsymbol{A}\begin{pmatrix}x_{n-1}\\y_{n-1}\end{pmatrix}=\boldsymbol{A}^n\begin{pmatrix}x_0\\y_0\end{pmatrix},$$

所以

$$\begin{pmatrix}x_n\\y_n\end{pmatrix}=\boldsymbol{A}^n\begin{pmatrix}x_0\\y_0\end{pmatrix},$$

问题转化为如何计算 $\boldsymbol{A}^n$.

(1) 若 $\boldsymbol{A}$ 是对角阵 $\boldsymbol{\Lambda}$，则易求 $\boldsymbol{A}^n=\boldsymbol{\Lambda}^n$.

(2) 当存在 n 阶可逆阵 $\boldsymbol{Q}$，使得 $\boldsymbol{A}=\boldsymbol{Q\Lambda Q}^{-1}$（$\boldsymbol{\Lambda}$ 为对角阵）时，

$$\boldsymbol{A}^n=(\boldsymbol{Q\Lambda Q}^{-1})(\boldsymbol{Q\Lambda Q}^{-1})\cdots(\boldsymbol{Q\Lambda Q}^{-1})=\boldsymbol{Q\Lambda}^n\boldsymbol{Q}^{-1}.$$

因此，当存在 n 阶可逆阵 $\boldsymbol{Q}$，使得 $\boldsymbol{Q}^{-1}\boldsymbol{AQ}=\boldsymbol{\Lambda}$（对角阵）时，易求方阵 $\boldsymbol{A}^n$.

问题：当 $\boldsymbol{Q}^{-1}\boldsymbol{AQ}=\boldsymbol{\Lambda}$ 时，$\boldsymbol{Q}$ 与 $\boldsymbol{\Lambda}$ 的关系如何？设 $\boldsymbol{Q}$ 的列向量为 $\boldsymbol{q}_1$，$\boldsymbol{q}_2,\cdots,\boldsymbol{q}_n$，显然它们线性无关. 由

$$\boldsymbol{Q}^{-1}\boldsymbol{AQ}=\boldsymbol{\Lambda}=\mathrm{diag}(\lambda_1,\lambda_2,\cdots,\lambda_n),$$

则

$$\boldsymbol{AQ}=\boldsymbol{Q\Lambda}=(\boldsymbol{q}_1,\boldsymbol{q}_2,\cdots,\boldsymbol{q}_n)\mathrm{diag}(\lambda_1,\lambda_2,\cdots,\lambda_n),$$

即

$$\boldsymbol{A}(\boldsymbol{q}_1,\boldsymbol{q}_2,\cdots,\boldsymbol{q}_n)=(\lambda_1\boldsymbol{q}_1,\lambda_2\boldsymbol{q}_2,\cdots,\lambda_n\boldsymbol{q}_n),$$

显然，

$$\boldsymbol{Aq}_i=\lambda_i\boldsymbol{q}_i,\quad i=1,2,\cdots,n.$$

可见，如果能找到 n 个线性无关的向量 $\boldsymbol{q}_1,\boldsymbol{q}_2,\cdots,\boldsymbol{q}_n$，使得

$$\boldsymbol{Aq}_i=\lambda_i\boldsymbol{q}_i,\quad i=1,2,\cdots,n.$$

则易求方阵 $\boldsymbol{A}^n$.

例 2　设有平面直角坐标系中的线性变换 $\sigma:\boldsymbol{Y}=\boldsymbol{AX}$，其中

$$\boldsymbol{Y}=\begin{pmatrix}y_1\\y_2\end{pmatrix},\quad \boldsymbol{X}=\begin{pmatrix}x_1\\x_2\end{pmatrix},\quad \boldsymbol{A}=\begin{pmatrix}2 & 0\\0 & 0.5\end{pmatrix}.$$

问：该线性变换是否将某些非零向量 $\boldsymbol{X}$ 变到自己的实数倍？

解 设该线性变换将非零向量 $\boldsymbol{X}=(x_1,x_2)^{\mathrm{T}}$ 变到自己的 λ 倍，则

$$\boldsymbol{A}\begin{pmatrix}x_1\\x_2\end{pmatrix}=\lambda\begin{pmatrix}x_1\\x_2\end{pmatrix},$$

即

$$\boldsymbol{A}\begin{pmatrix}x_1\\x_2\end{pmatrix}-\lambda\begin{pmatrix}x_1\\x_2\end{pmatrix}=(\boldsymbol{A}-\lambda\boldsymbol{E})\begin{pmatrix}x_1\\x_2\end{pmatrix}=\begin{pmatrix}0\\0\end{pmatrix}. \tag{1}$$

齐次线性方程组(1)有非零解的充要条件为

$$|\boldsymbol{A}-\lambda\boldsymbol{E}|=0.$$

解方程

$$|\boldsymbol{A}-\lambda\boldsymbol{E}|=\begin{vmatrix}2-\lambda & 0\\0 & 0.5-\lambda\end{vmatrix}=(2-\lambda)(0.5-\lambda)=0$$

得 $\lambda=2$ 或 $\lambda=0.5$.

当 $\lambda=2$ 时，方程组(1)为 $\begin{pmatrix}0 & 0\\0 & -1.5\end{pmatrix}\begin{pmatrix}x_1\\x_2\end{pmatrix}=\begin{pmatrix}0\\0\end{pmatrix}$，

求得基础解系为

$$\boldsymbol{X}_1=\begin{pmatrix}1\\0\end{pmatrix}.$$

当 $\lambda=0.5$ 时，方程组(1)为 $\begin{pmatrix}1.5 & 0\\0 & 0\end{pmatrix}\begin{pmatrix}x_1\\x_2\end{pmatrix}=\begin{pmatrix}0\\0\end{pmatrix}$，

求得基础解系为

$$\boldsymbol{X}_2=\begin{pmatrix}0\\1\end{pmatrix}.$$

下图中左边的图 5.1 被 σ 变成右边的图 5.2. 水平方向的向量($\boldsymbol{X}_1$ 的实数倍)都被 σ 拉长到自己的 2 倍，铅直方向的向量($\boldsymbol{X}_2$ 的实数倍)都被 σ 压缩到自己的 0.5 倍.

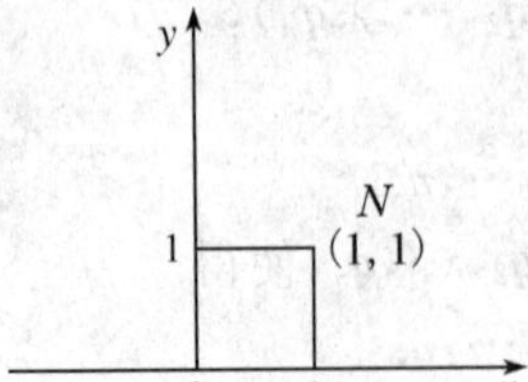

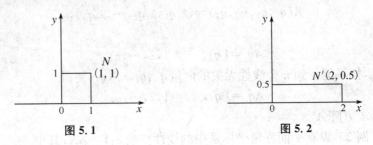

图 5.1

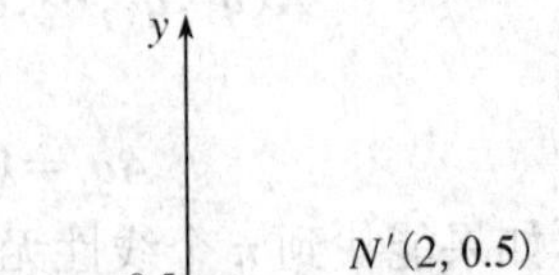

图 5.2

二、方阵的特征值与特征向量概念

定义 1 设 $\boldsymbol{A}=(a_{ij})$ 是 n 阶方阵，若有数 λ 和非零列向量 $\boldsymbol{x}$，满足

等式

$$Ax=\lambda x, \tag{2}$$

则称 λ 为 A 的一个特征值(**eigenvalue**),x 为 A 的属于特征值 λ 的一个特征向量(**eigenvector**).

例如:设 $A=\begin{pmatrix}2&&\\&2&\\&&2\end{pmatrix}$,则

$$A\begin{pmatrix}1\\2\\3\end{pmatrix}=\begin{pmatrix}2&&\\&2&\\&&2\end{pmatrix}\begin{pmatrix}1\\2\\3\end{pmatrix}=2\begin{pmatrix}1\\2\\3\end{pmatrix},$$

此时 2 称为 A 的特征值,而 $\begin{pmatrix}1\\2\\3\end{pmatrix}$ 称为对应于 2 的特征向量.

历史点滴:

eigenvector 是个奇怪的词,它一半是德文,一半是英文.德文形容词 eigen 的意思是"特有的".

例 3　已知 $\alpha=\begin{pmatrix}1\\1\\-1\end{pmatrix}$ 是 $A=\begin{pmatrix}2&-1&2\\5&a&3\\-1&b&-2\end{pmatrix}$ 的一个特征向量,试确定参数 a,b.

解　由特征值和特征向量的定义可知,$A\alpha=\lambda\alpha$,即

$$\begin{pmatrix}2&-1&2\\5&a&3\\-1&b&-2\end{pmatrix}\begin{pmatrix}1\\1\\-1\end{pmatrix}=\lambda\begin{pmatrix}1\\1\\-1\end{pmatrix},$$

于是

$$\begin{pmatrix}-1\\2+a\\b+1\end{pmatrix}=\begin{pmatrix}\lambda\\\lambda\\-\lambda\end{pmatrix},$$

所以 $-1=\lambda,2+a=\lambda,b+1=-\lambda$.即所求解为 $a=-3,b=0,\lambda=-1$.

特别提示:

① 特征向量是非零向量;

② 一个特征值可以对应多个特征向量;

③ 一个特征向量只能对应一个特征值.

例 4　设 $A_{n\times n}x=\lambda_0 x,x\neq 0$,则

(1) $(lA)x=(l\lambda_0)x$;

(2) $A^k x=\lambda_0^k x$;

(3) 若 $|A|\neq 0$,则 $A^{-1}x=\frac{1}{\lambda_0}x$.

解　只证(3),若 $|A|\neq 0$,所以 $\lambda_0\neq 0$,否则 $A_{n\times n}x=0,x\neq 0$ 矛盾.

$$A_{n\times n}^{-1}(A_{n\times n}x)=A_{n\times n}^{-1}(\lambda_0 x)\Rightarrow x=\lambda_0 A_{n\times n}^{-1}x\Rightarrow A_{n\times n}^{-1}x=\frac{1}{\lambda_0}x.$$

特别提示:

若 x 为 $A_{n\times n}$ 的对应于特征值 λ 的特征向量,则 $\forall k\neq 0,kx$ 亦然.

三、特征值和特征向量的求法

为求 $\boldsymbol{A}$ 的特征值和特征向量，将(2)式写成

$$(\boldsymbol{A}-\lambda\boldsymbol{E})\boldsymbol{x}=\boldsymbol{0}, \tag{3}$$

这是关于 $\boldsymbol{x}$ 的齐次线性方程组，它有非零解 $\boldsymbol{x}$ 当且仅当其系数行列式为零，即

$$|\boldsymbol{A}-\lambda\boldsymbol{E}|=0 \tag{4}$$

即

$$\begin{vmatrix} a_{11}-\lambda & a_{12} & \cdots & a_{1n} \\ a_{21} & a_{22}-\lambda & \cdots & a_{2n} \\ \vdots & \vdots & & \vdots \\ a_{n1} & a_{n2} & \cdots & a_{nn}-\lambda \end{vmatrix}=0 \tag{5}$$

(5)式的左端展开是一个关于 λ 的 n 次多项式，称为 $\boldsymbol{A}$ 的特征多项式(**characteristic polynomial**)，记作 $P_{\boldsymbol{A}}(\lambda)$，即 $P_{\boldsymbol{A}}(\lambda)=|\boldsymbol{A}-\lambda\boldsymbol{E}|$. (5)式即 $P_{\boldsymbol{A}}(\lambda)=0$，是关于 λ 的 n 次方程，称为 $\boldsymbol{A}$ 的特征方程(**characteristic equation**). 据代数基本定理，这个方程在复数域上有且仅有 n 个根，称为**特征根**，记作 $\lambda_1,\cdots,\lambda_n$，它们就是所求的矩阵 $\boldsymbol{A}$ 的特征值. 由此可知：**n 阶方阵 $\boldsymbol{A}$ 有且仅有 n 个特征值.**

特别提示：

$\boldsymbol{A}_{n\times n}$ 的特征值就是特征方程 $P_{\boldsymbol{A}}(\lambda)=|\boldsymbol{A}-\lambda\boldsymbol{E}|=0$ 的根，记为 $\lambda_1,\lambda_2,\cdots,\lambda_n$.

求出特征值以后，将这些特征值逐一代入齐次方程(3)，解出的所有非零解向量，就是属于各特征值的全部特征向量. 具体说，对任一特征值 λ_i，解齐次方程

$$(\boldsymbol{A}-\lambda_i\boldsymbol{E})\boldsymbol{x}=\boldsymbol{0}, \tag{6}$$

所有的非零解都是属于 λ_i 的特征向量.

由此可见，求矩阵特征值和特征向量的步骤为：

1. 求特征方程 $P_{\boldsymbol{A}}(\lambda)=|\boldsymbol{A}-\lambda\boldsymbol{E}|=0$ 所有的相异实根 $\lambda_1,\lambda_2,\cdots,\lambda_m$，这些相异实根就是矩阵 $\boldsymbol{A}$ 的特征值；

2. 求 $(\boldsymbol{A}-\lambda_i\boldsymbol{E})\boldsymbol{x}=\boldsymbol{0}$ 的基础解系 $\boldsymbol{\xi}_1,\boldsymbol{\xi}_1,\cdots,\boldsymbol{\xi}_{r_i}$，则

$$k_1\boldsymbol{\xi}_1+k_2\boldsymbol{\xi}_2+\cdots+k_{r_i}\boldsymbol{\xi}_{r_i}$$

就是 λ_i 对应的所有特征向量，其中 $k_1,k_2,\cdots,k_{r_i}$ 不全为零.

例 5 求 $\boldsymbol{A}=\begin{pmatrix} 3 & -1 \\ -1 & 3 \end{pmatrix}$ 的特征值和特征向量.

解 $\boldsymbol{A}$ 的特征多项式

$$|\boldsymbol{A}-\lambda\boldsymbol{E}|=\begin{vmatrix} 3-\lambda & -1 \\ -1 & 3-\lambda \end{vmatrix}=(3-\lambda)^2-1=8-6\lambda+\lambda^2=(2-\lambda)(4-\lambda),$$

于是解得 $\boldsymbol{A}$ 的特征值为 $\lambda_1=2,\lambda_2=4$. 下面分别求特征向量：

对于 $\lambda_1=2$，解齐次方程 $(\boldsymbol{A}-2\boldsymbol{E})\boldsymbol{x}=\boldsymbol{0}$，即

$$\begin{pmatrix}3-2 & -1\\ -1 & 3-2\end{pmatrix}\begin{pmatrix}x_1\\ x_2\end{pmatrix}=\begin{pmatrix}0\\ 0\end{pmatrix},$$

得基础解系

$$\boldsymbol{p}_1=\begin{pmatrix}1\\ 1\end{pmatrix},$$

因此属于 $\lambda_1=2$ 的全部特征向量为 $k_1\boldsymbol{p}_1(k_1\neq 0)$.

对于 $\lambda_2=4$，解齐次方程 $(\boldsymbol{A}-4\boldsymbol{E})\boldsymbol{x}=\boldsymbol{0}$，即

$$\begin{pmatrix}3-4 & -1\\ -1 & 3-4\end{pmatrix}\begin{pmatrix}x_1\\ x_2\end{pmatrix}=\begin{pmatrix}0\\ 0\end{pmatrix},$$

得基础解系

$$\boldsymbol{p}_2=\begin{pmatrix}1\\ -1\end{pmatrix},$$

因此属于 $\lambda_2=4$ 的全部特征向量为 $k_2\boldsymbol{p}_2(k_2\neq 0)$.

例 6 求 $\boldsymbol{A}=\begin{pmatrix}-2 & 1 & 1\\ 0 & 2 & 0\\ -4 & 1 & 3\end{pmatrix}$ 的特征值和特征向量.

解 $\boldsymbol{A}$ 的特征多项式为

$$|\boldsymbol{A}-\lambda\boldsymbol{E}|=\begin{vmatrix}-2-\lambda & 1 & 1\\ 0 & 2-\lambda & 0\\ -4 & 1 & 3-\lambda\end{vmatrix}=(2-\lambda)\begin{vmatrix}-2-\lambda & 1\\ -4 & 3-\lambda\end{vmatrix}$$

$$=-(\lambda+1)(\lambda-2)^2,$$

所以 $\boldsymbol{A}$ 的特征值为 $\lambda_1=-1,\lambda_2=\lambda_3=2$（二重根）.

当 $\lambda_1=-1$ 时，解 $(\boldsymbol{A}+\boldsymbol{E})\boldsymbol{x}=\boldsymbol{0}$，由

$$\boldsymbol{A}+\boldsymbol{E}=\begin{pmatrix}-1 & 1 & 1\\ 0 & 3 & 0\\ -4 & 1 & 4\end{pmatrix}\to\begin{pmatrix}-1 & 0 & 1\\ 0 & 1 & 0\\ 0 & 0 & 0\end{pmatrix},$$

得基础解系

$$\boldsymbol{p}_1=\begin{pmatrix}1\\ 0\\ 1\end{pmatrix},$$

则属于 $\lambda_1=-1$ 的所有特征向量为 $k_1\boldsymbol{p}_1(k_1\neq 0)$.

当 $\lambda_2=\lambda_3=2$ 时，解 $(\boldsymbol{A}-2\boldsymbol{E})\boldsymbol{x}=\boldsymbol{0}$，由

$$\boldsymbol{A}-2\boldsymbol{E}=\begin{pmatrix}-4 & 1 & 1\\ 0 & 0 & 0\\ -4 & 1 & 1\end{pmatrix}\to\begin{pmatrix}-4 & 1 & 1\\ 0 & 0 & 0\\ 0 & 0 & 0\end{pmatrix},$$

得基础解系

$$\boldsymbol{p}_2=\begin{pmatrix}0\\1\\-1\end{pmatrix},\boldsymbol{p}_3=\begin{pmatrix}1\\0\\4\end{pmatrix},$$

则属于 $\lambda_2=\lambda_3=2$ 的全部特征向量为 $k_2\boldsymbol{p}_2+k_3\boldsymbol{p}_3$（$k_2,k_3$ 不全为零）.

例 7 证明：若 λ 是 $\boldsymbol{A}$ 的特征值，求证 λ^2 为 $\boldsymbol{A}^2$ 的特征值.（利用定义）

证明 设 $\boldsymbol{\beta}$ 是矩阵 $\boldsymbol{A}$ 对应于 λ 的特征向量，由题意 $\boldsymbol{A}^2\boldsymbol{\beta}=\boldsymbol{A}(\boldsymbol{A\beta})=\boldsymbol{A}(\boldsymbol{\lambda\beta})=\lambda^2\boldsymbol{\beta}$，所以 λ^2 为 $\boldsymbol{A}^2$ 的特征值.

例 8 证明：$\boldsymbol{A}$ 为 n 阶奇异阵 $\Leftrightarrow \boldsymbol{A}$ 有一个特征值为 0.

证明 必要性 因为 $\boldsymbol{A}$ 为奇异阵，则 $|\boldsymbol{A}|=0$，所以 $|\boldsymbol{A}-0\boldsymbol{E}|=|\boldsymbol{A}|=0$，故 0 为特征值.

充分性 设 0 为 $\boldsymbol{A}$ 的特征值，对应的特征向量 $\boldsymbol{X}_1$，$\boldsymbol{AX}_1=0\boldsymbol{X}_1=\boldsymbol{0}$，所以 $\boldsymbol{X}_1$ 为 $\boldsymbol{AX}=\boldsymbol{0}$ 的非零解，故 $|\boldsymbol{A}|=0$，即 $\boldsymbol{A}$ 为 n 阶奇异阵.

四、特征值和特征向量的性质

定理 1 若 $\boldsymbol{A}=\begin{pmatrix}a_{11}&\cdots&a_{1n}\\\vdots&&\vdots\\a_{n1}&\cdots&a_{nn}\end{pmatrix}$ 的特征值为 $\lambda_1,\cdots,\lambda_n$，则有：

$$(1)\ \sum_{i=1}^{n}\lambda_i=\sum_{i=1}^{n}a_{ii}=tr(\boldsymbol{A});\quad (2)\ \prod_{i=1}^{n}\lambda_i=|\boldsymbol{A}|=\det(\boldsymbol{A}).\quad (7)$$

根据多项式的根与系数的关系（即韦达定理）即可导出上述结论. 式中的 $tr(\boldsymbol{A})$，称为 $\boldsymbol{A}$ 的**迹**（**track**），即 $\boldsymbol{A}$ 的主对角元素之和.

利用此定理给出的 $\boldsymbol{A}$ 的迹 $tr(\boldsymbol{A})$ 与其特征值的关系式，常常可以帮助我们求矩阵的特征值.

例如，若已知矩阵

$$\boldsymbol{A}=\begin{pmatrix}1&-2&0\\-2&2&-2\\0&-2&3\end{pmatrix}$$

的特征值 $\lambda_1=1,\lambda_2=2$，则 $\boldsymbol{A}$ 的第三个特征值 λ_3 应满足

$$\lambda_1+\lambda_2+\lambda_3=a_{11}+a_{22}+a_{33}=1+2+3=6.$$

故 $\lambda_3=6-\lambda_1-\lambda_2=3$.

定理 2 设 λ 是 $\boldsymbol{A}$ 的任一特征值，若 $\boldsymbol{p}_1,\cdots,\boldsymbol{p}_s$ 都是属于 λ 的特征向量，则 $\boldsymbol{p}_1,\cdots,\boldsymbol{p}_s$ 的任意非零线性组合仍是属于 λ 的特征向量.

这由线性运算封闭性可知.（证明留作练习.）

定理 3　属于不同特征值的特征向量线性无关.

证明　设 $\lambda_1,\cdots,\lambda_s$ 是 $\boldsymbol{A}$ 的 s 个各不相同的特征值,各取一个所属的特征向量记作 $\boldsymbol{p}_1,\cdots,\boldsymbol{p}_s$,则有

$$\boldsymbol{A}\boldsymbol{p}_i=\lambda_i\boldsymbol{p}_i,i=1,\cdots,s.$$

为证它们线性无关,考察齐次线性方程组

$$k_1\boldsymbol{p}_1+\cdots+k_s\boldsymbol{p}_s=\boldsymbol{0}, \tag{8}$$

两端左乘 $\boldsymbol{A}$,得:

$$\begin{aligned}\boldsymbol{A}\left(\sum_i k_i\boldsymbol{p}_i\right)&=\sum_i k_i(\boldsymbol{A}\boldsymbol{p}_i)=\sum_i k_i(\lambda_i\boldsymbol{p}_i)=\sum_i\lambda_i(k_i\boldsymbol{p}_i)\\&=\lambda_1(k_1\boldsymbol{p}_1)+\cdots+\lambda_s(k_s\boldsymbol{p}_s)=\boldsymbol{0},\end{aligned} \tag{9}$$

再左乘 $\boldsymbol{A}$,类似得

$$\lambda_1^2(k_1\boldsymbol{p}_1)+\cdots+\lambda_s^2(k_s\boldsymbol{p}_s)=\boldsymbol{0}, \tag{10}$$

如此左乘 $s-1$ 次 $\boldsymbol{A}$,最终得到

$$\lambda_1^{s-1}(k_1\boldsymbol{p}_1)+\cdots+\lambda_s^{s-1}(k_s\boldsymbol{p}_s)=\boldsymbol{0}, \tag{11}$$

从(8)到(11)共 s 个方程,看成关于$k_1\boldsymbol{p}_1,\cdots,k_s\boldsymbol{p}_s$的齐次线性方程组

$$\begin{cases}k_1\boldsymbol{p}_1+\cdots+k_s\boldsymbol{p}_s=\boldsymbol{0},\\\lambda_1(k_1\boldsymbol{p}_1)+\cdots+\lambda_s(k_s\boldsymbol{p}_s)=\boldsymbol{0},\\\cdots\cdots\cdots\cdots\\\lambda_1^{s-1}(k_1\boldsymbol{p}_1)+\cdots+\lambda_s^{s-1}(k_s\boldsymbol{p}_s)=\boldsymbol{0}.\end{cases} \tag{12}$$

它的系数行列式为

$$V_s=\begin{vmatrix}1&1&\cdots&1\\\lambda_1&\lambda_2&\cdots&\lambda_s\\\vdots&\vdots&&\vdots\\\lambda_1^{s-1}&\lambda_2^{s-1}&\cdots&\lambda_s^{s-1}\end{vmatrix}, \tag{13}$$

这是一个 s 阶范得蒙德行列式,由于 $\lambda_1,\cdots,\lambda_s$ 互不相同,知

$$V_s=\prod_{1\leqslant j<i\leqslant s}(\lambda_i-\lambda_j)\neq 0,$$

故方程组只有唯一零解 $k_1\boldsymbol{p}_1=\cdots=k_s\boldsymbol{p}_s=\boldsymbol{0}$. 注意到 $\boldsymbol{p}_1,\cdots,\boldsymbol{p}_s$ 是特征向量,均非零,故有 $\boldsymbol{k}_1=\cdots=\boldsymbol{k}_s=0$,从而 $\boldsymbol{p}_1,\cdots,\boldsymbol{p}_s$ 线性无关.

定理 4　设 λ 是方阵 $\boldsymbol{A}$ 的任一特征值,$\boldsymbol{p}$ 是属于 λ 的任一特征向量,则有如下结论:

(1) $\forall k\in\mathbf{R}$,$k\lambda$ 是 $k\boldsymbol{A}$ 的特征值,$\boldsymbol{p}$ 是 $k\boldsymbol{A}$ 的属于 $k\lambda$ 的特征向量;

(2) $\forall k\in\mathbf{N}$,λ^k 是 $\boldsymbol{A}^k$ 的特征值,$\boldsymbol{p}$ 是 $\boldsymbol{A}^k$ 的属于 λ^k 的特征向量;

(3) 若 $f(\boldsymbol{A})$是 $\boldsymbol{A}$ 的多项式,即 $f(\boldsymbol{A})=a_0\boldsymbol{E}+a_1\boldsymbol{A}+\cdots+a_m\boldsymbol{A}^m$,则 $f(\lambda)=a_0+a_1\lambda+\cdots+a_m\lambda^m$ 是 $f(\boldsymbol{A})$的特征值,$\boldsymbol{p}$ 是 $f(\boldsymbol{A})$的属于 $f(\lambda)$的特征向量;

(4) 若 $\boldsymbol{A}$ 可逆，当 $\lambda\neq0$ 时，则 $\frac{1}{\lambda}$ 是 $\boldsymbol{A}^{-1}$ 的特征值，$\boldsymbol{p}$ 是 $\boldsymbol{A}^{-1}$ 的属于 $\frac{1}{\lambda}$ 的特征向量；

(5) 若 $\boldsymbol{A}$ 可逆，当 $\lambda\neq0$ 时，则 $\frac{|\boldsymbol{A}|}{\lambda}$ 是 $\boldsymbol{A}^*$ 的特征值，$\boldsymbol{p}$ 是 $\boldsymbol{A}^*$ 的属于 $\frac{|\boldsymbol{A}|}{\lambda}$ 的特征向量；

(6) λ 也是 $\boldsymbol{A}^{\mathrm{T}}$ 的特征值.

证明 我们证明(2)、(4)、(6)，而将(1)、(3)、(5)留给读者作为练习.

(2) 由 $\boldsymbol{Ap}=\lambda\boldsymbol{p}$，有 $\boldsymbol{A}^2\boldsymbol{p}=\boldsymbol{A}(\boldsymbol{Ap})=\boldsymbol{A}(\lambda\boldsymbol{p})=\lambda(\boldsymbol{Ap})=\lambda(\lambda\boldsymbol{p})=\lambda^2\boldsymbol{p}$，知 $k=2$ 时结论成立，假设对于 $k-1$ 有 $\boldsymbol{A}^{k-1}\boldsymbol{p}=\lambda^{k-1}\boldsymbol{p}$ 成立，则由归纳原理推得对 k 有 $\boldsymbol{A}^k\boldsymbol{p}=\boldsymbol{A}(\boldsymbol{A}^{k-1}\boldsymbol{p})=\boldsymbol{A}(\lambda^{k-1}\boldsymbol{p})=\lambda^{k-1}(\boldsymbol{Ap})=\lambda^{k-1}(\lambda\boldsymbol{p})=\lambda^k\boldsymbol{p}$.

(4) 设 $\boldsymbol{A}$ 可逆，由(7)式中的(2)式 $\prod_{i=1}^{n}\lambda_i=|\boldsymbol{A}|\neq0$，知所有特征值非零. 进而在式 $\boldsymbol{Ap}=\lambda\boldsymbol{p}$ 两端左乘 $\boldsymbol{A}^{-1}$ 得 $\boldsymbol{p}=\boldsymbol{A}^{-1}(\boldsymbol{Ap})=\boldsymbol{A}^{-1}(\lambda\boldsymbol{p})=\lambda(\boldsymbol{A}^{-1}\boldsymbol{p})$，由 $\lambda\neq0$ 便得 $\boldsymbol{A}^{-1}\boldsymbol{p}=\lambda^{-1}\boldsymbol{p}$，知命题为真.

(6) 由于 $|\boldsymbol{A}^{\mathrm{T}}-\lambda\boldsymbol{E}|=|(\boldsymbol{A}-\lambda\boldsymbol{E})^{\mathrm{T}}|=|\boldsymbol{A}-\lambda\boldsymbol{E}|^{\mathrm{T}}=|\boldsymbol{A}-\lambda\boldsymbol{E}|$，可见 $\boldsymbol{A}^{\mathrm{T}}$ 与 $\boldsymbol{A}$ 有相同的特征多项式，因而有相同的特征值.

特别提示：

因为 $\boldsymbol{A}^{\mathrm{T}}$ 的特征向量是齐次方程 $(\boldsymbol{A}^{\mathrm{T}}-\lambda\boldsymbol{E})\boldsymbol{X}=\boldsymbol{0}$ 的解，它与 $(\boldsymbol{A}-\lambda\boldsymbol{E})\boldsymbol{X}=\boldsymbol{0}$ 一般不同解，故 $\boldsymbol{p}$ 未必还是 $\boldsymbol{A}^{\mathrm{T}}$ 的特征向量.

例 9 设 $\boldsymbol{A}$ 的特征值为 1、2、3，$\boldsymbol{B}=\boldsymbol{A}^3-3\boldsymbol{A}^2+3\boldsymbol{A}-\boldsymbol{E}$，则 $\boldsymbol{B}$ 不可逆.

证明 易见 $\boldsymbol{B}=(\boldsymbol{A}-\boldsymbol{E})^3$，由定理 4 的(3)知 $\boldsymbol{B}$ 的特征值为 $(\lambda-1)^3$. 以 λ 为 1、2、3 分别代入，得 $\boldsymbol{B}$ 的特征值为 0、1、8，再由定理 1 的(2)得 $|\boldsymbol{B}|=0$，从而知 $\boldsymbol{B}$ 不可逆.

例 10 三阶方阵 $\boldsymbol{A}$ 的三个特征值分别为 $\lambda_1=1,\lambda_2=-1,\lambda_3=2$，求 $|\boldsymbol{A}^*+3\boldsymbol{A}-2\boldsymbol{E}|$.

解 $\boldsymbol{A}$ 可逆，所以 $\boldsymbol{A}^*=|\boldsymbol{A}|\boldsymbol{A}^{-1}$. 而 $|\boldsymbol{A}|=\lambda_1\lambda_2\lambda_3=-2$，故

$$\boldsymbol{A}^*+3\boldsymbol{A}-2\boldsymbol{E}=-2\boldsymbol{A}^{-1}+3\boldsymbol{A}-2\boldsymbol{E}=\Phi(\boldsymbol{A}),$$

其中 $\Phi(x)=\frac{-2}{x}+3x-2$. 所以 $\Phi(\boldsymbol{A})$ 的特征值为

$$\Phi(-1)=-3,\Phi(1)=-1,\Phi(2)=3,$$

于是 $|\Phi(\boldsymbol{A})|=|\boldsymbol{A}^*+3\boldsymbol{A}-2\boldsymbol{E}|=-1\times(-3)\times3=9$.

第二节　相似矩阵与矩阵的对角化

对角矩阵是最简单的一类矩阵，对于任一 n 阶方阵 $\boldsymbol{A}$ 是否可将它化为对角矩阵，并保持 $\boldsymbol{A}$ 的许多原有性质，在理论和应用方面都具有重要意义.

一、相似矩阵的概念与性质

1. 相似矩阵的定义

在上节例 5 中矩阵 $\boldsymbol{A}=\begin{pmatrix}3 & -1\\ -1 & 3\end{pmatrix}$有特征值 2、4，相应的特征向量为

$$\boldsymbol{p}_1=\begin{pmatrix}1\\1\end{pmatrix},\boldsymbol{p}_2=\begin{pmatrix}1\\-1\end{pmatrix},\boldsymbol{A}\boldsymbol{p}_1=2\boldsymbol{p}_1,\boldsymbol{A}\boldsymbol{p}_2=4\boldsymbol{p}_2,$$

令

$$\boldsymbol{P}=(\boldsymbol{p}_1,\boldsymbol{p}_2)=\begin{pmatrix}1 & 1\\ 1 & -1\end{pmatrix},$$

则

$$\boldsymbol{AP}=\boldsymbol{P}\begin{pmatrix}2 & 0\\ 0 & 4\end{pmatrix},\text{而 }\boldsymbol{P}^{-1}=\frac{1}{-2}\begin{pmatrix}-1 & -1\\ -1 & 1\end{pmatrix},$$

所以 $\boldsymbol{P}^{-1}\boldsymbol{AP}=\begin{pmatrix}2 & 0\\ 0 & 4\end{pmatrix}$，我们通过可逆矩阵 $\boldsymbol{P}$，将矩阵 $\boldsymbol{A}$ 化为对角矩阵，这个过程称为相似变换.

历史点滴：

1878 年，法国数学家弗罗贝尼乌斯(1849—1917)首先定义了矩阵的“相似”与“合同”的概念并证明了它们的一些主要性质.

定义 1　对于 n 阶矩阵 $\boldsymbol{A},\boldsymbol{B}$，若存在可逆矩阵 $\boldsymbol{P}$，使

$$\boldsymbol{P}^{-1}\boldsymbol{AP}=\boldsymbol{B},$$

则称 $\boldsymbol{A}$ 与 $\boldsymbol{B}$ 相似(**similar**).

例如：$\boldsymbol{A}=\begin{pmatrix}3 & 1\\ 5 & -1\end{pmatrix}$，$\boldsymbol{B}=\begin{pmatrix}4 & 0\\ 0 & -2\end{pmatrix}$，$\boldsymbol{P}=\begin{pmatrix}1 & 1\\ 1 & -5\end{pmatrix}$，$\boldsymbol{P}^{-1}=\frac{1}{6}\begin{pmatrix}5 & 1\\ 1 & -1\end{pmatrix}$，有 $\boldsymbol{P}^{-1}\boldsymbol{AP}=\boldsymbol{B}$，则 $\boldsymbol{A}\sim\boldsymbol{B}$.

特别提示：

(1)“相似”是矩阵间的一种关系，这种关系满足：

① 自反性　即一个矩阵与它自身相似；

② 对称性　即若矩阵 $\boldsymbol{A}$ 相似于矩阵 $\boldsymbol{B}$，则矩阵 $\boldsymbol{B}$ 也相似于矩阵 $\boldsymbol{A}$；

③ 传递性　即若矩阵 $\boldsymbol{A}$ 相似于矩阵 $\boldsymbol{B}$，而矩阵 $\boldsymbol{B}$ 相似于矩阵 $\boldsymbol{C}$，则矩阵 $\boldsymbol{A}$ 相似于矩阵 $\boldsymbol{C}$.

特别提示：

矩阵相似与矩阵等价是两个不同的概念.

(2) 两个常用运算表达式：

① $\boldsymbol{P}^{-1}\boldsymbol{ABP}=(\boldsymbol{P}^{-1}\boldsymbol{AP})(\boldsymbol{P}^{-1}\boldsymbol{BP})$；

② $\boldsymbol{P}^{-1}(k\boldsymbol{A}+l\boldsymbol{B})\boldsymbol{P}=k\boldsymbol{P}^{-1}\boldsymbol{AP}+l\boldsymbol{P}^{-1}\boldsymbol{BP}$，其中 k,l 为任意实数.

2. 相似矩阵的性质

由相似矩阵的定义不难得出如下结论：

定理 1 若 n 阶矩阵 $\boldsymbol{A}$ 与 $\boldsymbol{B}$ 相似,则有

(1) $|\boldsymbol{A}|=|\boldsymbol{B}|$;

(2) $\boldsymbol{A}$ 与 $\boldsymbol{B}$ 同时可逆或不可逆,并且当它们可逆时,$\boldsymbol{A}^{-1}$ 与 $\boldsymbol{B}^{-1}$ 也相似,即相似矩阵同时可逆或不可逆,并且当它们可逆时,它们的逆矩阵也相似;

(3) $R(\boldsymbol{A})=R(\boldsymbol{B})$,即相似矩阵有相同的秩.

证明 只证(3). 设 $R(\boldsymbol{A})=r$,则 $R(\boldsymbol{P})=n$(由 $\boldsymbol{P}$ 可逆及乘法的条件说明). 又由 $\boldsymbol{P}^{-1}\boldsymbol{A}\boldsymbol{P}=\boldsymbol{B}$,得 $R(\boldsymbol{B})=r$. 证毕.

相似矩阵之间还有什么关系?试看下面的例子:设

$$\boldsymbol{A}=\begin{pmatrix}3 & 1\\5 & -1\end{pmatrix},\boldsymbol{B}=\begin{pmatrix}4 & 0\\0 & -2\end{pmatrix},$$

显然,$\boldsymbol{A}\sim\boldsymbol{B}$. 由

$$|\boldsymbol{A}-\lambda\boldsymbol{E}|=\begin{vmatrix}3-\lambda & 1\\5 & -1-\lambda\end{vmatrix}=0,$$

可得

$$\lambda_1=4,\lambda_2=-2.$$

由

$$|\boldsymbol{B}-\lambda\boldsymbol{E}|=\begin{vmatrix}4-\lambda & 0\\0 & -2-\lambda\end{vmatrix}=0,$$

可得

$$\lambda_1=4,\lambda_2=-2.$$

可见,相似矩阵具有相同的特征值.

定理 2 若 n 阶矩阵 $\boldsymbol{A}$ 与 $\boldsymbol{B}$ 相似,则 $\boldsymbol{A}$ 与 $\boldsymbol{B}$ 的特征多项式相同,从而 $\boldsymbol{A}$ 与 $\boldsymbol{B}$ 的特征值亦相同.

证明 只需证 $\boldsymbol{A}$ 与 $\boldsymbol{B}$ 有相同的特征多项式即可. 由于 $\boldsymbol{A}$ 与 $\boldsymbol{B}$ 相似,所以,必有可逆矩阵 $\boldsymbol{P}$,使得

$$\boldsymbol{P}^{-1}\boldsymbol{A}\boldsymbol{P}=\boldsymbol{B},$$

故

$$\begin{aligned}|\boldsymbol{B}-\lambda\boldsymbol{E}|&=|\boldsymbol{P}^{-1}\boldsymbol{A}\boldsymbol{P}-\lambda\boldsymbol{P}^{-1}\boldsymbol{E}\boldsymbol{P}|\\&=|\boldsymbol{P}^{-1}||\boldsymbol{A}-\lambda\boldsymbol{E}||\boldsymbol{P}|\\&=|\boldsymbol{A}-\lambda\boldsymbol{E}|.\end{aligned}$$

证毕.

特别提示:

定理 2 的逆定理不成立,即特征值相同的矩阵,未必相似. 如:$\begin{pmatrix}1 & 1\\0 & 1\end{pmatrix}$与$\begin{pmatrix}1 & 0\\0 & 1\end{pmatrix}$的特征值相同,但不相似.

推论 若 n 阶矩阵 $\boldsymbol{A}$ 与对角矩阵

$$\boldsymbol{\Lambda}=\operatorname{diag}(\lambda_1,\lambda_2\cdots,\lambda_n)$$

相似,则 $\lambda_1,\lambda_2\cdots,\lambda_n$ 即是 $\boldsymbol{A}$ 的 n 个特征值.

定理 1 和**定理 2** 表明，假如矩阵 $\boldsymbol{A}$ 与 $\boldsymbol{B}$ 相似，则 $\boldsymbol{A}$ 与 $\boldsymbol{B}$ 具有相同的行列式、相同的秩以及相同的特征值. 即相似矩阵在很多地方都存在相同的性质，如果 $\boldsymbol{A}$ 比较复杂而它的相似矩阵 $\boldsymbol{B}$ 却比较简单，则可通过研究 $\boldsymbol{B}$ 的性质去了解 $\boldsymbol{A}$ 的性质. 对角矩阵无论从形式还是性质都比较简单，比如求特征值时，对角矩阵可以一目了然. 如果能找到和 $\boldsymbol{A}$ 相似的对角矩阵，就可以很容易地研究矩阵 $\boldsymbol{A}$ 的性质，简化某些运算.

例 1　设

$$\boldsymbol{P}=\begin{pmatrix}1 & 2\\1 & 3\end{pmatrix},\boldsymbol{A}=\begin{pmatrix}7 & -6\\9 & -8\end{pmatrix},\boldsymbol{\Lambda}=\begin{pmatrix}1 & 0\\0 & -2\end{pmatrix},$$

计算 $\boldsymbol{A}^n$.

解　用“二调一除”法，可得

$$\boldsymbol{P}^{-1}=\begin{pmatrix}3 & -2\\-1 & 1\end{pmatrix},$$

容易验证

$$\boldsymbol{P}^{-1}\boldsymbol{A}\boldsymbol{P}=\begin{pmatrix}1 & \\ & -2\end{pmatrix}=\boldsymbol{\Lambda}.$$

由此可得

$$\boldsymbol{A}=\boldsymbol{P}\boldsymbol{\Lambda}\boldsymbol{P}^{-1},$$

于是

$$\begin{aligned}\boldsymbol{A}^n &=(\boldsymbol{P}\boldsymbol{\Lambda}\boldsymbol{P}^{-1})^n=\boldsymbol{P}\boldsymbol{\Lambda}^n\boldsymbol{P}^{-1}\\ &=\begin{pmatrix}3+(-2)^{n+1} & -2-(-2)^n\\3-3(-2)^n & -2+3(-2)^n\end{pmatrix}.\end{aligned}$$

考虑到对角矩阵是一类性质优良的矩阵，我们进一步会问：

(1) 是否对任何方阵 $\boldsymbol{A}$，都存在相似变换矩阵 $\boldsymbol{P}$，使 $\boldsymbol{P}^{-1}\boldsymbol{A}\boldsymbol{P}=\boldsymbol{\Lambda}$（对角矩阵）？

(2) 对 n 阶方阵 $\boldsymbol{A}$，若存在相似变换矩阵 $\boldsymbol{P}$，使 $\boldsymbol{P}^{-1}\boldsymbol{A}\boldsymbol{P}=\boldsymbol{\Lambda}$，如何构造 $\boldsymbol{P}$？

二、矩阵与对角矩阵相似的条件

定理 3　n 阶矩阵 $\boldsymbol{A}$ 与对角矩阵相似的充分必要条件为矩阵 $\boldsymbol{A}$ 有 n 个线性无关的特征向量（$\lambda_1,\lambda_2,\cdots,\lambda_n$ 中可以有相同的值）.

证明　必要性　设 $\boldsymbol{A}$ 与对角矩阵 $\boldsymbol{\Lambda}=\mathrm{diag}(\lambda_1,\lambda_2,\cdots,\lambda_n)$ 相似，则存在满秩矩阵 $\boldsymbol{P}$，使 $\boldsymbol{P}^{-1}\boldsymbol{A}\boldsymbol{P}=\boldsymbol{\Lambda}=\mathrm{diag}(\lambda_1,\lambda_2,\cdots,\lambda_n)$. 将矩阵 $\boldsymbol{P}$ 按列分块，令 $\boldsymbol{P}=(\boldsymbol{p}_1,\boldsymbol{p}_2,\cdots,\boldsymbol{p}_n)$，则由 $\boldsymbol{P}^{-1}\boldsymbol{A}\boldsymbol{P}=\boldsymbol{\Lambda}$ 得 $\boldsymbol{A}\boldsymbol{P}=\boldsymbol{P}\boldsymbol{\Lambda}$ 即

$$A(\boldsymbol{p}_1,\boldsymbol{p}_2,\cdots,\boldsymbol{p}_n)=(\boldsymbol{p}_1,\boldsymbol{p}_2,\cdots,\boldsymbol{p}_n)\begin{pmatrix}\lambda_1 & & & \\ & \lambda_2 & & \\ & & \ddots & \\ & & & \lambda_n\end{pmatrix}.$$

因而

$$A\boldsymbol{p}_i=\lambda_i\boldsymbol{p}_i,\quad i=1,2,\cdots,n.$$

因为 $\boldsymbol{P}$ 为可逆矩阵，所以 $\boldsymbol{p}_1,\boldsymbol{p}_2,\cdots,\boldsymbol{p}_n$ 为线性无关的非零向量，它们分别是矩阵 $\boldsymbol{A}$ 对应于特征值 $\lambda_1,\lambda_2,\cdots,\lambda_n$ 的特征向量.

充分性　由必要性的证明可见，如果矩阵 $\boldsymbol{A}$ 有 n 个线性无关的特征向量，设它们为 $\boldsymbol{p}_1,\boldsymbol{p}_2,\cdots,\boldsymbol{p}_n$，对应的特征值分别为 $\lambda_1,\lambda_2\cdots,\lambda_n$，则有

$$A\boldsymbol{p}_i=\lambda_i\boldsymbol{p}_i,\quad i=1,2,\cdots,n.$$

以这些向量为列构造矩阵 $\boldsymbol{P}=(\boldsymbol{p}_1,\boldsymbol{p}_2,\cdots,\boldsymbol{p}_n)$，则 $\boldsymbol{P}$ 可逆，且 $\boldsymbol{AP}=\boldsymbol{P\Lambda}$，其中 $\boldsymbol{\Lambda}=\mathrm{diag}(\lambda_1,\lambda_2,\cdots,\lambda_n)$，即 $\boldsymbol{P}^{-1}\boldsymbol{AP}=\boldsymbol{\Lambda}$，证毕.

对于 n 阶方阵 $\boldsymbol{A}$，若存在可逆矩阵 $\boldsymbol{P}$，使 $\boldsymbol{P}^{-1}\boldsymbol{AP}=\boldsymbol{\Lambda}$ 为对角阵，则称方阵 $\boldsymbol{A}$ **可对角化**.

特别提示：

① 如果一个 n 阶方阵有 n 个不同的特征值，则由定理 3 可知，它一定有 n 个线性无关的特征向量，因此该矩阵一定相似于一个对角矩阵.

② 若方阵 $\boldsymbol{A}$ 的 n_i 重特征值与它所对应的线性无关的特征向量的个数 m_i 有：$m_i=n_i$，那么 $\boldsymbol{A}$ 有 n 个线性无关的特征向量，此时该矩阵与一个对角矩阵相似. 否则该矩阵不与一个对角矩阵相似.

三、矩阵对角化的步骤

通过以上讨论，可以得到将矩阵对角化的步骤：

(1) 求矩阵 $\boldsymbol{A}$ 的全部特征根 $\lambda_1,\lambda_2,\cdots,\lambda_n$（重根写重数）；

(2) 对不同的 λ_i，求 $(\boldsymbol{A}-\lambda_i\boldsymbol{E})\boldsymbol{x}=\boldsymbol{0}$ 的基础解系（基础解系的每个特征向量都可作为相应的 λ_i 所对应的特征向量）；

(3) 若能求出 n 个线性无关的特征向量 $\boldsymbol{\alpha}_1,\boldsymbol{\alpha}_2,\cdots,\boldsymbol{\alpha}_n$，则以这些特征向量为列向量，构成可逆矩阵

$$\boldsymbol{P}=(\boldsymbol{\alpha}_1,\boldsymbol{\alpha}_2,\cdots,\boldsymbol{\alpha}_n),$$

则有

$$\boldsymbol{P}^{-1}\boldsymbol{AP}=\begin{pmatrix}\lambda_1 & & & \\ & \lambda_2 & & \\ & & \ddots & \\ & & & \lambda_n\end{pmatrix},$$

其中 $\lambda_1,\lambda_2,\cdots,\lambda_n$ 要和 $\boldsymbol{\alpha}_1,\boldsymbol{\alpha}_2,\cdots,\boldsymbol{\alpha}_n$ 对应.

例 2　设有矩阵

$$\boldsymbol{A}=\begin{pmatrix}1 & 1 & 0\\ 0 & 2 & 1\\ 0 & 0 & 3\end{pmatrix}.$$

问矩阵 $\boldsymbol{A}$ 是否可对角化，若能，试求可逆矩阵 $\boldsymbol{P}$ 和对角矩阵 $\boldsymbol{\Lambda}$，使

$\boldsymbol{P}^{-1}\boldsymbol{AP}=\boldsymbol{\Lambda}$.

解　(1) 矩阵 $\boldsymbol{A}$ 的特征多项式为

$$|\boldsymbol{A}-\lambda\boldsymbol{E}|=\begin{vmatrix}1-\lambda & 1 & 0\\ 0 & 2-\lambda & 1\\ 0 & 0 & 3-\lambda\end{vmatrix}=(1-\lambda)(2-\lambda)(3-\lambda),$$

所以 $\boldsymbol{A}$ 的三个特征值分别为:$\lambda_1=1,\lambda_2=2,\lambda_3=3$.

当 $\lambda_1=1$ 时,解方程组 $(\boldsymbol{A}-\boldsymbol{E})\boldsymbol{x}=\boldsymbol{0}$,即

$$\begin{pmatrix}0 & 1 & 0\\ 0 & 1 & 1\\ 0 & 0 & 2\end{pmatrix}\begin{pmatrix}x_1\\ x_2\\ x_3\end{pmatrix}=\begin{pmatrix}0\\ 0\\ 0\end{pmatrix},$$

解之得基础解系为

$$\boldsymbol{p}_1=\begin{pmatrix}1\\ 0\\ 0\end{pmatrix},$$

所以 $\boldsymbol{p}_1$ 是对应于 $\lambda_1=1$ 的特征向量.

当 $\lambda_2=2$ 时,解方程组 $(\boldsymbol{A}-2\boldsymbol{E})\boldsymbol{x}=\boldsymbol{0}$,即

$$\begin{pmatrix}-1 & 1 & 0\\ 0 & 0 & 1\\ 0 & 0 & 1\end{pmatrix}\begin{pmatrix}x_1\\ x_2\\ x_3\end{pmatrix}=\boldsymbol{0},$$

解之得基础解系为

$$\boldsymbol{p}_2=\begin{pmatrix}1\\ 1\\ 0\end{pmatrix},$$

所以 $\boldsymbol{p}_2$ 是对应于 $\lambda_2=2$ 的特征向量.

当 $\lambda_3=3$ 时,解方程组 $(\boldsymbol{A}-3\boldsymbol{E})\boldsymbol{x}=\boldsymbol{0}$,即

$$\begin{pmatrix}-2 & 1 & 0\\ 0 & -1 & 1\\ 0 & 0 & 0\end{pmatrix}\begin{pmatrix}x_1\\ x_2\\ x_3\end{pmatrix}=\boldsymbol{0},$$

解之得基础解系为

$$\boldsymbol{p}_3=\begin{pmatrix}1\\ 2\\ 2\end{pmatrix},$$

所以 $\boldsymbol{p}_3$ 是对应于 $\lambda_3=3$ 的特征向量.

因为

$$p_1=\begin{pmatrix}1\\0\\0\end{pmatrix},p_2=\begin{pmatrix}1\\1\\0\end{pmatrix},p_3=\begin{pmatrix}1\\2\\2\end{pmatrix}$$

考考你：

例 12 中，使 $P^{-1}AP=\Lambda$ 成立的 P、Λ 是否唯一？举例说明.

线性无关，即三阶矩阵 A 有三个线性无关的特征向量，所以矩阵 A 可对角化. 令

$$P=(p_1,p_2,p_3)=\begin{pmatrix}1&1&1\\0&1&2\\0&0&2\end{pmatrix},$$

则

$$P^{-1}=\begin{pmatrix}1&-1&1/2\\0&1&-1\\0&0&1/2\end{pmatrix}.$$

即
$$\Lambda=P^{-1}AP=\begin{pmatrix}1&&\\&2&\\&&3\end{pmatrix}.$$

例 3 设 $A=\begin{pmatrix}0&0&1\\1&1&a\\1&0&0\end{pmatrix}$，问 a 为何值时，矩阵 A 能对角化？

解 矩阵 A 的特征多项式为

$$|A-\lambda E|=\begin{vmatrix}-\lambda&0&1\\1&1-\lambda&a\\1&0&-\lambda\end{vmatrix}=-(\lambda-1)^2(\lambda+1),$$

所以 A 的特征值分别为：$\lambda_1=-1,\lambda_2=\lambda_3=1$.

对于单根 $\lambda_1=-1$，可求得线性无关的特征向量恰有 1 个；而对应重根 $\lambda_2=\lambda_3=1$，欲使矩阵 A 能对角化，应有 2 个线性无关的特征向量，即方程组 $(A-E)x=0$ 有 2 个线性无关的解，亦即系数矩阵的秩 $R(A-E)=1$，

$$A-E=\begin{pmatrix}-1&0&1\\1&0&a\\1&0&-1\end{pmatrix}\longrightarrow\begin{pmatrix}1&0&-1\\0&0&a+1\\0&0&0\end{pmatrix},$$

要 $R(A-E)=1$，得 $a+1=0$，即 $a=-1$. 因此，当 $a=-1$ 时，A 有 3 个线性无关得特征向量，A 可对角化.

例 4 判断下列矩阵可否对角化？若能，求出对应的相似变换矩阵.

(1) $\boldsymbol{A}=\begin{pmatrix}1&1&1\\1&3&1\\1&1&1\end{pmatrix}$;　　　(2) $\boldsymbol{B}=\begin{pmatrix}2&-1&1\\1&3&-1\\1&1&1\end{pmatrix}$.

解　(1) 特征多项式

$$f(\lambda)=|\boldsymbol{A}-\lambda\boldsymbol{E}|=\begin{vmatrix}1-\lambda&1&1\\1&3-\lambda&1\\1&1&1-\lambda\end{vmatrix}=-\lambda(\lambda-1)(\lambda-4).$$

令 $f(\lambda)=0$,解得特征值 $\lambda_1=0,\lambda_2=1,\lambda_3=4$,故可以对角化.

求对应 $\lambda_1=0$ 的特征向量,由 $(\boldsymbol{A}-0\boldsymbol{E})\boldsymbol{x}=\boldsymbol{0}$,即 $\boldsymbol{A}\boldsymbol{x}=\boldsymbol{0}$,对 $\boldsymbol{A}$ 实施初等行变换得

$$\boldsymbol{A}\xrightarrow{r}\begin{pmatrix}1&0&1\\0&1&0\\0&0&0\end{pmatrix},$$

所以 $\lambda_1=0$ 对应的特征向量为 $\boldsymbol{v}_1=k_1\begin{pmatrix}1\\0\\-1\end{pmatrix},k_1\neq 0$.

求对应 $\lambda_2=1$ 的特征向量,由 $(\boldsymbol{A}-\boldsymbol{E})\boldsymbol{x}=\boldsymbol{0}$,系数矩阵行变换得到

$$(\boldsymbol{A}-\boldsymbol{E})\xrightarrow{r}\begin{pmatrix}1&1&0\\0&-1&-1\\0&-1&-1\end{pmatrix}\xrightarrow{r}\begin{pmatrix}1&0&-1\\0&1&1\\0&0&0\end{pmatrix},$$

所以 $\lambda_2=1$ 对应的特征向量为 $\boldsymbol{v}_2=k_2\begin{pmatrix}1\\-1\\1\end{pmatrix},k_2\neq 0$.

求对应 $\lambda_3=4$ 的特征向量,由 $(\boldsymbol{A}-4\boldsymbol{E})\boldsymbol{x}=\boldsymbol{0}$,系数矩阵行变换得到

$$(\boldsymbol{A}-4\boldsymbol{E})\xrightarrow{r}\begin{pmatrix}-1&-1&3\\0&-4&8\\0&2&-4\end{pmatrix}\xrightarrow{r}\begin{pmatrix}1&0&-1\\0&1&-2\\0&0&0\end{pmatrix},$$

所以 $\lambda_3=4$ 对应的特征向量为 $\boldsymbol{v}_3=k_3\begin{pmatrix}1\\2\\1\end{pmatrix},k_3\neq 0$.

故相似变换矩阵为 $\boldsymbol{V}=\begin{pmatrix}1&1&1\\0&-1&2\\-1&1&1\end{pmatrix}$.

(2) 特征多项式

$$f(\lambda)=|\boldsymbol{B}-\lambda\boldsymbol{E}|=\begin{vmatrix}2-\lambda & -1 & 1\\ 1 & 3-\lambda & -1\\ 1 & 1 & 1-\lambda\end{vmatrix}=\begin{vmatrix}1 & 1 & 1-\lambda\\ 2-\lambda & -1 & 1\\ 1 & 3-\lambda & -1\end{vmatrix}$$

$$=\begin{vmatrix}1 & 1 & 1-\lambda\\ 0 & \lambda-3 & -\lambda^2+3\lambda-1\\ 0 & 2-\lambda & \lambda-2\end{vmatrix}=-(\lambda-2)^3.$$

故特征值 $\lambda_1=\lambda_2=\lambda_3=2$，$(\boldsymbol{B}-2\boldsymbol{E})\boldsymbol{x}=\boldsymbol{0}$ 没有三个线性无关的解，不能对角化.

第三节　向量的内积、长度及正交性

在解析几何中，我们曾引进了向量的数量积

$$\boldsymbol{x}\cdot\boldsymbol{y}=|\boldsymbol{x}||\boldsymbol{y}|\cos\theta,$$

且在空间直角坐标系中，有

$$(x_1,x_2,x_3)\cdot(y_1,y_2,y_3)=x_1y_1+x_2y_2+x_3y_3,$$

并由此定义了非零几何向量的夹角

$$\theta=\arccos\frac{\boldsymbol{x}\cdot\boldsymbol{y}}{|\boldsymbol{x}||\boldsymbol{y}|},$$

向量 $\boldsymbol{x}$ 的长度 $|\boldsymbol{x}|=\sqrt{\boldsymbol{x}\cdot\boldsymbol{x}}$ 等概念，下面我们把几何向量的这些概念推广到 n 维向量，定义 n 维向量的内积、长度和夹角.

一、向量的内积

1. 内积的定义

定义 1　在 $\mathbf{R}^n$ 中，设有向量

$$\boldsymbol{\alpha}=\begin{pmatrix}a_1\\ a_2\\ \vdots\\ a_n\end{pmatrix},\boldsymbol{\beta}=\begin{pmatrix}b_1\\ b_2\\ \vdots\\ b_n\end{pmatrix},$$

则称

$$\boldsymbol{\alpha}^{\mathrm{T}}\boldsymbol{\beta}=\cdots=\sum_{i=1}^{n}a_ib_i$$

为向量的内积. 记为$[\boldsymbol{\alpha},\boldsymbol{\beta}]$，即

$$[\boldsymbol{\alpha},\boldsymbol{\beta}]=\boldsymbol{\alpha}^{\mathrm{T}}\boldsymbol{\beta}=\cdots=\sum_{i=1}^{n}a_ib_i$$

2. 内积的性质

特别提示：

① 若按矩阵乘法的定义，内积应该是一个 1 阶矩阵，但作为向量内积时，看做实数，即 $\boldsymbol{\alpha}^{\mathrm{T}}\boldsymbol{\beta}$ 为一个实数.

② 要注意 $\boldsymbol{\alpha}^{\mathrm{T}}\boldsymbol{\beta}$ 和 $\boldsymbol{\alpha}\boldsymbol{\beta}^{\mathrm{T}}$ 的区别.

(1) 交换律　$\boldsymbol{\alpha}^{\mathrm{T}}\boldsymbol{\beta}=\boldsymbol{\beta}^{\mathrm{T}}\boldsymbol{\alpha}$,即$[\boldsymbol{\alpha},\boldsymbol{\beta}]=[\boldsymbol{\beta},\boldsymbol{\alpha}]$;

如:$(1,2,3)\begin{pmatrix}4\\5\\6\end{pmatrix}=32,(4,5,6)\begin{pmatrix}1\\2\\3\end{pmatrix}=32.$

(2) $(k\boldsymbol{\alpha})^{\mathrm{T}}\boldsymbol{\beta}=k\boldsymbol{\alpha}^{\mathrm{T}}\boldsymbol{\beta}$,即$[k\boldsymbol{\alpha},\boldsymbol{\beta}]=k[\boldsymbol{\alpha},\boldsymbol{\beta}]$;

如:$(3,6,9)\begin{pmatrix}4\\5\\6\end{pmatrix}=3(1,2,3)\begin{pmatrix}4\\5\\6\end{pmatrix}=3\times32=96.$

(3) $(\boldsymbol{\alpha}+\boldsymbol{\beta})^{\mathrm{T}}\boldsymbol{\gamma}=\boldsymbol{\alpha}^{\mathrm{T}}\boldsymbol{\gamma}+\boldsymbol{\beta}^{\mathrm{T}}\boldsymbol{\gamma}$,即$[\boldsymbol{\alpha}+\boldsymbol{\beta},\boldsymbol{\gamma}]=[\boldsymbol{\alpha},\boldsymbol{\gamma}]+[\boldsymbol{\beta},\boldsymbol{\gamma}]$;

如:$(5,7,9)\begin{pmatrix}1\\0\\-1\end{pmatrix}=(1,2,3)\begin{pmatrix}1\\0\\-1\end{pmatrix}+(4,5,6)\begin{pmatrix}1\\0\\-1\end{pmatrix}=-4.$

(4) $\boldsymbol{\alpha}^{\mathrm{T}}\boldsymbol{\alpha}\geqslant0$,当且仅当$\boldsymbol{\alpha}=\mathbf{0}$时,$\boldsymbol{\alpha}^{\mathrm{T}}\boldsymbol{\alpha}=0$.

3. 向量的长度

由于对任意$\boldsymbol{\alpha}$,均有$\boldsymbol{\alpha}^{\mathrm{T}}\boldsymbol{\alpha}\geqslant0$,可引入向量长度的定义.

定义 2　$\|\boldsymbol{\alpha}\|=\sqrt{a_1^2+a_2^2+\cdots+a_n^2}$称为向量$\boldsymbol{\alpha}$的长度,也称为向量范数.

例如

$$\boldsymbol{\alpha}=\begin{pmatrix}1\\2\\3\end{pmatrix},\|\boldsymbol{\alpha}\|=\sqrt{1^2+2^2+3^2}=\sqrt{14}.$$

性质:

① $\|\boldsymbol{\alpha}\|\geqslant0$,当且仅当$\boldsymbol{\alpha}=\mathbf{0}$时,有$\|\boldsymbol{\alpha}\|=0$;

② $\|k\boldsymbol{\alpha}\|=|k|\cdot\|\boldsymbol{\alpha}\|$,($k$为实数);

③ $|\boldsymbol{\alpha}^T\boldsymbol{\beta}|\leqslant\|\boldsymbol{\alpha}\|\cdot\|\boldsymbol{\beta}\|$(柯西—布涅科夫斯基);

单位向量:长度为1的向量称为单位向量.

例如:下列向量

$$\boldsymbol{\varepsilon}_1=\begin{pmatrix}1\\0\\0\\\vdots\\0\end{pmatrix},\boldsymbol{\varepsilon}_2=\begin{pmatrix}0\\1\\0\\\vdots\\0\end{pmatrix},\boldsymbol{\varepsilon}_3=\begin{pmatrix}0\\0\\1\\\vdots\\0\end{pmatrix}\cdots,\boldsymbol{\varepsilon}_n=\begin{pmatrix}0\\0\\0\\\vdots\\1\end{pmatrix}$$

的长度都是1.

将向量单位化的方法:任一非零向量除以它的长度后就成了单位向量,这一过程称为将向量单位化.

历史点滴:

1821年,法国数学家柯西证明了不等式$|\boldsymbol{\alpha}^{\mathrm{T}}\boldsymbol{\beta}|\leqslant\|\boldsymbol{\alpha}\|\cdot\|\boldsymbol{\beta}\|$.

如：

$$\boldsymbol{\alpha}=\begin{pmatrix}1\\2\\3\end{pmatrix},$$

单位化得

$$\bar{\boldsymbol{\alpha}}=\frac{1}{\sqrt{14}}\begin{pmatrix}1\\2\\3\end{pmatrix}.$$

4. 向量的夹角

定义 3 当 $\|\boldsymbol{x}\|\neq 0$，$\|\boldsymbol{y}\|\neq 0$ 时，

$$\theta=\arccos\frac{[\boldsymbol{x},\boldsymbol{y}]}{\|\boldsymbol{x}\|\ \|\boldsymbol{y}\|}$$

称为 n 维向量 $\boldsymbol{x}$ 与 $\boldsymbol{y}$ 的夹角.

例 1 求向量之间的夹角：

$$\boldsymbol{\alpha}=\begin{pmatrix}1\\1\\0\end{pmatrix},\boldsymbol{\beta}=\begin{pmatrix}1\\0\\1\end{pmatrix}.$$

解 $[\boldsymbol{\alpha},\boldsymbol{\beta}]=1\times1+1\times0+0\times1=1$；

$$\|\boldsymbol{\alpha}\|=\sqrt{1^2+1^2+0^2}=\sqrt{2}；\|\boldsymbol{\beta}\|=\sqrt{1^2+0^2+1^2}=\sqrt{2}.$$

所以夹角

$$\theta=\arccos\frac{[\boldsymbol{\alpha},\boldsymbol{\beta}]}{\|\boldsymbol{\alpha}\|\ \|\boldsymbol{\beta}\|}=\arccos\frac{1}{\sqrt{2}\cdot\sqrt{2}}=\arccos\frac{1}{2}=\frac{\pi}{3}.$$

二、正交向量组

定义 4 若两向量 $\boldsymbol{\alpha}$ 与 $\boldsymbol{\beta}$ 的内积等于零，即

$$[\boldsymbol{\alpha},\boldsymbol{\beta}]=0,$$

则称向量 $\boldsymbol{\alpha}$ 与 $\boldsymbol{\beta}$ 相互正交(**orthogonios**)或垂直，记作 $\boldsymbol{\alpha}\perp\boldsymbol{\beta}$.

历史点滴：

正交一词来源于希腊语 orthogonios，意思是直角的.

如：

$$\boldsymbol{\alpha}=\begin{pmatrix}1\\2\\3\end{pmatrix},\boldsymbol{\beta}=\begin{pmatrix}1\\1\\-1\end{pmatrix},$$

则

$$\boldsymbol{\alpha}^{\mathrm{T}}\boldsymbol{\beta}=(1,2,3)\begin{pmatrix}1\\1\\-1\end{pmatrix}=0,$$

所以 $\boldsymbol{\alpha}$ 与 $\boldsymbol{\beta}$ 垂直.

特别提示:

0 向量与任意向量正交.

定义 5　若 n 维向量 $\boldsymbol{\alpha}_1,\boldsymbol{\alpha}_2,\cdots,\boldsymbol{\alpha}_r$ 是一个非零向量组,且 $\boldsymbol{\alpha}_1,\boldsymbol{\alpha}_2,\cdots,\boldsymbol{\alpha}_r$ 中的向量两两正交,则称该向量组为正交向量组.

定理 1　若 n 维向量 $\boldsymbol{\alpha}_1,\boldsymbol{\alpha}_2,\cdots,\boldsymbol{\alpha}_r$ 是一组正交向量组,则 $\boldsymbol{\alpha}_1,\cdots,\boldsymbol{\alpha}_r$ 线性无关.

证明　设有数 $\lambda_1,\lambda_2,\cdots,\lambda_n$ 使

$$\lambda_1\boldsymbol{\alpha}_1+\lambda_2\boldsymbol{\alpha}_2+\cdots+\lambda_r\boldsymbol{\alpha}_r=\mathbf{0}.$$

以 $\boldsymbol{\alpha}_1$ 左乘上式两端,得 $\lambda_1=0$. 类似可证 $\lambda_2=\lambda_3=\cdots=\lambda_r=0$,于是向量组 $\boldsymbol{\alpha}_1,\boldsymbol{\alpha}_2,\cdots,\boldsymbol{\alpha}_r$ 线性无关.

例 2　已知 3 维向量空间 $\mathbf{R}^3$ 中两个向量

$$\boldsymbol{\alpha}_1=\begin{pmatrix}1\\1\\-1\end{pmatrix},\boldsymbol{\alpha}_2=\begin{pmatrix}1\\1\\2\end{pmatrix}$$

正交,试求一个非零向量 $\boldsymbol{\alpha}_3$ 使 $\boldsymbol{\alpha}_1,\boldsymbol{\alpha}_2,\boldsymbol{\alpha}_3$ 两两正交.

解　记

$$\boldsymbol{A}=\begin{pmatrix}\boldsymbol{\alpha}_1^{\mathrm{T}}\\\boldsymbol{\alpha}_2^{\mathrm{T}}\end{pmatrix}=\begin{pmatrix}1&1&-1\\1&1&2\end{pmatrix},$$

$\boldsymbol{\alpha}_3$ 应满足齐次线性方程 $\boldsymbol{Ax}=\mathbf{0}$,即

$$\begin{pmatrix}1&1&-1\\1&1&2\end{pmatrix}\begin{pmatrix}x_1\\x_2\\x_3\end{pmatrix}=\begin{pmatrix}0\\0\end{pmatrix},$$

解之得基础解系为

$$\begin{pmatrix}1\\-1\\0\end{pmatrix},$$

取

$$\boldsymbol{\alpha}_3=\begin{pmatrix}1\\-1\\0\end{pmatrix}$$

即为所求.

三、向量组的单位正交化方法

设 $\boldsymbol{\alpha}_1,\boldsymbol{\alpha}_2,\cdots,\boldsymbol{\alpha}_s$ 为线性无关的向量组,要找一组两两正交的单位向量 $\boldsymbol{e}_1,\cdots,\boldsymbol{e}_s$,使 $\boldsymbol{e}_1,\cdots,\boldsymbol{e}_s$ 与 $\boldsymbol{a}_1,\cdots,\boldsymbol{a}_s$ 等价. 这样一个问题,称为把这个向

量组 $\boldsymbol{\alpha}_1,\cdots,\boldsymbol{\alpha}_s$ 单位正交化. 把向量组 $\boldsymbol{\alpha}_1,\cdots,\boldsymbol{\alpha}_s$ 单位正交化可按如下两个步骤进行：

(1) 正交化：令

$$\boldsymbol{\beta}_1=\boldsymbol{\alpha}_1,$$

$$\boldsymbol{\beta}_2=\boldsymbol{\alpha}_2-\frac{\boldsymbol{\alpha}_2^{\mathrm{T}}\boldsymbol{\beta}_1}{\boldsymbol{\beta}_1^{\mathrm{T}}\boldsymbol{\beta}_1}\boldsymbol{\beta}_1,$$

$$\boldsymbol{\beta}_3=\boldsymbol{\alpha}_3-\frac{\boldsymbol{\alpha}_3^{\mathrm{T}}\boldsymbol{\beta}_1}{\boldsymbol{\beta}_1^{\mathrm{T}}\boldsymbol{\beta}_1}\boldsymbol{\beta}_1-\frac{\boldsymbol{\alpha}_3^{\mathrm{T}}\boldsymbol{\beta}_2}{\boldsymbol{\beta}_2^{\mathrm{T}}\boldsymbol{\beta}_2}\boldsymbol{\beta}_2,$$

$$\cdots\cdots\cdots\cdots$$

$$\boldsymbol{\beta}_s=\boldsymbol{\alpha}_s-\frac{\boldsymbol{\alpha}_s^{\mathrm{T}}\boldsymbol{\beta}_1}{\boldsymbol{\beta}_1^{\mathrm{T}}\boldsymbol{\beta}_1}\boldsymbol{\beta}_1-\frac{\boldsymbol{\alpha}_s^{\mathrm{T}}\boldsymbol{\beta}_2}{\boldsymbol{\beta}_2^{\mathrm{T}}\boldsymbol{\beta}_2}\boldsymbol{\beta}_2-\cdots-\frac{\boldsymbol{\alpha}_s^{\mathrm{T}}\boldsymbol{\beta}_{s-1}}{\boldsymbol{\beta}_{s-1}^{\mathrm{T}}\boldsymbol{\beta}_{s-1}}\boldsymbol{\beta}_{s-1}$$

可以验证 $\boldsymbol{\beta}_1,\boldsymbol{\beta}_2,\cdots,\boldsymbol{\beta}_s$ 是正交向量组，并且与 $\boldsymbol{\alpha}_1,\boldsymbol{\alpha}_2,\cdots,\boldsymbol{\alpha}_s$ 可以相互线性表示，即 $\boldsymbol{\beta}_1,\boldsymbol{\beta}_2,\cdots,\boldsymbol{\beta}_s$ 与 $\boldsymbol{\alpha}_1,\boldsymbol{\alpha}_2,\cdots,\boldsymbol{\alpha}_s$ 等价.

特别注意：

上述过程称为施密特(**Schimidt**)正交化过程. 它满足对任何 $k(1\leqslant k\leqslant r)$，向量组 $\boldsymbol{\beta}_1,\cdots,\boldsymbol{\beta}_k$ 与 $\boldsymbol{\alpha}_1,\cdots,\boldsymbol{\alpha}_k$ 等价.

历史点滴：

上述构造规范正交向量组的方法是由丹麦数学家格拉姆(1850—1916)和德国数学家施密特(1876—1959)提出的.

(2) 单位化：取

$$\boldsymbol{e}_1=\frac{\boldsymbol{\beta}_1}{\|\boldsymbol{\beta}_1\|},\boldsymbol{e}_2=\frac{\boldsymbol{\beta}_2}{\|\boldsymbol{\beta}_2\|},\cdots,\boldsymbol{e}_s=\frac{\boldsymbol{\beta}_s}{\|\boldsymbol{\beta}_s\|},$$

则 $\boldsymbol{e}_1,\boldsymbol{e}_2,\cdots,\boldsymbol{e}_s$ 是与 $\boldsymbol{\alpha}_1,\boldsymbol{\alpha}_2,\cdots,\boldsymbol{\alpha}_s$ 等价的单位正交向量组.

例 3 设

$$\boldsymbol{\alpha}_1=\begin{pmatrix}1\\2\\-1\end{pmatrix},\boldsymbol{\alpha}_2=\begin{pmatrix}-1\\3\\1\end{pmatrix},\boldsymbol{\alpha}_3=\begin{pmatrix}4\\-1\\0\end{pmatrix},$$

试用施密特正交化方法，将向量组正交规范化.

解 不难证明 $\boldsymbol{\alpha}_1,\boldsymbol{\alpha}_2,\boldsymbol{\alpha}_3$ 是线性无关的. 取

$$\boldsymbol{\beta}_1=\boldsymbol{\alpha}_1,$$

$$\boldsymbol{\beta}_2=\boldsymbol{\alpha}_2-\frac{[\boldsymbol{\alpha}_2,\boldsymbol{\beta}_1]}{\|\boldsymbol{\beta}_1\|^2}\boldsymbol{\beta}_1=\begin{pmatrix}-1\\3\\1\end{pmatrix}-\frac{4}{6}\begin{pmatrix}1\\2\\-1\end{pmatrix}=\frac{5}{3}\begin{pmatrix}-1\\1\\1\end{pmatrix},$$

$$\boldsymbol{\beta}_3=\boldsymbol{\alpha}_3-\frac{[\boldsymbol{\alpha}_3,\boldsymbol{\beta}_1]}{\|\boldsymbol{\beta}_1\|^2}\boldsymbol{\beta}_1-\frac{[\boldsymbol{\alpha}_3,\boldsymbol{\beta}_2]}{\|\boldsymbol{\beta}_2\|^2}\boldsymbol{\beta}_2=\begin{pmatrix}4\\-1\\0\end{pmatrix}-\frac{1}{3}\begin{pmatrix}1\\2\\-1\end{pmatrix}+\frac{5}{3}\begin{pmatrix}-1\\1\\1\end{pmatrix}=2\begin{pmatrix}1\\0\\1\end{pmatrix}.$$

再把它们单位化，取

$$e_1=\frac{\boldsymbol{\beta}_1}{\|\boldsymbol{\beta}_1\|}=\frac{1}{\sqrt{6}}\begin{bmatrix}1\\2\\-1\end{bmatrix},e_2=\frac{\boldsymbol{\beta}_2}{\|\boldsymbol{\beta}_2\|}=\frac{1}{\sqrt{3}}\begin{bmatrix}-1\\1\\1\end{bmatrix},e_3=\frac{\boldsymbol{\beta}_3}{\|\boldsymbol{\beta}_3\|}=\frac{1}{\sqrt{2}}\begin{bmatrix}1\\0\\1\end{bmatrix}.$$

e_1,e_2,e_3 即为所求.

例 4　用施密特正交化方法,将向量组

$$\boldsymbol{\alpha}_1=(1,1,1,1),\boldsymbol{\alpha}_2=(1,-1,0,4),\boldsymbol{\alpha}_3=(3,5,1,-1)$$

正交规范化.

解　显然,$\boldsymbol{\alpha}_1,\boldsymbol{\alpha}_2,\boldsymbol{\alpha}_3$ 是线性无关的. 先正交化,取

$$\boldsymbol{\beta}_1=\boldsymbol{\alpha}_1=(1,1,1,1),$$

$$\boldsymbol{\beta}_2=\boldsymbol{\alpha}_2-\frac{[\boldsymbol{\beta}_1,\boldsymbol{\alpha}_2]}{[\boldsymbol{\beta}_1,\boldsymbol{\beta}_1]}\boldsymbol{\beta}_1=(1,-1,0,4)-\frac{1-1+4}{1+1+1+1}(1,1,1,1)$$

$$=(0,-2,-1,3),$$

$$\boldsymbol{\beta}_3=\boldsymbol{\alpha}_3-\frac{[\boldsymbol{\beta}_1,\boldsymbol{\alpha}_3]}{[\boldsymbol{\beta}_1,\boldsymbol{\beta}_1]}\boldsymbol{\beta}_1-\frac{[\boldsymbol{\beta}_2,\boldsymbol{\alpha}_3]}{[\boldsymbol{\beta}_2,\boldsymbol{\beta}_2]}\boldsymbol{\beta}_2$$

$$=(3,5,1,-1)-\frac{8}{4}(1,1,1,1)-\frac{-14}{14}(0,-2,-1,3)=(1,1,-2,0).$$

再单位化,得规范正交向量如下

$$e_1=\frac{\boldsymbol{\beta}_1}{\|\boldsymbol{\beta}_1\|}=\frac{1}{2}(1,1,1,1)=\left(\frac{1}{2},\frac{1}{2},\frac{1}{2},\frac{1}{2}\right),$$

$$e_2=\frac{\boldsymbol{\beta}_2}{\|\boldsymbol{\beta}_2\|}=\frac{1}{\sqrt{14}}(0,-2,-1,3)=\left(0,\frac{-2}{\sqrt{14}},\frac{-1}{\sqrt{14}},\frac{3}{\sqrt{14}}\right),$$

$$e_3=\frac{\boldsymbol{\beta}_3}{\|\boldsymbol{\beta}_3\|}=\frac{1}{\sqrt{6}}(1,1,-2,0)=\left(\frac{1}{\sqrt{6}},\frac{1}{\sqrt{6}},\frac{-2}{\sqrt{6}},0\right).$$

例 5　已知三维向量空间中两个向量

$$\boldsymbol{\alpha}_1=\begin{bmatrix}1\\1\\1\end{bmatrix},\quad \boldsymbol{\alpha}_2=\begin{bmatrix}1\\-2\\1\end{bmatrix}$$

正交,试求 $\boldsymbol{\alpha}_3$ 使 $\boldsymbol{\alpha}_1,\boldsymbol{\alpha}_2,\boldsymbol{\alpha}_3$ 构成三维空间的一个正交基.

解　设 $\boldsymbol{\alpha}_3=(x_1,x_2,x_3)^{\mathrm{T}}\neq\mathbf{0}$,且分别与 $\boldsymbol{\alpha}_1,\boldsymbol{\alpha}_2$ 正交. 则

$$[\boldsymbol{\alpha}_1,\boldsymbol{\alpha}_3]=[\boldsymbol{\alpha}_2,\boldsymbol{\alpha}_3]=0,$$

即

$$\begin{cases}x_1+x_2+x_3=0,\\x_1-2x_2+x_3=0.\end{cases}$$

解之得

$$x_1=-x_3,x_2=0.$$

令 $x_3=1$,得

$$\boldsymbol{\alpha}_3=\begin{pmatrix}x_1\\x_2\\x_3\end{pmatrix}=\begin{pmatrix}-1\\0\\1\end{pmatrix}.$$

由上可知 $\boldsymbol{\alpha}_1,\boldsymbol{\alpha}_2,\boldsymbol{\alpha}_3$ 构成三维空间的一个正交基.

例 6 试将

$$\boldsymbol{\alpha}_1=\begin{pmatrix}-1\\1\\0\\0\end{pmatrix},\boldsymbol{\alpha}_2=\begin{pmatrix}-1\\0\\1\\0\end{pmatrix},\boldsymbol{\alpha}_3=\begin{pmatrix}-1\\0\\0\\1\end{pmatrix}$$

正交化.

解

$$\boldsymbol{\beta}_1=\boldsymbol{\alpha}_1=\begin{pmatrix}-1\\1\\0\\0\end{pmatrix},$$

$$\boldsymbol{\beta}_2=\boldsymbol{\alpha}_2-\frac{\boldsymbol{\alpha}_2^{\mathrm{T}}\boldsymbol{\beta}_1}{\boldsymbol{\beta}_1^{\mathrm{T}}\boldsymbol{\beta}_1}\boldsymbol{\beta}_1=\begin{pmatrix}-1\\0\\1\\0\end{pmatrix}-\frac{1}{2}\begin{pmatrix}-1\\1\\0\\0\end{pmatrix}=\begin{pmatrix}-1/2\\-1/2\\1\\0\end{pmatrix},$$

$$\boldsymbol{\beta}_3=\boldsymbol{\alpha}_2-\frac{\boldsymbol{\alpha}_3^{\mathrm{T}}\boldsymbol{\beta}_1}{\boldsymbol{\beta}_1^{\mathrm{T}}\boldsymbol{\beta}_1}\boldsymbol{\beta}_1-\frac{\boldsymbol{\alpha}_3^{\mathrm{T}}\boldsymbol{\beta}_2}{\boldsymbol{\beta}_2^{\mathrm{T}}\boldsymbol{\beta}_2}\boldsymbol{\beta}_2=\begin{pmatrix}-1/3\\-1/3\\-1/3\\1\end{pmatrix}.$$

四、正交矩阵

1. 正交矩阵的定义

定义 5 若 n 阶矩阵 $\boldsymbol{Q}$ 满足

$$\boldsymbol{Q}^{\mathrm{T}}\boldsymbol{Q}=\boldsymbol{E}(\text{即 }\boldsymbol{Q}^{-1}=\boldsymbol{Q}^{\mathrm{T}}),$$

则称 $\boldsymbol{Q}$ 为正交矩阵.

如下列矩阵均为正交矩阵：

(1) $\begin{pmatrix}1&0&\cdots&0\\0&1&\cdots&0\\\vdots&\vdots&&\vdots\\0&0&\cdots&1\end{pmatrix}$； (2) $\begin{pmatrix}\cos\theta&-\sin\theta\\\sin\theta&\cos\theta\end{pmatrix}$；

(3) $\begin{pmatrix} 0 & \frac{1}{\sqrt{2}} & -\frac{1}{\sqrt{2}} \\ -\frac{2}{\sqrt{6}} & \frac{1}{\sqrt{6}} & \frac{1}{\sqrt{6}} \\ \frac{1}{\sqrt{3}} & \frac{1}{\sqrt{3}} & \frac{1}{\sqrt{3}} \end{pmatrix}$.

2. 性质

(1) 若 $\boldsymbol{Q}$ 为正交矩阵，则 $|\boldsymbol{Q}|=\pm 1$；

证明　因为 $\boldsymbol{Q}^{\mathrm{T}}\boldsymbol{Q}=\boldsymbol{E}$，所以 $|\boldsymbol{Q}^{\mathrm{T}}\boldsymbol{Q}|=|\boldsymbol{Q}^{\mathrm{T}}|\cdot|\boldsymbol{Q}|=|\boldsymbol{E}|=1$. 又因为 $|\boldsymbol{Q}^{\mathrm{T}}|=|\boldsymbol{Q}|$，所以 $|\boldsymbol{Q}|^2=1$，从而 $|\boldsymbol{Q}|=\pm 1$.

(2) 若 $\boldsymbol{Q}$ 为正交阵，则 $\boldsymbol{Q}$ 可逆，且 $\boldsymbol{Q}^{-1}=\boldsymbol{Q}^{\mathrm{T}}$；

证明　因为 $\boldsymbol{Q}$ 为正交阵，则 $|\boldsymbol{Q}|=\pm 1\neq 0$，所以 $\boldsymbol{Q}$ 可逆，又因为 $\boldsymbol{Q}^{\mathrm{T}}\boldsymbol{Q}=\boldsymbol{E}$，所以 $\boldsymbol{Q}^{\mathrm{T}}=\boldsymbol{Q}^{-1}$.

(3) 若 $\boldsymbol{P},\boldsymbol{Q}$ 均为正交矩阵，则 $\boldsymbol{PQ}$ 也为正交矩阵.

证明　因为 $\boldsymbol{Q}^{\mathrm{T}}\boldsymbol{Q}=\boldsymbol{E},\boldsymbol{P}^{\mathrm{T}}\boldsymbol{P}=\boldsymbol{E}$ 所以 $(\boldsymbol{PQ})^{\mathrm{T}}\boldsymbol{PQ}=\boldsymbol{Q}^{\mathrm{T}}\boldsymbol{P}^{\mathrm{T}}\boldsymbol{PQ}=\boldsymbol{Q}^{\mathrm{T}}\boldsymbol{Q}=\boldsymbol{E}$，所以 $\boldsymbol{PQ}$ 也为正交矩阵.

3. 正交矩阵的充要条件

定理 2　$\boldsymbol{Q}$ 为正交矩阵的充分必要条件是 $\boldsymbol{Q}$ 的行(列)向量组为两两正交的单位向量组.

证明　将 $\boldsymbol{Q}$ 用列向量表示为

$$\boldsymbol{Q}=(\boldsymbol{\alpha}_1,\boldsymbol{\alpha}_2,\cdots,\boldsymbol{\alpha}_n),$$

于是

$$\boldsymbol{Q}^{\mathrm{T}}\boldsymbol{Q}=\begin{pmatrix} \boldsymbol{\alpha}_1^{\mathrm{T}} \\ \boldsymbol{\alpha}_2^{\mathrm{T}} \\ \vdots \\ \boldsymbol{\alpha}_n^{\mathrm{T}} \end{pmatrix}(\boldsymbol{\alpha}_1,\boldsymbol{\alpha}_2,\cdots,\boldsymbol{\alpha}_n)=\begin{pmatrix} \boldsymbol{\alpha}_1^{\mathrm{T}}\boldsymbol{\alpha}_1 & \boldsymbol{\alpha}_1^{\mathrm{T}}\boldsymbol{\alpha}_2 & \cdots & \boldsymbol{\alpha}_1^{\mathrm{T}}\boldsymbol{\alpha}_n \\ \boldsymbol{\alpha}_2^{\mathrm{T}}\boldsymbol{\alpha}_1 & \boldsymbol{\alpha}_2^{\mathrm{T}}\boldsymbol{\alpha}_2 & \cdots & \boldsymbol{\alpha}_2^{\mathrm{T}}\boldsymbol{\alpha}_n \\ \vdots & \vdots & & \vdots \\ \boldsymbol{\alpha}_n^{\mathrm{T}}\boldsymbol{\alpha}_1 & \boldsymbol{\alpha}_n^{\mathrm{T}}\boldsymbol{\alpha}_2 & \cdots & \boldsymbol{\alpha}_n^{\mathrm{T}}\boldsymbol{\alpha}_n \end{pmatrix}.$$

因此，$\boldsymbol{Q}^{\mathrm{T}}\boldsymbol{Q}=\boldsymbol{E}$ 的充分必要条件是

$$\boldsymbol{\alpha}_i^{\mathrm{T}}\boldsymbol{\alpha}_j=\begin{cases} 1, i=j, \\ 0, i\neq j \end{cases}\quad (i,j=1,2,\cdots,n),$$

证毕.

例 7　判别下列矩形是否为正交阵.

(1) $\begin{pmatrix} 1 & -1/2 & 1/3 \\ -1/2 & 1 & 1/2 \\ 1/3 & 1/2 & -1 \end{pmatrix}$；　(2) $\begin{pmatrix} 1/9 & -8/9 & -4/9 \\ -8/9 & 1/9 & -4/9 \\ -4/9 & -4/9 & 7/9 \end{pmatrix}$.

解　(1) 考察矩阵的第一列和第二列，

因为 $1\times\left(-\frac{1}{2}\right)+\left(-\frac{1}{2}\right)\times1+\frac{1}{3}\times\frac{1}{2}\neq0$,所以它不是正交矩阵.

(2) 由正交矩阵的定义,

因为 $\begin{pmatrix}1/9 & -8/9 & -4/9\\ -8/9 & 1/9 & -4/9\\ -4/9 & -4/9 & 7/9\end{pmatrix}^{\mathrm{T}}\begin{pmatrix}1/9 & -8/9 & -4/9\\ -8/9 & 1/9 & -4/9\\ -4/9 & -4/9 & 7/9\end{pmatrix}=$
$\begin{pmatrix}1 & 0 & 0\\ 0 & 1 & 0\\ 0 & 0 & 1\end{pmatrix}$,所以它是正交矩阵.

定义 6 若 $\boldsymbol{P}$ 为正交矩阵,则线性变换 $\boldsymbol{y}=\boldsymbol{Px}$ 称为正交变换.

正交变换的性质:正交变换保持向量的长度不变.

如:设

$$\boldsymbol{P}=\begin{pmatrix}\cos\theta & -\sin\theta\\ \sin\theta & \cos\theta\end{pmatrix},\boldsymbol{x},\boldsymbol{y}\in\mathbf{R}^2.$$

显然 $\boldsymbol{P}$ 为正交矩阵,所以 $\boldsymbol{y}=\boldsymbol{Px}$ 为正交变换,当 $\theta=\frac{\pi}{4}$ 时,变换 $\boldsymbol{y}=\boldsymbol{Px}$ 把图 5.3 中的图像(a)变换为图像(b).

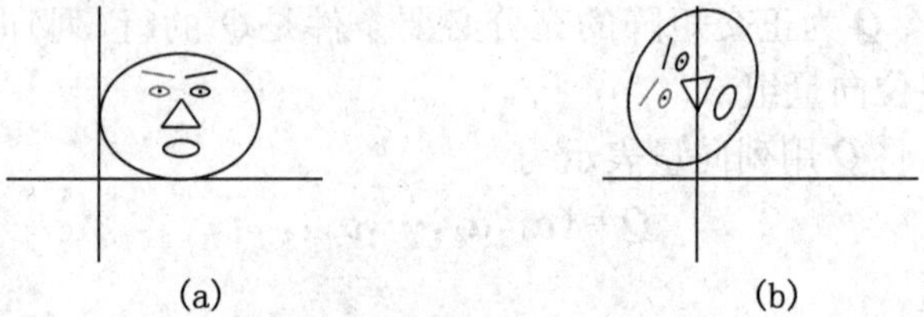

图 5.3 图像的正交变换

第四节 实对称矩阵的对角化

由本章第二节的讨论知并不是任意方阵都可以对角化,一个方阵必须满足一定的条件才能对角化:n 阶方阵 $\boldsymbol{A}$ 可对角化的充要条件是 $\boldsymbol{A}$ 有 n 个线性无关的特征向量. 那么,一个 n 阶矩阵到底应具备什么条件时才有 n 个线性无关的特征向量? 这是一个较复杂的问题,我们对此不进行一般性的讨论,而仅讨论当 $\boldsymbol{A}$ 为实对称矩阵的情形,实对称矩阵具有许多一般矩阵所没有的特殊性质.

一、实对称矩阵的特征值与特征向量的性质

定义 1　方阵 $\boldsymbol{A}=(a_{ij})_{n\times n}$ 中 a_{ij} 为实数，且 $\boldsymbol{A}^{\mathrm{T}}=\boldsymbol{A}$，称 $\boldsymbol{A}$ 为实对称矩阵.

定理 1　实对称矩阵的特征值一定是实数，特征向量一定是实向量.

证明　设复数 λ 为实对称矩阵的特征值，复向量 $\boldsymbol{x}$ 为对应的特征向量，即 $\boldsymbol{Ax}=\lambda\boldsymbol{x}$，$\boldsymbol{x}\neq\boldsymbol{0}$. 用 $\bar{\lambda}$ 表示 λ 的共轭复数，$\bar{\boldsymbol{x}}$ 表示 $\boldsymbol{x}$ 的共轭向量，则

$$\boldsymbol{A}\bar{\boldsymbol{x}}=\bar{\boldsymbol{A}}\,\bar{\boldsymbol{x}}=\overline{\boldsymbol{Ax}}=\overline{\lambda\boldsymbol{x}}=\bar{\lambda}\,\bar{\boldsymbol{x}}.$$

于是有

$$\bar{\boldsymbol{x}}^{\mathrm{T}}\boldsymbol{Ax}=\bar{\boldsymbol{x}}^{\mathrm{T}}(\boldsymbol{Ax})=\bar{\boldsymbol{x}}(\lambda\boldsymbol{x})=\lambda\,\bar{\boldsymbol{x}}^{\mathrm{T}}\boldsymbol{x}.$$

及

$$\bar{\boldsymbol{x}}^{\mathrm{T}}\boldsymbol{Ax}=(\bar{\boldsymbol{x}}^{\mathrm{T}}\boldsymbol{A}^{\mathrm{T}})\boldsymbol{x}=(\boldsymbol{A}\bar{\boldsymbol{x}})^{\mathrm{T}}\boldsymbol{x}=(\bar{\lambda}\,\bar{\boldsymbol{x}})^{\mathrm{T}}\boldsymbol{x}=\bar{\lambda}\,\bar{\boldsymbol{x}}^{\mathrm{T}}\boldsymbol{x}.$$

两式相减，得

$$(\lambda-\bar{\lambda})\bar{\boldsymbol{x}}^{\mathrm{T}}\boldsymbol{x}=0.$$

但因为 $\boldsymbol{x}\neq\boldsymbol{0}$，所以$\bar{\boldsymbol{x}}^{\mathrm{T}}\boldsymbol{x}=\sum\limits_{i=1}^{n}\overline{x_i}x_i=\sum\limits_{i=1}^{n}|x_i|^2\neq 0$，可推出 $\lambda-\bar{\lambda}=0$，即 $\lambda=\bar{\lambda}$，故 λ 是实数.

显然，当特征值 λ 为实数时，齐次线性方程组

$$(\boldsymbol{A}-\lambda\boldsymbol{E})\boldsymbol{x}=\boldsymbol{0}$$

是实系数方程组，由 $|\boldsymbol{A}-\lambda\boldsymbol{E}|=0$ 知其基础解系由实向量组成，所以对应的特征向量为实向量.

定理 2　实对称矩阵的不同特征值所对应的特征向量必正交.

证明　设 λ_1,λ_2 是实对称矩阵 $\boldsymbol{A}$ 的两个特征值，$\lambda_1\neq\lambda_2$，$\boldsymbol{p}_1,\boldsymbol{p}_2$ 是对应的特征向量，则 $\boldsymbol{A}\boldsymbol{p}_1=\lambda_1\boldsymbol{p}_1$，$\boldsymbol{A}\boldsymbol{p}_2=\lambda_2\boldsymbol{p}_2$，分别计算以下两个实数：

$$\boldsymbol{p}_1^{\mathrm{T}}(\boldsymbol{A}\boldsymbol{p}_2)=\boldsymbol{p}_1^{\mathrm{T}}(\lambda_2\boldsymbol{p}_2)=\lambda_2\boldsymbol{p}_1^{\mathrm{T}}\boldsymbol{p}_2.$$

$$(\boldsymbol{p}_1^{\mathrm{T}}\boldsymbol{A})\boldsymbol{p}_2=(\boldsymbol{p}_1^{\mathrm{T}}\boldsymbol{A}^{\mathrm{T}})\boldsymbol{p}_2=(\boldsymbol{A}\boldsymbol{p}_1)^{\mathrm{T}}\ \boldsymbol{p}_2=(\lambda_1\boldsymbol{p}_1)^{\mathrm{T}}\ \boldsymbol{p}_2=\lambda_1\boldsymbol{p}_1^{\mathrm{T}}\boldsymbol{p}_2.$$

因为

$$\boldsymbol{p}_1^{\mathrm{T}}(\boldsymbol{A}\boldsymbol{p}_2)=(\boldsymbol{p}_1^{\mathrm{T}}\boldsymbol{A})\boldsymbol{p}_2=\boldsymbol{p}_1^{\mathrm{T}}\boldsymbol{A}\boldsymbol{p}_2,$$

所以

$$\lambda_2\boldsymbol{p}_1^{\mathrm{T}}\boldsymbol{p}_2=\lambda_1\boldsymbol{p}_1^{\mathrm{T}}\boldsymbol{p}_2,\qquad (\lambda_1-\lambda_2)\boldsymbol{p}_1^{\mathrm{T}}\boldsymbol{p}_2=0.$$

再据 $\lambda_1 \neq \lambda_2$ 即可证得 $\boldsymbol{p}_1^{\mathrm{T}}\boldsymbol{p}_2=0$，所以 $\boldsymbol{p}_1 \perp \boldsymbol{p}_2$.

定理 3 设 $\boldsymbol{A}$ 为 n 阶实对称矩阵，λ 是 $\boldsymbol{A}$ 的特征方程的 k 重根，则矩阵 $\boldsymbol{A}-\lambda\boldsymbol{E}$ 的秩 $R(\boldsymbol{A}-\lambda\boldsymbol{E})=n-k$，从而对应特征值 λ 恰有 k 个线性无关的特征向量.

证明 略.

定理 4 （**对称矩阵基本定理**）对于任意一个 n 阶实对称矩阵 $\boldsymbol{A}$，一定存在 n 阶正交矩阵 $\boldsymbol{P}$，使得

$$\boldsymbol{P}^{-1}\boldsymbol{A}\boldsymbol{P}=\boldsymbol{P}^{\mathrm{T}}\boldsymbol{A}\boldsymbol{P}=\begin{pmatrix}\lambda_1 & & & \\ & \lambda_2 & & \\ & & \ddots & \\ & & & \lambda_n\end{pmatrix}=\boldsymbol{\Lambda}.$$

对角矩阵 $\boldsymbol{\Lambda}$ 中的 n 个对角元 $\lambda_1,\lambda_2,\cdots,\lambda_n$ 就是 $\boldsymbol{A}$ 的 n 个特征值. 反之，凡是正交相似于对角矩阵的实方阵一定是对称矩阵.

证明 设 $\boldsymbol{A}$ 的互不相等的特征值为 $\lambda_1,\lambda_2,\cdots,\lambda_s$，它们的重数依次为 $r_1,r_2,\cdots,r_s$，显然 $r_1+r_2+\cdots+r_s=n$.

于是对应于特征值 $\lambda_i(i=1,2,\cdots,s)$ 恰有 r_i 个线性无关的特征向量，把它们正交化并单位化，可得 r_i 个单位正交的特征向量. 由 $r_1+r_2+\cdots+r_s=n$ 知，这样的特征向量共有 n 个.

特别提示：

定理 4 中所得到的对角矩阵 $\boldsymbol{\Lambda}$ 称为对称矩阵 $\boldsymbol{A}$ 的**正交相似标准形.**

由定理 2 知对应于不同特征值的特征向量正交，故这 n 个单位特征向量两两正交，于是以它们列向量构成正交矩阵 $\boldsymbol{P}$，并有 $\boldsymbol{P}^{-1}\boldsymbol{A}\boldsymbol{P}=\boldsymbol{\Lambda}$. 其中对角矩阵 $\boldsymbol{\Lambda}$ 的对角元素含 r_1 个 λ_1，r_2 个 λ_2，$\cdots$，r_s 个 λ_s，恰是 $\boldsymbol{\Lambda}$ 的 n 个特征值.

关于定理 4，我们作以下说明.

(1) 当 $\boldsymbol{P}$ 是可逆矩阵时，称 $\boldsymbol{B}=\boldsymbol{P}^{-1}\boldsymbol{A}\boldsymbol{P}$ 与 $\boldsymbol{A}$ 相似；当 $\boldsymbol{P}$ 是正交矩阵时，称 $\boldsymbol{B}=\boldsymbol{P}^{-1}\boldsymbol{A}\boldsymbol{P}$ 与 $\boldsymbol{A}$ 正交相似.

(2) 因为对角矩阵 $\boldsymbol{\Lambda}$ 必是对称矩阵，所以，当 $\boldsymbol{A}$ 正交相似于对角矩阵 $\boldsymbol{\Lambda}$ 时，根据 $\boldsymbol{P}^{\mathrm{T}}\boldsymbol{A}\boldsymbol{P}=\boldsymbol{\Lambda}$ 就可推出 $\boldsymbol{A}=(\boldsymbol{P}^{\mathrm{T}})^{-1}\boldsymbol{\Lambda}\boldsymbol{P}^{-1}=(\boldsymbol{P}^{-1})^{\mathrm{T}}\boldsymbol{\Lambda}\boldsymbol{P}^{-1}$，于是必有

$$\boldsymbol{A}^{\mathrm{T}}=(\boldsymbol{P}^{-1})^{\mathrm{T}}\boldsymbol{\Lambda}^{\mathrm{T}}(\boldsymbol{P}^{-1})=(\boldsymbol{P}^{-1})^{\mathrm{T}}\boldsymbol{\Lambda}(\boldsymbol{P}^{-1})=\boldsymbol{A}.$$

这证明 $\boldsymbol{A}$ 必是对称矩阵.

(3) 既然 n 阶实对称矩阵 $\boldsymbol{A}$ 一定相似于对角矩阵，这说明 $\boldsymbol{A}$ 一定有 n 个线性无关的特征向量，属于每一个特征值的线性无关的特征向量个数一定与此特征值的重数相等，用它来确定求特征向量的齐次线性方程组中自由未知量的个数.

我们知道两个相似的矩阵一定有相同的特征值，但有相同特征值的两个同阶方阵却未必相似. 可是，对于对称矩阵来说，有相同特征值的两个同阶方阵一定相似.

定理 5　两个有相同特征值的同阶对称矩阵一定是正交相似矩阵.

证明　设 n 阶对称矩阵 $\boldsymbol{A}$，$\boldsymbol{B}$ 有相同的特征值 $\lambda_1,\lambda_2,\cdots,\lambda_n$，则根据定理 4，一定存在 n 阶正交矩阵 $\boldsymbol{P}$ 和 $\boldsymbol{Q}$ 使

$$\boldsymbol{P}^{-1}\boldsymbol{AP}=\begin{pmatrix}\lambda_1 & & & \\ & \lambda_2 & & \\ & & \ddots & \\ & & & \lambda_n\end{pmatrix} \text{和} \boldsymbol{Q}^{-1}\boldsymbol{BQ}=\begin{pmatrix}\lambda_1 & & & \\ & \lambda_2 & & \\ & & \ddots & \\ & & & \lambda_n\end{pmatrix}.$$

于是必有

$$\boldsymbol{P}^{-1}\boldsymbol{AP}=\boldsymbol{Q}^{-1}\boldsymbol{BQ},\boldsymbol{B}=\boldsymbol{QP}^{-1}\boldsymbol{APQ}^{-1}=(\boldsymbol{PQ}^{-1})^{-1}\boldsymbol{A}(\boldsymbol{PQ}^{-1}).$$

因为 $\boldsymbol{P},\boldsymbol{Q},\boldsymbol{Q}^{-1}$ 都是正交矩阵，所以 $\boldsymbol{PQ}^{-1}$ 是正交矩阵，这就证明了 $\boldsymbol{A}$ 与 $\boldsymbol{B}$ 正交相似. 证毕.

下面，我们将用实例说明如何求出所需要的正交矩阵 $\boldsymbol{P}$.

二、实对称矩阵对角化

定义 2　对于 n 阶方阵 $\boldsymbol{A}$，如果存在可逆阵 $\boldsymbol{P}$，使得

$$\boldsymbol{P}^{-1}\boldsymbol{AP}=\mathrm{diag}(\lambda_1,\lambda_2,\cdots,\lambda_n),$$

称方阵 $\boldsymbol{A}$ 可以**对角化(diagonalize)**.

将实对称矩阵 $\boldsymbol{A}$ 对角化的步骤为：

(1) 求出 $\boldsymbol{A}$ 的全部特征值 $\lambda_1,\lambda_2,\cdots,\lambda_s$；

(2) 对每一个特征值 λ_i，由 $(\boldsymbol{A}-\lambda_i\boldsymbol{E})\boldsymbol{x}=\boldsymbol{0}$ 求出基础解系（特征向量）；

(3) 将基础解系（特征向量）正交化，再单位化；

(4) 以这些单位向量作为列向量构成一个正交矩阵 $\boldsymbol{P}$，使

$$\boldsymbol{P}^{-1}\boldsymbol{AP}=\boldsymbol{\Lambda}.$$

特别提示：

$\boldsymbol{P}$ 中列向量的次序与矩阵 $\boldsymbol{\Lambda}$ 对角线上的特征值的次序相对应.

例 1　试求一个正交矩阵 $\boldsymbol{P}$，使 $\boldsymbol{P}^{-1}\boldsymbol{AP}$ 为对角矩阵：

(1) $\boldsymbol{A}=\begin{bmatrix}2 & -2 & 0\\ -2 & 1 & -2\\ 0 & -2 & 0\end{bmatrix}$；　　(2) $\boldsymbol{A}=\begin{bmatrix}2 & 2 & -2\\ 2 & 5 & -4\\ -2 & -4 & 5\end{bmatrix}$.

解　(1) $|\boldsymbol{A}-\lambda\boldsymbol{E}|=\begin{vmatrix}2-\lambda & -2 & 0\\ -2 & 1-\lambda & -2\\ 0 & -2 & -\lambda\end{vmatrix}=(1-\lambda)(\lambda-4)(\lambda+2)$,

故得特征值为$\lambda_1=-2,\lambda_2=1,\lambda_3=4$.

当$\lambda_1=-2$时,由$\begin{pmatrix}4&-2&0\\-2&3&-2\\0&-2&2\end{pmatrix}\begin{pmatrix}x_1\\x_2\\x_3\end{pmatrix}=\begin{pmatrix}0\\0\\0\end{pmatrix}$,解得$\begin{pmatrix}x_1\\x_2\\x_3\end{pmatrix}=k_1\begin{pmatrix}1\\2\\2\end{pmatrix}$,

单位特征向量可取: $\boldsymbol{p}_1=\begin{pmatrix}1/3\\2/3\\2/3\end{pmatrix}$.

当$\lambda_2=1$时,由$\begin{pmatrix}1&-2&0\\-2&0&-2\\0&-2&-1\end{pmatrix}\begin{pmatrix}x_1\\x_2\\x_3\end{pmatrix}=\begin{pmatrix}0\\0\\0\end{pmatrix}$解得$\begin{pmatrix}x_1\\x_2\\x_3\end{pmatrix}=k_2\begin{pmatrix}2\\1\\-2\end{pmatrix}$,

单位特征向量可取: $\boldsymbol{p}_2=\begin{pmatrix}2/3\\1/3\\-2/3\end{pmatrix}$.

当$\lambda_3=4$时,由$\begin{pmatrix}-2&-2&0\\-2&-3&-2\\0&-2&-4\end{pmatrix}\begin{pmatrix}x_1\\x_2\\x_3\end{pmatrix}=\begin{pmatrix}0\\0\\0\end{pmatrix}$,解得$\begin{pmatrix}x_1\\x_2\\x_3\end{pmatrix}=k_3\begin{pmatrix}2\\-2\\1\end{pmatrix}$.

单位特征向量可取: $\boldsymbol{p}_3=\begin{pmatrix}2/3\\-2/3\\1/3\end{pmatrix}$.

得正交阵

$$\boldsymbol{P}=(\boldsymbol{p}_1,\boldsymbol{p}_2,\boldsymbol{p}_3)=\frac{1}{3}\begin{pmatrix}1&2&2\\2&1&-2\\2&-2&1\end{pmatrix},$$

使得

$$\boldsymbol{P}^{-1}\boldsymbol{AP}=\begin{pmatrix}-2&0&0\\0&1&0\\0&0&4\end{pmatrix}.$$

(2) $|\boldsymbol{A}-\lambda\boldsymbol{E}|=\begin{vmatrix}2-\lambda&2&-2\\2&5-\lambda&-4\\-2&-4&5-\lambda\end{vmatrix}=-(\lambda-1)^2(\lambda-10)$,故得

特征值为$\lambda_1=\lambda_2=1,\lambda_3=10$.

当$\lambda_1=\lambda_2=1$时,由

$$\begin{pmatrix}1&2&-2\\2&4&-4\\-2&-4&4\end{pmatrix}\begin{pmatrix}x_1\\x_2\\x_3\end{pmatrix}=\begin{pmatrix}0\\0\\0\end{pmatrix}，解得\begin{pmatrix}x_1\\x_2\\x_3\end{pmatrix}=k_1\begin{pmatrix}-2\\1\\0\end{pmatrix}+k_2\begin{pmatrix}2\\0\\1\end{pmatrix},$$

将此两个向量正交，单位化后，得两个单位正交的特征向量

$$\boldsymbol{p}_1=\frac{1}{\sqrt{5}}\begin{pmatrix}-2\\1\\0\end{pmatrix},\boldsymbol{p}_2^*=\begin{pmatrix}2\\0\\1\end{pmatrix}-\frac{-4}{5}\begin{pmatrix}-2\\1\\0\end{pmatrix}=\begin{pmatrix}2/5\\4/5\\1\end{pmatrix},$$

单位化得 $\boldsymbol{p}_2=\frac{\sqrt{5}}{3}\begin{pmatrix}2/5\\4/5\\1\end{pmatrix}$.

当 $\lambda_3=10$ 时，由 $\begin{pmatrix}-8&2&-2\\2&-5&-4\\-2&-4&-5\end{pmatrix}\begin{pmatrix}x_1\\x_2\\x_3\end{pmatrix}=\begin{pmatrix}0\\0\\0\end{pmatrix}$ 解得 $\begin{pmatrix}x_1\\x_2\\x_3\end{pmatrix}=$ $k_3\begin{pmatrix}-1\\-2\\2\end{pmatrix}$.

单位化得 $\boldsymbol{p}_3=\frac{1}{3}\begin{pmatrix}-1\\-2\\2\end{pmatrix}$.

得正交阵

$$\boldsymbol{P}=(\boldsymbol{p}_1,\boldsymbol{p}_2,\boldsymbol{p}_3)=\begin{pmatrix}-\frac{2}{\sqrt{5}}&\frac{2\sqrt{5}}{15}&-\frac{1}{3}\\\frac{1}{\sqrt{5}}&\frac{4\sqrt{5}}{15}&-\frac{2}{3}\\0&\frac{\sqrt{5}}{3}&\frac{2}{3}\end{pmatrix},$$

使得

$$\boldsymbol{P}^{-1}\boldsymbol{A}\boldsymbol{P}=\begin{pmatrix}1&0&0\\0&1&0\\0&0&1\end{pmatrix}.$$

例 2　设 $\boldsymbol{A}=\begin{pmatrix}3&-2\\-2&3\end{pmatrix}$，求 $\varphi(\boldsymbol{A})=\boldsymbol{A}^{10}-5\boldsymbol{A}^9$.

解 因为 $\boldsymbol{A}=\begin{pmatrix}3 & 2\\ -2 & 3\end{pmatrix}$是实对称矩阵，所以可找到正交矩阵

$\boldsymbol{P}=\begin{pmatrix}\frac{1}{\sqrt{2}} & -\frac{1}{\sqrt{2}}\\ \frac{1}{\sqrt{2}} & \frac{1}{\sqrt{2}}\end{pmatrix}$使得 $\boldsymbol{P}^{-1}\boldsymbol{A}\boldsymbol{P}=\begin{pmatrix}1 & 0\\ 0 & 5\end{pmatrix}=\boldsymbol{\Lambda}$，从而

$$\boldsymbol{A}=\boldsymbol{P}\boldsymbol{\Lambda}\boldsymbol{P}^{-1},\boldsymbol{A}^k=\boldsymbol{P}\boldsymbol{\Lambda}^k\boldsymbol{P}^{-1}.$$

因此
$$\begin{aligned}\varphi(\boldsymbol{A})&=\boldsymbol{A}^{10}-5\boldsymbol{A}^9=\boldsymbol{P}\boldsymbol{\Lambda}^{10}\boldsymbol{P}^{-1}-5\boldsymbol{P}\boldsymbol{\Lambda}^9\boldsymbol{P}^{-1}\\&=\boldsymbol{P}\begin{pmatrix}1 & 0\\ 0 & 5^{10}\end{pmatrix}\boldsymbol{P}^{-1}-\boldsymbol{P}\begin{pmatrix}5 & 0\\ 0 & 5^{10}\end{pmatrix}\boldsymbol{P}^{-1}=\boldsymbol{P}\begin{pmatrix}-4 & 0\\ 0 & 0\end{pmatrix}\boldsymbol{P}^{-1}\\&=\frac{1}{\sqrt{2}}\begin{pmatrix}1 & -1\\ 1 & 1\end{pmatrix}\begin{pmatrix}-4 & 0\\ 0 & 0\end{pmatrix}\frac{1}{\sqrt{2}}\begin{pmatrix}1 & 1\\ -1 & 1\end{pmatrix}\\&=\begin{pmatrix}-2 & -2\\ -2 & -2\end{pmatrix}=-2\begin{pmatrix}1 & 1\\ 1 & 1\end{pmatrix}.\end{aligned}$$

例 3 已知 $\boldsymbol{A}=\begin{pmatrix}2 & 0 & 0\\ 0 & a & 2\\ 0 & 2 & a\end{pmatrix}$（其中 $a>0$）有一特征值为 1，求正交矩阵 $\boldsymbol{P}$ 使得 $\boldsymbol{P}^{-1}\boldsymbol{A}\boldsymbol{P}$ 为对角矩阵.

解 $\boldsymbol{A}$ 的特征多项式为

$$|\boldsymbol{A}-\lambda\boldsymbol{E}|=\begin{vmatrix}2-\lambda & 0 & 0\\ 0 & a-\lambda & 2\\ 0 & 2 & a-\lambda\end{vmatrix}=-(\lambda-2)(\lambda-a+2)(\lambda-a-2).$$

由于 $\boldsymbol{A}$ 有特征值 1，故有两种情形：

若 $a-2=1$，则 $a=3$；若 $a+2=1$，则 $a=-1$.

但 $a>0$，所以只能是 $a=3$. 从而得 $\boldsymbol{A}$ 的特征值为 2,1,5.

对 $\lambda_1=2$，由 $(\boldsymbol{A}-2\boldsymbol{E})\boldsymbol{x}=\boldsymbol{0}$，得基础解系 $\boldsymbol{p}_1=(1,0,0)^{\mathrm{T}}$；

对 $\lambda_2=1$，由 $(\boldsymbol{A}-\boldsymbol{E})\boldsymbol{x}=\boldsymbol{0}$，得基础解系 $\boldsymbol{p}_2=(0,1,-1)^{\mathrm{T}}$；

对 $\lambda_3=5$，由 $(\boldsymbol{A}-5\boldsymbol{E})\boldsymbol{x}=\boldsymbol{0}$，得基础解系 $\boldsymbol{p}_3=(0,1,1)^{\mathrm{T}}$.

因实对称矩阵的属于不同特征值的特征向量必相互正交，故特征向量 $\boldsymbol{p}_1,\boldsymbol{p}_2,\boldsymbol{p}_3$ 已是正交向量组，只需单位化：

$$\boldsymbol{\eta}_1=(1,0,0)^{\mathrm{T}};\boldsymbol{\eta}_2=\left(0,\frac{1}{\sqrt{2}},-\frac{1}{\sqrt{2}}\right)^{\mathrm{T}};\boldsymbol{\eta}_3=\left(0,\frac{1}{\sqrt{2}},\frac{1}{\sqrt{2}}\right)^{\mathrm{T}}.$$

令 $\boldsymbol{P}=(\boldsymbol{\eta}_1,\boldsymbol{\eta}_2,\boldsymbol{\eta}_3)=\begin{pmatrix}1 & 0 & 0\\ 0 & 1/\sqrt{2} & 1/\sqrt{2}\\ 0 & -1/\sqrt{2} & 1/\sqrt{2}\end{pmatrix}$，则 $\boldsymbol{P}^{-1}\boldsymbol{A}\boldsymbol{P}=\begin{pmatrix}2 & 0 & 0\\ 0 & 1 & 0\\ 0 & 0 & 5\end{pmatrix}$.

第五节　二次型

二次型在其他数学分支及科学技术中有着十分广泛的应用.例如在振动理论中,为建立 n 个自由度系统的运动微分方程,需要求出系统动能和势能的表达式,通常它们都能表示为一个广义速度变量的二次齐次函数,即本章所讨论的二次型.又如,数学物理问题中常用到的二次泛函极小问题的近似解法,也要把无限维空间的极小问题化为有限维向量空间的极小问题,而后者也经常遇到这种二次型,本章将讨论二次型的基本理论和应用.

一、二次型及其标准形

在平面解析几何中,代数方程

$$ax^2+bxy+cy^2=1 \tag{1}$$

表示的是一条二次曲线,但它是怎样的一条二次曲线?又有怎样的几何性质?为研究上述问题,通常选择适当的坐标旋转变换:

$$\begin{cases} x=x'\cos\theta-y'\sin\theta \\ y=x'\sin\theta+y'\cos\theta \end{cases}$$

将方程化为"标准形"

$$mx'^2+ny'^2=1 \tag{2}$$

从而可根据系数 m,n 来获知其几何性质.

(1)式的左边是一个含两个变量的二次齐次多项式,而(2)式的左边也是二次齐次多项式,所不同的是后者只含平方项.从代数的观点看,化标准形的过程就是通过变量的线性变换化简一个二次齐次多项式,使它只含有平方项.这种类型的问题不仅在几何上遇到,在其他许多实际问题中也常常会遇到.因此,需要在一般情况下研究二次齐次多项式化为标准形的问题.

定义 1　含有 n 个变量 $x_1,x_2,\cdots,x_n$ 的二次齐次多项式

$$\begin{aligned} f(x_1,x_2,\cdots,x_n)=&a_{11}x_1^2+a_{22}x_2^2+\cdots+a_{nn}x_n^2 \\ &+2a_{12}x_1x_2+2a_{13}x_1x_3+\cdots+2a_{n-1,n}x_{n-1}x_n \end{aligned} \tag{3}$$

称为 n **元二次型**,简称为二次型(**quadratic form**).

取 $a_{ji}=a_{ij}$,则 $2a_{ij}x_ix_j=a_{ij}x_ix_j+a_{ji}x_jx_i$,于是(3)式可写为

$$
\begin{aligned}
f(x_1,x_2,\cdots,x_n) &= a_{11}x_1^2 + a_{12}x_1x_2 + \cdots + a_{1n}x_1x_n \\
&\quad + a_{21}x_2x_1 + a_{22}x_2^2 + \cdots + a_{2n}x_2x_n \\
&\quad + \cdots + a_{n1}x_nx_1 + a_{n2}x_nx_2 + \cdots + a_{nn}x_n^2 \\
&= \sum_{i,j=1}^{n} a_{ij}x_ix_j.
\end{aligned} \tag{4}
$$

如：$f(x_1,x_2,x_3)=2x_1^2+4x_2^2+5x_3^2-4x_1x_3$，$g(x_1,x_2,x_3)=x_1x_2+x_1x_3+x_2x_3$ 都是二次型.

又如：$f(x,y)=x^2+y^2-5$，$f(x,y)=2x^2-y^2+2x$ 都不是二次型.

如同一开始所列举的解析几何的例子一样，对于二次型，我们讨论的主要问题是：寻找可逆的线性变换

$$
\begin{cases}
x_1=c_{11}y_1+c_{12}y_2+\cdots+c_{1n}y_n, \\
x_2=c_{21}y_1+c_{22}y_2+\cdots+c_{2n}y_n, \\
\quad\cdots\cdots\cdots\cdots \\
x_n=c_{n1}y_1+c_{n2}y_2+\cdots+c_{nn}y_n.
\end{cases}
$$

即

$$
\boldsymbol{x}=\boldsymbol{C}\boldsymbol{y}, \tag{5}
$$

其中

$$
\boldsymbol{x}=\begin{pmatrix} x_1 \\ x_2 \\ \vdots \\ x_n \end{pmatrix}, \boldsymbol{C}=\begin{pmatrix} c_{11} & c_{12} & \cdots & c_{1n} \\ c_{21} & c_{22} & \cdots & c_{2n} \\ \vdots & \vdots & & \vdots \\ c_{n1} & c_{n2} & \cdots & c_{nn} \end{pmatrix}, \boldsymbol{y}=\begin{pmatrix} y_1 \\ y_2 \\ \vdots \\ y_n \end{pmatrix}.
$$

将所给的二次型化为只含平方项的形式，即用(5)代入(3)，能使

$$
f(x_1,x_2,\cdots,x_n)=k_1y_1^2+k_2y_2^2+\cdots+k_ny_n^2.
$$

历史点滴：

18 世纪初，高斯在其著作《数论研究》中较系统地讨论了二次型理论；19 世纪初，柯西用特征值方法对二次型进行研究，提出了标准形理论.

定义 2 只含有平方项的二次型 $f=k_1y_1^2+k_2y_2^2+\cdots+k_ny_n^2$ 称为**二次型的标准形(canonical form)**.

当 a_{ij} 为复数时，f 称为**复二次型**；a_{ij} 均为实数时，f 称为**实二次型**. 在本章中，我们仅讨论实二次型，所求线性变换(5)的系数也仅为实数.

二、二次型的矩阵表示

对二次型(4)：$f(x_1,x_2,\cdots,x_n)=\sum\limits_{i,j=1}^{n}a_{ij}x_ix_j$，利用矩阵，可表示为

$$
f=x_1(a_{11}x_1+a_{12}x_2+\cdots+a_{1n}x_n)+x_2(a_{21}x_1+a_{22}x_2+\cdots+a_{2n}x_n)+\cdots
$$

$+x_n(a_{n1}x_1+a_{n2}x_2+\cdots+a_{nn}x_n)$

$$=(x_1,x_2,\cdots,x_n)\begin{pmatrix}a_{11}x_1+a_{12}x_2+\cdots+a_{1n}x_n\\a_{21}x_1+a_{22}x_2+\cdots+a_{2n}x_n\\\cdots\cdots\cdots\cdots\\a_{n1}x_1+a_{n2}x_2+\cdots+a_{nn}x_n\end{pmatrix}$$

$$=(x_1,x_2,\cdots,x_n)\begin{pmatrix}a_{11}&a_{12}&\cdots&a_{1n}\\a_{21}&a_{22}&\cdots&a_{2n}\\\vdots&\vdots&&\vdots\\a_{n1}&a_{n2}&\cdots&a_{nn}\end{pmatrix}\begin{pmatrix}x_1\\x_2\\\vdots\\x_n\end{pmatrix}.$$

记

$$\boldsymbol{A}=\begin{pmatrix}a_{11}&a_{12}&\cdots&a_{1n}\\a_{21}&a_{22}&\cdots&a_{2n}\\\vdots&\vdots&&\vdots\\a_{n1}&a_{n2}&\cdots&a_{nn}\end{pmatrix},\boldsymbol{x}=\begin{pmatrix}x_1\\x_2\\\vdots\\x_n\end{pmatrix},$$

则二次型可记为

$$f=\boldsymbol{x}^{\mathrm{T}}\boldsymbol{A}\boldsymbol{x}, \tag{6}$$

其中 $\boldsymbol{A}$ 为对称矩阵.

例 1　二次型 $f=x^2-2z^2-4xy+2yz$ 用矩阵记号表示就是

$$f=(x,y,z)\begin{pmatrix}1&-2&0\\-2&0&1\\0&1&-2\end{pmatrix}\begin{pmatrix}x\\y\\z\end{pmatrix}.$$

定义 3　设有二次型 $f=\boldsymbol{x}^{\mathrm{T}}\boldsymbol{A}\boldsymbol{x}$，则对称矩阵 $\boldsymbol{A}$ 叫做二次型 f 的矩阵，也把 f 叫做对称矩阵 $\boldsymbol{A}$ 的二次型. 对称矩阵 $\boldsymbol{A}$ 的秩就叫做二次型 f 的秩.

例 2　已知二次型 $f(x_1,x_2,x_3)$ 的秩为 2，求参数 c. 其中

$$f(x_1,x_2,x_3)=5x_1^2+5x_2^2+cx_3^2-2x_1x_2+6x_1x_3-6x_2x_3.$$

解　$\boldsymbol{A}=\begin{pmatrix}5&-1&3\\-1&5&-3\\3&-3&c\end{pmatrix}$，因为 $R(\boldsymbol{A})=2$，所以 $|\boldsymbol{A}|=0$，故 $c=3$.

例 3　写出下列矩阵对应的二次型.

(1) $\boldsymbol{A}=\begin{pmatrix}4&0\\0&3\end{pmatrix}$；(2) $\boldsymbol{A}=\begin{pmatrix}3&-2\\-2&7\end{pmatrix}$；(3) $\boldsymbol{A}=\begin{bmatrix}0&0&0\\0&3&-2\\0&-2&7\end{bmatrix}$.

特别提示：

① 二次型矩阵中，元素 $a_{ij}(=a_{ji})$ 是 x_ix_j 项系数的一半；

② 一个二次型与一个对称矩阵相对应，反之，一个对称矩阵也对应一个二次型，即二次型与对称矩阵有一个一一对应的关系.

解 直接计算即可.

(1) $f(x_1,x_2)=(x_1\quad x_2)\begin{pmatrix}4&0\\0&3\end{pmatrix}\begin{pmatrix}x_1\\x_2\end{pmatrix}=4x_1^2+3x_2^2.$

(2) $f(x_1,x_2)=(x_1\quad x_2)\begin{pmatrix}3&-2\\-2&7\end{pmatrix}\begin{pmatrix}x_1\\x_2\end{pmatrix}$

$=3x_1^2-2x_1x_2-2x_1x_2+7x_2^2.$

(3) $f(x_1,x_2,x_3)=(x_1\quad x_2\quad x_3)\begin{pmatrix}1&0&0\\0&3&-2\\0&-2&7\end{pmatrix}\begin{pmatrix}x_1\\x_2\\x_3\end{pmatrix}$

$=x_1^2+3x_2^2-4x_2x_3+7x_3^2.$

例4 写出下列二次型的矩阵.

(1) $f(x_1,x_2)=x_1x_2$;

(2) $f(x_1,x_2)=13x_1^2+13x_2^2-10x_2x_1$;

(3) $f(x_1,x_2,x_3)=x_1^2+4x_1x_2+3x_2^2-4x_2x_3+\sqrt{7}x_3^2.$

解

特别提示：

一个二次型的标准形中所含的项数即为该二次型的秩.

(1) $\boldsymbol{A}=\begin{pmatrix}0&\frac{1}{2}\\\frac{1}{2}&0\end{pmatrix}$;

(2) $\boldsymbol{A}=\begin{pmatrix}13&-5\\-5&13\end{pmatrix}$;

(3) $\boldsymbol{A}=\begin{pmatrix}1&2&0\\2&3&-2\\0&-2&\sqrt{7}\end{pmatrix}.$

例5 求二次型 $f(x_1,x_2,x_3)=x_1^2-4x_1x_2+2x_1x_3-2x_2^2+6x_3^2$ 的秩.

解 将二次型对应的矩阵初等行变换为

$$\boldsymbol{A}=\begin{pmatrix}1&-2&1\\-2&2&0\\1&0&6\end{pmatrix}\rightarrow\begin{pmatrix}1&-2&1\\0&-2&2\\0&2&5\end{pmatrix}\rightarrow\begin{pmatrix}1&-2&1\\0&-2&2\\0&0&7\end{pmatrix},$$

所以 $R(\boldsymbol{A})=3$，该二次型的秩为 3.

三、矩阵的合同

对于二次型，我们讨论的主要问题是，寻求可逆的线性变换 $\boldsymbol{x}=\boldsymbol{C}\boldsymbol{y}$

把二次型化为标准形.为此,现在先讨论二次型的性质.

定义 4　设变量 $x_1,x_2,\cdots,x_n;y_1,y_2,\cdots,y_n$ 满足关系:

$$\begin{cases} x_1=c_{11}y_1+c_{12}y_2+\cdots+c_{1n}y_n, \\ x_2=c_{21}y_1+c_{22}y_2+\cdots+c_{2n}y_n, \\ \cdots\cdots\cdots\cdots \\ x_n=c_{n1}y_1+c_{n2}y_2+\cdots+c_{nn}y_n, \end{cases} \quad \text{即 } \boldsymbol{x}=\boldsymbol{C}\boldsymbol{y}. \tag{7}$$

称(7)为由 $x_1,x_2,\cdots,x_n$ 到 $y_1,y_2,\cdots,y_n$ 的一个**线性变换**.若 $\boldsymbol{C}$ 为可逆矩阵,就称(7)为**可逆变换**;若 $\boldsymbol{C}$ 为正交矩阵,就称(7)为**正交变换**.

在可逆变换 $\boldsymbol{x}=\boldsymbol{C}\boldsymbol{y}$ 的作用下,二次型 $f=\boldsymbol{x}^{\mathrm{T}}\boldsymbol{A}\boldsymbol{x}$ 可化为

$$f=(\boldsymbol{C}\boldsymbol{y})^{\mathrm{T}}\boldsymbol{A}(\boldsymbol{C}\boldsymbol{y})=\boldsymbol{y}^{\mathrm{T}}(\boldsymbol{C}^{\mathrm{T}}\boldsymbol{A}\boldsymbol{C})\boldsymbol{y}=\boldsymbol{y}^{\mathrm{T}}\boldsymbol{B}\boldsymbol{y},$$

其中 $\boldsymbol{B}=\boldsymbol{C}^{\mathrm{T}}\boldsymbol{A}\boldsymbol{C}$.那么二次型 f 的矩阵 $\boldsymbol{A},\boldsymbol{B}$ 之间究竟有何更深刻的关系?下面的定理说明经可逆变换 $\boldsymbol{x}=\boldsymbol{C}\boldsymbol{y}$ 后,二次型的矩阵由 $\boldsymbol{A}$ 变为 $\boldsymbol{B}=\boldsymbol{C}^{\mathrm{T}}\boldsymbol{A}\boldsymbol{C}$,且其秩不变.

定理 1　任给可逆矩阵 $\boldsymbol{C}$,令 $\boldsymbol{B}=\boldsymbol{C}^{\mathrm{T}}\boldsymbol{A}\boldsymbol{C}$,如果 $\boldsymbol{A}$ 为对称矩阵,则 $\boldsymbol{B}$ 亦为对称矩阵,且 $R(\boldsymbol{B})=R(\boldsymbol{A})$.

证　$\boldsymbol{A}$ 为对称矩阵,即有 $\boldsymbol{A}^{\mathrm{T}}=\boldsymbol{A}$,于是 $\boldsymbol{B}^{\mathrm{T}}=(\boldsymbol{C}^{\mathrm{T}}\boldsymbol{A}\boldsymbol{C})^{\mathrm{T}}=\boldsymbol{C}^{\mathrm{T}}\boldsymbol{A}^{\mathrm{T}}\boldsymbol{C}=\boldsymbol{C}^{\mathrm{T}}\boldsymbol{A}\boldsymbol{C}=\boldsymbol{B}$,即 $\boldsymbol{B}$ 为对称阵.再证 $R(\boldsymbol{B})=R(\boldsymbol{A})$.

因为 $\boldsymbol{C}$ 为可逆矩阵,故存在有限个初等方阵 $\boldsymbol{P}_1,\boldsymbol{P}_2,\cdots,\boldsymbol{P}_m$ 使得

$$\boldsymbol{C}=\boldsymbol{P}_1\boldsymbol{P}_2\cdots\boldsymbol{P}_m,$$

于是 $\boldsymbol{B}=\boldsymbol{C}^{\mathrm{T}}\boldsymbol{A}\boldsymbol{C}=(\boldsymbol{P}_1\boldsymbol{P}_2\cdots\boldsymbol{P}_m)^{\mathrm{T}}\boldsymbol{A}(\boldsymbol{P}_1\boldsymbol{P}_2\cdots\boldsymbol{P}_m)=\boldsymbol{P}_m^{\mathrm{T}}\cdots\boldsymbol{P}_1^{\mathrm{T}}\boldsymbol{A}\boldsymbol{P}_1\boldsymbol{P}_2\cdots\boldsymbol{P}_m$,

即 $\boldsymbol{B}$ 是 $\boldsymbol{A}$ 经过一系列初等行变换及初等列变换而得,因为矩阵的初等变换不改变矩阵的秩,所以有 $R(\boldsymbol{B})=R(\boldsymbol{A})$.

这定理说明经可逆变换 $\boldsymbol{x}=\boldsymbol{C}\boldsymbol{y}$ 后,二次型 f 的矩阵由 $\boldsymbol{A}$ 变为 $\boldsymbol{C}^{\mathrm{T}}\boldsymbol{A}\boldsymbol{C}$,且二次型的秩不变.

定义 5　对 n 阶矩阵 $\boldsymbol{A},\boldsymbol{B}$,若存在可逆矩阵 $\boldsymbol{C}$,使得 $\boldsymbol{B}=\boldsymbol{C}^{\mathrm{T}}\boldsymbol{A}\boldsymbol{C}$,则称 $\boldsymbol{A}$ 合同(congruent)于 $\boldsymbol{B}$.

特别提示:

矩阵间的三种关系:

① 等价:存在可逆矩阵 $\boldsymbol{P},\boldsymbol{Q}$,使 $\boldsymbol{PAQ}=\boldsymbol{B}$,则 $\boldsymbol{A}$ 与 $\boldsymbol{B}$ 等价;

② 相似:存在可逆矩阵 $\boldsymbol{P}$,使 $\boldsymbol{P}^{-1}\boldsymbol{AP}=\boldsymbol{B}$,则 $\boldsymbol{A}$ 与 $\boldsymbol{B}$ 相似;

③ 合同:存在可逆矩阵 $\boldsymbol{C}$,使 $\boldsymbol{C}^{\mathrm{T}}\boldsymbol{AC}=\boldsymbol{B}$,则 $\boldsymbol{A}$ 与 $\boldsymbol{B}$ 合同.

四、化二次型为标准形

对于二次型 $f=\boldsymbol{x}^{\mathrm{T}}\boldsymbol{A}\boldsymbol{x}$,我们讨论的主要问题是,寻求可逆的线性变换 $\boldsymbol{x}=\boldsymbol{C}\boldsymbol{y}$,使 f 变成标准形,就是要使

$$\boldsymbol{y}^{\mathrm{T}}\boldsymbol{C}^{\mathrm{T}}\boldsymbol{A}\boldsymbol{C}\boldsymbol{y}=k_1y_1^2+k_2y_2^2+\cdots+k_ny_n^2$$

$$=(y_1,y_2,\cdots,y_n)\begin{bmatrix} k_1 & & & \\ & k_2 & & \\ & & \ddots & \\ & & & k_n \end{bmatrix}\begin{bmatrix} y_1 \\ y_2 \\ \vdots \\ y_n \end{bmatrix},$$

也就是要使 $C^{T}AC$ 成为对角阵.

1. 用正交变换化二次型为标准形

定理 2 任给二次型 $f=\sum_{i,j=1}^{n}a_{ij}x_ix_j$，总有正交变换 $x=Cy$，使 f 化为标准形

$$f=\lambda_1y_1^2+\lambda_2y_2^2+\cdots+\lambda_ny_n^2,$$

其中 $\lambda_1,\lambda_2,\cdots,\lambda_n$ 是 f 的矩阵 $A=(a_{ij})$ 的特征值.

特别提示：

正交变换保持向量的长度不变.也就是说，若 P 正交，则 $\forall x$，$\|Px\|=\|x\|$.

证明 由第五章第 4 节的**定理 3** 知，任给实对称矩阵 A，总有正交矩阵 P，使 $P^{-1}AP=\Lambda$，即 $P^{T}AP=\Lambda$. 因此，正交变换 $x=Py$，使 f 化为标准形 $f=\lambda_1y_1^2+\lambda_2y_2^2+\cdots+\lambda_ny_n^2$，其中 $\lambda_1,\lambda_2,\cdots,\lambda_n$ 是 f 的矩阵 $A=(a_{ij})$ 的特征值.

用正交变换化二次型为标准形的步骤：

(1) 将二次型表示成矩阵形式 $f=x^{T}Ax$，求出 A；

(2) 求出 A 的所有特征值 $\lambda_1,\lambda_2,\cdots,\lambda_n$；

(3) 求出对应于特征值的特征向量 $\xi_1,\xi_2,\cdots,\xi_n$；

(4) 将特征向量 $\xi_1,\xi_2,\cdots,\xi_n$ 正交化、单位化，得 $\eta_1,\eta_2,\cdots,\eta_n$，记 $C=(\eta_1,\eta_2,\cdots,\eta_n)$；

(5) 作正交变换 $x=Cy$，则得 f 的标准形

$$f=\lambda_1y_1^2+\lambda_2y_2^2+\cdots+\lambda_ny_n^2.$$

例 6 用正交变换将二次型 $f(x_1,x_2)=x_1x_2$ 化为标准形.

解 (1) 写出二次型矩阵：$A=\begin{bmatrix}0&\frac{1}{2}\\ \frac{1}{2}&0\end{bmatrix}$.

(2) 求其特征值：由

$$|A-\lambda E|=\begin{vmatrix}-\lambda&\frac{1}{2}\\ \frac{1}{2}&-\lambda\end{vmatrix}=\left(\lambda+\frac{1}{2}\right)\left(\lambda-\frac{1}{2}\right)=0,$$

得特征值为

$$\lambda_1=\frac{1}{2},\lambda_2=-\frac{1}{2}.$$

(3) 求特征向量：将 $\lambda_1=\frac{1}{2}$ 代入 $(A-\lambda E)x=0$，得

$$\left(\boldsymbol{A}-\frac{1}{2}\boldsymbol{E}\right)\begin{pmatrix}x_1\\x_2\end{pmatrix}=\begin{pmatrix}-\frac{1}{2} & \frac{1}{2}\\ \frac{1}{2} & -\frac{1}{2}\end{pmatrix}\begin{pmatrix}x_1\\x_2\end{pmatrix}=\begin{pmatrix}0\\0\end{pmatrix},$$

解该方程组得基础解系 $\boldsymbol{\xi}_1=\begin{pmatrix}1\\1\end{pmatrix}$，即得对应 $\lambda_1=\frac{1}{2}$ 的特征向量 $\boldsymbol{v}_1=k_1\begin{pmatrix}1\\1\end{pmatrix}=k_1\boldsymbol{\xi}_1,k_1\neq 0.$

将 $\lambda_2=-\frac{1}{2}$ 代入 $(\boldsymbol{A}-\lambda\boldsymbol{E})\boldsymbol{x}=\boldsymbol{0}$，得

$$\left(\boldsymbol{A}+\frac{1}{2}\boldsymbol{E}\right)\begin{pmatrix}x_1\\x_2\end{pmatrix}=\begin{pmatrix}\frac{1}{2} & \frac{1}{2}\\ \frac{1}{2} & \frac{1}{2}\end{pmatrix}\begin{pmatrix}x_1\\x_2\end{pmatrix}=\begin{pmatrix}0\\0\end{pmatrix},$$

解该方程组得基础解系 $\boldsymbol{\xi}_2=\begin{pmatrix}-1\\1\end{pmatrix}$，即得对应 $\lambda_2=-\frac{1}{2}$ 的特征向量 $\boldsymbol{v}_2=k_2\begin{pmatrix}-1\\1\end{pmatrix}=k_2\boldsymbol{\xi}_2,k_2\neq 0.$

(4) 将特征向量正交化、单位化：取

$$\boldsymbol{e}_1=\frac{\boldsymbol{\xi}_1}{\|\boldsymbol{\xi}_1\|}=\begin{pmatrix}\frac{\sqrt{2}}{2}\\ \frac{\sqrt{2}}{2}\end{pmatrix},\quad \boldsymbol{e}_2=\frac{\boldsymbol{\xi}_2}{\|\boldsymbol{\xi}_2\|}=\begin{pmatrix}\frac{-\sqrt{2}}{2}\\ \frac{\sqrt{2}}{2}\end{pmatrix};$$

(5) 作正交矩阵：$\boldsymbol{P}=(\boldsymbol{e}_1,\boldsymbol{e}_2)=\begin{pmatrix}\frac{\sqrt{2}}{2} & \frac{-\sqrt{2}}{2}\\ \frac{\sqrt{2}}{2} & \frac{\sqrt{2}}{2}\end{pmatrix}$，

于是所求正交变换为 $\boldsymbol{x}=\boldsymbol{P}\boldsymbol{y}$，在此变换下原二次型化为标准形：$f=\frac{1}{2}y_1^2-\frac{1}{2}y_2^2$.

例 7　将二次型 $f=17x_1^2+14x_2^2+14x_3^2-4x_1x_2-4x_1x_3-8x_2x_3$ 通过正交变换 $\boldsymbol{x}=\boldsymbol{P}\boldsymbol{y}$，化成标准形.

解

(1) 写出二次型矩阵：

$$A=\begin{pmatrix}17&-2&-2\\-2&14&-4\\-2&-4&14\end{pmatrix};$$

(2) 求其特征值:由

$$|A-\lambda E|=\begin{vmatrix}17-\lambda&-2&-2\\-2&14-\lambda&-4\\-2&-4&14-\lambda\end{vmatrix}=-(\lambda-18)^2(\lambda-9)=0,$$

得

$$\lambda_1=9,\lambda_2=\lambda_3=18.$$

(3) 求特征向量:将 $\lambda_1=9$ 代入 $(A-\lambda E)x=\mathbf{0}$,

得基础解系 $\xi_1=(1/2,1,1)^T$.

将 $\lambda_2=\lambda_3=18$ 代入 $(A-\lambda E)x=\mathbf{0}$,

得基础解系 $\xi_2=(-2,1,0)^T,\xi_3=(-2,0,1)^T$.

(4) 将特征向量正交化,取

$$\alpha_1=\xi_1,\alpha_2=\xi_2,\alpha_3=\xi_3-\frac{[\alpha_2,\xi_3]}{[\alpha_2,\alpha_2]}\alpha_2,\text{得正交向量组:}$$

$$\alpha_1=(1/2,1,1)^T,\alpha_2=(-2,1,0)^T,\alpha_3=(-2/5,-4/5,1)^T.$$

将其单位化得:

$$\eta_1=\begin{pmatrix}1/3\\2/3\\2/3\end{pmatrix},\eta_2=\begin{pmatrix}-2/\sqrt{5}\\1/\sqrt{5}\\0\end{pmatrix},\eta_3=\begin{pmatrix}-2/\sqrt{45}\\-4/\sqrt{45}\\5/\sqrt{45}\end{pmatrix}.$$

作正交矩阵:$P=\begin{pmatrix}1/3&-2/\sqrt{5}&-2/\sqrt{45}\\2/3&1/\sqrt{5}&-4/\sqrt{45}\\2/3&0&5/\sqrt{45}\end{pmatrix}$.

(5) 故所求正交变换为 $\begin{pmatrix}x_1\\x_2\\x_3\end{pmatrix}=\begin{pmatrix}1/3&-2/\sqrt{5}&-2/\sqrt{45}\\2/3&1/\sqrt{5}&-4/\sqrt{45}\\2/3&0&5/\sqrt{45}\end{pmatrix}\begin{pmatrix}y_1\\y_2\\y_3\end{pmatrix}$,在此变换下原二次型化为标准形:$f=9y_1^2+18y_2^2+18y_3^2$.

例 8 设 $f=2x_1x_2+2x_1x_3-2x_1x_4-2x_2x_3+2x_2x_4+2x_3x_4$,求一个正交变换 $x=Py$,把该二次型化为标准形.

解　二次型的矩阵为$\boldsymbol{A}=\begin{pmatrix}0&1&1&-1\\1&0&-1&1\\1&-1&0&1\\-1&1&1&0\end{pmatrix}$，其特征多项式为

$$|\boldsymbol{A}-\lambda\boldsymbol{E}|=\begin{vmatrix}-\lambda&1&1&-1\\1&-\lambda&-1&1\\1&-1&-\lambda&1\\-1&1&1&-\lambda\end{vmatrix}$$

$$=(-\lambda+1)\begin{vmatrix}1&1&1&-1\\1&-\lambda&-1&1\\1&-1&-\lambda&1\\1&1&1&-\lambda\end{vmatrix}$$

$$=(-\lambda+1)\begin{vmatrix}1&1&1&-1\\0&-\lambda-1&-2&2\\0&-2&-\lambda-1&2\\0&0&0&-\lambda+1\end{vmatrix}$$

$$=(-\lambda+1)^2\begin{vmatrix}-\lambda-1&-2\\-2&-\lambda-1\end{vmatrix}$$

$$=(-\lambda+1)^2(\lambda^2+2\lambda-3)=(\lambda+3)(\lambda-1)^3.$$

故$\boldsymbol{A}$的特征值$\lambda_1=-3,\lambda_2=\lambda_3=\lambda_4=1$.

当$\lambda_1=-3$时，解方程$(\boldsymbol{A}+3\boldsymbol{E})\boldsymbol{x}=\boldsymbol{0}$，得基础解系$\boldsymbol{\xi}_1=\begin{pmatrix}1\\-1\\-1\\1\end{pmatrix}$.

当$\lambda_2=\lambda_3=\lambda_4=1$时，解方程$(\boldsymbol{A}-\boldsymbol{E})\boldsymbol{x}=\boldsymbol{0}$，可得正交的基础解系

$$\boldsymbol{\xi}_2=\begin{pmatrix}1\\1\\0\\0\end{pmatrix},\boldsymbol{\xi}_3=\begin{pmatrix}0\\0\\1\\1\end{pmatrix},\boldsymbol{\xi}_4=\begin{pmatrix}1\\-1\\1\\-1\end{pmatrix},$$

单位化得

$$\boldsymbol{p}_1=\begin{pmatrix}1/2\\-1/2\\-1/2\\1/2\end{pmatrix},\boldsymbol{p}_2=\begin{pmatrix}1/\sqrt{2}\\1/\sqrt{2}\\0\\0\end{pmatrix},\boldsymbol{p}_3=\begin{pmatrix}0\\0\\1/\sqrt{2}\\1/\sqrt{2}\end{pmatrix},\boldsymbol{p}_4=\begin{pmatrix}1/2\\-1/2\\1/2\\-1/2\end{pmatrix}.$$

于是所求正交变换为

$$\begin{pmatrix} x_1 \\ x_2 \\ x_3 \\ x_4 \end{pmatrix}=\begin{pmatrix} 1/2 & 1/\sqrt{2} & 0 & 1/2 \\ -1/2 & 1/\sqrt{2} & 0 & -1/2 \\ -1/2 & 0 & 1/\sqrt{2} & 1/2 \\ 1/2 & 0 & 1/\sqrt{2} & -1/2 \end{pmatrix}\begin{pmatrix} y_1 \\ y_2 \\ y_3 \\ y_4 \end{pmatrix},$$

在此变换下原二次型化为标准形：$f=-3y_1^2+y_2^2+y_3^2+y_4^2$.

2. 用配方法化二次型为标准形

用正交变换化二次型成标准形，优点是保持几何形状不变. 如果不限于用正交变换，还可用配方法把二次型化成标准形. 这里仅介绍拉格朗日配方法，它完全类似于中学代数中的配方法，而且我们可以从中找到将二次型化为标准形的可逆线性变换.

拉格朗日配方法的步骤：

(1) 若二次型含有 x_i 的平方项，则先把含有 x_i 的乘积项集中，然后配方，再对其余的变量进行同样过程直到所有变量都配成平方项为止，经过可逆线性变换，就得到标准形；

特别提示：

配方法是一种可逆线性变换，但平方项的系数与 $\boldsymbol{A}$ 的特征值无关.

(2) 若二次型中不含有平方项，但是 $a_{ij}\neq 0(i\neq j)$，则先作可逆变换

$$\begin{cases} x_i=y_i-y_j, \\ x_j=y_i+y_j, \\ x_k=y_k \end{cases} \quad (k=1,2,\cdots,n \text{ 且 } k\neq i,j)$$

化二次型为含有平方项的二次型，然后再按(1)中方法配方.

例 9 用配方法化二次型 $f=x_1^2+2x_2^2+5x_3^2+2x_1x_2+2x_1x_3+6x_2x_3$ 为标准形，并求所用的变换矩阵.

解

$$\begin{aligned} f&=x_1^2+2x_2^2+5x_3^2+2x_1x_2+2x_1x_3+6x_2x_3 \\ &=x_1^2+2x_1x_2+2x_1x_3+2x_2^2+5x_3^2+6x_2x_3 \\ &=(x_1+x_2+x_3)^2-x_2^2-x_3^2-2x_2x_3+2x_2^2+5x_3^2+6x_2x_3 \\ &=(x_1+x_2+x_3)^2+x_2^2+4x_3^2+4x_2x_3 \\ &=(x_1+x_2+x_3)^2+(x_2+2x_3)^2. \end{aligned}$$

令

$$\begin{cases} y_1=x_1+x_2+x_3, \\ y_2=x_2+2x_3, \\ y_3=x_3. \end{cases}$$

可得

$$\begin{cases}x_1=y_1-y_2+y_3,\\x_2=y_2-2y_3,\\x_3=y_3.\end{cases}$$

即

$$\begin{pmatrix}x_1\\x_2\\x_3\end{pmatrix}=\begin{pmatrix}1&-1&1\\0&1&-2\\0&0&1\end{pmatrix}\begin{pmatrix}y_1\\y_2\\y_3\end{pmatrix}.$$

所以 $f=x_1^2+2x_2^2+5x_3^2+2x_1x_2+2x_1x_3+6x_2x_3=y_1^2+y_2^2$.

所用变换矩阵为 $\boldsymbol{C}=\begin{pmatrix}1&-1&1\\0&1&-2\\0&0&1\end{pmatrix}$ $(|\boldsymbol{C}|=1\neq0)$.

例 10　化二次型 $f=2x_1x_2+2x_1x_3-6x_2x_3$ 成标准形,并求所用的变换矩阵.

解　由于所给二次型中无平方项,所以

令 $\begin{cases}x_1=y_1+y_2,\\x_2=y_1-y_2,\\x_3=y_3,\end{cases}$　　即 $\begin{pmatrix}x_1\\x_2\\x_3\end{pmatrix}=\begin{pmatrix}1&1&0\\1&-1&0\\0&0&1\end{pmatrix}\begin{pmatrix}y_1\\y_2\\y_3\end{pmatrix}.$

代入原二次型得 $f=2y_1^2-2y_2^2-4y_1y_3+8y_2y_3$.

再配方得　　$f=2(y_1-y_3)^2-2(y_2-2y_3)^2+6y_3^2.$

令

$$\begin{cases}z_1=y_1-y_3,\\z_2=y_2-2y_3,\\z_3=y_3,\end{cases}$$

可得

$$\begin{cases}y_1=z_1+z_3,\\y_2=z_2+2z_3,\\y_3=z_3.\end{cases}$$

即

$$\begin{pmatrix}y_1\\y_2\\y_3\end{pmatrix}=\begin{pmatrix}1&0&1\\0&1&2\\0&0&1\end{pmatrix}\begin{pmatrix}z_1\\z_2\\z_3\end{pmatrix},$$

代入原二次型得标准形 $f=2z_1^2-2z_2^2+6z_3^2$. 所用变换矩阵为

$$\boldsymbol{C}=\begin{pmatrix}1&1&0\\1&-1&0\\0&0&1\end{pmatrix}\begin{pmatrix}1&0&1\\0&1&2\\0&0&1\end{pmatrix}=\begin{pmatrix}1&1&3\\1&-1&-1\\0&0&1\end{pmatrix}(|\boldsymbol{C}|=-2\neq0).$$

3. 用初等变换化二次型为标准形

设有可逆线性变换为 $\boldsymbol{x}=\boldsymbol{C}\boldsymbol{y}$，它把二次型 $\boldsymbol{x}^{\mathrm{T}}\boldsymbol{A}\boldsymbol{x}$ 化为标准形 $\boldsymbol{y}^{\mathrm{T}}\boldsymbol{B}\boldsymbol{y}$，则 $\boldsymbol{C}^{\mathrm{T}}\boldsymbol{A}\boldsymbol{C}=\boldsymbol{B}$. 已知任一非奇异矩阵均可表示为若干个初等矩阵的乘积，故存在初等矩阵 $\boldsymbol{P}_1,\boldsymbol{P}_2,\cdots,\boldsymbol{P}_s$，使 $\boldsymbol{C}=\boldsymbol{P}_1\boldsymbol{P}_2\cdots\boldsymbol{P}_s$，于是 $\boldsymbol{C}^{\mathrm{T}}\boldsymbol{A}\boldsymbol{C}=\boldsymbol{P}_s^{\mathrm{T}}\cdots\boldsymbol{P}_2^{\mathrm{T}}\boldsymbol{P}_1^{\mathrm{T}}\boldsymbol{A}\boldsymbol{P}_1\boldsymbol{P}_2\cdots\boldsymbol{P}_s=\boldsymbol{\Lambda}$.

由此可见，对 $2n\times n$ 矩阵 $\begin{pmatrix}\boldsymbol{A}\\ \boldsymbol{E}\end{pmatrix}$ 施以相应于右乘 $\boldsymbol{P}_1,\boldsymbol{P}_2,\cdots,\boldsymbol{P}_s$ 的初等列变换，再对 $\boldsymbol{A}$ 施以相应于左乘 $\boldsymbol{P}_1^{\mathrm{T}},\boldsymbol{P}_2^{\mathrm{T}},\cdots,\boldsymbol{P}_s^{\mathrm{T}}$ 的初等行变换，则矩阵 $\boldsymbol{A}$ 变为对角矩阵 $\boldsymbol{B}$，而单位矩阵 $\boldsymbol{E}$ 就变为所要求的可逆矩阵 $\boldsymbol{C}$.

例 11 用初等变换法化二次型

$$f(x_1,x_2,x_3)=x_1^2-2x_2^2-2x_3^2-4x_1x_2+4x_1x_3+8x_2x_3$$

为标准形，并求所作的满秩线性变换.

解 二次型 f 的矩阵为

$$\boldsymbol{A}=\begin{pmatrix}1&-2&2\\-2&-2&4\\2&4&-2\end{pmatrix},$$

于是，

$$\begin{pmatrix}\boldsymbol{A}\\ \boldsymbol{E}\end{pmatrix}=\begin{pmatrix}1&-2&2\\-2&-2&4\\2&4&-2\\1&0&0\\0&1&0\\0&0&1\end{pmatrix}\xrightarrow[c_2+c_3]{r_2+r_3}\begin{pmatrix}1&0&2\\0&4&2\\2&2&-2\\1&0&0\\0&1&0\\0&1&1\end{pmatrix}$$

$$\xrightarrow[c_3+(-2)\times c_1]{r_3+(-2)\times r_1}\begin{pmatrix}1&0&0\\0&4&2\\0&2&-6\\1&0&-2\\0&1&0\\0&1&1\end{pmatrix}\xrightarrow[c_3+\left(-\frac{1}{2}\right)\times c_2]{r_3+\left(-\frac{1}{2}\right)\times r_2}\begin{pmatrix}1&0&0\\0&4&0\\0&0&-7\\1&0&-2\\0&1&-\frac{1}{2}\\0&1&\frac{1}{2}\end{pmatrix}.$$

令

$$C=\begin{pmatrix}1 & 0 & -2\\ 0 & 1 & -\frac{1}{2}\\ 0 & 1 & \frac{1}{2}\end{pmatrix},$$

则所求的满秩线性变换为 $\boldsymbol{x}=\boldsymbol{C}\boldsymbol{y}$ 将原二次型化为

$$f=y_1^2+4y_2^2-7y_3^2.$$

4. 二次型与对称矩阵的规范形

将二次型化为平方项的代数和形式后，如有必要可重新安排量的次序（相当于作一次可逆线性变换），使这个标准形为

$$d_1x_1^2+\cdots+d_px_p^2-d_{p+1}x_{p+1}^2-\cdots-d_rx_r^2, \tag{1}$$

其中 $d_i>0(i=1,2,\cdots,r)$. 对上述二次型的标准形再作满秩变换.

$$\begin{pmatrix}y_1\\ \vdots\\ y_r\\ y_{r+1}\\ \vdots\\ y_n\end{pmatrix}=\begin{pmatrix}\frac{1}{\sqrt{d_r}} & & & & \\ & \ddots & & & \\ & & \frac{1}{\sqrt{d_r}} & & \\ & & & 1 & \\ & & & & \ddots \\ & & & & & 1\end{pmatrix}\begin{pmatrix}t_1\\ \vdots\\ t_r\\ t_{r+1}\\ \vdots\\ t_n\end{pmatrix}$$

则有 $f=t_1^2+\cdots+t_p^2-t_{p+1}^2-\cdots-t_r^2$，称之为二次型 f 的**规范形**（**normalized form**）.

特别提示：

把规范形中的正项个数 p 称为二次型的正惯性指数，负项个数 $r-p$ 称为二次型的负惯性指数，r 是二次型的秩.

定理 3　任何二次型都可通过可逆线性变换化为规范形，且规范形是由二次型本身决定的唯一形式，与所作的可逆线性变换无关.

五、正定二次型

1. 惯性定理

二次型的标准形不是唯一的，但标准形中所含项数是确定的（即二次型的秩）. 不仅如此，在限定变换为可逆实变换时，标准形中正系数的个数是不变的（从而负系数的个数也不变），也就是有

定理 4　设有二次型 $f=\boldsymbol{x}^{\mathrm{T}}\boldsymbol{A}\boldsymbol{x}$，它的秩为 r，有两个实的可逆变换 $\boldsymbol{x}=\boldsymbol{C}\boldsymbol{y}$ 及 $\boldsymbol{x}=\boldsymbol{P}\boldsymbol{z}$，使

$$f=k_1y_1^2+k_2^2+\cdots+k_ry_r^2(k_i\neq 0),$$

及

$$f=\lambda_1 z_1^2+\lambda_2 z_2^2+\cdots+\lambda_r z_r^2(\lambda_i\neq 0),$$

则 $k_1,k_2,\cdots,k_r$ 中正数的个数与 $\lambda_1,\lambda_2,\cdots,\lambda_r$ 中正数的个数相等. 这个定理称为**惯性定理(Inertia Law)**.

证明 略.

2. 正定二次型的定义判定

定义 6 设有实二次型 $f(x_1,x_2,\cdots,x_n)=\boldsymbol{x}^{\mathrm{T}}\boldsymbol{A}\boldsymbol{x}$,对任何一组不全为零的实数 $c_1,c_2,\cdots,c_n$,如果都有 $f(c_1,c_2,\cdots,c_n)>0$,则称二次型 $f(x_1,x_2,\cdots,x_n)$为**正定的(positive definite)二次型**,并称对称矩阵 $\boldsymbol{A}$ 为**正定矩阵**.(若 $f(c_1,c_2,\cdots,c_n)<0$,则称二次型 $f(x_1,x_2,\cdots,x_n)$为**负定的二次型**.)

定理 5 实二次型 $f(x_1,x_2,\cdots,x_n)=\boldsymbol{x}^{\mathrm{T}}\boldsymbol{A}\boldsymbol{x}$ 为正定的充分必要条件是它的标准形的 n 个系数全为正.

证明 设可逆变换 $\boldsymbol{x}=\boldsymbol{C}\boldsymbol{y}$,使得

$$f(x_1,x_2,\cdots,x_n)=f(\boldsymbol{x})=f(\boldsymbol{C}\boldsymbol{y})=\sum_{i=1}^{n}b_i y_i^2 .$$

充分性:设 $b_i>0(i=1,2,\cdots,n)$,任给向量 $\boldsymbol{x}\neq\boldsymbol{0}$,则 $\boldsymbol{y}=\boldsymbol{C}^{-1}\boldsymbol{x}\neq\boldsymbol{0}$,故

$$f(x_1,x_2,\cdots,x_n)=\sum_{i=1}^{n}b_i y_i^2>0 .$$

必要性:用反证法. 假设 $b_i\leqslant 0$,则当 $\boldsymbol{y}=\boldsymbol{e}_i=(0,\cdots 0,1,0,\cdots,0)^{\mathrm{T}}$(单位坐标向量)时,$f(\boldsymbol{C}\boldsymbol{e}_i)=b_i\leqslant 0$,显然 $\boldsymbol{C}\boldsymbol{e}_i\neq\boldsymbol{0}$,这与 $f(x_1,x_2,\cdots,x_n)$为正定相矛盾,故 $b_i>0(i=1,\cdots,n)$. 证毕.

推论 实二次型 $f(x_1,x_2,\cdots,x_n)=\boldsymbol{x}^{\mathrm{T}}\boldsymbol{A}\boldsymbol{x}$ 为正定的充分必要条件是 $\boldsymbol{A}$ 的特征值全为正.

下面我们不加证明地给出另一个判定实二次型 $f(x_1,x_2,\cdots,x_n)=\boldsymbol{x}^{\mathrm{T}}\boldsymbol{A}\boldsymbol{x}$ 正定性的定理:

定理 6 实二次型 $f(x_1,x_2,\cdots,x_n)=\boldsymbol{x}^{\mathrm{T}}\boldsymbol{A}\boldsymbol{x}$ 为正定的充分必要条件是 $\boldsymbol{A}$ 的各阶顺序主子式(**principal minors**)都为正,即

$$a_{11}>0,\begin{vmatrix}a_{11}&a_{12}\\a_{21}&a_{22}\end{vmatrix}>0,\cdots,\begin{vmatrix}a_{11}&\cdots&a_{1n}\\\vdots&&\vdots\\a_{n1}&\cdots&a_{nn}\end{vmatrix}>0.$$

推论 实二次型 $f(x_1,x_2,\cdots,x_n)=\boldsymbol{x}^{\mathrm{T}}\boldsymbol{A}\boldsymbol{x}$ 为负定矩阵的充分必要条件是奇数阶主子式为负,偶数阶主子式为正,即

$$(-1)^r\begin{vmatrix} a_{11} & \cdots & a_{1r} \\ \vdots & & \vdots \\ a_{r1} & \cdots & a_{rr} \end{vmatrix}>0,(r=1,2,\cdots,n).$$

特别提示：

设 $\boldsymbol{A}$ 为正定阵，则 $\boldsymbol{A}^{\mathrm{T}},\boldsymbol{A}^{-1},\boldsymbol{A}^*$ 均为正定矩阵.

例 12　判别二次型

$f(x_1,x_2,x_3)=5x_1^2+x_2^2+7x_3^2+4x_1x_2-6x_1x_3-2x_2x_3$ 的正定性.

解　二次型的矩阵为

$$\boldsymbol{A}=\begin{pmatrix} 5 & 2 & -3 \\ 2 & 1 & -1 \\ -3 & -1 & 7 \end{pmatrix}$$

各阶顺序主子式为

$$5>0,\begin{vmatrix} 5 & 2 \\ 2 & 1 \end{vmatrix}=1>0,\begin{vmatrix} 5 & 2 & -3 \\ 2 & 1 & -1 \\ -3 & -1 & 7 \end{vmatrix}=5>0,$$

所以二次型是正定的.

例 13　判别对称矩阵

$$\boldsymbol{A}=\begin{pmatrix} -5 & 2 & 2 \\ 2 & -6 & 0 \\ 2 & 0 & -4 \end{pmatrix}$$

的正定性.

解　$a_{11}=-5<0,\begin{vmatrix} -5 & 2 \\ 2 & -6 \end{vmatrix}=26>0,\begin{vmatrix} -5 & 2 & 2 \\ 2 & -6 & 0 \\ 2 & 0 & -4 \end{vmatrix}=-80<0,$

所以 $\boldsymbol{A}$ 不是正定矩阵.

例 14　设 $\boldsymbol{A}_{n\times n},\boldsymbol{B}_{n\times n}$ 均正定，求证：$\boldsymbol{A}+\boldsymbol{B}$ 也正定.

证明　因为 $(\boldsymbol{A}+\boldsymbol{B})^{\mathrm{T}}=\boldsymbol{A}^{\mathrm{T}}+\boldsymbol{B}^{\mathrm{T}}=\boldsymbol{A}+\boldsymbol{B}$，故 $\boldsymbol{A}+\boldsymbol{B}$ 对称. 又 $\forall\, \boldsymbol{x}\neq\boldsymbol{0}$，由条件 $\boldsymbol{A}_{n\times n},\boldsymbol{B}_{n\times n}$ 均正定得 $\boldsymbol{x}^{\mathrm{T}}\boldsymbol{A}\boldsymbol{x}>0,\boldsymbol{x}^{\mathrm{T}}\boldsymbol{B}\boldsymbol{x}>0$，所以有 $\boldsymbol{x}^{\mathrm{T}}(\boldsymbol{A}+\boldsymbol{B})\boldsymbol{x}=\boldsymbol{x}^{\mathrm{T}}\boldsymbol{A}\boldsymbol{x}+\boldsymbol{x}^{\mathrm{T}}\boldsymbol{B}\boldsymbol{x}>0$，即 $\boldsymbol{A}+\boldsymbol{B}$ 正定.

特别提示：

设 $\boldsymbol{A},\boldsymbol{B}$ 均为正定矩阵，则 $\boldsymbol{A}+\boldsymbol{B}$ 也是正定矩阵.

第六节　应用实例

一、金融公司支付基金的流动

金融机构为保证现金充分支付，设立一笔总额 5400 万的基金，分开

放置在位于 A 城和 B 城的两家公司，基金在平时可以使用，但每周末结算时必须确保总额仍然为 5400 万. 经过相当长的一段时期的现金流动，发现每过一周，各公司的支付基金在流通过程中多数还留在自己的公司内，而 A 城公司有 10% 支付基金流动到 B 城公司，B 城公司则有 12% 支付基金流动到 A 城公司. 起初 A 城公司基金为 2600 万，B 城公司基金为 2800 万. 按此规律，两公司支付基金数额变化趋势如何？如果金融专家认为每个公司的支付基金不能少于 2200 万，那么是否需要在必要时调动基金？

分析 设第 $k+1$ 周末结算时，A 城公司 B 城公司的支付基金数分别为 a_{k+1}, b_{k+1}（单位：万元），则有 $a_0=2600, b_0=2800$，

$$\begin{cases} a_{k+1}=0.9a_k+0.12b_k, \\ b_{k+1}=0.1a_k+0.88b_k. \end{cases}$$

原问题转化为：

(1) 把 a_{k+1}, b_{k+1} 表示成 k 的函数，并确定 $\lim\limits_{k\to+\infty} a_k$ 和 $\lim\limits_{k\to+\infty} b_k$；

(2) 看 $\lim\limits_{k\to+\infty} a_k$ 和 $\lim\limits_{k\to+\infty} b_k$ 是否小于 2200.

解 由 $\begin{cases} a_{k+1}=0.9a_k+0.12b_k, \\ b_{k+1}=0.1a_k+0.88b_k \end{cases}$ 可得

$$\begin{pmatrix} a_{k+1} \\ b_{k+1} \end{pmatrix}=\begin{pmatrix} 0.9 & 0.12 \\ 0.1 & 0.88 \end{pmatrix}\begin{pmatrix} a_k \\ b_k \end{pmatrix}=\begin{pmatrix} 0.9 & 0.12 \\ 0.1 & 0.88 \end{pmatrix}^2\begin{pmatrix} a_{k-1} \\ b_{k-1} \end{pmatrix}=\cdots$$

$$=\begin{pmatrix} 0.9 & 0.12 \\ 0.1 & 0.88 \end{pmatrix}^{k+1}\begin{pmatrix} a_0 \\ b_0 \end{pmatrix}.$$

令 $\boldsymbol{A}=\begin{pmatrix} 0.9 & 0.12 \\ 0.1 & 0.88 \end{pmatrix}$，则

$$\begin{pmatrix} a_{k+1} \\ b_{k+1} \end{pmatrix}=\boldsymbol{A}^{k+1}\begin{pmatrix} a_0 \\ b_0 \end{pmatrix}=\boldsymbol{A}^{k+1}\begin{pmatrix} 2600 \\ 2800 \end{pmatrix}.$$

为了计算 $\boldsymbol{A}^{k+1}$，把矩阵 $\boldsymbol{A}$ 对角化 $\boldsymbol{A}=\boldsymbol{PDP}^{-1}$，其中 $\boldsymbol{D}$ 为对角阵. 求出矩阵 $\boldsymbol{A}$ 的全部特征值是 $\lambda_1=1, \lambda_2=0.78$，其对应的特征向量分别是

$$\boldsymbol{p}_1=\begin{pmatrix} 0.7682 \\ 0.6402 \end{pmatrix}, \boldsymbol{p}_2=\begin{pmatrix} -0.7071 \\ 0.7071 \end{pmatrix}.$$

因为 $\lambda_1\neq\lambda_2$，故 $\boldsymbol{A}$ 可对角化，

令

$$\boldsymbol{P}=(\boldsymbol{p}_1,\boldsymbol{p}_2)=\begin{pmatrix}0.7682 & -0.7071\\ 0.6402 & 0.7071\end{pmatrix},$$

有

$$\boldsymbol{P}^{-1}\boldsymbol{A}\boldsymbol{P}=\begin{pmatrix}1 & 0\\ 0 & 0.78\end{pmatrix},$$

则

$$\boldsymbol{A}=\boldsymbol{P}\begin{pmatrix}1 & 0\\ 0 & 0.78\end{pmatrix}\boldsymbol{P}^{-1},$$

$$\boldsymbol{A}^{k+1}=\boldsymbol{P}\boldsymbol{D}^{k+1}\boldsymbol{P}^{-1}=\boldsymbol{P}\begin{pmatrix}1 & 0\\ 0 & 0.78^{k+1}\end{pmatrix}\boldsymbol{P}^{-1},$$

$$\begin{pmatrix}a_{k+1}\\ b_{k+1}\end{pmatrix}=\boldsymbol{A}^{k+1}\begin{pmatrix}2600\\ 2800\end{pmatrix}=\boldsymbol{P}\begin{pmatrix}1 & 0\\ 0 & 0.78^{k+1}\end{pmatrix}\boldsymbol{P}^{-1}\begin{pmatrix}2600\\ 2800\end{pmatrix}$$

$$=\begin{pmatrix}\dfrac{32400}{11}-\dfrac{3800}{11}\cdot\left(\dfrac{39}{50}\right)^{k+1}\\ \dfrac{27000}{11}+\dfrac{3800}{11}\cdot\left(\dfrac{39}{50}\right)^{k+1}\end{pmatrix}.$$

可见$\{a_k\}$单调递增，$\{b_k\}$单调递减，而且

$$\lim_{k\to+\infty}a_k=\frac{32400}{11},\lim_{k\to+\infty}b_k=\frac{27000}{11}.$$

而$\dfrac{32400}{11}\approx2945.5$，$\dfrac{27000}{11}\approx2454.5$，两者都大于 2200，所以不需要调动基金.

二、教师职业转换预测问题

某城市有 15 万人具有本科以上学历，其中有 1.5 万人是教师，据调查，平均每年有 10％的人从教师职业转为其他职业，只有 1％的人从其他职业转为教师职业，试预测 n 年以后这 15 万人中还有多少人在从事教育职业.

解　用 x_n 和 y_n 分别表示第 n 年后做教师职业和其他职业的人数，

$$\text{记成向量}\begin{pmatrix}x_n\\ y_n\end{pmatrix}\text{，则}\begin{pmatrix}x_0\\ y_0\end{pmatrix}=\begin{pmatrix}1.5\\ 13.5\end{pmatrix}.$$

根据已知条件可得：

$$\begin{cases}x_{n+1}=0.9x_n+0.01y_n,\\ y_{n+1}=0.1x_n+0.99y_n.\end{cases}$$

即

$$\begin{pmatrix}x_{n+1}\\ y_{n+1}\end{pmatrix}=\begin{pmatrix}0.9 & 0.01\\ 0.1 & 0.99\end{pmatrix}\begin{pmatrix}x_n\\ y_n\end{pmatrix}.$$

令 $\boldsymbol{A}=(a_{ij})=\begin{pmatrix}0.90 & 0.01\\ 0.10 & 0.99\end{pmatrix}$，则矩阵 $\boldsymbol{A}$ 表示教师职业和其他职业间的转移，其中 $a_{11}=0.90$ 表示每年有 90%的人原来是教师现在还是教师；$a_{21}=0.10$ 表示每年有 10%的人从教师职业转为其他职业.

显然

$$\begin{pmatrix}x_1\\ y_1\end{pmatrix}=\boldsymbol{A}\begin{pmatrix}x_0\\ y_0\end{pmatrix}=\begin{pmatrix}0.90 & 0.01\\ 0.10 & 0.99\end{pmatrix}\begin{pmatrix}1.5\\ 13.5\end{pmatrix}=\begin{pmatrix}1.485\\ 13.515\end{pmatrix},$$

即一年以后，从事教师职业和其他职业的人数分别为 1.485 万和 13.515 万. 又

$$\begin{pmatrix}x_2\\ y_2\end{pmatrix}=\boldsymbol{A}\begin{pmatrix}x_1\\ y_1\end{pmatrix}=\boldsymbol{A}^2\begin{pmatrix}x_0\\ y_0\end{pmatrix},\cdots,\begin{pmatrix}x_n\\ y_n\end{pmatrix}=\boldsymbol{A}\begin{pmatrix}x_{n-1}\\ y_{n-1}\end{pmatrix}=\boldsymbol{A}^n\begin{pmatrix}x_0\\ y_0\end{pmatrix},$$

所以 $\begin{pmatrix}x_{10}\\ y_{10}\end{pmatrix}=\boldsymbol{A}^{10}\begin{pmatrix}x_0\\ y_0\end{pmatrix}$，为计算 $\boldsymbol{A}^{10}$ 先需要把 $\boldsymbol{A}$ 对角化. 矩阵 $\boldsymbol{A}$ 的全部特征值是 $\lambda_1=1,\lambda_2=0.89,\lambda_1\neq\lambda_2$，故 $\boldsymbol{A}$ 可对角化.

将 $\lambda_1=1$ 代入 $(\boldsymbol{A}-\lambda\boldsymbol{E})\boldsymbol{x}=\boldsymbol{0}$，得其对应特征向量 $\boldsymbol{p}_1=\begin{pmatrix}1\\ 10\end{pmatrix}$；将 $\lambda_2=0.89$ 代入 $(\boldsymbol{A}-\lambda\boldsymbol{E})\boldsymbol{x}=\boldsymbol{0}$，得其对应特征向量 $\boldsymbol{p}_2=\begin{pmatrix}1\\ -1\end{pmatrix}$.

令 $\boldsymbol{P}=(\boldsymbol{p}_1,\boldsymbol{p}_2)=\begin{pmatrix}1 & 1\\ 10 & -1\end{pmatrix}$，有

$$\boldsymbol{P}^{-1}\boldsymbol{A}\boldsymbol{P}=\boldsymbol{\Lambda}=\begin{pmatrix}1 & 0\\ 0 & 0.89\end{pmatrix},\boldsymbol{A}=\boldsymbol{P}\boldsymbol{\Lambda}\boldsymbol{P}^{-1},\boldsymbol{A}^{10}=\boldsymbol{P}\boldsymbol{\Lambda}^{10}\boldsymbol{P}^{-1},$$

而 $\boldsymbol{P}^{-1}=-\frac{1}{11}\begin{pmatrix}-1 & -1\\ -10 & 1\end{pmatrix}=\frac{1}{11}\begin{pmatrix}1 & 1\\ 10 & -1\end{pmatrix}$，

$$\begin{pmatrix}x_{10}\\ y_{10}\end{pmatrix}=\boldsymbol{P}\boldsymbol{\Lambda}^{10}\boldsymbol{P}^{-1}\begin{pmatrix}x_0\\ y_0\end{pmatrix}=\frac{1}{11}\begin{pmatrix}1 & 1\\ 10 & -1\end{pmatrix}\begin{pmatrix}1 & 0\\ 0 & 0.89^{10}\end{pmatrix}\begin{pmatrix}1 & 1\\ 10 & -1\end{pmatrix}\begin{pmatrix}1.5\\ 13.5\end{pmatrix}$$

$$=\frac{1}{11}\begin{pmatrix}1 & 1\\10 & -1\end{pmatrix}\begin{pmatrix}1 & 0\\0 & 0.311817\end{pmatrix}\begin{pmatrix}1 & 1\\10 & -1\end{pmatrix}\begin{pmatrix}1.5\\13.5\end{pmatrix}=\begin{pmatrix}1.5425\\13.4575\end{pmatrix}.$$

所以 10 年后，15 万人中有 1.54 万人仍是教师，有 13.45 万人从事其他职业.

三、小行星的轨道模型

一天文学家要确定一颗小行星绕太阳运行的轨道，他在轨道平面内建立以太阳为原点的直角坐标系，在两坐标轴上取天文测量单位(一天文单位为地球到太阳的平均距离：1.4959787×10^{11} m). 在 5 个不同的时间对小行星作了 5 次观察，测得轨道上 5 个点的坐标数据如表 5.1 所示：

表 5.1

X 坐标	x_1	x_2	x_3	x_4	x_5
	5.764	6.286	6.759	7.168	7.408
Y 坐标	y_1	y_2	y_3	y_4	y_5
	0.648	1.202	1.823	2.526	3.360

问题分析与建立模型　天文学家确定小行星运动的轨道时，他的依据是轨道上五个点的坐标数据：

$$(x_1,y_1),(x_2,y_2),(x_3,y_3),(x_4,y_4),(x_5,y_5).$$

由 Kepler 第一定律知，小行星轨道为一椭圆. 而椭圆属于二次曲线，二次曲线的一般方程为 $a_1x^2+2a_2xy+a_3y^2+2a_4x+2a_5y+1=0$. 为了确定方程中的五个待定系数，将五个点的坐标分别代入上面的方程，得

$$\begin{cases}a_1x_1^2+2a_2x_1y_1+a_3y_1^2+2a_4x_1+2a_5y_1=-1,\\a_1x_2^2+2a_2x_2y_2+a_3y_2^2+2a_4x_2+2a_5y_2=-1,\\a_1x_3^2+2a_2x_3y_3+a_3y_3^2+2a_4x_3+2a_5y_3=-1,\\a_1x_4^2+2a_2x_4y_4+a_3y_4^2+2a_4x_4+2a_5y_4=-1,\\a_1x_5^2+2a_2x_5y_5+a_3y_5^2+2a_4x_5+2a_5y_5=-1.\end{cases}$$

这是一个包含五个未知数的线性方程组，写成矩阵形式为

$$\begin{pmatrix} x_1^2 & 2x_1y_1 & y_1^2 & 2x_1 & 2y_1 \\ x_2^2 & 2x_2y_2 & y_2^2 & 2x_2 & 2y_2 \\ x_3^2 & 2x_3y_3 & y_3^2 & 2x_3 & 2y_3 \\ x_4^2 & 2x_4y_4 & y_4^2 & 2x_4 & 2y_4 \\ x_5^2 & 2x_5y_5 & y_5^2 & 2x_5 & 2y_5 \end{pmatrix}\begin{pmatrix} a_1 \\ a_2 \\ a_3 \\ a_4 \\ a_5 \end{pmatrix}=\begin{pmatrix} -1 \\ -1 \\ -1 \\ -1 \\ -1 \end{pmatrix}.$$

求解这一线性方程组，所得的是一个二次曲线方程. 为了知道小行星轨道的一些参数，还必须将二次曲线方程化为椭圆的标准方程形式：

$$\frac{X^2}{a^2}+\frac{Y^2}{b^2}=1$$

由于太阳的位置是小行星轨道的一个焦点，这时可以根据椭圆的长半轴 a 和短半轴 b 计算出小行星的近日点和远日点距离，以及椭圆周长 L.

根据二次曲线理论，可得椭圆经过旋转和平移两种变换后的方程如下：

$$\lambda_1X^2+\lambda_2Y^2+\frac{|\boldsymbol{D}|}{|\boldsymbol{C}|}=0.$$

所以，椭圆长半轴 $a=\sqrt{\frac{|\boldsymbol{D}|}{\lambda_1|\boldsymbol{C}|}}$；椭圆短半轴 $b=\sqrt{\frac{|\boldsymbol{D}|}{\lambda_2|\boldsymbol{C}|}}$；椭圆半焦距 $c=\sqrt{a^2-b^2}$.

计算求解：首先由五个点的坐标数据形成线性方程组的系数矩阵

$$\boldsymbol{A}=\begin{pmatrix} 33.2237 & 7.4701 & 0.4199 & 11.528 & 1.292 \\ 39.5138 & 15.1115 & 1.4448 & 12.5720 & 2.4040 \\ 45.6841 & 24.6433 & 3.3233 & 13.5180 & 3.6460 \\ 51.3802 & 36.2127 & 6.3807 & 14.3360 & 5.0520 \\ 55.9504 & 50.2656 & 11.2896 & 14.9600 & 6.7200 \end{pmatrix},$$

使用计算机可求得

$$(a_1,a_2,a_3,a_4,a_5)=(0.6143,-0.3440,0.6942,-1.6351,-0.2165).$$

从而

$$\boldsymbol{C}=\begin{pmatrix} a_1 & a_2 \\ a_2 & a_3 \end{pmatrix}=\begin{pmatrix} 0.6143 & -0.3440 \\ -0.3440 & 0.6942 \end{pmatrix},$$

$|\boldsymbol{C}|=0.3081$，$\boldsymbol{C}$ 的特征值 $\lambda_1=0.3080$，$\lambda_2=1.0005$.

$$\boldsymbol{D}=\begin{pmatrix}a_1 & a_2 & a_4\\ a_2 & a_3 & a_5\\ a_4 & a_5 & 1\end{pmatrix}=\begin{pmatrix}0.6143 & -0.3440 & -1.6351\\ -0.3440 & 0.6942 & -0.2165\\ -1.6351 & -0.2165 & 1\end{pmatrix},$$

$|\boldsymbol{D}|=-1.8203$.

于是，椭圆长半轴 $a=19.1834$，短半轴 $b=5.9045$，半焦距 $c=18.2521$. 小行星近日点距和远日点距为

$$h=a-c=039313, H=a+c=37.4355.$$

最后，椭圆的周长的准确计算要用到椭圆积分，可以考虑用数值积分解决问题，其近似值为 84.7887.

习题五

第一部分　笔算题

一、填空题

1. 若方阵 $\boldsymbol{A}$ 满足 $\boldsymbol{A}^{\mathrm{T}}\boldsymbol{A}=\boldsymbol{E}$，则称 $\boldsymbol{A}$ 为________；此时 $|\boldsymbol{A}|=$________.

2. 如果 λ_0 是 n 阶可逆矩阵 $\boldsymbol{A}$ 的一个特征值，那么 $\boldsymbol{A}^{-1}$ 应有一个特征值为________.

3. 若方阵 $\boldsymbol{A}$ 与 $\boldsymbol{B}$ 相似，则 $\boldsymbol{A}^m$ 与 $\boldsymbol{B}^m$________(是，不是)相似，其中 m 为正整数.

4. 设 $\boldsymbol{A},\boldsymbol{B}$ 都为 3 阶矩阵，若有可逆矩阵 $\boldsymbol{P}$ 使 $\boldsymbol{P}^{-1}\boldsymbol{AP}=\boldsymbol{B}$，则称 $\boldsymbol{A}$ 与 $\boldsymbol{B}$________，若 $|\boldsymbol{A}-\lambda\boldsymbol{E}|=(1+\lambda)^2(2-\lambda)$，则 $\boldsymbol{B}$ 的特征值为________.

5. 设矩阵 $\boldsymbol{A}=\begin{pmatrix}1 & -2 & -4\\ -2 & x & -2\\ -4 & -2 & 1\end{pmatrix}$ 与 $\boldsymbol{\Lambda}=\begin{pmatrix}5 & & \\ & y & \\ & & -4\end{pmatrix}$ 相似，则 $x=$________，$y=$________.

6. 设 $\boldsymbol{A}=\begin{pmatrix}1 & 0 & 0\\ 0 & 0 & 1\\ 0 & 1 & a\end{pmatrix}$ 与 $\boldsymbol{\Lambda}=\begin{pmatrix}1 & 0 & 0\\ 0 & 1 & 0\\ 0 & 0 & -1\end{pmatrix}$ 相似，则其中 $a=$________；对称阵 $\boldsymbol{A}$ 的二次型 $f(x_1,x_2,x_3)=$________；二次型________(是，不是)正定的.

7. 二次型 $f(x_1,x_2,x_3)=x_1^2-2x_1x_2+x_2x_3+3x_3^2$ 的矩阵为________.

8. 2 阶矩阵 $\boldsymbol{A}$ 有特征值 $\lambda_1=1,\lambda_2=2$，且它们的特征向量依次为 $\begin{pmatrix}-2\\1\end{pmatrix}$ 和 $\begin{pmatrix}1\\3\end{pmatrix}$，则有可逆矩阵 $\boldsymbol{P}=$________使 $\boldsymbol{P}^{-1}\boldsymbol{AP}=\begin{pmatrix}1&0\\0&2\end{pmatrix}$.

9. 二次型 $(\lambda-1)x_1^2+\lambda x_2^2-6x_2x_3+\lambda x_3^2$，当 λ 满足________时，是正定二次型.

二、解答题

1. 试求一个非零向量 $\boldsymbol{\alpha}_3$ 与向量 $\boldsymbol{\alpha}_1=\begin{pmatrix}1\\1\\1\end{pmatrix},\boldsymbol{\alpha}_2=\begin{pmatrix}1\\-2\\1\end{pmatrix}$ 都正交.

2. 试用施密特法把下列向量组正交化：

(1) $\boldsymbol{\alpha}_1=\begin{pmatrix}1\\1\\1\end{pmatrix},\boldsymbol{\alpha}_2=\begin{pmatrix}1\\2\\3\end{pmatrix},\boldsymbol{\alpha}_3=\begin{pmatrix}1\\4\\9\end{pmatrix}$；

(2) $\boldsymbol{\alpha}_1=\begin{pmatrix}1\\0\\-1\\1\end{pmatrix},\boldsymbol{\alpha}_2=\begin{pmatrix}1\\-1\\0\\1\end{pmatrix},\boldsymbol{\alpha}_3=\begin{pmatrix}-1\\1\\1\\0\end{pmatrix}$.

3. 下列矩阵是不是正交矩阵：

(1) $\begin{pmatrix}\frac{1}{9}&-\frac{8}{9}&-\frac{4}{9}\\-\frac{8}{9}&\frac{1}{9}&-\frac{4}{9}\\-\frac{4}{9}&-\frac{4}{9}&\frac{7}{9}\end{pmatrix}$；(2) $\begin{pmatrix}0&0&1\\-\frac{\sqrt{2}}{2}&\frac{\sqrt{2}}{2}&0\\\frac{\sqrt{2}}{2}&-\frac{\sqrt{2}}{2}&0\end{pmatrix}$.

4. 求下列矩阵的特征值和特征向量：

(1) $\begin{pmatrix}1&2\\2&4\end{pmatrix}$；(2) $\begin{pmatrix}-1&1&0\\-4&3&0\\1&0&2\end{pmatrix}$；

(3) 所有元素为 1 的 n 阶方阵；

(4) $\begin{pmatrix}1&1&\cdots&1\\2&2&\cdots&2\\\vdots&\vdots&&\vdots\\n&n&\cdots&n\end{pmatrix}$.

5. 证明

(1) 若 n 阶矩阵 $\boldsymbol{A}$ 满足条件 $\boldsymbol{A}^2=\boldsymbol{E}$，那么 $\boldsymbol{A}$ 的特征值为 1 或 -1.

(2) 设 λ_1,λ_2 是矩阵 $\boldsymbol{A}$ 的特征值，$\boldsymbol{x},\boldsymbol{y}$ 分别为其特征向量，如果 $\lambda_1\neq$

λ_2,那么 $\boldsymbol{x}+\boldsymbol{y}$ 不是 $\boldsymbol{A}$ 的特征向量.

6. 矩阵 $\boldsymbol{A}=\begin{pmatrix}3 & -1 & -2\\ 2 & 0 & -2\\ 2 & -1 & -1\end{pmatrix}$ 能否与对角矩阵相似?若能,求出相似变换矩阵和对角矩阵.

7. 设 3 阶矩阵 $\boldsymbol{A}$ 的特征值为 $\lambda_1=1,\lambda_2=0,\lambda_3=-1$,对应的特征向量依次为

$$\boldsymbol{p}_1=\begin{pmatrix}1\\2\\2\end{pmatrix},\boldsymbol{p}_2=\begin{pmatrix}2\\-2\\1\end{pmatrix},\boldsymbol{p}_3=\begin{pmatrix}-2\\-1\\2\end{pmatrix},求\ \boldsymbol{A}.$$

8. 设 $\boldsymbol{A}=\begin{pmatrix}3 & -2\\ -2 & 3\end{pmatrix}$,求 $\varphi(\boldsymbol{A})=\boldsymbol{A}^{11}-5\boldsymbol{A}^{10}$.

9. 求一个正交相似变换矩阵,把对称矩阵 $\boldsymbol{A}=\begin{pmatrix}3 & 2\\ 2 & 3\end{pmatrix}$ 化为对角矩阵.

10. 设 $\boldsymbol{A}=\begin{pmatrix}5 & 0 & 0\\ 0 & 2 & 1\\ 0 & 1 & 2\end{pmatrix}$,求一个正交矩阵 $\boldsymbol{P}$,使 $\boldsymbol{P}^{-1}\boldsymbol{A}\boldsymbol{P}=\boldsymbol{\Lambda}$ 为对角矩阵.

11. 求一个正交变换 $\boldsymbol{x}=\boldsymbol{P}\boldsymbol{y}$,把二次型 $f=x_1^2+x_2^2+x_3^2-2x_1x_3$ 化为标准形.

12. 求一个正交变换,将二次型

$$f=x_1^2+x_2^2+2x_3^2+2x_1x_2+2x_1x_3+2x_2x_3$$

化为标准形.

13. 已知二次型

$$f(x_1,x_2)=x_1^2-4x_1x_2+x_2^2,$$

求一个正交变换,将它化为标准形;二次型 $f(x_1,x_2)$ 是否为正定二次型?为什么?

14. 确定 t 使 $f(x_1,x_2,x_3)=x_1^2+x_2^2+5x_3^2+2tx_1x_2-2x_1x_3+4x_2x_3$ 为正定二次型.

15. 已知二阶对称矩阵 $\boldsymbol{A}$ 的特征值是 1 和 2,特征值 1 有特征向量 $(1,1)^{\mathrm{T}}$.求:(1) 特征值 2 的特征向量;(2) 矩阵 $\boldsymbol{A}$.

16. 已知二次型 $f(x_1,x_2,x_3)=2x_1^2+3x_2^2+3x_3^2+2ax_2x_3(a>0)$ 通

过正交变换 $\boldsymbol{x}=\boldsymbol{P}\boldsymbol{y}$ 化为标准形 $f=y_1^2+2y_2^2+5y_3^2$，试求参数 a 和 $\boldsymbol{P}$.

17. 设 $\boldsymbol{A}=\begin{pmatrix}3&2&2\\2&3&2\\2&2&3\end{pmatrix}$，$\boldsymbol{P}=\begin{pmatrix}1&0&1\\0&1&0\\0&0&1\end{pmatrix}$，$\boldsymbol{B}=\boldsymbol{P}^{-1}\boldsymbol{A}^*\boldsymbol{P}$，求 $\boldsymbol{B}+2\boldsymbol{E}$ 的特征值和特征向量.

18. 设 $\boldsymbol{U}$ 为可逆矩阵，$\boldsymbol{A}=\boldsymbol{U}^{\mathrm{T}}\boldsymbol{U}$，证明 $f=\boldsymbol{x}^{\mathrm{T}}\boldsymbol{A}\boldsymbol{x}$ 为正定二次型.

19. 设对称矩阵 $\boldsymbol{A}$ 为正定矩阵，证明存在可逆矩阵 $\boldsymbol{U}$，使 $\boldsymbol{A}=\boldsymbol{U}^{\mathrm{T}}\boldsymbol{U}$.

第二部分　计算机题

一、求矩阵 $\boldsymbol{A}=\begin{pmatrix}2&3&4\\3&4&5\\4&5&6\end{pmatrix}$ 的特征值与特征向量.

二、对实对称矩阵 $\boldsymbol{A}=\begin{pmatrix}0&1&1&0\\1&0&1&0\\1&1&0&0\\0&0&0&2\end{pmatrix}$，求一个正交阵 $\boldsymbol{P}$，使 $\boldsymbol{P}^{-1}\boldsymbol{A}\boldsymbol{P}$ 为对角阵.

三、设 $\boldsymbol{A}=\begin{pmatrix}-1&0&0\\2&1&2\\3&1&2\end{pmatrix}$，求 $\boldsymbol{A}^{10}$.

四、用正交变换将二次型

$$f=2x_1x_2+2x_1x_3-2x_1x_4-2x_2x_3+2x_2x_4+2x_3x_4$$

化为标准形.

五、金融机构为保证现金充分支付，设立一笔基金，分开放置在位于 A 城和 B 城的两家公司，基金在平时可以使用，但每周末结算时必须确保总额不变. 经过相当长的一段时期的现金流动，发现每过一周，各公司的支付基金在流通过程中多数还留在自己的公司内，而 A 城公司有 10％支付基金流动到 B 城公司，B 城公司则有 12％支付基金流动到 A 城公司. 起初 A 城公司基金为 300 万元，B 城公司基金为 600 万元. 按此规律，两公司支付基金数额变化趋势如何？

六、设有 A,B,C 三个政党参加每次的选举. 每次投 A 党票的选民，下次投票时，分别有 80％，10％，10％比例的选民投 A,B,C 政党的票；每次投 B 党票的选民，下次投票时，分别有 10％，75％，15％比例的选民投 A,B,C 各政党的票;每次投 C 党票的选民,下次投票时,分别有 5%,10%,85%比例的选民投 A,B,C 各政党的票. 第一次 A,B,C 三个政党获得的票数分别为 1800 万,2000 万,1600 万. 求出第 10 次选举时的选民投票情况.

第六章　用 MATLAB 解题

第一节　MATLAB 简介

MATLAB 是一套功能十分强大的工程计算机及数据分析软件，它的应用范围覆盖了当今所有的工业、电力、电子、医疗、建筑等各领域.

1980 年前后，MATLAB 的首创者 Cleve Moler 博士在 New Mexico 大学讲授线性代数课程时，看到了用高级语言编程解决工程计算问题的诸多不便，因而构思开发了 MATLAB 软件（MATrix LABoratory，矩阵实验室），该软件利用了 Moler 博士在此前开发的 LINPACK（线性代数软件包）和 EOSPACK（基于特征值计算的软件包）中可靠的子程序，用 Fortran 语言编写而成，集命令翻译、工程计算功能于一身.

正是凭借 MATLAB 的这些突出的优势，它现在已成为世界上应用最广泛的工程计算软件. 在美国等发达国家的大学里 MATLAB 是一种必须掌握的基本工具，而在国外的研究设计单位和工业部门，更是研究和解决工程计算问题的一种标准软件. 在国内也有越来越多的科学技术工作者参加到学习和倡导这门语言的行列中来. 在大家的共同努力下，MATLAB 正在成为计算机应用软件中的一个热点.

第二节　基础知识

MATLAB 软件由以下默认约定：

(1) 所有在命令窗口输入的命令都用 Courier New 字体，并以≫开头，请读者注意≫为系统提示符，不要以为是输入字符，如图 6.1 所示.

(2) 显示结果用 Times New Roman 字体.

(3) %号后面的文字用于注释,并不参与运算.

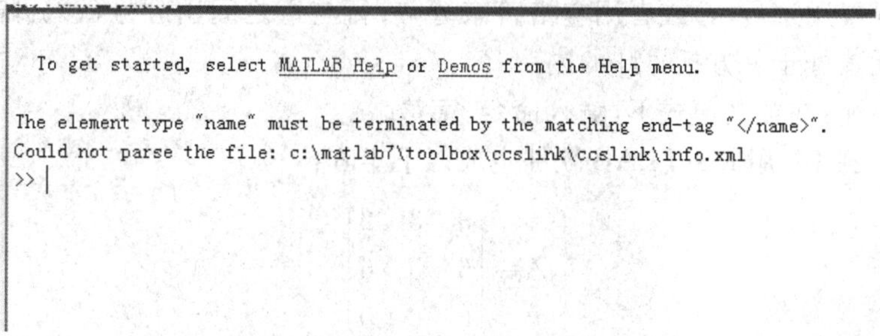
To get started, select MATLAB Help or Demos from the Help menu.
The element type "name" must be terminated by the matching end-tag "</name>".
Could not parse the file: c:\matlab7\toolbox\ccslink\ccslink\info.xml
>> |

图 6.1

一、系统的在线帮助

1. help 命令:

(1) 当不知系统有何帮助内容时,可直接输入 help 以寻求帮助:

≫help(回车)

(2) 当想了解某一主题的内容时,如输入:

≫help syntax(了解 Matlab 的语法规定)

(3) 当想了解某一具体的函数或命令的帮助信息时,如输入:

≫help sqrt(了解函数 sqrt 的相关信息)

2. lookfor 命令

现需要完成某一具体操作,不知有何命令或函数可以完成,如输入:

≫lookfor line(查找与直线、线性问题有关的函数)

二、常量与变量

系统的变量命名规则:**变量名区分字母大小写;变量名必须以字母打头,其后可以是任意字母、数字或下划线的组合**. 此外,系统内部预先定义了几个有特殊意义和用途的变量,如表 6.1 所示:

表 6.1

特殊的变量、常量	取　值
ans	用于结果的缺省变量名
pi	圆周率 π 的近似值(3.1416)
eps	数学中无穷小(epsilon)的近似值(2.2204e−016)
inf	无穷大,如 1/0=inf(infinity)
NaN	非数,如 0/0=NaN(Not a Number),inf/inf=NaN
i,j	虚数单位:i=j= $\sqrt{-1}$

1. 数值型向量(矩阵)的输入

(1) 任何矩阵(向量),可以直接按行方式输入每个元素:同一行中的元素用逗号(,)或者用空格符来分隔;行与行之间用分号(;)分隔,所有元素处于一方括号([ ])内.

注:在英文模式下,输入命令、字符.

例 1 用 MATLAB 软件生成以下矩阵:

$$\boldsymbol{A}=\begin{pmatrix}9 & 3 & 2\\6 & 5 & 6\\6 & 6 & 0\end{pmatrix}.$$

解 在 Matlab 命令窗口输入:

```
>>A=[9,3,2;6,5,6;6,6,0]   回车
  A=
      9     3     2
      6     5     6
      6     6     0
```

(2) 系统中提供了多个命令用于输入特殊的矩阵,如表 6.2 所示:

表 6.2

命令	功能说明
eye(n)	创建 n 阶单位阵
zeros(m,n)	创建 $m\times n$ 阶零矩阵
zeros(n)	创建 n 阶零方阵
ones(m,n)	创建 $m\times n$ 阶元素全为 1 的矩阵
rand(m,n)	创建 $m\times n$ 阶元素为从 0 到 1 的均匀分布的随机矩阵
round(A)	对矩阵 **A** 中的所有元素进行四舍五入运算
inv(A)	求矩阵 **A** 的逆
A^-1	用幂运算求矩阵 **A** 的逆

上面函数的具体用法,可以用帮助命令 help 得到.

例 2 用 MATLAB 软件生成以下矩阵:

(1) $\boldsymbol{B}=\begin{pmatrix}1 & 0 & 0\\0 & 1 & 0\\0 & 0 & 1\end{pmatrix}$,　　(2) $\boldsymbol{C}=\begin{pmatrix}0 & 0\\0 & 0\end{pmatrix}$,

(3) $\boldsymbol{D}=\begin{pmatrix}1&1&1&1\\1&1&1&1\\1&1&1&1\\1&1&1&1\end{pmatrix}$.

解　(1) 在 Matlab 命令窗口输入：

≫B=eye(3) 回车

B=

```
     1     0     0
     0     1     0
     0     0     1
```

(2) 输入：

≫C=zeros(2) 回车

C=

```
     0     0
     0     0
```

(3) 输入：

≫D=ones(4) 回车

D=

```
     1     1     1     1
     1     1     1     1
     1     1     1     1
     1     1     1     1
```

2. 符号向量(矩阵)的输入

(1) 用函数 sym 定义符号矩阵

函数 sym 实际是在定义一个符号表达式，这时的符号矩阵中的元素可以是任何的符号或者是表达式，而且长度没有限制，只需将方括号置于单引号中.

例 3　用 MATLAB 软件生成以下矩阵

```
≫sym_matrix=sym('[a  b  c;Jack  Help_Me  NO_WAY]')
sym_matrix=
               [a,          b,          c]
               [Jack,   Help_Me,   NO_WAY]
```

(2) 用函数 syms 定义符号矩阵

先定义矩阵中的每一个元素为一个符号变量，而后像普通矩阵一样输入符号矩阵.

例 4

```
≫syms  a  b  c;
≫A=[a  b  c;1  2  3]
A=
    [a, b, c]
    [1, 2, 3]
```

三、数组(向量)的点运算

运算符:+(加)、-(减)、.*(乘)、./(右除)、.\(左除)、.∧(乘方)等.

例 5 计算 s1=g+h,s2=g.*h,s3=g.∧h,s4=g.∧2,s5=2.∧h

```
≫g=[1 2 3 4];h=[4 3 2 1];
≫s1=g+h
s1=
      5     5     5     5
≫s2=g.*h
s2=
      4     6     6     4
≫s3=g.∧h
      s3=1     8     9     4
≫s4=g.∧2
s4=
      1     4     9     16
≫s5=2.∧h
s5=
      16    8     4     2
```

四、矩阵的运算

运算符:+(加)、-(减)、*(乘)、/(右除)、\(左除)、∧(乘方)、'(转置)等;

常用函数:det(行列式)、inv(逆矩阵)、rank(秩)、eig(特征值、特征向量)、rref(化矩阵为行最简形).

例 6 设 $\boldsymbol{A}=\begin{pmatrix}3 & 1 & 4\\ -2 & 0 & 1\\ 1 & 2 & 2\end{pmatrix}$,$\boldsymbol{B}=\begin{pmatrix}1 & 0 & 2\\ -3 & 1 & 1\\ 2 & -4 & 1\end{pmatrix}$,求

(1) $2\boldsymbol{A}-3\boldsymbol{B}$；　　(2) $\boldsymbol{AB}$ 和 $\boldsymbol{BA}$；

(3) $(2\boldsymbol{A})^{\mathrm{T}}-(3\boldsymbol{B})^{\mathrm{T}}$；　(4) $(\boldsymbol{BA})^{\mathrm{T}}$.

解　首先输入矩阵 $\boldsymbol{A}$ 和 $\boldsymbol{B}$.

```
>>A=[3 1 4;-2 0 1;1 2 2];B=[1 0 2;-3 1 1;2 -4 1];
```

%输入 $\boldsymbol{A}$ 和 $\boldsymbol{B}$

(1) `>>2*A-3*B`　%计算 $2\boldsymbol{A}-3\boldsymbol{B}$

```
ans=
     3     2     2
     5    -3    -1
    -4    16     1
```

(2) `>>A*B`　　%计算 $\boldsymbol{AB}$

```
ans =
     8   -15    11
     0    -4    -3
    -1    -6     6
```

`>>B*A`　　%计算 $\boldsymbol{BA}$

```
ans=
     5     5     8
   -10    -1    -9
    15     4     6
```

(3) 因为 $(2\boldsymbol{A})^{\mathrm{T}}-(3\boldsymbol{B})^{\mathrm{T}}=2\boldsymbol{A}^{\mathrm{T}}-3\boldsymbol{B}^{\mathrm{T}}$,因此输入

`>>2*A'-3*B'`　　%计算 $2\boldsymbol{A}^{\mathrm{T}}-3\boldsymbol{B}^{\mathrm{T}}$,即 $(2\boldsymbol{A})^{\mathrm{T}}-(3\boldsymbol{B})^{\mathrm{T}}$

```
ans=
     3     5    -4
     2    -3    16
     2    -1     1
```

(4) `>>(B*A)'`　　%计算 $(\boldsymbol{BA})^{\mathrm{T}}$

```
ans=
     5   -10    15
     5    -1     4
     8    -9     6
```

`>>A'*B'`　　%计算 $\boldsymbol{A}^{\mathrm{T}}\boldsymbol{B}^{\mathrm{T}}$

```
ans=
     5   -10    15
     5    -1     4
```

```
    8       -9       6
```

例 7

```
>>A=[2 0 -1;1 3 2];B=[1 7 -1;4 2 3;2 0 1];
>>M=A*B              %矩阵A与B按矩阵运算相乘
M=
    0       14      -3
    17      13      10
>>det_B=det(B)        %矩阵B的行列式
det_B=
  20
>>rank_A=rank(A)         %矩阵A的秩
rank_A=
2
>>inv_B=inv(B)      %矩阵B的逆矩阵
inv_B=
    0.1000      -0.3500      1.1500
    0.1000       0.1500     -0.3500
   -0.2000       0.7000     -1.3000
>>[V,D]=eig(B)           %矩阵B的特征值矩阵V与特征向量
                          构成的矩阵D
V=                       %列为对应特征值的特征向量
        -0.7094           0.7444                0.7444
        -0.6675   -0.3599+0.0218i   -0.3599-0.0218i
        -0.2263   -0.5587-0.0607i   -0.5587+0.0607i
D=                      %对角线元素为特征值
    7.2680            0                    0
       0       -1.6340+0.2861i             0
       0              0          -1.6340-0.2861i
>>X=A/B                 %A/B=A*B^-1,即XB=A,求X
X=
    0.4000   -1.4000    3.6000
    0.0000    1.5000   -2.5000
```

五、建立 M 文件

新建一个文本，如图 6.2 所示，在文本编辑器窗口中，将多个可执行

的系统命令,写入文本文件后并存放在后缀为. m 的文件中,若在 Matlab 命令窗口中输入该 m—文件的文件名(不跟后缀. m),即可依次执行该文件中的多个命令. 这个后缀为. m 的文件,也称为 Matlab 的**脚本文件(Script File)**,如图 6. 3 所示.

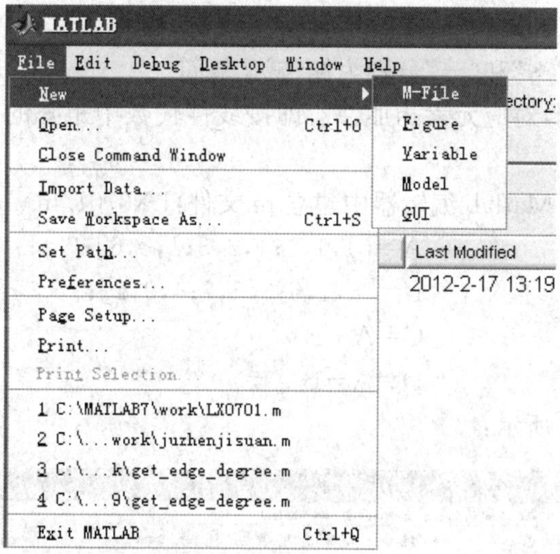

图 6. 2

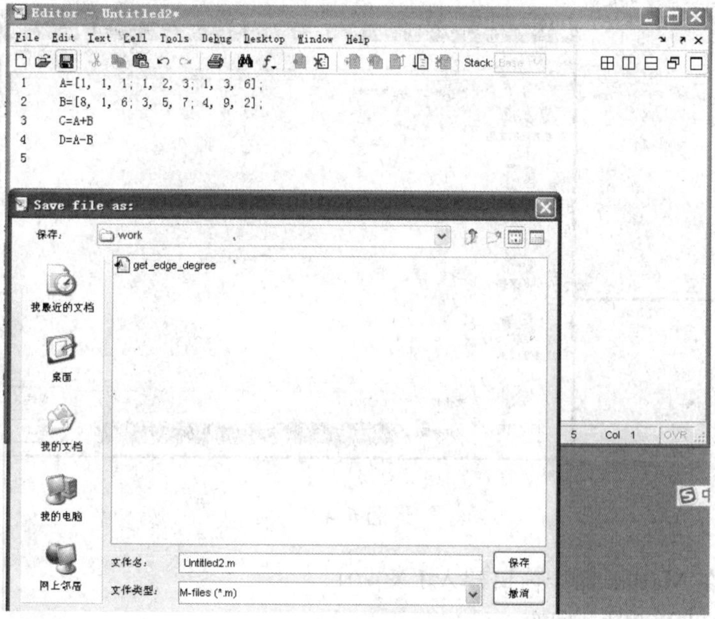

图 6. 3

第三节　矩阵及其运算

一、矩阵的创建

1. 加、减运算

运算符:"+"和"-"分别为加、减运算符.

运算规则:对应元素相加、减,即按线性代数中矩阵的"+"、"-"运算进行.

例 1　在 Matlab 编辑器中建立 m 文件:LX0701.m

```
A=[1,1,1;1,2,3;1,3,6];
B=[8,1,6;3,5,7;4,9,2];
C=A+B
D=A-B
```

如图 6.4 所示:

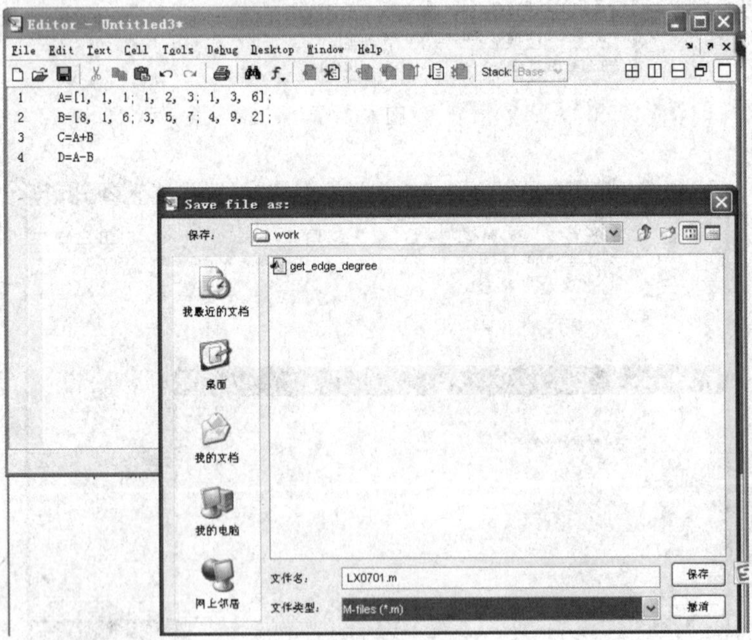

图 6.4

在 Matlab 命令窗口建入 LX0701

≫LX0701　回车

C=

9	2	7
4	7	10
5	12	8

D=

−7	0	−5
−2	−3	−4
−3	−6	4

2. 乘法

运算符：*

运算规则：按线性代数中矩阵乘法运算进行，即放在前面的矩阵的各行元素，分别与放在后面的矩阵的各列元素对应相乘并相加.

(1) 两个矩阵相乘

例 2　在 Matlab 编辑器中建立 m 文件：LX0702.m

```
X=[2 3 4 5;1 2 2 1];
Y=[0 1 1;1 1 0;0 0 1;1 0 0];
Z=X*Y
```

存盘

在命令行中建入 LX0702，回车后显示：

```
≫LX0702
Z=
    8    5    6
    3    3    3
```

(2) 矩阵的数乘：数乘矩阵

上例中：≫a=2*X

则显示：

```
a=
     4    6    8    10
     2    4    4    2
```

(3) 向量的点乘(内积)：维数相同的两个向量的点乘

命令：**dot**　　向量点乘函数

例 3

```
X=[-1 0 2];
Y=[-2 -1 1];
≫Z=dot(X,Y)
Z=
  4
```

3. 矩阵的除法

Matlab 提供了两种除法运算：左除(\)和右除(/). 一般情况下，$\boldsymbol{x}=\boldsymbol{a}\backslash \boldsymbol{b}$ 是方程 $\boldsymbol{a}*\boldsymbol{x}=\boldsymbol{b}$ 的解，而 $\boldsymbol{x}=\boldsymbol{b}/\boldsymbol{a}$ 是方程 $\boldsymbol{x}*\boldsymbol{a}=\boldsymbol{b}$ 的解.

例 4

```
a=[1  2  3;4  2  6;7  4  9];
b=[4;1;2];
x=a\b
```

则显示：x=

```
-1.5000
2.0000
0.5000
```

如果 $\boldsymbol{a}$ 为非奇异矩阵，则 $\boldsymbol{a}\backslash \boldsymbol{b}$ 和 $\boldsymbol{b}/\boldsymbol{a}$ 可通过 $\boldsymbol{a}$ 的逆矩阵与 $\boldsymbol{b}$ 阵得到：

```
a\b=inv(a) * b
b/a=b * inv(a)
```

4. 矩阵乘方

运算符：∧

运算规则：

(1) 当 $\boldsymbol{A}$ 为方阵，p 为大于 0 的整数时，$\boldsymbol{A}\wedge p$ 表示 $\boldsymbol{A}$ 的 p 次方，即 $\boldsymbol{A}$ 自乘 p 次；p 为小于 0 的整数时，$\boldsymbol{A}\wedge p$ 表示 $\boldsymbol{A}^{-1}$的 p 次方.

(2) 当 $\boldsymbol{A}$ 为方阵，p 为非整数时，则 $\boldsymbol{A}\wedge p=\boldsymbol{V}\begin{bmatrix} d_{11}^{p} & & \\ & \ddots & \\ & & d_{mm}^{p} \end{bmatrix}\boldsymbol{V}^{-1}$，其中 $\boldsymbol{V}$ 为 $\boldsymbol{A}$ 的特征向量，$\begin{bmatrix} d_{11} & & \\ & \ddots & \\ & & d_{mm} \end{bmatrix}$ 为特征值矩阵.

5. 矩阵的转置

运算符：′

运算规则：与线性代数中矩阵的转置相同.

6. 矩阵的逆矩阵

例 5 求 $\boldsymbol{A}=\begin{pmatrix} 1 & 2 & 3 \\ 2 & 2 & 1 \\ 3 & 4 & 3 \end{pmatrix}$ 的逆矩阵.

解 方法一：在 Matlab 编辑器中建立 m 文件：LX07051.m

```
A=[1  2  3;2  2  1;3  4  3];
inv(A)或 A∧(-1)
```

则结果显示为

```
ans=
 1.0000     3.0000    -2.0000
-1.5000    -3.0000     2.5000
 1.0000     1.0000    -1.0000
```

方法二：由增广矩阵 $\boldsymbol{B}=\begin{pmatrix}1&2&3&1&0&0\\2&2&1&0&1&0\\3&4&3&0&0&1\end{pmatrix}$ 进行初等行变换.

在 Matlab 编辑器中建立 m 文件：LX07052.m

```
    B=[1,2,3,1,0, 0; 2,2,1,0,1,0;3,4,3,0,0,1];
C=rref(B)        %化行最简形
X=C(:,4:6)
```

在 Matlab 命令窗口建入 LX07052，则显示结果如下：

```
C=
1.0000    0         0        1.0000    3.0000   -2.0000
  0     1.0000      0       -1.5000   -3.0000    2.5000
  0       0       1.0000     1.0000    1.0000   -1.0000
X=
 1.0000     3.0000    -2.0000
-1.5000    -3.0000     2.5000
 1.0000     1.0000    -1.0000
```

这就是 **A** 的逆矩阵.

7. 方阵的行列式

命令：**det**　　计算行列式的值

例 6　计算上例中 **A** 的行列式的值.

解　在 Matlab 编辑器中建立 m 文件：LX0706.m

```
A=[1  2  3;2  2  1;3  4  3];
D=det(A)
```

则结果显示为

```
D=
   2
```

二、符号矩阵的运算

1. 符号矩阵的四则运算

符号矩阵的四则运算与数值矩阵有完全相同的运算方式，其运算符为:加(+),减(−)、乘(×)、除(/、\).

例 7 ≫A=sym('[1/x,1/(x+1);1/(x+2),1/(x+3)]');

B=sym('[x,1;x+2,0]');

C=B−A

D=A\B 回车

则显示:

```
C=
[        x-1/x,  1-1/(x+1)]
[x+2-1/(x+2),      -1/(x+3)]
D=
[     -6*x-2*x^3-7*x^2,      3/2*x^2+x+1/2*x^3]
[  6+2*x^3+10*x^2+14*x,-1/2*x^3-2*x^2-3/2*x]
```

2. 其他基本运算

符号矩阵的其他一些基本运算包括转置(′)、行列式(det)、逆(inv)、秩(rank)、幂(∧)和指数(exp 和 expm)等都与数值矩阵相同.

3. 符号矩阵的简化

符号工具箱中提供了符号矩阵因式分解、展开、合并、简化及通分等符号操作函数.

(1) 因式分解

命令:**factor** 符号表达式因式分解函数

格式:factor(s)

说明:s 为符号矩阵或符号表达式,常用于多项式的因式分解.

例 8 将 x^9-1 分解因式.

解 在 Matlab 命令窗口建入

```
syms x
factor(x^9-1)
```

则显示:ans=

```
(x-1)*(x^2+x+1)*(x^6+x^3+1)
```

例 9 问 k 取何值时,齐次方程组

$$\begin{cases}(1-k)x_1-2x_2+4x_3=0,\\ 2x_1+(3-k)x_2+x_3=0,\\ x_1+x_2+(1-k)x_3=0\end{cases}$$

有非零解?

解 在 Matlab 编辑器中建立 m 文件:LX0709. m

```
syms k
        A=[1-k -2 4;2 3-k 1;1 1 1-k];
        D=det(A)
        factor(D)
```

其结果显示如下：

```
D=
   -6*k+5*k^2-k^3
ans=
   -k*(k-2)*(-3+k)
```

从而得到：当 $k=0$、$k=2$ 或 $k=3$ 时，原方程组有非零解.

(2) 符号矩阵的展开

命令　**expand**　　　符号表达式展开函数

格式：expand(s)

说明：s 为符号矩阵或表达式，常用在多项式的因式分解中，也常用于三角函数，指数函数和对数函数的展开中.

例 10　将 $(x+1)^3$、$\sin(x+y)$ 展开.

解　在 Matlab 编辑器中建立 m 文件：LX0710.m

```
syms  x  y
p=expand((x+1)^3)
q=expand(sin(x+y))
```

则结果显示为

```
p=
x^3+3*x^2+3*x+1
q=
sin(x)*cos(y)+cos(x)*sin(y)
```

例 11　设 $\boldsymbol{A}=\begin{pmatrix}1&2&3\\2&2&1\\3&4&3\end{pmatrix}$，$\boldsymbol{B}=\begin{pmatrix}2&1\\5&3\end{pmatrix}$，$\boldsymbol{C}=\begin{pmatrix}1&3\\2&0\\3&1\end{pmatrix}$.

求矩阵 $\boldsymbol{X}$，使满足 $\boldsymbol{AXB}=\boldsymbol{C}$.

解　在 Matlab 编辑器中建立 m 文件：LX0712.m

```
A=[1 2 3;2 2 1;3 4 3];
B=[2,1;5 3];
C=[1 3;2 0;3 1];
X=A\C/B
```

则结果显示如下：

```
X=

   -2.0000     1.0000
   10.0000    -4.0000
  -10.0000     4.0000
```

第四节 秩与线性相关性

一、矩阵和向量组的秩以及向量组的线性相关性

1. 矩阵 **A** 的秩是矩阵 **A** 中最高阶非零子式的阶数；向量组的秩通常由该向量组构成的矩阵来计算.

命令：**rank**

格式：rank(A)　**A** 为矩阵式向量组构成的矩阵

例 1　求向量组 $\boldsymbol{\alpha}_1=(1\quad -2\quad 2\quad 3)$，$\boldsymbol{\alpha}_2=(-2\quad 4\quad -1\quad 3)$，$\boldsymbol{\alpha}_3=(-1\quad 2\quad 0\quad 3)$，$\boldsymbol{\alpha}_4=(0\quad 6\quad 2\quad 3)$，$\boldsymbol{\alpha}_5=(2\quad -6\quad 3\quad 4)$的秩，并判断其线性相关性.

解　在 Matlab 编辑器中建立 m 文件：LX0714. m

```
A=[1 -2 2 3;-2 4 -1 3;-1 2 0 3;0 6 2 3;2 -6 3 4];
B=rank(A)
```

运行后结果如下：

```
B=

    3
```

由于秩为 3<向量个数，因此向量组线性相关.

2. 向量组的最大无关组

矩阵的初等行变换有三条：

(1) 交换两行　$r_i \leftrightarrow r_j$　(第 i、第 j 两行交换)

(2) 第 i 行的 k 倍　kr_i

(3) 第 i 行的 k 倍加到第 j 行上去　r_j+kr_i

通过这三条变换可以将矩阵化成行最简形，从而找出列向量组的一个最大无关组，Matlab 将矩阵化成行最简形的命令是

命令：**rref**

格式：rref(A)　**A** 为矩阵

例 2　求向量组 $\boldsymbol{a}_1=(1,-2,2,3)$，$\boldsymbol{a}_2=(-2,4,-1,3)$，$\boldsymbol{a}_3=(-1,2,0,3)$，$\boldsymbol{a}_4=(0,6,2,3)$，$\boldsymbol{a}_5=(2,-6,3,4)$的一个最大无关组.

解　在 Matlab 编辑器中建立 m 文件：LX0715. m

```
a1=[1  -2  2  3]';
```

```
a2=[-2  4  -1  3]';
a3=[-1  2  0  3]';
a4=[0  6  2  3]';
a5=[2  -6  3  4]';
A=[a1  a2  a3  a4  a5]
format rat  %以有理格式输出
B=rref(A)  %求A的行最简形
```

运行后的结果为

```
A=
     1    -2   -1   0    2
    -2     4    2   6   -6
     2    -1    0   2    3
     3     3    3   3    4
B=
    1  0  1/3  0   16/9
    0  1  2/3  0   -1/9
    0  0   0   1   -1/3
    0  0   0   0    0
```

从 $\boldsymbol{B}$ 中可以得到:向量 $\boldsymbol{a}_1,\boldsymbol{a}_2,\boldsymbol{a}_4$ 为其中一个最大无关组.

第五节 线性方程组的求解

我们将线性方程组的求解分为两类:一类是方程组求唯一解或求特解,另一类是方程组求无穷解即通解.可以通过系数矩阵的秩来判断:

若系数矩阵的秩 $r=n$(n 为方程组中未知变量的个数),则有唯一解;

若系数矩阵的秩 $r<n$,则可能有无穷解.

非齐次线性方程组的无穷解=对应齐次方程组的通解+非齐次方程组的一个特解;其特解的求法属于解的第一类问题,通解部分属于第二类问题.

1. 求线性方程组的唯一解或特解(第一类问题)

这类问题的求法分为两类:一类主要用于解低阶稠密矩阵——直接法;另一类是解大型稀疏矩阵——迭代法.

(1) 利用矩阵除法求线性方程组的特解(或一个解)

方程:$\boldsymbol{AX}=\boldsymbol{b}$

解法：$\boldsymbol{X}=\boldsymbol{A}\backslash \boldsymbol{b}$

例 1 求方程组$\begin{cases} 5x_1 + 6x_2 = 1, \\ x_1 + 5x_2 + 6x_3 = 0, \\ x_2 + 5x_3 + 6x_4 = 0, \\ x_3 + 5x_4 + 6x_5 = 0, \\ x_4 + 5x_5 = 1 \end{cases}$的解.

解 在 Matlab 编辑器中建立 m 文件：LX0716. m

```
A=[5  6  0  0  0
   1  5  6  0  0
   0  1  5  6  0
   0  0  1  5  6
   0  0  0  1  5];
B=[1 0 0 0 1]';
R_A=rank(A)   %求秩
X=A\B      %求解
```

运行后结果：

```
R_A=

    5

X=

   2.2662
  -1.7218
   1.0571
  -0.5940
   0.3188
```

这就是方程组的解.

例 2 求方程组

$$\begin{cases} x_1+x_2-3x_3-x_4=1, \\ 3x_1-x_2-3x_3+4x_4=4, \\ x_1+5x_2-9x_3-8x_4=0 \end{cases}$$

的一个特解.

解 在 Matlab 编辑器中建立 m 文件：LX0717. m

```
A=[1 1 -3 -1;3 -1 -3 4;1 5 -9 -8];
B=[1  4  0]';
X=A\B
```

```
X=
      0
      0
   -0.5333
    0.6000
```

2. 求齐次线性方程组的通解

在 Matlab 中，函数 null 用来求解零空间，即满足 $\boldsymbol{AX}=\boldsymbol{0}$ 的解空间，实际上是求出解空间的一组基(基础解系).

格式：Z=null　　　　% $\boldsymbol{Z}$ 的列向量为方程组的正交规范基，满足 $\boldsymbol{Z}'\boldsymbol{Z}=\boldsymbol{I}$

Z=null(A,'r')　% $\boldsymbol{Z}$ 的列向量是方程 $\boldsymbol{AX}=\boldsymbol{0}$ 的有理基

例 3　求解方程组的通解：

$$\begin{cases} x_1+2x_2+2x_3+\ x_4=0, \\ 2x_1+\ x_2-2x_3-2x_4=0, \\ x_1-\ x_2-4x_3-3x_4=0. \end{cases}$$

解　在 Matlab 编辑器中建立 m 文件：LX0719.m

```
A=[1  2  2  1;2  1  -2  -2;1  -1  -4  -3];
format  rat      %指定有理式格式输出
B=null(A,'r')      %求解空间的有理基
```

运行后显示结果如下：

```
B=
     2        5/3
    -2       -4/3
     1        0
     0        1
```

写出通解：

```
syms  k1  k2
X=k1*B(:,1)+k2*B(:,2)          %写出方程组的通解
pretty(X)      %让通解表达式更加精美
```

运行后结果如下：

```
X=
[  2*k1+5/3*k2]
[-2*k1-4/3*k2]
[            k1]
```

```
[            k2]
%下面是其简化形式
    [2k1+5/3k2]
    [              ]
    [-2k1-4/3k2]
    [              ]
    [     k1       ]
    [              ]
    [     k2       ]
```

3. 求非齐次线性方程组的通解

非齐次线性方程组需要先判断方程组是否有解，若有解，再去求通解. 因此，步骤为：

(1) 判断 $\boldsymbol{AX}=\boldsymbol{b}$ 是否有解，若有解则进行第二步；

(2) 求 $\boldsymbol{AX}=\boldsymbol{b}$ 的一个特解；

(3) 求 $\boldsymbol{AX}=\boldsymbol{0}$ 的通解；

(4) $\boldsymbol{AX}=\boldsymbol{b}$ 的通解为 $\boldsymbol{AX}=\boldsymbol{0}$ 的通解与 $\boldsymbol{AX}=\boldsymbol{b}$ 的一个特解的和.

例 4 求解方程组

$$\begin{cases} x_1-2x_2+3x_3-x_4=1, \\ 3x_1-x_2+5x_3-3x_4=2, \\ 2x_1+x_2+2x_3-2x_4=3. \end{cases}$$

解 在 Matlab 编辑器中建立 m 文件：LX0720. m

```
A=[1  -2  3  -1;3  -1  5  -3;2  1  2  -2];
b=[1  2  3]';
B=[A  b];
n=4;
R_A=rank(A)
R_B=rank(B)
format rat
if R_A==R_B&R_A==n          %判断有唯一解
X=A\b
else if R_A==R_B&R_A<n      %判断有无穷解
X=A\b        %求特解
C=null(A,'r')       %求AX=0的基础解系
else X='equition no solve'      %判断无解
end
```

运行后结果显示：

```
R_A=
      2
R_B=
      3
X=
equition no solve
```

说明该方程组无解.

例 5 求解方程组的通解：

$$\begin{cases} x_1+x_2-3x_3-x_4=1, \\ 3x_1-x_2-3x_3+4x_4=4, \\ x_1+5x_2-9x_3-8x_4=0. \end{cases}$$

解法一 在 Matlab 编辑器中建立 m 文件：LX07211. m

```
A=[1  1  -3  -1;3  -1  -3  4;1  5  -9  -8];
b=[1 4 0]';
B=[A b];
n=4;
R_A=rank(A)
R_B=rank(B)
format rat
if R_A==R_B&R_A==n
  X=A\b
else if R_A==R_B&R_A<n
  X=A\b
  C=null(A,'r')
else X='Equation has no solves'
end
```

运行后结果显示：

```
R_A=
      2
R_B=
      2
Warning: Rank deficient, rank=2  tol=  8.8373e-015.
>In D:\Matlab\pujun\lx0723. m at line 11
X=
```

```
    0
    0
    -8/15
    3/5
C=
    3/2        -3/4
    3/2         7/4
    1           0
    0           1
```

所以原方程组的通解为

$$\boldsymbol{X}=k_1\begin{pmatrix}3/2\\3/2\\1\\0\end{pmatrix}+k_2\begin{pmatrix}-3/4\\7/4\\0\\1\end{pmatrix}+\begin{pmatrix}0\\0\\-8/15\\3/5\end{pmatrix}.$$

解法二 在 Matlab 编辑器中建立 m 文件：LX07212. m

```
A=[1  1  -3  -1;3  -1  -3  4;1  5  -9  -8];
b=[1 4 0]';
B=[A b];
C=rref(B)        %求增广矩阵的行最简形,可得最简同解方程组
```

运行后结果显示：

```
C=
    1  0  -3/2   3/4    5/4
    0  1  -3/2  -7/4   -1/4
    0  0   0     0      0
```

对应齐次方程组的基础解系为

$$\boldsymbol{\xi}_1=\begin{pmatrix}3/2\\3/2\\1\\0\end{pmatrix},\boldsymbol{\xi}_2=\begin{pmatrix}-3/4\\7/4\\0\\1\end{pmatrix},$$

非齐次方程组的特解为

$$\boldsymbol{\eta}^*=\begin{pmatrix}5/4\\-1/4\\0\\0\end{pmatrix},$$

所以,原方程组的通解为

$$\boldsymbol{X}=k_1\boldsymbol{\xi}_1+k_2\boldsymbol{\xi}_2+\boldsymbol{\eta}^*.$$

第六节　特征值与二次型

工程技术中的一些问题,如振动问题和稳定性问题,常归结为求一个方阵的特征值和特征向量.

1. 方阵的特征值与特征向量

设 $\boldsymbol{A}$ 为 n 阶方阵,如果数 λ 和 n 维列向量 $\boldsymbol{x}$ 使得关系式

$$\boldsymbol{A}\boldsymbol{x}=\lambda\boldsymbol{x}$$

成立,则称 λ 为方阵 $\boldsymbol{A}$ 的特征值,非零向量 $\boldsymbol{x}$ 称为 $\boldsymbol{A}$ 对应于特征值 λ 的特征向量.

在 Matlab 中,用如下几种调用格式来求 $\boldsymbol{A}$ 的特征值和特征向量.

(1) d=eig(A)　　　　　%　$\boldsymbol{d}$ 为矩阵 $\boldsymbol{A}$ 的特征值排成的向量

(2) [V,D]=eig(A)　　　%　$\boldsymbol{D}$ 为对角阵且 $\boldsymbol{D}$ 的对角元素为特征值,$\boldsymbol{AV}=\boldsymbol{VD}$,$\boldsymbol{V}$ 的列向量为对应特征值的特征向量(且为单位向量)

(3) [V,D]=eig(A,'nobalance')　%当 $\boldsymbol{A}$ 中有小到和截断误差相当的元素时,用 nobalance 选项,其作用是减少计算误差

例 1　求矩阵 $\boldsymbol{A}=\begin{pmatrix}-2 & 1 & 1\\ 0 & 2 & 0\\ -4 & 1 & 3\end{pmatrix}$ 的特征值和特征向量.

解　在 Matlab 编辑器中建立 m 文件:LX0722. m

```
A=[-2  1  1;0  2  0;-4  1  3];
[V,D]=eig(A)
```

运行后结果显示:

```
V=
     -0.7071   -0.2425   0.3015
           0         0   0.9045
     -0.7071   -0.9701   0.3015
D=
     -1  0  0
      0  2  0
      0  0  2
```

即特征值−1 对应特征向量 $(-0.7071,0,-0.7071)^{\mathrm{T}}$;特征值 2 对

应特征向量$(-0.2425,0,-0.9701)^T$和$(0.3015,0.9045,0.3015)^T$.

例 2 求矩阵$\boldsymbol{A}=\begin{pmatrix}-1 & 1 & 0\\ -4 & 3 & 0\\ 1 & 0 & 2\end{pmatrix}$的特征值和特征向量.

解 在 Matlab 编辑器中建立 m 文件:LX0723.m

```
A=[-1 1 0;-4 3 0;1 0 2];
[V,D]=eig(A)
```

运行后结果显示为

```
V=
         0    0.4082   -0.4082
         0    0.8165   -0.8165
    1.0000   -0.4082    0.4082
D=
    2 0 0
    0 1 0
    0 0 1
```

说明:当特征值为 1(二重根)时,对应特征向量都是$k(0.4082,0.8165,-0.4082)^T$,$k$为任意常数.

2. 正交矩阵及二次型

$\boldsymbol{A}$为n阶方阵,且满足:$\boldsymbol{A}'\boldsymbol{A}=\boldsymbol{E}$(即$\boldsymbol{A}'=\boldsymbol{A}^{-1}$),则$\boldsymbol{A}$为正交矩阵.

$\boldsymbol{A}$为正交矩阵$\Leftrightarrow\boldsymbol{A}$的各列(行)向量的长度为 1,而且$\boldsymbol{A}$的各列(行)向量两两正交.

(1) 向量的长度(范数)

命令:**norm**

格式 norm(X)　　　　%求 $\boldsymbol{X}$ 的范数

(2) 求矩阵的正交矩阵

命令:**orth**

格式:orth(A)　　　　%将矩阵 $\boldsymbol{A}$ 正交规范化

例 3 求$\boldsymbol{A}=\begin{pmatrix}4 & 0 & 0\\ 0 & 3 & 1\\ 0 & 1 & 3\end{pmatrix}$的正交矩阵.

解 在 Matlab 命令窗口键入

```
A=[4  0  0;0  3  1;0  1  3];
P=orth(A)
Q=P' * P
```

则显示结果为

```
P=
    1.0000       0            0
      0        0.7071     -0.7071
      0        0.7071      0.7071
Q=
    1.0000       0            0
      0        1.0000         0
      0          0         1.0000
```

(3) 矩阵的 schur 分解

格式　[U,T]=schur(A)　　　%$\boldsymbol{U}$ 为正交矩阵,使得 $\boldsymbol{A}=\boldsymbol{UTU'}$ 和 $\boldsymbol{U'U}=\boldsymbol{E}$

T=schur(A)　　　%生成 schur 矩阵 $\boldsymbol{T}$. 当 $\boldsymbol{A}$ 为实对称阵时,$\boldsymbol{T}$ 为特征值对角阵

例 4　设 $\boldsymbol{A}=\begin{pmatrix}4&0&0\\0&3&1\\0&1&3\end{pmatrix}$,求一个正交矩阵 $\boldsymbol{P}$,使 $\boldsymbol{P}^{-1}\boldsymbol{AP}=\boldsymbol{\Lambda}$ 为对角阵.

解法 1　在 Matlab 编辑器中建立 m 文件:LX07241.m

```
A=[4  0  0;0  3  1;0  1  3];
[V,D]=eig(A)
```

运行后结果如下:

```
V=
    1.0000       0           0
      0        0.7071     0.7071
      0        0.7071    -0.7071
D=
    4  0  0
    0  4  0
    0  0  2
```

这里,$\boldsymbol{V}$ 就是所求的正交矩阵 $\boldsymbol{P}$,$\boldsymbol{D}$ 就是对角矩阵 $\boldsymbol{\Lambda}$.

解法 2　在 Matlab 编辑器中建立 m 文件:LX07242.m

```
A=[4  0  0;0  3  1;0  1  3];
[U,T]=schur(A)
```

运行后结果显示如下:

```
U=
    1.0000        0          0
       0       0.7071     0.7071
       0       0.7071    -0.7071
T=
    4  0  0
    0  4  0
    0  0  2
```

这里,$\boldsymbol{U}$ 就是所求的正交矩阵 $\boldsymbol{P}$,$\boldsymbol{T}$ 就是对角矩阵 $\boldsymbol{\Lambda}$

说明:对于实对称矩阵,用 eig 和 schur 分解效果一样.

例 5 求一个正交变换 $\boldsymbol{X}=\boldsymbol{PY}$,把二次型

$$f=2x_1x_2+2x_1x_3-2x_1x_4-2x_2x_3+2x_2x_4+2x_3x_4$$

化成标准形.

解 先写出二次型的实对称矩阵

$$\boldsymbol{A}=\begin{pmatrix}0 & 1 & 1 & -1\\ 1 & 0 & -1 & 1\\ 1 & -1 & 0 & 1\\ -1 & 1 & 1 & 0\end{pmatrix}.$$

在 Matlab 编辑器中建立 m 文件:LX0725.m

```
A=[0  1  1  -1;1  0  -1  1;1  -1  0  1;-1  1  1  0];
[P,D]=schur(A)
syms y1 y2  y3 y4
y=[y1;y2;y3;y4];
X=vpa(P,2) * y              %vpa 表示可变精度计算,这里取 2 位
                             精度
f=[y1 y2 y3 y4] * D * y
```

运行后结果显示如下:

```
P=
    780/989      780/3691      1/2     -390/1351
    780/3691      780/989     -1/2      390/1351
    780/1351    -780/1351     -1/2      390/1351
       0             0         1/2     1170/1351
D=
```

```
      1   0   0   0
      0   1   0   0
      0   0  -3   0
      0   0   0   1
X=
[.79*y1+.21*y2+.50*y3-.29*y4]
[.21*y1+.79*y2-.50*y3+.29*y4]
[.56*y1-.56*y2-.50*y3+.29*y4]
[               .50*y3+.85*y4]
f=
      y1^2+y2^2-3*y3^2+y4^2
```

即 $f=y_1^2+y_2^2-3y_3^2+y_4^2$

第七节　MATLAB 简单绘图

一、直角坐标系下的二维曲线

例 1　Graph the sine function over the domain $[-p,p]$(画出正弦函数的图像)

≫x=-pi:0.01:pi;%x 的范围为$[-p,p]$，每隔 0.01 取一个点.

≫plot(x,sin(x))在图形窗口绘制出如下曲线(图 6.5)：

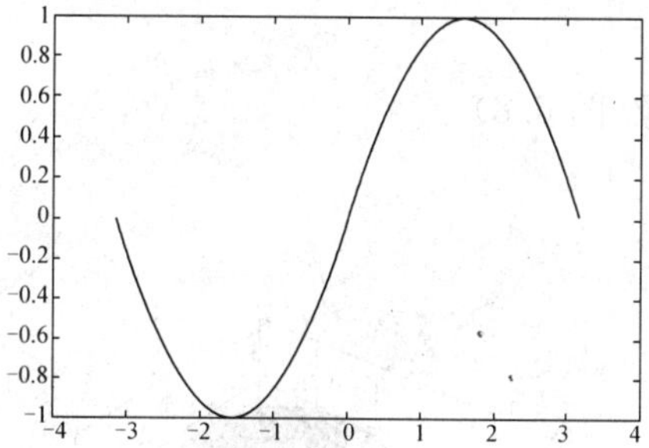

图 6.5

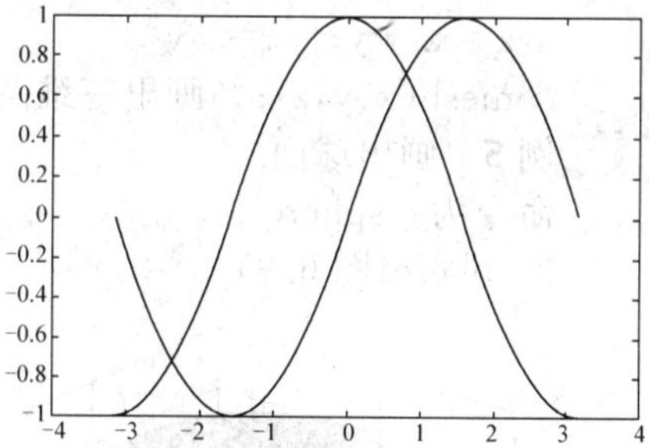

图 6.6

在一绘图窗口上可以同时绘制多条曲线，常用的方法有两种.

例 2　在同一坐标系上画出在区间$[-p,p]$上的 $\sin x$ 和 $\cos x$ 的图像.

方法 1：将两条曲线的参数放在同一个 plot 语句中

≫x=-pi:0.01:pi; plot(x,sin(x),x,cos(x))

方法 2：在画完前一条曲线后用 hold on 命令保持住，再画下一条曲线.

≫x=-pi:0.01:pi; plot(x,sin(x)),hold on, plot(x,cos(x))

画出的图像见图 6.6.

在图形窗口上，选中曲线后还可以修改曲线的颜色、线型，及给曲线作标记等.还可以利用插入命令标注 x 轴、y 轴.总之,功能很多,在使用中可以一一去发现.

二、三维曲线的绘制

命令:plot3(x,y,z,选项),其中选项是用来定义曲线的线型、颜色等信息的.

例 3 设向量 t,令 $x=\sin t$, $y=\cos t$, $z=t$,则得到空间螺旋线(图 6.7).

≫t=0:pi/50:8*pi;x=sin(t);y=cos(t);z=t;

≫h=plot3(x,y,z,'g') %"g"表示个 green,即线条是绿色的

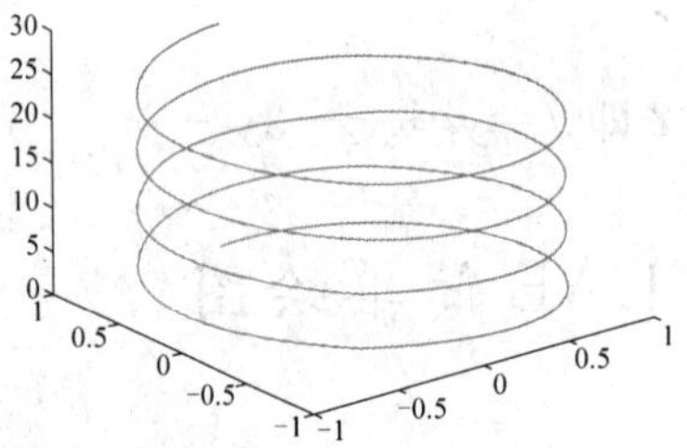

图 6.7

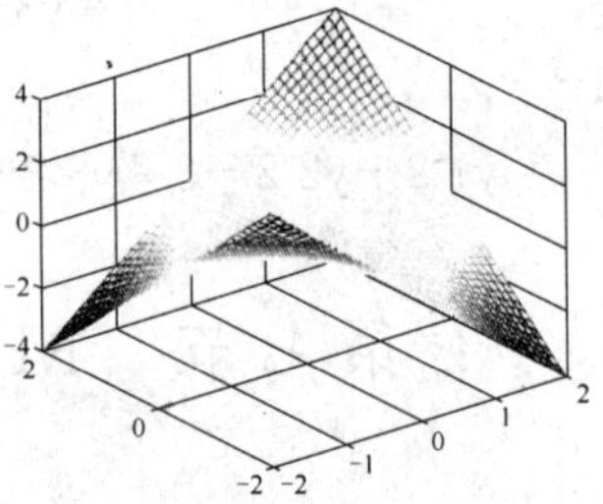

图 6.8

三、三维曲面的绘制

例 4 画出二元函数 $z=xy$ 的图像.

≫[x,y]=meshgrid(-2:0.1:2,-2:0.1:2);%x、y 的取值范围都是[-2,2],每隔 0.1 取一个点.

≫z=x.*y;%$z=xy$

≫mesh(x,y,z);%画出三维图像(图 6.8)

例 5 画出球面.

命令为 sphere

≫sphere(图 6.9)

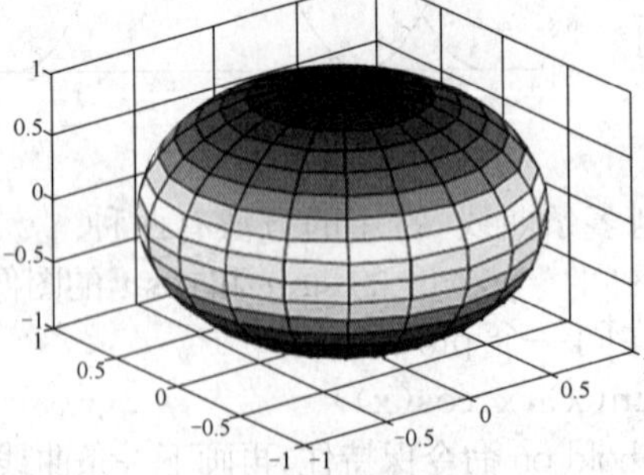

图 6.9

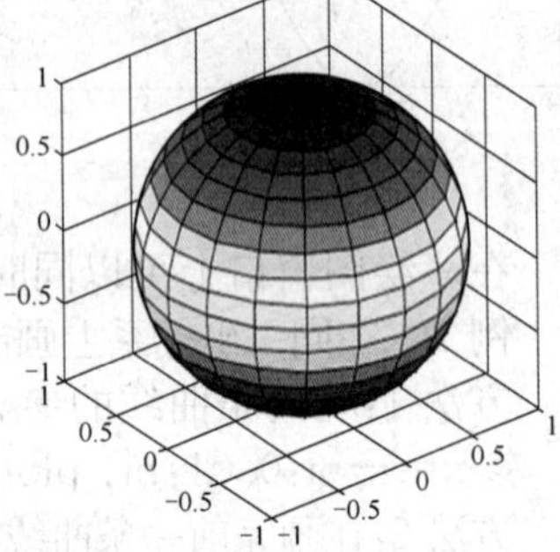

图 6.10

画出的球不圆,在命令 sphere 后再加上 axis equal,就圆了.

≫sphere; axis equal %"axis equal"(图 6.10)

附　　录

一、矩阵的运算命令

- **A * k**　　数乘矩阵
- **A+B**　　矩阵加法
- **A * B**　　矩阵乘法
- **A^n**　　*A* 的 *n* 次幂
- **A\B**　　等价于**inv(A) * B**
- **B/A**　　等价于**B * inv(A)**
- **A′**　　*A* 的转置
- **rank(A)**　　矩阵的秩
- **det(A)**　　*A* 的行列式
- **compan(A)**　　*A* 的伴随矩阵
- **inv(A)**或 **A**∧－1　　*A* 矩阵求逆
- **[B,jb]=rref(A)**　　阶梯状行的最简式,**jb** 表示基向量所在的列,**A(:,jb)**表示 *A* 列向量的基(最大无关组)
- **rrefmovie(A)**　　给出每一部化简过程
- **[D,X]=eig(A)**　　*A* 的特征值与特征向量
- **norm(A)**　　矩阵的范数
- **orth(A)**　　矩阵的正交化
- **poly(A)**　　特征多项式

二、符号矩阵及运算命令

sym　　符号变量,矩阵或向量定义函数

sym a　　将 *a* 定义为符号变量

sym('[a　b]')　　将 *a*,*b* 定义为符号向量

sym('[a　b;1　2]')　　将 *a*,*b*,**1**,**2** 定义为符号矩阵

sym(A)　　将 *A* 定义为符号矩阵

将矩阵的方括号置于创建符号表达式的单引号中，元素可以是数字，符号或表达式.

syms　　　　　　符号变量

syms a　b　　　　将 a,b 定义为符号变量

符号变量、符号向量、符号矩阵的运算与数值变量、数值向量、数值矩阵的运算完全相同.

三、求矩阵特征值与特征向量的命令

- **V＝eig(A)**　　　　　　　A 的特征向量
- **[V,D]＝eig(A)**　　　　A 的特征值与特征向量，V 的列为特征向量，D 的对角元为特征值，$AV=VD$
- **[T,D]＝eig(A)**　　　　A 对角化，T 为相似变换矩阵，B 为平衡矩阵，$AT=TD$
- **[P,D]＝schur(A)**　　　A 的舒尔分解，$PTAP=D$，P 为酉矩阵，D 为上三角的矩阵，对角元为特征值